LAROUSSE des DESSERTS

大師糕點

精準食譜、製作技巧＆重點訣竅　750道食譜＆480張照片

系列名稱 / PIERRE HERMÉ
書　名 / DESSERTS 大師糕點
作　者 / PIERRE HERMÉ
出版者 / 大境文化事業有限公司
發行人 / 趙天德
總編輯 / 車東蔚
文　編 / 編輯部
美　編 / R.C. Work Shop
翻　譯 / 林惠敏
地址 / 台北市雨聲街77號1樓
TEL / (02)2838-7996
FAX / (02)2836-0028
初版日期 / 2010年10月
定　價 / 新台幣 1600元
ISBN / 978-957-0410-84-6
書　號 / PH 01

讀者專線 / (02)2836-0069
www.ecook.com.tw
E-mail / service@ecook.com.tw
劃撥帳號 / 19260956大境文化事業有限公司

原著作名 LE LAROUSSE DES DESSERTS
作者 PIERRE HERMÉ
原出版者 Les Editions Larousse

LAROUSSE DES DESSERTS

I.S.B.N.: 978-2-03- 584976-2

國家圖書館出版品預行編目資料
DESSERTS 大師糕點
PIERRE HERMÉ 著；--初版.--臺北市
大境文化，2010[民99] 464面；22×28公分.
(PIERRE HERMÉ；PH 01)
ISBN 978-957-0410-84-6（精裝）
1.點心食譜
427.16　　　99015470

LAROUSSE des DESSERTS

大師糕點

精準食譜、製作技巧＆重點訣竅　750道食譜＆480張照片

PIERRE HERMÉ

Préface 作者序
Larousse des Desserts

製作糕點是用來表達感性的一種方式，就如同音樂、繪畫、雕刻...一般。

各種場合都適合製備糕點。從簡單的小點心到宴會的餐點，都會讓您的賓客們欣喜若狂。

糕點、甜點、舒芙蕾、水果醬、柑橘類果醬、水果軟糖，還有偉大的經典作品、製作點心的營養學建議，以及我本人最愛的甜點，都會逐步在本書中詳細地介紹。簡言之，從最簡單到最精緻，收錄超過750道的食譜配方。

這本《DESSERT 大師糕點》要和您分享我對美味糕點的熱情，並帶領您通往味覺、感官和愉悅的世界。

La confection d'un dessert est un véritable mode d'expression de la sensibilité au même titre que la musique, la peinture, la sculpture…
Toutes les occasions sont bonnes pour préparer un dessert. Du simple goûter au repas de fêtes, voici des gourmandises qui raviront tous vos convives.

Pâtisseries, desserts, soufflés, confitures, marmelades, pâtes de fruits et aussi les grands classiques, des conseils diététiques pour réaliser des recettes légères, ainsi que mes coups de cœur sont illustrés pas à pas dans cet ouvrage. Bref plus de 750 recettes, des plus simples aux plus élaborées.

Ce Larousse des Desserts vous fera partager ma passion des délices sucrées et vous guidera vers un univers de goûts, de sensations et de plaisirs.

photographer : Jean-Louis Bloch-Lainé

Pierre Hermé

Avant-propos 前言

除了獲得廣大迴響的Larousse Gastronomique，以及其他實用的烹飪著作外，《DESSERTS大師糕點》從1997年第一版至2009年最新版，亦受到無數饕客的歡迎。這本書終於滿足了所有的糕點狂熱分子。

約750道的食譜配方，由糕點美食大師Pierre Hermé挑選匯整而成，以一位糕點創造者的身分，他對於偉大經典配方的完全尊重，更令人敬服。內容包括：傳統和現代甜點、地方和異國特產；再依種類分為：塔、巴伐露（bavarois）、布丁、維也納麵包（viennoiseries）、糖果...等。其中基礎製作、不可或缺且幾乎不變的技術等，佔了很大的篇幅，而這些都是法式糕點的基礎。

在實用上，本書的構想是為了讓每個人－包括烘焙新手和經驗老道的愛好者－都能成功地在自家製作出蛋糕、甜點和小點心。每道食譜都標明了難易度，附上仔細拍下每個步驟的製作順序，以及為了成功製作糕點所不可或缺的所有動作。

為了實際需求，本書更解答了日常的疑慮：如何將甜點納入菜單、要選擇什麼飲料來搭配、如何挑選優質食材、要採用何種材料、糖會使人發胖嗎？種種教導我們如何吃得安全，卻又不必戒掉甜食的重要飲食法。

最後，雙面跨頁的20張照片代表Pierre Hermé大師的「最愛」，在這些獨創作品中，Hermé大師巧妙地運用著口感與味道之間的搭配：柔軟和酥脆、熱和冷、酸與苦...等，讓饕客們垂涎三尺。

現今發行的新版以全新的版面和照片插圖呈現。

編輯

Sommaire 目錄

基礎製作 Les préparations de base 14

糕點食譜 Les recettes de pâtisserie 110

PYREX
500g
400g
300g
200g
100g

如何使用《DESSERT 大師糕點》

14－109頁 基礎製作 Les préparations de base

在220道食譜中，本書的第一部分提供了糕點基礎製作的完整全貌，包括：麵糊、奶油醬、慕斯、甘那許、冰淇淋、雪酪、果醬...等等。

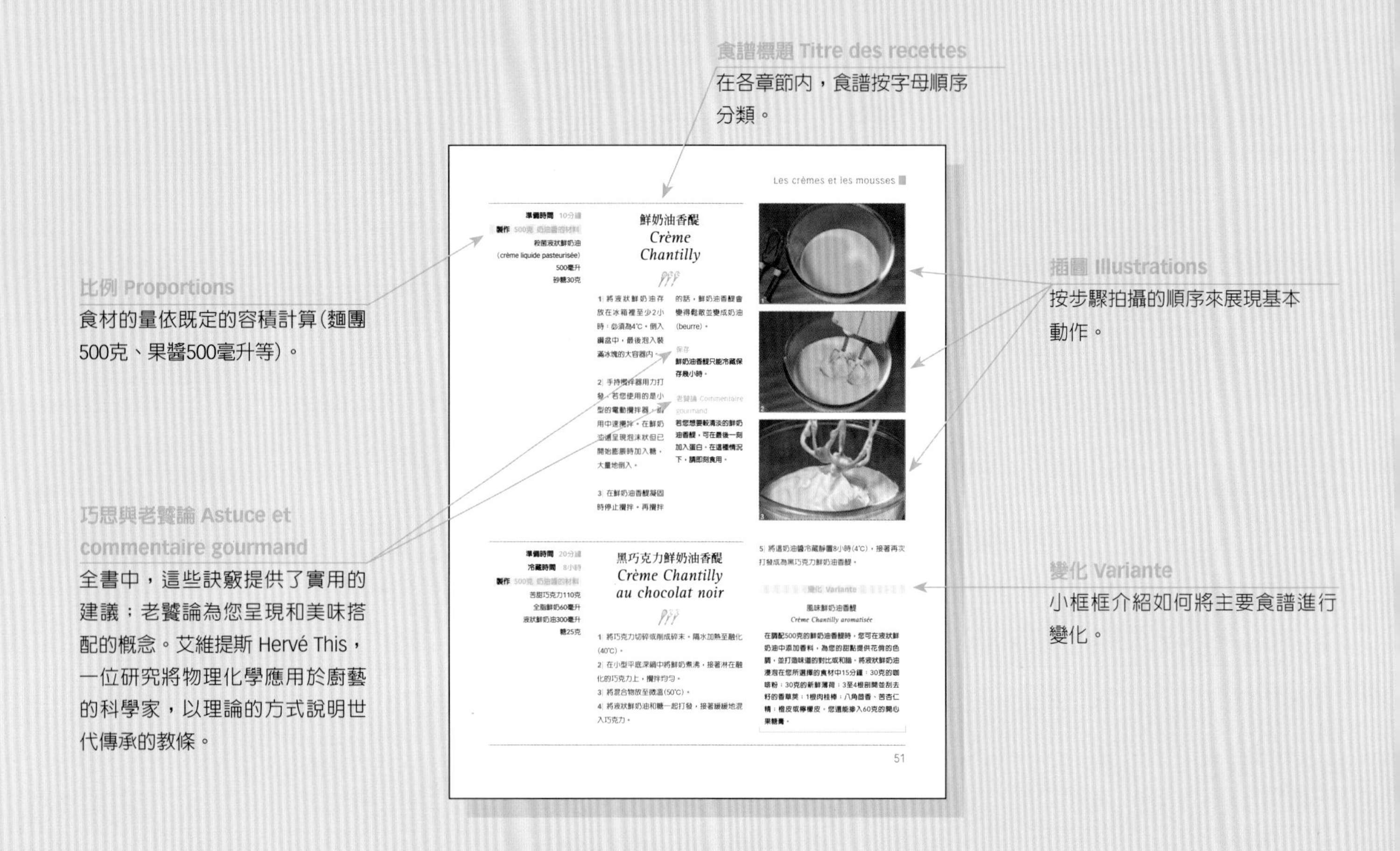

374－442頁 糕點實作 Partique de la pâtisserie

本書的這部分集結了：

- **容量**與**容積**摘要表(376頁)；
- 必要**器具**介紹(377－384頁)；
- **食材指南**，教導如何適當地選擇並使用食材(385－426頁)；
- 以許多**表格**呈現的營養學觀念，對飲食均衡的監督非常實用，而且無須戒掉甜點(427－434頁)；
- **詞彙表**，為糕點的主要用語提供簡單而精確的定義(435－438)。

書中的其他食譜分為三大部分：

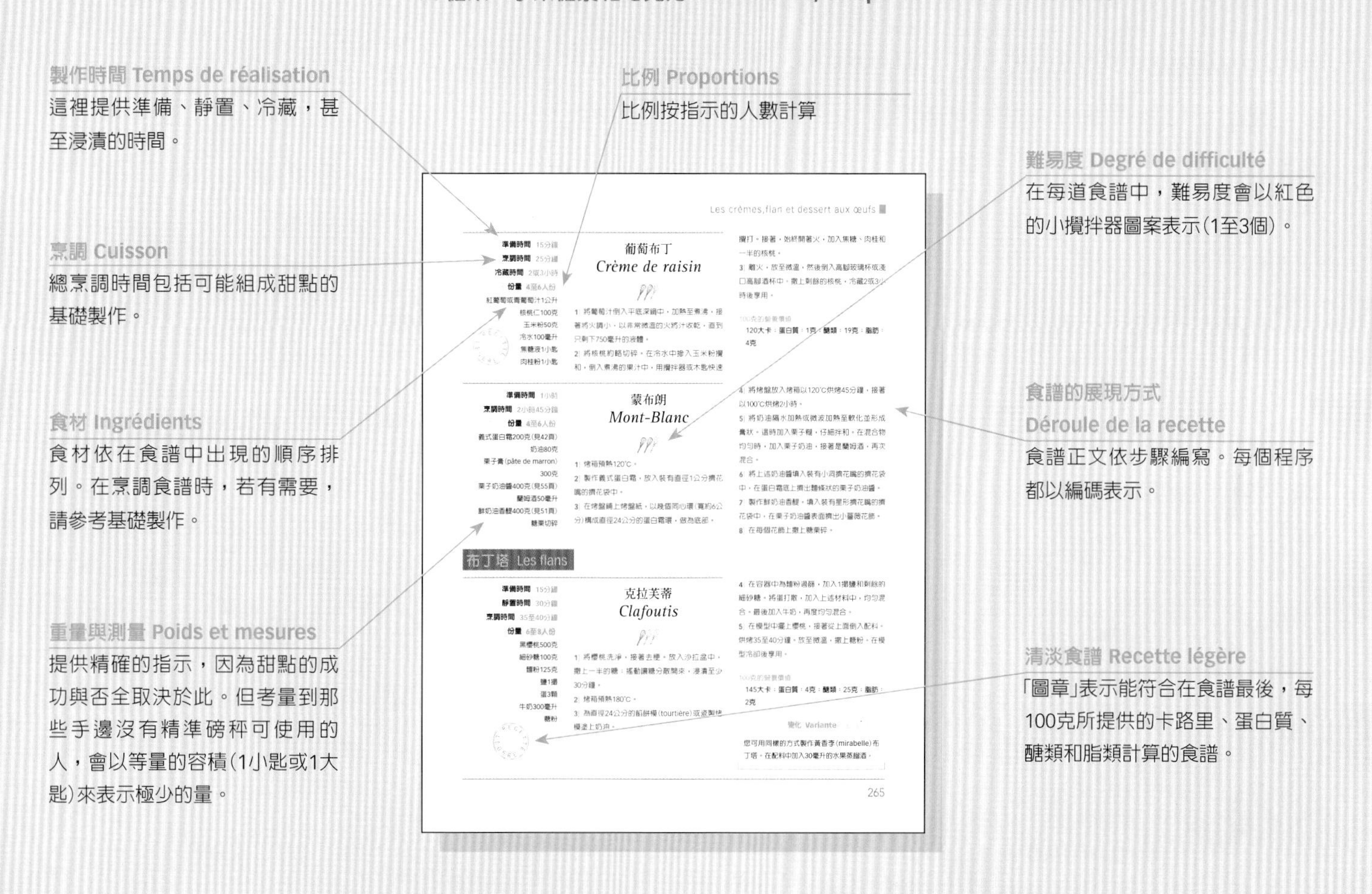

這裡有20道最著名法式糕點的原創作品，並以精美的雙跨頁照片呈現。

- **從A到Z的食譜索引** 清點本著作中所有提及的食譜，並在涉及異國食譜時提供其發源國。附上每道食譜的難易度。
- **食材索引** 可從食材尋找食譜的概念。
- **清淡食譜索引** 供必須控制甜食食用量的人參考。

Choisir et réussir un dessert
選擇並製作一道甜點

蛋糕、塔、甜食、特製水果和冰淇淋，總是在一餐的最後，爲人們帶來分享的喜悅。
糖的甜味，多少具備了有意識的心理情感價值，部分與我們兒時的記憶相連，
而甜點的品嚐經常就像喜悅的片刻般眞實。
從古代開始，人們總是喜愛用甜味來結束他們的一餐。
羅馬人，然後是高盧人，會在麵粉製的烘餅上淋上蜂蜜、搭配新鮮或乾燥水果，以及香料食用。
多虧在東方發現甘蔗的十字軍，這聖經中所謂的「甜蘆葦」發展出糖業貿易，
是在藥店中販賣的珍貴食品。

中世紀末，糕點師傅，餡餅、魚和乳酪專家的行會，將梨子餡餅(pasté de poyre)、奶油小圈餅(dariole à la crème)、杏桃脆餅(craquelin aux amandes)等的製作專業化。這時還沒有所謂的餐後點心。1563年的法令確定了三道料理上菜順序：即前菜，接著是肉或魚，以及最後的甜點(yssue)。

人們再次將甜味料理歸功於凱薩琳梅迪奇(Catherine de Médicis)，從佛羅倫斯帶來了她的糕點師傅。他們以泡芙為基礎的蛋糕、馬卡龍(Macaron)和冰淇淋，成了宮廷之樂。對這一切甜食的迷戀不斷增長。布里亞．沙弗林(Brillat-Savarin)轉述，自18世紀起，「好客」精神充斥社會各階層。正餐總是以甜點做為結束，「一餐的最後一道菜，由水果、糕點、果醬、乳酪所構成」。巧克力則在19世紀初才開始被使用。在日後成為偉大經典的無數甜點創作，是當代傑出糕點師傅的作品：卡漢姆(Carême)的蛋白霜(meringue)、吉布斯特(Chiboust)的聖托諾雷(saint-honoré)、埃科菲(Escoffier)的蜜桃梅爾芭(pêche Melba)、朱利安兄弟(frères Julien)的沙弗林(savarin)...

甜味 *Saveure sucrées*

此後，甜點目錄大量擴張，而這個詞語在現代意指一系列多變的糕點、飯後點心、糖漬水果、冰淇淋、甜食組合，而人們夢想能夠自行在家配製。長久以來，糕點業職人、豐富料理遺產的所有者，只會重現他們所習得的經驗技術。然而，這些年來，糕點主廚重新思考偉大的經典食譜，並創造出口感和味道的新混合和搭配。

至今，只有部分人士享有保留給偉大廚師的盛名。而Pierre Hermé就是其中之一。對這位現代糕點業的先驅來說，糖不再扮演主要的角色，而是變成其他甜點麵糊中的一項元素，作為提味之用。由烹調方式的轉變和其他食材的搭配，糖賦予塔堅實、賦予冰淇淋滑順、賦予馬卡龍柔軟、賦予鬆餅鬆脆、並襯托出巧克力的苦、柑橘類的酸、香料的香。剩下的就是從中找到平衡，因為若超出一定的量，糖就會蓋住味道，這時，搭配的食材就會變得淡而無味。

經驗法則
Les règles du savoir-faire

要成功地完成一道甜點無須擁有偉大糕點師的全部知識和才能。不過，在「開始揉麵團」（譯註：在法語中亦有「動手做」的意思）之前，要知道不同元素的搭配和最後的呈現（色彩的調和、裝飾的元素）留下大量的想像空間，而基礎製作則屬於相當精密的技術。應審慎地選擇食材、精確地秤重，並遵守烹調的溫度和時間。

永遠都要預備糕點中為數衆多的基礎食材。所有用於食譜組合的材料必須具有優良的品質和無懈可擊的鮮度。永遠都要檢查保存期限。至於當中較容易損壞的食材，例如鮮奶油和巧克力，就在最後一刻買好所需的量。將米、小麥粉等保存在密閉容器中，以避免受熱和受潮。麵粉就像澱粉一樣，是易變質的食品。超過一個月就會脫水，而且可能是造成失敗的原因。

永遠都要選擇成熟的水果，尤其是核果。此建議同樣適用於果醬的製作。留心閱讀詳細註明種類及來源的板子或標籤，並考量食譜中所建議的變化。在您必須用到柑橘類果皮時，購買未經處理的使用。最後，請優先將幾乎未動用的販售水果放入原來的包裝中保存。

對每道食譜來說，遵照所有食材的比例是最基本的，因為就糕點來說，即興創作並不是問題，想像力和創造需要相當純熟的技術。因此，磅秤和有刻度的容器仍是不可或缺的器具（376頁的表格同樣有助您計算份量）。當我們獲得一定的經驗後，可依食材來調整食譜配方（例如我們可依水果的酸度稍微修正糖的份量）。

最後的階段剩下烹調，對烹調用爐具的充分認識決定了大部分製作的成功與否。參考製造商的使用說明。儘管設備越來越完善，溫度調節器所標示的溫度和實際溫度之間仍可能有20－30%的差距。這就是為何對所有的食譜來說，溫度只是以象徵方式提供的原因。您可使用特殊的溫度計來校準您的烤箱：將溫度計掛在網架中央，然後比較標示的溫度和15分鐘後獲得的實際溫度。大多數的設備具有會發亮的指示燈，會在到達溫度時熄滅。此外，您也能參考383頁的烘烤指示表。

烹飪科學與藝術
Science et art culinaire

除了基礎食譜以外，您還可瞭解到研究廚藝物理化學的科學家艾維提斯 Hervé This的說明。這門應用於糕點的新學科，清楚地解釋了某些奧祕（如何將蛋打成泡沫狀？麵糊為何需要靜置？）。

這門學科也能夠以理論的方式解釋代代相傳的經驗法則。例如，為了不要做出失敗的甘那許，應該逐步將熱鮮奶油淋在融化的巧克力上，並一邊用攪拌器攪拌混合物。所獲得的結果是一種乳狀物，即兩種以極微小水滴構成的液體混合物。此外，還為您提供許多其他的解釋，尤其是關於麵糊、奶油、慕斯和糖的烹調。

傳統：生日蛋糕
Une tradition : le gateau d'anniversaire

今日，在合理地抨擊現代人某些飲食習慣與新的生活方式有關的同時，令人放心的是，我們觀察到絕大多數的法國人將甜點，尤其是糕點，與他們生活中歡樂的時刻相連，像是與家庭、朋友之間的節慶或生日餐會。為了慶祝這樣的時刻，仍有80%的人會在蛋糕上吹熄他們的蠟燭！

甜點的選擇
Le choix d'un dessert

選擇甜點真的沒有規則可言，唯有隨心所欲。您將在本著作中發現無可比擬的食譜選擇，並享有專業人士的知識技能：簡單或精製、經典或獨創、快速、地方傳統或異國。無論如何，不管在何種狀況下，道理在於必須掌握您菜單上的和諧。為了接在豐富菜餚之後，最好採用口味清淡的甜點，例如以冰淇淋為基底，或是水果沙拉。

採用當季水果清單，這或許是更新您最愛食譜的一種方法。您可從介紹食材的章節中找到關於最佳生產季節的指示。此外，別忘了異國水果，並請善用它們獨特的美味。

在選擇以巧克力為基底的食譜時，完全不會有令人失望的風險，因為很少有人不愛巧克力。來自阿茲提克(Aztèque)的神聖飲品(boisson divine)，由西班牙的殖民主義者輸入歐洲，今日的巧克力確實成為令人為之瘋狂的食品。在一股可可熱中，我們列舉了將近500種物質，也就是說，依不同來源的混合，可以有千變萬化的風味。糕點的首選材料——巧克力令人讚嘆地適用於最美味的蛋糕和甜點，並散發出強烈的香氣。可做無數種搭配，而且也很適合與水果、香料和酒精做組合。

若想令您的賓客驚豔，請選擇本書中無數異國精選食譜之一：提拉米蘇(tiramisu)、瓦圖琪卡乳酪蛋糕(vatrouchka)等。也別略過我們各式各樣的地方食譜：庫克洛夫(kouglof)、奶油烘餅(kouign-amann)、盧昂(Rouen)的蜜盧頓杏仁塔(mirliton)、皮斯維哈派(pithivier)、聖托諾雷(saint-honoré)等，完美地呈現了法國各省的豐富糕點。某些曆法上的節慶，如聖誕節或主顯節(Epiphanie)，樹立了人們對這些傳統的尊重，而聖蠟節(Chandeleur)往往是孩子們初步學習糕點的機會。

維也納麵包、英式水果蛋糕、新鮮迷你花式點心或法式小餅乾、一人份蛋糕和迷你塔，這些在午茶時刻特別受歡迎，在這一天中的美味時分，我們實在難以抗拒這些甜食。

而為了那些基於個人理由而必須控制甜食攝取量者，本書也建議了清淡但美味的食譜，特別提供給這些朋友使用。這些甜點當中有些僅是低熱量(已標出營養成份)，其他則是用甜味劑來取代當中的糖。

冷凍產品與糕點
Produits congelés et pâtisserie

若您擁有冷凍庫，請充分利用它的資源。將某些水果，像是糖煮果泥(compote)或庫利(coulis)冷凍起來，對於製作醬汁或雪酪(sorbets)都是有幫助的。紅色的水果放在盤上凝結，然後沾裹上糖。至於其他水果(櫻桃、杏桃、李子(prune)、芒果等等)應視情況去梗、去皮、去核或切塊。

要知道塔的麵團很適合在生的時候(成品狀、團狀、在模型中)冷凍，某些糕點因而較容易大量製作(例如義式海綿蛋糕(génoise))。水果的保存期限依種類的不同約為6到10個月，麵團則是2個月。

我們在商店裡找到像現成麵團(最好選擇使用純奶油的麵糊會較為美味)和各種水果等快速冷凍產品。檢查保存期限並專注地閱讀使用方法，尤其是麵團。

搭配甜點的飲料
Les boissons pour desserts

人們長久以來便認為某些酒是專門在品嚐甜食時飲用。人們稱之為「甜點酒 Vin de dessert」，並被分為好幾個種類。

眾所周知的香檳酒以特殊的氣泡而聞名。是唯一在標籤上既不標示葡萄品種名稱，也不標示產地，而只在商標上標出「初次發酵」(brut)的批注或確定含糖量的「微甜」(demi-sec)。

「延遲採收」(vendange tardive)的酒來自過熟的葡萄，甚至是到達「貴腐」(pourriture noble)狀態的葡萄，有益的霉使含糖量增加，有利於特殊風味的發展。而依地區的不同，名稱也有所差別。在索泰爾納(Sauternais)地區，人們談論「甜蒸餾酒(liquoreux)」，如索甸酒(sauterne)和孟巴季亞克酒(monbazillac)。在羅亞爾河谷(Val de Loire)，人們稱之為「甜白酒(moelleux)」：梧雷(Vouvray)、卡得修姆(quarts-de-chaume)等。在亞爾薩斯(Alsace)，有些酒(如格烏茲塔明那 gewurztraminer、麗絲玲Riesling、蜜思卡麝香葡萄酒muscat和灰皮諾tokay)含糖量更為豐富，有權批注「特選珍貴葡萄粒sélection de grains nobles」。

而同樣稱為「發酵酒」的天然甜酒，經過了包括用烈酒來中斷發酵的特殊釀造法，讓糖無法再轉化成酒精。人們感受到甜味，但酒精濃度可達16至17，甚至18度。

在這些酒當中，我們發現有威尼斯彭姆(beaumes-de-venise)的麝香葡萄酒和所有朗格多克-魯西永(Languedoc-Roussillon)的麝香葡萄酒(慕斯卡 rivesaltes、聖尚密內瓦 saint-jean-minervois、班努斯 banyuls、弗龍蒂尼昂 frontignan、莫希 maury、拉斯多 rasteau等)。波特酒(porto)亦以同樣的方式製造。依年份和香味的差別，這些酒的味道非常不同。

最後，這些陳年、含糖，非常像甜蒸餾酒的白葡萄酒，從懸掛的釀酒用葡萄串開始，到裝至柳筐中或鋪在麥桿上。在壓榨之前乾燥3個月。其中最著名的就是侏羅區(Jura)的阿爾布瓦酒(arbois)。

今日，除非是在盛會上，飲酒來搭配甜點的習慣已經不再。不過我們仍可研究一些巧妙搭配的例子。像是使用黃色水果(桃子、杏桃、黃香李 mirabelle)的水果塔和天然的新甜酒，以及亞爾薩斯和羅亞爾延遲採收的酒很對味。布丁派 (flan)和奶油與陳年甜酒是令人喜愛的組合。巧克力點心和天然陳年老酒、紅酒等的搭配，讓陳年葡萄酒的風味頗受好評，或僅是搭配咖啡，也是極為推薦的飲料。

然而，現今最獲高度好評的初次發酵香檳與糖的組合，始終是不幸的婚姻，因為初次發酵的香檳會帶出令人不悅的酸味。因此寧可搭配微甜的香檳較為順口。因為甜點的甜味會抵銷香檳的甜味，在飲用微甜香檳時，我們會重新獲得初次發酵的感覺。

至於用來搭配冰淇淋和冰品的飲料，沒有一種飲料有助於增添風味，因為冷會讓部分的感覺失效。我們最後可能會建議搭配一小杯的蒸餾酒(eau-de-vie)或伏特加，不過一杯清涼的水仍舊是最佳選擇。

而為了搭配下午的蛋糕和塔，沒有什麼可以取代茶，這是普遍受好評的組合。所有的茶，除了最濃的以外，都可以端上來：風味純淨簡單的錫蘭茶在午茶時刻很受歡迎；水果風味的大吉嶺以淡淡的蜂蜜餘味和糕點特別對味；此外還有清香的中國茶。

最後，清涼的水在餐後永遠受歡迎，仍是糕點師傅最常建議使用的飲料。不管有無氣泡，或僅是水龍頭的水，不正是用來充分品味精緻甜點的最佳飲品嗎？

編註：

1 法國的麵粉分類從編號45到150，編號越少的麵粉筋度越低。本書中材料標示為「麵粉」的配方，請依照以下介紹選擇相對應的麵粉種類使用。

＜麵粉Farine＞

小麥麵粉。麵粉依其萃取率(與麥粒相較之下所獲得的麵粉量)和純度而分類，編碼從45號至150號。用於製作糕點的45號麵粉或特級麵粉(farine supérieure)是最純且最白的麵粉，所含的麩皮(麥粒的表皮)不多。而被稱為精白麵粉(fine fleur)或上等麵粉(gruau)的麵粉，則來自富含麵筋(gluten)的小麥，天生便具有優越的發酵能力。所謂的「蛋糕」麵粉(低筋麵粉)是由麵粉和泡打粉所組成的。可「避免結塊」的「中筋」麵粉(farine fluide)用於醬汁和液狀鮮奶油上。55號麵粉用來製作白麵包，而110號麵粉則用來製作全麥麵包。

2 Vergeoise是法文中的黑糖，依照糖蜜(molsasses)含量的不同將黑糖區分成---Vergeoise brune黑糖／紅糖(英文Brown sugar)糖蜜6.5%，以及Vergeoise blonde二砂糖(英文Light brown sugar)糖蜜3.5%，以甜菜提煉。

sucre roux 法文中的紅糖：Cassonade法文中的粗粒紅糖，可使用二砂糖製作。

sucre semoule砂糖、sucre en poudre細砂糖、sucre glace糖粉、sucre cristallisé結晶糖(較粗顆粒的砂糖)，均是以甘蔗提煉的精製糖，粗細不同。本書中若無特別標註僅寫「糖sucre」，則表示可使用砂糖或細砂糖製作。

3 本書中若無特別標註citron vert綠檸檬，所有配方中的的「檸檬」皆為citron黃檸檬。

4 未經加工處理的檸檬(或柳橙)，未經加工處理是指表皮未上蠟，也沒有農藥的疑慮。

5 焦化奶油(noisette au beurre)，奶油加熱焦化後會呈榛果色且具榛果的香氣，法文寫為榛果色的奶油。

6 1小匙(法文cuill. à café 咖啡小匙)、1大匙(法文cuill. à soupe湯匙)

7 1包香草糖＝7克，也可用細砂糖及香草精替換。1包泡打粉＝10克。

8 份量未註明的材料，則表示可依個人的喜好而定。

Les preparations de base
基礎製作

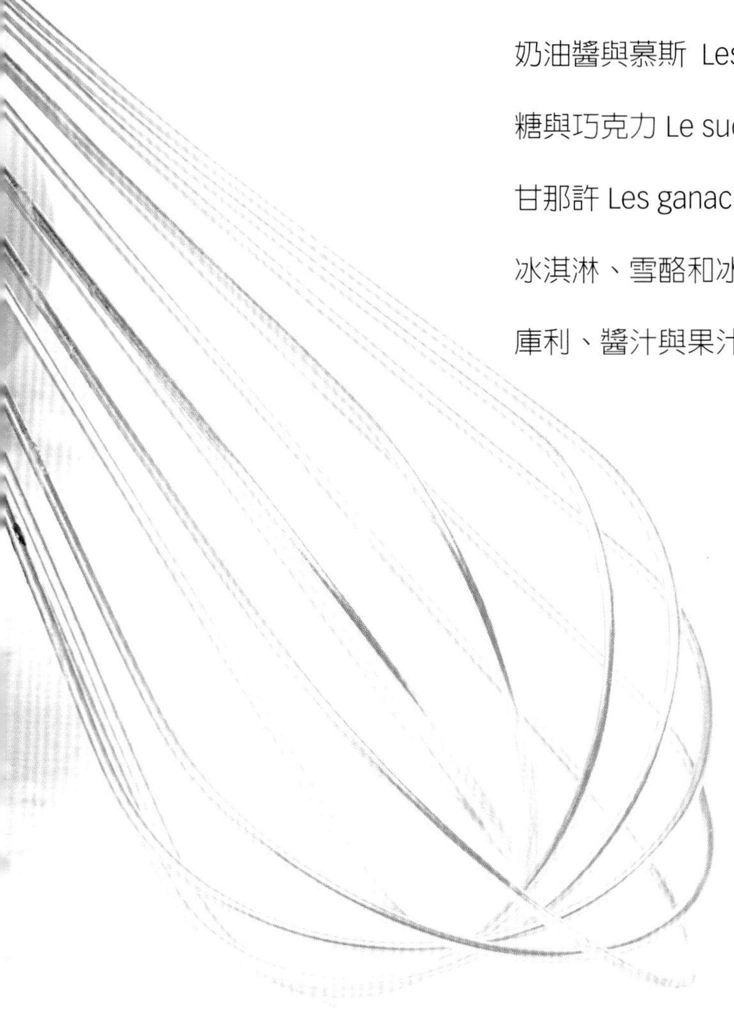

Les pâtes
麵團(糊)

這些麵團(糊)的食譜在製作無數甜點和糕點時相當實用。

這就是爲何會再次匯整這些調配規則的原因。

有些麵團可預先製備，甚至可以冷凍起來，

如此一來便能大量製作。

準備時間 15分鐘

靜置時間 2小時

製作 500克 麵團的材料

麵粉(farine)250克

室溫奶油180克

精鹽4克(1小匙)

砂糖5克(1小匙)

小麥粉(semoule)可隨意

蛋黃1顆

室溫牛奶50毫升

油酥麵團 *pâte brisée*
(餅底脆皮麵團 *pâte à foncer*)

1] 用置於大碗上的濾器過篩所有麵粉，如此可避免所有結塊的可能。

2] 在容器(terrine)中用橡皮刮刀攪軟奶油。攪拌至不再成塊，且必須呈現濃稠的乳霜狀。

3] 接著加入鹽、糖、蛋黃和牛奶，一邊攪拌。待混合物均匀時，逐漸混入麵粉，並不停地攪拌。

4] 麵團一形成團狀便停止拌合。在手中將麵團仔細壓平，然後以保鮮膜包覆。

5] 使用前，至少讓麵團在冰箱中靜置2小時(4℃)。

老饕論 Commentaire gourmand

此油酥麵團與次頁麵團的區別在於加了蛋黃，這會讓麵團變得更為柔軟。
混合材料時所使用的方法，可形成相當入口即化的麵團。

準備時間 10分鐘
靜置時間 2小時
製作 500克 麵團的材料

室溫奶油190克
精鹽5克（1小匙）
新鮮的全脂牛奶或水50毫升
麵粉250克

油酥麵團
pâte brisée

1］將奶油切成小塊並放入沙拉盆（saladier）中。用木杓壓碎並快速攪拌。

2］在小碗中，讓鹽在牛奶（或水）中溶解，然後逐漸將這液體倒在奶油上，始終用木杓規律地攪拌。

3］用置於大碗上的濾器將麵粉過篩。將麵粉分幾次混入，大量地倒入，但請勿過分揉捏麵團。

4］將麵團擺在工作檯上，用掌心推開並壓扁。將麵團收攏，然後再度推開和壓扁，讓麵團變得均勻。再揉成團狀並用手輕輕壓平。

5］用保鮮膜包覆，於冰箱中靜置2小時（4°C），然後再以擀麵棍擀平。

不可或缺的靜置時間

將麵團靜置於陰涼處的鬆弛步驟，會使麵團變得柔軟並增加韌度。麵團接下來會很容易擀平，而且不會在烘烤的過程中收縮。

可以冷凍嗎？

油酥麵團經得起冷凍。當您想使用冷凍的油酥麵團時，讓麵團在冷藏中緩慢地解凍，然後再擀平。無需再揉捏，因為這樣會使麵團的質地變得不再柔軟。

麵團的靜置

麵粉含有澱粉粒（grain d'amidon），但亦含有蛋白質，尤其是在用水長時間揉捏麵粉後會形成彈性網狀的麵筋（gluten）。這麵筋網能有效地在製作麵包的麵糊中攔住二氧化碳氣泡，但在其他麵團中會引起收縮。靜置使這些類似被拉長彈力球的蛋白質，得以緩慢地回復到鬆弛的狀態。此外，澱粉粒在室溫下只會非常緩慢地膨脹並連接在一起。靜置有助於連結而使麵團聚合。

艾維提斯 H.T.

1

2

3

4

5

準備時間 10分鐘

靜置時間 1小時

製作 500克 麵團的材料

香草莢1根

砂糖(sucre de semoule) 125克

麵粉250克

室溫奶油125克

蛋1顆

法式塔皮麵團
Pâte sablée

1] 將香草莢剖成兩半並刮下香草籽。在碗中將香草籽與糖混合。直接在工作檯上將麵粉過篩。將奶油切成小塊，用指尖將奶油塊與麵粉一起搓細，直到材料呈現沙狀，而且沒有剩餘的奶油塊為止。

2] 在成形的沙質材料中挖一個坑。將蛋打在坑裡並倒入香草糖。

3] 用指尖混合所有材料，但避免過度搓揉。

4] 用掌心在面前將麵團推開並壓扁，讓麵團變得均勻。

5] 將麵團滾成圓團狀，用手輕輕壓平，然後以保鮮膜包覆。冷藏靜置至少1小時(4°C)，然後再以擀麵棍擀平。

訣竅

為了能用手揉捏麵團，最好在大理石板或木板上動作。

如何製作法式塔皮麵團？

過去的烹飪書籍並未將法式塔皮麵團和油酥麵團加以區別，但顯然用來套模的麵團或多或少會帶有沙沙的質地。為了達到這樣的稠度，應避免長時間揉捏麵團，而且應用指尖拌合所有材料，以形成沙狀(sablage)。首先將蛋混入糖中，後者會吸收水分，讓水分無法再作為麵筋與澱粉粒的粘合劑，可避免形成麵團不想要的彈性。

艾維提斯 H.T.

1

2

3

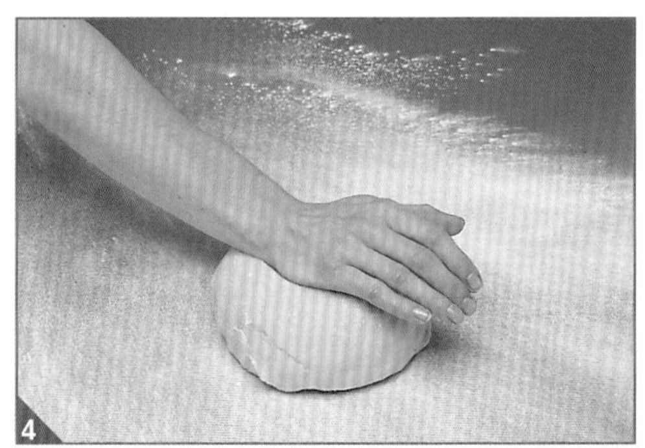

4

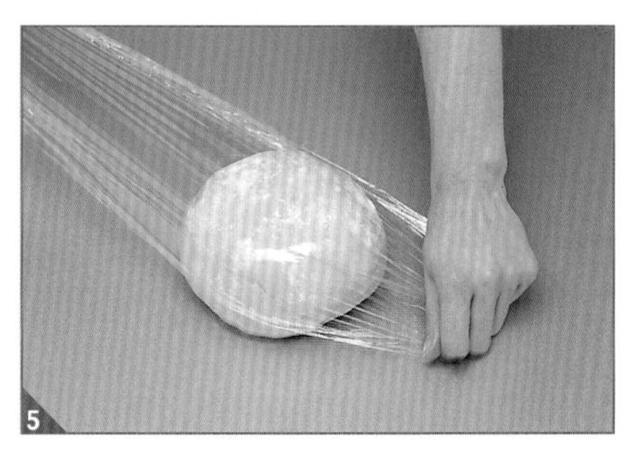

5

準備時間 15分鐘
靜置時間 2或3小時
製作 500克 麵團的材料

蛋2顆
泡打粉5克(1小匙)
(levure chimique)
低筋麵粉(farine type 45)
200克
奶油190克
糖粉(sucre glace)50克
杏仁粉35克
精鹽1克(1小撮)
錫蘭肉桂粉8克(2小匙)
(cannelle de Ceylan en poudre)
深褐色蘭姆酒10毫升(可隨意)

法式肉桂塔皮麵團
Pâte sablée cannelle

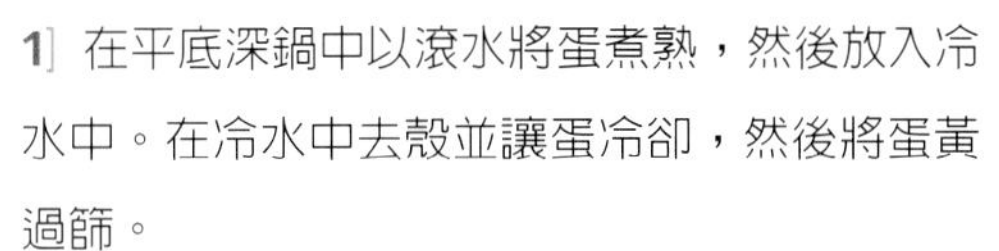

1] 在平底深鍋中以滾水將蛋煮熟，然後放入冷水中。在冷水中去殼並讓蛋冷卻，然後將蛋黃過篩。

2] 在大碗中將泡打粉混入麵粉中。

3] 將奶油切成小塊，放入容器中並用橡皮刮刀攪拌至均勻。

4] 依序加入糖粉、杏仁粉、鹽、肉桂粉、蘭姆酒(依個人喜好來選擇添加與否)、過篩的蛋黃，和混合好的麵粉、泡打粉攪拌均勻，但請勿過度揉捏。

5] 將扁平的麵團以保鮮膜包覆，冷藏靜置2至3小時(4°C)，然後再以擀麵棍擀平。

訣竅

由於添加了熟蛋黃，此麵團呈現相當沙狀的質地，也非常易碎。因此在您壓平時，必須非常小心地操作。烘烤過後，輕輕地用紙板(carton)或刮刀從烤盤上取下。

烹調時間 15分鐘
製作 500克 麵團的材料

香草莢1/2根
室溫奶油190克
糖粉75克
精鹽1克(1小撮)
蛋白1個
麵粉225克

酥餅麵團
Pâte à sablés

1] 將1/2根香草莢剖開成兩半並刮出香草籽。

2] 將奶油切成小塊，放入容器中，用橡皮刮刀壓扁並快速攪拌至柔軟。

3] 依序加入糖粉、鹽、香草籽、蛋白，最後是麵粉，務必要仔細混合每一樣新加入的材料。

4] 當麵團變得均勻時，就立即停止攪拌，讓麵團保有沙狀的質地。

訣竅

若您想將酥餅麵團裝入(星形花嘴)的擠花袋中，請讓麵團保持在非常柔軟的狀態。若要擠出W型的外觀，請在預熱170°C的烤箱中，讓麵團在鋪有烤盤紙的烤盤上烘烤約20分鐘。

準備時間 15分鐘
靜置時間 2小時
製作 500克 麵團的材料

麵粉210克
糖粉85克
蛋1顆
香草莢1 2根
室溫奶油125克
杏仁粉25克
精鹽4克(略少於1小匙)

甜酥麵團
Pâte sucrée

1] 用兩個置於容器上的濾器，將麵粉和糖分別過篩。將蛋打在碗中。半根香草莢剖開成兩半並刮出香草籽。

2] 將奶油切成小塊並放入容器中。用木匙拌合，讓奶油軟化，接著依序加入糖粉、杏仁粉、鹽、香草籽、蛋，最後是麵粉，並在每次加入新材料時加以攪拌，以便均勻混合。

3] 揉成團狀並用手壓平。用保鮮膜包覆，冷藏靜置2小時(4°C)。

變化 Variante

榛果甜酥麵團

Pâte sucrée aux noisettes

用榛果粉來取代杏仁粉，可獲得味道稍微不同且非常柔軟的麵團。

準備時間 30分鐘

靜置時間 10小時

製作 1公斤 麵團的材料

冷水200毫升
精鹽14克(1大匙)
室溫的優質奶油(beurre de très bonne qualité)500克
上等麵粉150克(farine de gruau)
普通麵粉250克(farine ordinaire)

何謂折疊？
Pourquoi les feuilles ?

折疊派皮的製作方式包含奶油層和麵團層的交錯。在烘烤時，麵團中含有的水分會蒸發，但在不透水的油脂層中會受到阻擋。由於形成的水蒸氣體積較大，油脂層會被拉開。請注意，為了獲得理想的結果，將邊修齊是非常重要的：在將折疊派皮麵團分成數等分時，若我們將麵團層的邊緣連接起來(肉眼雖然看不見)，將形成很厚的外殼，並阻止折疊派皮膨脹。

艾維提斯 H.T.

折疊派皮
Pâte feuilletée

1] 在杯中放入冷水和鹽，讓鹽溶解。在一個小的平底深鍋中，將75克的奶油加熱至融化。在沙拉盆中放入上等麵粉和普通麵粉，先混入鹽水，接著是融化的奶油，均勻攪拌，但請勿過度拌合麵糊。

2] 將這基本揉和麵團(détrempe)收攏成團狀，用您的手壓平，以保鮮膜包覆，冷藏靜置2小時(4°C)。

3] 將剩餘的奶油切成很小的小塊，用木匙攪拌至軟化，並呈現和基本揉和麵團同樣軟硬度的方形片。當麵團經過足夠的靜置後，在工作檯上撒上些許的麵粉，並用擀麵棍將基本揉和麵團擀成約2公分的厚度，同時讓中央保留比邊緣厚的厚度。

4] 將麵皮擀成角度垂直的方形，並將軟化的奶油置於方形麵皮中央。

5] 將麵皮的四個角疊在奶油上，以形成方形的「起酥麵團(pâton)」。

1

2

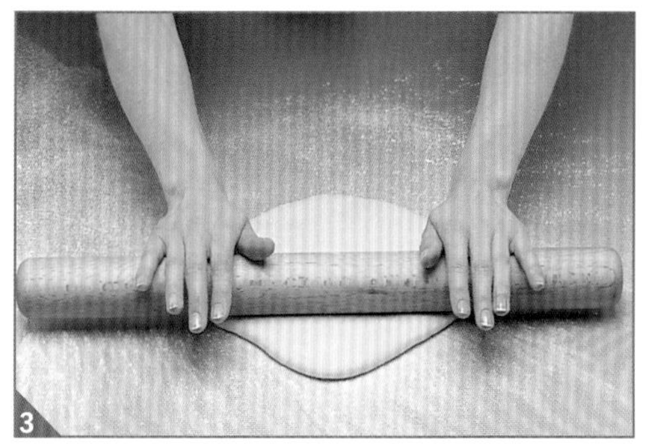
3

4

5

6| 將麵團擀成長度為寬度三倍的矩形。

7| 將麵皮折疊成3折，如同製作一個矩形信封：您已經完成了第一「折(tour)」。讓麵團冷藏靜置2小時。

8| 將麵團旋轉90°，擀成和先前同樣大小的矩形，然後和第一次一樣折疊成3折：您剛剛執行了第二折。再度讓麵皮冷藏靜置至少1小時。以同樣方式進行，直到兩兩折疊成6折為止，而且每次都讓麵皮冷藏靜置2小時。

9| 在每次折疊時，用手指在麵皮上按壓作為標示，以便記得折疊的次數。將麵團冷藏保存直到使用的時刻。

訣竅

當您為了將麵皮擀成矩形而在工作檯撒上麵粉時，請精打細算，因為最好避免在要旋轉擀的麵團上撒過多的麵粉。

省時妙法

真正的折疊派皮需要很長的靜置時間。但您可以大量製作，並將之後要使用的部分麵團冷凍起來。

變化 Variantes

咖啡折疊派皮

Pâte feuilletée au café

準備您將疊在基本揉和麵團上的奶油。讓奶油慢慢軟化，並混入約10克的即溶咖啡。接著進行傳統的折疊派皮做法。

巧克力折疊派皮

Pâte feuilletée au chocolat

將50克的可可粉與您將疊在基本揉和麵團中的奶油混合。形成方形片狀，然後包入保鮮膜中，冷藏靜置至少2小時。

半折疊派皮
Pâte demi-feuilletée

準備時間 20分鐘
靜置時間 8小時
製作 500克 麵團的材料

麵粉250克
精鹽5克(1小匙)
冷硬奶油250克
(beurre très froid)
水150毫升

1] 用置於容器上的濾器將麵粉過篩，然後撒上鹽巴。

2] 將奶油切成小塊，並預留幾塊較大的，以至於不會完全混入麵粉，這可賦予麵糊相當酥脆的質地。這時和麵粉混合。

3] 逐漸加入水，同時將麵團拌合至均勻為止。

4] 將麵團揉成團狀，包在保鮮膜裡，冷藏2小時(4°C)。

5] 接著將麵團旋轉擀折3次(見21頁)，並在每次旋轉擀折之間讓麵團於陰涼處靜置3小時。這麵團是用來做成小的鹹味千層派，並請以200°C烘烤。

反折疊派皮
Pâte feuilletée inversée

準備時間 30分鐘
靜置時間 至少10小時
製作 500克 麵團的材料

第一層基本揉和麵團
麵粉60克
(一半低筋麵粉type 45，
一半中筋麵粉type 55)
室溫奶油160克
第二層基本揉和麵團
麵粉150克
(一半低筋麵粉type 45，
一半中筋麵粉 type 55)
精鹽5克(1小匙)
奶油50克
水100毫升
酒醋(vinaigre d'alcool)
1/4小匙

1] 在容器中混合麵粉和第一層基本揉和麵團的奶油，直到麵團形成團狀。用擀麵棍將麵團擀成2公分厚的圓形派皮，用保鮮膜包起，冷藏2小時(4°C)。

2] 在另一個容器中混合第二層基本揉和麵團的所有材料，但請勿一次倒入所有水：麵團不應太軟。在麵團均勻時，擀成厚2公分的方形麵皮；用保鮮膜包起，冷藏2小時(4°C)。

3] 將第一層基本揉和麵團擀成1公分厚的圓形麵皮；將第二層基本揉和麵團放在中央，然後將圓形麵皮的邊緣向上折起，將第二層基本揉和麵團完全包覆起來。用拳頭擊打整個表面，開始將麵團展開；接著用擀麵棍慢慢地從中央擀向邊緣，形成長度為寬度三倍的矩形。

4] 將下面的1/4朝中央折起，接著是上面的1/4：派皮的短邊再度靠攏。將派皮從中央對折：您剛剛完成了「皮夾折(tour en portefeuille)」，亦稱為「雙折(tour double)」。

5] 將這新形成的矩形派皮旋轉，讓褶痕位於左邊，然後稍微壓平；用保鮮膜包起，冷藏2小時。

6] 用拳頭將這冷麵團稍微壓扁，接著用擀麵棍擀成長度為寬度三倍的矩形(褶痕始終位於左邊)。將該矩形折成皮夾狀，然後再度包起，冷藏至少2小時。

7] 在使用派皮時，終於來到最後的第三折，即「單折(tour simple)」。將麵皮再度擀成矩形，不過這次是將下面的1/3，接著是上面的1/3，朝中央的1/3折起，以形成方形；以保鮮膜包起，一面冷藏靜置2小時，然後換另一面。

8] 擀麵團時，將麵團從工作檯上稍微提起，然後落入掌心，以放鬆麵團。

9] 擺在鋪有濕潤烤盤紙的烤盤上，用叉子在上面戳出小孔，烘烤前再冷藏靜置1至2小時。

老饕論 Commentaire gourmand

此折疊派皮被稱為「反」折疊派皮是因為，通常會被封入第二層基本揉和麵團中的第一層在這裡是處於外層：此後，麵團歷經雙折，並在烘烤時大大地膨脹，形成既酥脆又柔軟的折疊派皮。

焦糖反折疊派皮
Pâte feuilletée inversée caramélisée

準備時間 15分鐘
靜置時間 1或2小時
烘烤時間 20分鐘
製作 500克 麵團的材料

反折疊派皮430克(見22頁)
砂糖45克
糖粉25克

1] 烤箱預熱230℃。在工作檯上，用擀麵棍將折疊派皮擀成2公分的厚度。切成烤盤大小。在烤盤上鋪上烤盤紙，用刷子蘸水稍微濕潤，然後放上派皮。將烤盤冷藏1至2小時(4℃)。

2] 在派皮上均勻地撒上砂糖，然後將烤盤放入熱烤箱中，立即將溫度調低至190℃。經過8分鐘的烘烤後，在派皮上蓋上網架，以免過度膨脹；接著繼續烘烤5分鐘。

3] 將烤盤從烤箱中取出，去掉網架，在派皮上蓋上烤盤紙，接著是第二個烤盤(和第一個尺寸一樣的烤盤)；將兩個烤盤倒扣，上下顛倒，放在工作檯上；然後移去第一個烤盤和烤盤紙。

4] 烤箱加熱250℃。

5] 在派皮上均勻地篩上糖粉，然後放進烤箱中烘烤8至10分鐘：糖融化，變黃，然後烤成焦糖。

老饕論 Commentaire gourmand

這種派皮非常適合用來製作大小千層派；焦糖可避免派皮被奶油醬潤化。

它也可以是非常精緻的小糕點：將派皮切成小棍狀或方形，搭配咖啡來享用千層酥，可以就這樣品嚐，也能以鮮奶油香醍擠花(flocon de Chantilly)或巧克力慕斯裝飾。

維也納折疊派皮
Pâte feuilletée viennoise

準備時間 10分鐘
靜置時間 7小時
製作 500克 麵團的材料

麵粉250克
奶油265克
精鹽4克(略少於1小匙)
砂糖5克(1小匙)
蘭姆酒10毫升(2小匙)(可隨意)
蛋黃1個
牛奶50毫升
水30毫升(2大匙)

1] 在容器中混合160克的麵粉、15克的奶油、鹽、糖，並可加入蘭姆酒。

2] 在碗中攪打蛋黃和牛奶。

3] 將牛奶和蛋的混合物混入麵糊中，接著一點一點地加入水：配料必須維持些許的硬度。揉成團狀，用保鮮膜包起，冷藏2小時(4℃)。

4] 將麵團擀平。將其餘250克奶油切塊，和其餘的麵粉在另一個容器中仔細攪拌。形成方形片並擺放在麵皮中央。

5] 接著進行1個單折(見21頁)，接著是2個雙折(見前一頁的反折疊派皮)、1個單折，在每次折疊之間，讓麵皮冷藏靜置1小時，而最後是靜置2小時。

老饕論 Commentaire gourmand

就折疊派皮而言，建議使用「低水」奶油(beurre sec)，即以冬季乾草料飼養的乳牛奶所製作而成的。這通常來自夏朗德省(Charente)或東部的奶油，堅實，有時易碎，優勢在於不會太快融化。

變化 Variante

開心果反折疊派皮
Pâte feuilletée inversée à la pistache

製作第一個基本揉和麵團。混合麵粉、奶油，以及70克添加香料並染色的開心果糊。接著進行如同製作原味反折疊派皮的步驟(見22頁)。您將因而獲得味道相當精緻的派皮。

沙弗林麵團 *Pâte à savarin*

準備時間 20分鐘
靜置時間 30分鐘
製作 500克 麵團的材料

檸檬皮1/4顆
室溫奶油60克
酵母粉15克
低筋麵粉(type 45)160克
天然香草精2.5克(1/2小匙)
金合歡蜜(miel d'acacia)15克(1大匙)
精鹽5克(1小匙)
蛋5顆

1] 將檸檬皮切成細碎。將奶油切得很小塊。

2] 將酵母粉撒在沙拉盆裡。加入麵粉、香草、蜂蜜、鹽、果皮和一顆蛋。用木匙混合，接著一顆顆地加入其他的蛋。攪拌麵糊，直到麵糊脫離沙拉盆壁成團。混入奶油，然後再次攪拌至麵團再次脫離沙拉盆，並變得有彈性、平滑和明亮。

3] 當麵團變得均勻時就停止攪拌，讓麵團在室溫下發酵30分鐘。

4] 當您將模型裝填至一半時，再讓麵團發酵至到達邊緣為止。

訣竅

若要用多功能攪拌機(robot ménager)攪拌麵團，請使用攪麵鉤(crochet à pâte)。把麵粉、蜂蜜、果皮和3顆蛋放入碗中。以中速轉動，直到麵團脫離碗壁，加入其他的蛋，再度等到麵團脫離，接著混入極小塊的奶油。在麵團確實脫離碗壁時停止攪動。

皮力歐許麵團 *Pâte à brioche*

準備時間 20分鐘
靜置時間 至少4小時
製作 500克 麵團的材料

酵母粉5克
麵粉190克
砂糖20克
精鹽4克(略少於1小匙)
蛋3顆
室溫奶油150克

1] 將酵母粉撒在沙拉盆裡。用木匙混合加入的麵粉、糖和鹽。接著一顆顆地加入蛋，並在每次加入時拌和均勻。

2] 將奶油切成小塊，在麵糊脫離沙拉盆壁成團時一個個地混入。持續攪拌至麵團再次脫離。

3] 放入容器中，蓋上保鮮膜，置於溫熱處(22°C)3小時，讓麵團的體積膨脹2倍。

4] 這時用拳頭將麵團壓回原先的體積，並將發酵所產生的二氧化碳排出。再放回容器中，蓋上保鮮膜，在第二次壓扁之前讓麵糊再膨脹1小時。

5] 當您完成皮力歐許整形後，放入烤箱之前要再讓麵團發酵膨脹。

訣竅

若要用多功能攪拌機(robot ménager)攪拌麵團，請使用攪麵鉤，並一顆顆地混入蛋。

皮力歐許風味麵團 *Pâte briochée*

準備時間 20分鐘
靜置時間 至少4小時
製作 500克 麵團的材料

酵母粉10克
全脂鮮奶45毫升(3大匙)
奶油80克
麵粉220克
砂糖30克
精鹽4克(略少於1小匙)
蛋3顆

1] 將酵母粉撒在碗中，與牛奶摻和。將奶油切成小塊。

2] 在沙拉盆中倒入麵粉、糖、鹽和1顆蛋。用木匙混合。接著加入另2顆蛋，然後是奶油塊，務必要仔細混合每一項材料。最後將牛奶和酵母粉混合液倒入沙拉盆中，攪拌至麵團確實脫離沙拉盆壁。

3] 將麵團放入容器中，接著進行如同製作傳統皮力歐許麵團的步驟(靜置時間同上)。

皮力歐許折疊派皮
Pâte à brioche feuilletée

準備時間 30分鐘
靜置時間 3小時
冷凍時間 1小時
製作 500克 麵團的材料

上等麵粉(farine de gruau) 250克
酵母粉20克
砂糖15克(1大匙)
精鹽3克(1/2小匙)
冰水(eau très froid) 100毫升
冰涼全蛋(euf entier très froid) 1顆
全脂奶粉15克(1大匙)
冷奶油100克

為何要使用極冷的食材？

酵母為微機體，意即由單細胞所構成的生物，只會在某些情況下增生：在有食物的狀況下，像是糖，以及不會迫使它們休眠或因乾燥而遭到破壞的溫度。若我們只是將酵母和麵粉、水、蛋、糖混合，它們會立即開始成長，喪失穩定性的麵團在折疊時會無法恰當地吸收奶油。此外，讓製作完成的麵團冷卻，可減緩酵母的活動。在這種情況下，酵母會發展出富有特色的皮力歐許風味。
艾維提斯 H.T.

把麵粉倒在工作檯上或沙拉盆中。在麵粉堆的一側撒上酵母粉。在另一側放上糖和鹽。剛開始，這些材料不應有所接觸，因為鹽和糖會破壞酵母。在麵粉中央做出一個凹槽，將水、蛋和奶粉倒入，然後用手指或木匙快速混合所有材料。麵團一旦均勻，就停止攪拌。揉成團狀，用保鮮膜包起並加以冷凍，讓麵團可以瞬間冷卻。

1] 當麵團冷卻時，揉捏並用擀麵棍擀成長度為寬度三倍的矩形。

2] 在容器中用橡皮刮刀將奶油攪軟。一半塗在麵皮下方2/3，並將麵皮向下折疊，做一個單折(見21頁)。

3] 檢查每個角是否筆直。將麵皮冷凍30分鐘，接著冷藏1小時(4°C)。

4] 接著做第二次單折，不再加奶油(見22頁的反折疊派皮)。再次用擀麵棍將麵皮擀成矩形。

5] 將剩餘的奶油塗在矩形麵皮下方2/3。將沒有塗奶油的部分朝中央折起，而下方部分疊在上面。再度將麵皮冷凍30分鐘，接著冷藏1小時。完成皮力歐許風味派皮時，請先冷藏發酵1小時30分鐘至2小時，然後再送入烤箱。

1

2

3

4

5

準備時間 20分鐘
靜置時間 至少4小時
冷凍時間 1小時30分鐘
製作 500克 麵團的材料

奶油15克
酵母粉5克
20°C的水80－85毫升
(5－6大匙)
低筋麵粉(type 45)210克
精鹽4克(略少於1小匙)
砂糖30克(2大匙)
全脂奶粉5克(1小匙)
室溫奶油125克

可頌麵團為何需折疊2次？

折疊2次時，食譜之所以指示用拳頭將麵團壓扁，以回復到原本的體積，這是為了要將二氧化碳排出。在進行這些程序時，我們再次擀壓麵團，這讓酵母一在接觸到提供養分的環境時增生一接觸到新鮮的麵團，使酵母能夠再度開始增生。這是以倍數成長的繁殖：1個酵母增生成2個，而增生的每個酵母再各自增生成2個等等；光是分裂20次後，每個酵母細胞便產生超過30000個細胞，確保發酵作用的產生。
艾維提斯 H.T.

可頌麵團
Pâte à croissants

在小的平底深鍋中，讓15克的奶油融化。在碗中撒上酵母粉並與水摻合。用置於沙拉盆上的濾器將麵粉過篩；加入鹽、糖，最後是奶粉、融化的奶油和摻水的酵母粉。

1] 用手由外而內地揉捏麵團。麵團一均勻就停止揉捏。若麵團太硬就混入些許的水。

2] 在沙拉盆上蓋上保鮮膜，讓麵團置於溫熱處(22°C)1小時至1小時30分鐘，讓體積膨脹為兩倍。

3] 用拳頭將麵團壓扁，以便將發酵所產生的二氧化碳驅離。麵團因而回復到原本的體積。再將沙拉盆蓋上保鮮膜，放入冰箱(4°C)約1小時，讓麵團再度膨脹。然後再將麵團壓扁並冷凍30分鐘。

4] 在容器中用橡皮刮刀將奶油攪軟。用擀麵棍將麵團擀成長度為寬度三倍的矩形。每個角必須垂直。用手指將一半的奶油塗在麵皮下方2/3，做一個有奶油的單折，然後再做一個不加奶油的單折(見22頁的反折疊派皮)。冷凍30分鐘，接著冷藏1小時。

5] 再度開始用其餘的奶油進行折疊，然後再將麵皮冷凍30分鐘，接著冷藏1小時。

1

2

3

4

5

準備時間 15分鐘

製作 500克 麵糊的材料

水80毫升
全脂鮮奶100毫升
精鹽4克(略少於1小匙)
砂糖4克(略少於1小匙)
奶油75克
麵粉100克
蛋3顆

為何在製作泡芙麵糊時必須將蛋一顆顆地放入？

泡芙在經過充分攪拌時會膨脹：攪拌麵糊使無數微小的氣泡產生，氣泡壁有利於麵糊中的分子從液體轉變成蒸氣的形式，然後蒸散到空氣中。在烘烤時，就是這種蒸氣的形成確保了泡芙的膨脹。

艾維提斯 H.T.

泡芙麵糊
Pâte à choux

1] 將水和鮮奶倒入平底深鍋中；加入鹽、糖和奶油。將上述材料煮沸，同時以木杓攪拌。

2] 一次加入所有的麵粉。用木杓用力攪拌，直到麵糊變得平滑且均勻。當麵糊脫離鍋壁和鍋底時，持續攪拌麵糊2至3分鐘，以便讓麵糊變得稍微乾燥。

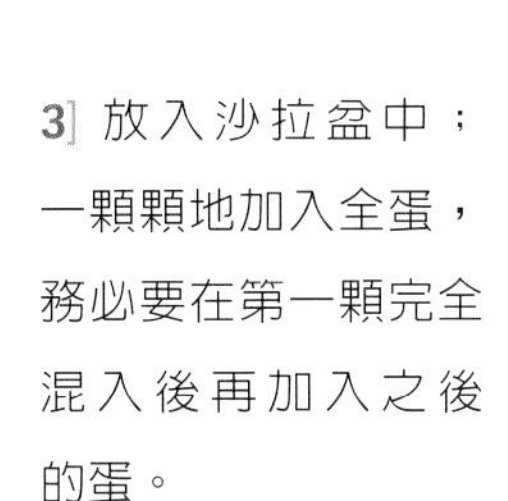

3] 放入沙拉盆中；一顆顆地加入全蛋，務必要在第一顆完全混入後再加入之後的蛋。

4] 持續像這樣攪拌麵糊。不時稍微提起：當麵糊落下並形成如圖的緞帶狀時，這表示麵糊已經準備好了。

5] 將麵糊放入裝有擠花嘴的擠花袋中，依您想要的形狀擠在烤盤上，例如閃電泡芙的長條。

1

2

3

4

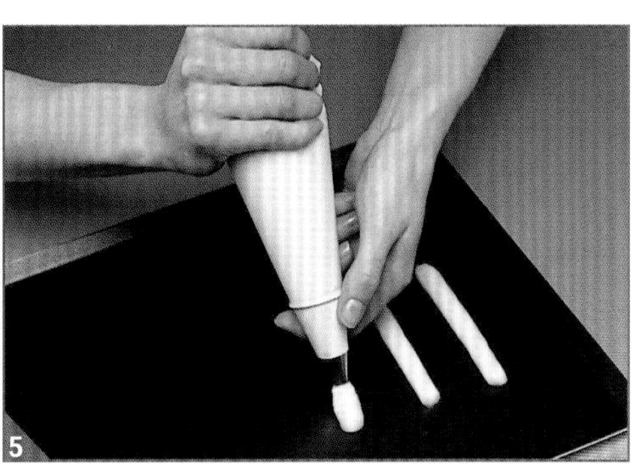
5

準備時間 5分鐘

靜置時間 1小時

製作 500克 麵糊的材料

酵母粉9克

麵粉185克

精鹽2.5克

砂糖4克

金黃色啤酒(bière blonde) 50毫升

液體油45毫升

蛋1顆

蛋白1個

水150毫升

多拿滋麵糊
Pâte à beignets

1] 將酵母粉撒在容器中。

2] 加入麵粉、鹽、糖、奶油、油和全蛋。用木匙均勻混合。

3] 逐漸加入水，一邊攪拌至混合物變得均勻為止。

4] 這時讓麵糊在室溫下(20°C)靜置約1小時。

5] 使用前再將蛋白打成非常凝固的泡沫蛋白霜狀，然後小心地混入麵糊中。

老饕論 Commentaire gourmand

您可用1小匙的香草精來為多拿滋麵糊增添香氣。您也能用無糖可可粉取代1/4的麵粉，以同樣的方式製作巧克力多拿滋麵糊。

準備時間 10分鐘

靜置時間 至少2小時

製作 500克 麵糊的材料

蛋2顆

奶油10克

麵粉100克

香草莢 (gousse de vanille) 1/2根

精鹽2.5克(1/2小匙)

全脂鮮奶250毫升

水30毫升(2大匙)

香橙干邑甜酒(Grand Marnier) 15毫升(可隨意)

可麗餅麵糊
Pâte à crêpes

將香草莢剖開成兩半並刮出香草籽。在碗中將蛋打散。在平底深鍋中將奶油加熱至融化。

1] 在容器上將麵粉過篩。混入香草籽、蛋和鹽。

2] 摻入鮮奶和水並加以攪拌均勻。

3] 加入融化的奶油，最後是香橙干邑甜酒，拌勻。在室溫下(20°C)靜置至少2小時。使用時，摻入10毫升的水(份量外)來稀釋麵糊。

1

2

3

變化 Variante

栗粉可麗餅麵糊

Pâte à crêpes à la farine de châtaigne

用等量的栗子粉來取代一半的麵粉，並用威士忌來取代香橙干邑甜酒，您將獲得口味非常獨特而細緻的可麗餅麵糊。

鬆餅麵糊 *Pâte à gaufres*

準備時間 10分鐘

製作 500克 麵糊的材料

液狀鮮奶油50毫升
全脂鮮奶200毫升
精鹽3克
麵粉75克
奶油30克
蛋3顆
橙花水(eau de fleur d'oranger) 5毫升

1] 在平底深鍋中將鮮奶油和一半的鮮奶煮沸。放涼。

2] 在另一個平底深鍋中，將其餘的鮮奶和鹽煮沸；加入全部的麵粉和奶油。加熱2至3分鐘，同時以木杓攪拌，如同製作泡芙麵糊(見27頁)。

3] 將這混合物倒入大的容器裡，一顆顆地混入蛋，接著是煮沸的鮮奶油和鮮奶，最後是橙花水。混合，放至完全冷卻。

油炸麵糊 *Pâte à frire*

準備時間 10分鐘

製作 500克 麵糊的材料

麵粉150克
在來米粉(farine de riz)45克
馬鈴薯澱粉(fécule de pomme de terre)30克
泡打粉15克(1大匙)
鹽5克
糖10克
液體油45毫升(3大匙)
水200毫升

1] 將麵粉、在來米粉和馬鈴薯澱粉一起在沙拉盆上過篩。加入泡打粉、鹽和糖，然後將全部材料攪拌均勻。

2] 慢慢地以少量倒入油，一邊用木匙攪拌。

3] 在油充分混合後，一點一點地加入水，直到獲得不會太稀，也不會太稠的平滑麵糊。

訣竅

依麵糊的使用，您可以變換液體油(花生、橄欖或麻油)的種類，或甚至是混合這些油。

省時妙法

外國食品雜貨店有現成的油炸多拿滋粉，使用時摻水即可。

香料麵包麵團 *Pâte à pain d'épice*

準備時間 15分鐘

靜置 1小時

製作 500克 麵團的材料

蜂蜜250克
麵粉250克
柳橙皮或檸檬皮1/4顆
泡打粉5克
茴香籽(grain d'anis)5克
肉桂(粉)3克
丁香粉(clou de girofle)3克

1] 將蜂蜜煮沸。

2] 用置於容器上的濾器將麵粉過篩。做出凹槽並倒入蜂蜜。用木匙均勻拌合。

3] 將麵團收攏成團狀，包在潔淨的毛巾裡，在室溫下(20°C)靜置1小時。

4] 將柑橘類果皮切成細碎。麵團混入泡打粉，用力揉捏，讓麵團結實，並依序加入肉桂、丁香和果皮。

5] 若要製作小型香料麵包，請切成5至8公釐厚的麵塊，然後塗上蛋汁，以170°C烘烤。

酥頂碎麵屑或烤麵屑 *Pâte à streusel ou à crumble*

準備時間 5分鐘

製作 500克 麵屑的材料

冷奶油(beurre froid)125克
砂糖125克
精鹽2.5克(1/2小匙)
麵粉125克
杏仁粉125克

1] 將奶油切成邊長約1.5公分的小塊。和糖、鹽、麵粉和杏仁粉一起放入沙拉盆中。用木匙混合並切拌直到獲得被稱為「酥頂碎麵屑」(streusel)的粗粒麵屑。

2] 將麵屑擺在盤上，冷藏保存(4°C)。

訣竅

您也能用手指搓揉麵屑，但手指的溫度會使奶油融化，麵屑會明顯變得更緊密。

代糖麵團 Les pâtes aux édulcorants

油酥麵團 *pâte brisée*

準備時間 15分鐘
靜置時間 2小時
製作 500克 麵團的材料

麵粉250克
鹽1/2小匙
粉狀甜味劑（阿斯巴甜aspartame）3大匙
奶油130克
蛋黃1顆
脫脂牛奶50毫升

1] 在大碗中仔細地用木匙混合麵粉、鹽和粉狀甜味劑。

2] 將奶油切得非常小塊，放入容器中，用木杓攪拌至軟化。

3] 加入蛋，接著是牛奶，最後是麵粉、鹽和甜味劑的混合物。

4] 仔細地混合所有材料，但請勿揉捏麵團。若麵團不夠軟，您可加入一點點牛奶。

5] 揉成團狀，擀平前於陰涼處靜置2小時。

甜酥麵團 *Pâte sucrée*

準備時間 15分鐘
靜置時間 2小時
製作 500克 麵團的材料

奶油100克
鹽1撮
麵粉200克
粉狀甜味劑（阿斯巴甜）9大匙
杏仁粉40克
蛋1顆

1] 將奶油切成小塊，放入容器中並用木杓攪拌至軟化。

2] 在大碗中混合鹽、麵粉和甜味劑。

3] 將杏仁粉一點一點地倒入奶油中，攪拌至混合物均勻。接著加入蛋和先前的混合物。

4] 用木匙或用手快速揉捏，揉成團狀，擀平前於陰涼處靜置2小時。

變化 Variante

您可在鹽、麵粉和甜味劑粉的混合物中加入一點香草粉，為麵團增添芳香。

法式塔皮麵團 *Pâte sablée*

準備時間 15分鐘
靜置時間 1小時
製作 500克 麵團的材料

蛋黃2個
麵粉200克
鹽1/2小匙
泡打粉1/2大匙
粉狀甜味劑（阿斯巴甜）4大匙
奶油180克
杏仁粉35克
蘭姆酒20毫升

1] 將蛋煮熟，去殼，然後將蛋黃放入食品調理機（moulinette），或用叉子壓成細碎。

2] 在碗中混合麵粉、鹽、泡打粉和甜味劑。

3] 將奶油放入容器中，用木杓攪拌至軟化。

4] 加入奶油、杏仁粉，接著是蛋黃、蘭姆酒，最後是麵粉、泡打粉和甜味劑的混合物，並在每次混合時攪拌均勻。

5] 麵團一均勻，就停止攪拌，在擀平前於陰涼處靜置1小時。

變化 Variante

您只要加入1大匙的肉桂粉，便可用同樣的方式來製作肉桂風味的法式塔皮麵團。

Les pâte à biscuit et les meringue
蛋糕體麵糊與蛋白霜

蛋糕體、打卦滋(dacquoise)、義式海綿蛋糕(génoise)，

全都是輕薄而柔軟的麵糊配料，並以同樣的主要成份製作。

材料的比例和不同的混合方式，形成了味道和質地上的差異。

蛋糕體 Les biscuits

準備時間 15分鐘

製作 500克 麵糊的材料

苦甜巧克力75克

蛋4顆

蛋黃1個

杏仁膏(pâte d'amande)90克

砂糖110克

無麵粉杏仁巧克力蛋糕體麵糊
Pâte à biscuit à l'amande et au chocolat sans farine

1] 將巧克力切碎，在隔水加熱的平底深鍋中(40°C)或用微波爐加熱至融化。

2] 將蛋白與蛋黃分開。

3] 在容器中將杏仁膏攪至軟化，先用手提式電動攪拌器的「槳狀葉片」將杏仁膏與蛋黃混合；接著更換器具，用網狀攪拌器來打發混合物。

4] 在大碗中將5個蛋白打成泡沫狀，並在表面覆蓋撒上砂糖，意即大量地倒入砂糖，然後一點一點地混合，並不斷用手提式電動攪拌器攪拌。

5] 將融化的巧克力倒入蛋黃中，接著加入打成立角狀的蛋白霜，並輕輕將配料稍微舀起般的混合均勻。

6] 將麵糊放進裝有8號或9號圓形擠花嘴的擠花袋中，在鋪有烤盤紙的烤盤上，從中央開始擠出螺旋狀的圓形。

杏仁榛果蛋糕體麵糊
Pâte à biscuit à l'amande et à la noisette

準備時間 20分鐘

製作 500克 麵糊的材料

杏仁粉50克
榛果粉50克
砂糖60克
蛋白6個
砂糖80克
糖粉

1] 混合杏仁粉、榛果粉和砂糖。

2] 將蛋白和80克的糖一起打發，並打成立角的蛋白霜。輕輕地將先前混合的粉混入蛋白中。

3] 將麵糊填入裝有9號圓口擠花嘴的擠花袋中，並在鋪有烤盤紙的烤盤上，從中央開始擠出螺旋狀圓形。

4] 烘烤前，在至少間隔的10分鐘內，分2次非常輕地篩上糖粉。

木柴蛋糕體麵糊
Pâte à biscuit pour bûche

準備時間 30分鐘

製作 500克 麵糊的材料

蛋4顆
杏仁膏150克
蛋白1個
麵粉75克
砂糖50克

1] 將蛋白和蛋黃分離。

2] 在不鏽鋼盆(cul-de-poule)中將杏仁膏攪軟，慢慢加入4個蛋黃，接著是2個蛋白。將上述混合物隔水加熱並一邊攪拌，直到變得濃稠為止(55～60°C，手指仍能忍受的溫度)。離火，持續用手持電動攪拌器攪拌至完全冷卻。

3] 用置於容器上的濾器將麵粉過篩。將剩下的3個蛋白打成泡沫狀，慢慢地混入糖，然後打發至立角狀的蛋白霜。

4] 輕輕和杏仁膏等配料混合，並一邊倒入麵粉。

巧克力木柴蛋糕體麵糊
Pâte à biscuit pour bûche au chocolat

準備時間 20分鐘

製作 500克 麵糊的材料

奶油55克
麵粉25克
馬鈴薯澱粉(fécule de pomme de terre)25克
可可粉25克
蛋4顆
蛋黃2個
砂糖125克

1] 讓奶油在小的平底深鍋中緩緩融化。

2] 用置於容器上的濾器將麵粉、馬鈴薯澱粉和可可粉過篩。

3] 將蛋白和蛋黃分離。在大碗中將蛋白攪打成泡沫狀，並逐漸混入一半的糖，然後打發至立角狀的蛋白霜。

4] 在容器中將6個蛋黃和剩下的糖一起打發，直到混合物泛白並起泡呈濃稠狀。

5] 將2大匙的混合物放入裝有融化奶油的平底深鍋中。

6] 將蛋白霜混入蛋黃中，並用木杓稍微舀起的方式混合，接著非常輕地將麵粉混入可可粉中，最後是融化的奶油。

嘉布遣修士蛋糕體麵糊
Pâte à biscuit capucine

準備時間 15分鐘

製作 500克 麵糊的材料

全粒的榛果數顆
杏仁粉100克
麵粉25克
砂糖220克
蛋白5個

1] 將榛果以170°C稍微烘烤15至20分鐘，之後加以搗碎。

2] 在容器中混合杏仁粉、麵粉和100克的糖。

3] 在大碗中將蛋白打成泡沫狀，並一邊慢慢混入糖，打發成立角狀的蛋白霜。

4] 輕輕和杏仁粉混合。

5] 將獲得的麵糊填入裝有9號圓口擠花嘴的擠花袋中，並在鋪有烤盤紙的烤盤上，從中央開始擠出螺旋狀圓形。然後撒上搗碎的榛果。

準備時間 20分鐘
製作 500克 麵糊的材料
苦甜黑巧克力50克
（可可奶油含量至少60%）
蛋5顆
砂糖200克

無麵粉巧克力蛋糕體麵糊
Pâte à biscuit au chocolat sans farine

1] 將巧克力切塊，在隔水加熱的平底深鍋中（40°C）緩緩加熱至融化。

2] 將蛋白和蛋黃分離。在容器中將蛋黃和一半的糖打發至泛白並起泡呈濃稠狀。

3] 在大碗中將蛋白打成泡沫狀，接著加入剩下的糖，持續攪打至非常凝固立角狀的蛋白霜。

4] 輕輕將1/3的蛋白混入蛋黃和糖的混合物，接著倒入融化的巧克力，一邊用刮杓攪拌。

5] 最後加入剩餘的蛋白，並以輕輕將配料稍微舀起的方式混合。

6] 將麵糊填入裝有9號圓口擠花嘴的擠花袋中，並在鋪有烤盤紙的烤盤上，從中央開始擠出螺旋狀圓形。

準備時間 15分鐘
製作 500克 麵糊的材料
苦甜黑巧克力100克
（可可奶油含量至少60%）
室溫奶油85克
可可粉6克（滿滿1大匙）
砂糖100克
蛋3顆
蛋白3個

無麵粉巧克力奶油蛋糕體麵糊
Pâte à biscuit au chocolat et au beurre sans farine

1] 將巧克力切碎，在隔水加熱的小平底深鍋中（40°C）加熱至融化。

2] 將奶油切成小塊，放入容器中，和可可粉及40克的糖一起攪拌至柔軟且顏色變淡。

3] 將蛋白和蛋黃分離。

4] 將3個蛋黃和1個蛋白混入奶油中，接著是巧克力。

5] 將剩下的5個蛋白打成泡沫狀，逐漸混入剩餘的糖，持續攪打至非常凝固立角狀的蛋白霜。接著輕輕和蛋黃混合。

6] 將麵糊填入裝有9號圓口擠花嘴的擠花袋中，並在鋪有烤盤紙的烤盤上，從中央開始擠出螺旋狀圓形。

準備時間 10分鐘
製作 500克 麵糊的材料
麵粉80克
蛋4顆
蛋黃4個
砂糖110克

指形蛋糕體麵糊
Pâte à biscuit à la cuillère

1] 用置於碗上的濾器將麵粉過篩。

2] 將蛋白和蛋黃分離。在容器中將蛋白打成泡沫狀，然後逐漸混入50克的糖，持續攪打至立角狀的蛋白霜。

3] 在另一個容器中，攪打8個蛋黃和其餘的糖，直到泛白並起泡呈濃稠狀。

4] 將蛋黃和糖的混合物少量地混入打成立角狀的蛋白霜中，並用刮杓輕輕將配料稍微舀起的方式混合：接著逐漸倒入麵粉，並進行和先前同樣的拌合步驟。

5] 為了製備指形蛋糕體，請使用裝有16號圓口擠花嘴的擠花袋。再為擠出的麵糊篩上糖粉，並放入預熱220°C的烤箱烘烤15至18分鐘。

老饕論 Commentaire gourmand

這種蛋糕體非常蓬鬆，很適合用來製作以冰涼水果為基底的甜點：美味而鬆軟，甚至在非常潮濕時也不易碎裂。

「布朗尼」式蛋糕體麵糊
Pâte à biscuit façon «brownie»

準備時間 15分鐘

製作 500克 麵糊的材料

苦甜黑巧克力70克
奶油125克
蛋2顆
砂糖150克
過篩的麵粉60克
胡桃(noix de pecan)100克

1] 將巧克力切碎，在隔水加熱的平底深鍋中(40℃)緩緩加熱至融化，然後放至微溫。

2] 將奶油切塊，加熱至融化，同樣放至微溫。

3] 將蛋與砂糖混合。混入奶油和巧克力。

4] 混合麵粉和約略切碎的胡桃，接著加入先前的配料中，一邊用刮杓攪拌。

橄欖油蛋糕體麵糊
Pâte à biscuit à l'huile d'olive

準備時間 15分鐘

製作 500克 麵糊的材料

麵粉125克
檸檬1顆
奶油100克
檸檬皮1/2顆
砂糖120克
蛋4顆
全脂鮮奶20毫升(4小匙)
泡打粉4克(略少於1小匙)
初榨橄欖油(huile d'olive vierge)75毫升(5大匙)

1] 用置於碗上的濾器將麵粉過篩。將檸檬榨汁。在小型平底深鍋中將奶油加熱至融化，然後放至微溫。

2] 將果皮切成細碎。和糖一起放入容器中，混合30秒，讓糖充滿檸檬的香味。

3] 一顆一顆地加入蛋。攪打至發泡的濃稠狀，接著倒入牛奶並加以攪拌。

4] 混入麵粉、泡打粉、1小匙的檸檬汁、融化的奶油，最後是橄欖油，一邊用刮杓攪拌，直到每一種材料都充分混合後才加入之後的材料。

老饕論 Commentaire gourmand

橄欖油蛋糕體賦予蛋糕柔軟和果香，適合在微溫或室溫下享用。

義式蛋糕體麵糊
Pâte à biscuit à l'italienne

準備時間 15分鐘

製作 500克 麵糊的材料

蛋5顆
糖粉100克
檸檬1/2顆檸檬皮切成細碎
擠出檸檬汁
砂糖50克
麵粉60克
玉米粉60克

1] 一顆顆地打蛋，將蛋白和蛋黃分離。

2] 將蛋黃與糖粉混合，攪打約5分鐘，直到混合物泛白。這時加入檸檬皮和檸檬汁。

3] 在容器中將蛋白和砂糖攪打成泡沫狀。當變得凝固的立角狀蛋白霜時，倒入蛋黃、糖和檸檬的混合物中，攪拌均勻。

4] 混合麵粉和玉米粉，一起過篩。加入先前的配料中並輕輕地混合。

日式蛋糕體麵糊
Pâte à biscuit à la japonaise

準備時間 10分鐘

製作 300克 麵糊的材料

榛果粉125克
糖粉125克
麵粉20克
蛋白6個
糖25克

1] 在容器中混合榛果粉、糖粉和麵粉。

2] 在大碗中將蛋白打成泡沫狀，並一點一點地加入糖，打成立角的蛋白霜。極輕地混入榛果粉、糖粉和麵粉的混合物中。

3] 將所獲得的麵糊填入裝有7號圓口擠花嘴的擠花袋中，並在鋪有烤盤紙的烤盤上，從中央開始擠出螺旋狀圓形。

杏仁海綿蛋糕體麵糊
Pâte à biscuit Joconde

準備時間 25分鐘

製作 500克 麵糊的材料

低筋麵粉(type 45)30克
奶油20克
杏仁粉100克
糖粉100克
蛋3顆
蛋白3個
砂糖15克

1] 用置於碗上的濾器將麵粉過篩。在小型平底深鍋中將奶油加熱至融化，接著放涼。在沙拉盆中混合杏仁粉和糖粉，一顆顆地加入2顆全蛋。

2] 用手動攪拌器或手提式電動攪拌器攪打上述材料，讓麵糊乳化，並一邊混入空氣，讓麵糊的顏色變得較淡：麵糊的體積應膨脹兩倍呈濃稠狀。這時只要加入剩下的蛋，然後再攪打5分鐘。

3] 首先混入一點融化且冷卻的奶油，攪拌均勻，接著再加入剩下的奶油。

4] 將蛋白打成泡沫狀，並逐漸打成立角的蛋白霜，意即一點一點地混入砂糖。先將一些打成立角狀的蛋白霜放入麵糊中，讓麵糊變輕盈，接著混入所有蛋白，一邊用刮杓將配料以稍微舀起的方式混合，不要攪拌，一邊倒入麵粉。

5] 用抹刀非常勻稱地將麵糊塗在鋪有烤盤紙的烤盤上。塗至烤盤紙靠著烤盤邊的邊緣，並將麵糊整平為約3公釐的厚度。

老饕論 Commentaire gourmand

一旦烘烤完成，依糕點的不同，蛋糕體會完全浸滿糖漿，而且變得入口即化。用保鮮膜包起並冷凍，可保存良好。

訣竅

很重要的是，在蛋白打發完成後就即刻混合並加以烘烤，否則麵糊會變得消泡鬆散。

如何攪打蛋糕體麵糊？

攪打的重點在於把氣泡引進材料中。在這樣的情況下，這個階段扮演著成功的關鍵，因為依您有無耐心地引進大量氣泡，同樣的麵糊將會完美地膨脹，或是悲慘地維持扁平。若您考慮購買一台新的手持電動攪拌器，請小心檢查攪拌器的電線是否可以傾斜。垂直的電線事實上效果不佳，讓您必須用不太方便的方式抓著攪拌機來攪打蛋糕體麵糊。
艾維提斯 H.T.

1

2

3

4

5

準備時間 15分鐘
製作 500克 麵糊的材料
麵粉30克
奶油20克
杏仁粉100克
糖粉100克
蛋3顆
蛋白3個
砂糖15克
調味開心果糖膏(pâte de pistache aromatisée)25克

開心果杏仁海綿蛋糕體麵糊 *Pâte à biscuit Joconde à la pistache*

1] 用置於碗上的濾器將麵粉過篩。
2] 在小型平底深鍋中將奶油加熱至融化，接著放涼。
3] 在容器中混合杏仁粉和糖粉，一顆顆地加入2顆全蛋，接著放入經調味並染色的開心果糖膏。
4] 接著，精確地進行傳統的杏仁海綿蛋糕體製作(見35頁)，並一絲不苟地遵照混合材料的方式，以免麵糊變得鬆散。

準備時間 10分鐘
製作 500克 麵糊的材料
麵粉30克
搗碎的核桃100克
杏仁粉50克
糖粉90克
黑糖/紅糖60克
冷藏殺菌蛋白液(blanc cassé)5個約150克(見394頁)

核桃蛋糕體麵糊 *Pâte à biscuit aux noix*

1] 用置於容器上的濾器將麵粉過篩。加入搗碎的核桃、杏仁粉和糖粉。攪拌均勻。
2] 將蛋白液打成泡沫狀，並加入黑糖/紅糖逐漸打成立角的蛋白霜。
3] 一打發完成便輕輕地混入1的混合物中。

訣竅

很重要的是，在蛋白打發完成後就即刻混合並加以烘烤，否則麵糊會變得消泡鬆散。

準備時間 10分鐘
製作 500克 麵糊的材料
蛋6顆
麵粉75克
砂糖150克

捲形蛋糕體麵糊 *Pâte à biscuit à rouler*

1] 將蛋白與蛋黃分離。用置於碗上的濾器將麵粉過篩。
2] 在容器中，將6個蛋黃、3個蛋白和一半的糖用力攪打至混合物泛白並起泡呈濃稠狀呈濃稠狀。
3] 將最後3個蛋白打成泡沫狀，並逐漸混入剩餘的糖，用手持電動攪拌器或手動攪拌器攪拌成立角狀的蛋白霜。
4] 混入蛋黃中，一邊用刮杓將配料以稍微舀起的方式混合。
5] 最後加入過篩的麵粉，請全部倒入混合。

準備時間 15分鐘
製作 500克 麵糊的材料
奶油55克
麵粉25克
馬鈴薯澱粉25克
可可粉30克
蛋4顆
蛋黃2個
砂糖120克

巧克力捲蛋糕體麵糊 *Pâte à biscuit à rouler au chocolat*

1] 在小型平底深鍋中將奶油加熱至融化，放至微溫。
2] 將麵粉、馬鈴薯澱粉和可可粉一起用置於碗上的濾器過篩。
3] 將蛋白與蛋黃分離。將6個蛋黃和一半的糖攪打至泛白並起泡呈濃稠狀。
4] 將蛋白打成泡沫狀，並逐漸混入剩餘的糖，用手持電動攪拌器或手動攪拌器打發至立角狀的蛋白霜。
5] 將一些加糖的蛋黃放入融化的奶油中混合。
6] 將奶油倒入剩餘的蛋黃中，接著混入蛋白霜，並一邊加入麵粉、馬鈴薯澱粉和可可粉，一邊輕輕地將配料以稍微舀起的方式混合。

杏仁打卦滋麵糊
Pâte à dacquoise à l'amande

準備時間 25分鐘

製作 500克 麵糊的材料

糖粉150克
杏仁粉135克
蛋白5個
砂糖50克

1] 混合糖粉和杏仁粉，並用濾器在烤盤紙上過篩。

2] 在容器中用手持攪拌器打發蛋白。分3次混入砂糖，讓蛋白不會鬆散成微粒。持續攪拌至獲得柔軟立角狀的蛋白霜。

3] 加入糖杏仁粉，大量地倒入，並用刮杓輕輕地將配料以稍微舀起的方式混合，無需攪拌。

4] 將麵糊填入裝有9號或10號圓口擠花嘴的擠花袋中，在鋪有烤盤紙的烤盤上，從中央開始擠出2個直徑22公分的螺旋狀圓形。

5] 烘烤前，在打卦滋的圓片上間隔15分鐘地篩上2次糖粉，烤好後會形成小珍珠狀(perler)(見42頁)。

訣竅

為了製作蛋白霜，糕點師傅經常偏好使用冷藏蛋白液(見394頁)，意即冷藏保存3天的蛋白，因為能夠讓蛋白霜內打發的氣泡保存得較久。

老饕論 Commentaire gourmand

製作完成後24小時內的打卦滋品質最佳。經常搭配慕司林奶油(Crème mousseline)，風味千變萬化。

如何把蛋白打成蛋白霜？

粒化(grainage)是過度打發蛋白時所產生的小意外：水分排出，而打發的蛋白會鬆散成微粒(「粒化」一詞的由來)。原因：打發的動作最終會產生某種「烹煮 cuisson」的效果，這是絕對要避免的現象。補救辦法：使用低速攪拌器，使用冷藏殺菌蛋白液，並分3次放入糖。若想了解糖的作用，只要比較用糖打成立角狀的蛋白霜和無糖的打發蛋白就夠了：和糖「緊貼」在一起的蛋白，由極小的氣泡所構成，以至於無需太費力攪拌，便能獲得同樣的結實度。這是一項優勢，正好可避免過度攪拌的粒化現象產生。

艾維提斯 H.T.

1

2

3

4

5

榛果打卦滋麵糊
Pâte à dacquoise aux noisettes

準備時間 25分鐘

製作 500克 麵糊的材料

糖粉150克

榛果粉135克

冷藏殺菌蛋白液（見394頁）5個

約150克

砂糖50克

烘烤過的皮耶蒙榛果（noisette aveline Piémont grillée）幾顆

1］用置於容器上的濾器將糖粉和榛果粉一起過篩。

2］將蛋白打發成泡沫狀，並一點一點地用砂糖打成立角的蛋白霜。

3］輕輕地混入榛果粉中，並用刮杓將配料稍微舀起的方式混合。

4］將麵糊填入裝有9號圓口擠花嘴的擠花袋中，在覆有烤盤紙的烤盤上擠出圓形麵糊。撒上大量烘烤過的榛果。

椰子打卦滋麵糊
Pâte à dacquoise à la noix de coco

準備時間 20分鐘

製作 500克 麵糊的材料

糖粉150克

杏仁粉40克

椰子粉（noix de coco râpée）100克

蛋白5個

砂糖50克

1］用置於容器上的濾器將糖粉和杏仁粉一起過篩。加入椰子粉。

2］將蛋白打發成泡沫狀，並一點一點地用砂糖打成立角的蛋白霜。輕輕地加入先前的混合物，並用刮杓將配料稍微舀起的方式混合。

3］將麵糊填入裝有9號圓口擠花嘴的擠花袋中，並在覆有烤盤紙的烤盤上擠出圓形麵糊。

開心果打卦滋麵糊
Pâte à dacquoise à la pistache

準備時間 20分鐘

製作 500克 麵糊的材料

開心果25克

杏仁粉115克

糖粉135克

蛋白5個

砂糖50克

調味並染色的開心糖膏20克

1］將開心果去殼，於170°C的烤箱中烘烤10至15分鐘，然後加以搗碎。

2］將杏仁粉和糖粉一起過篩，然後加入搗碎的開心果。

3］將蛋白打發成泡沫狀，並一點一點地混入砂糖。

4］將開心糖膏放入碗中，加入1/5的蛋白，用攪拌器混合。

5］將上述材料倒入剩餘的蛋白中，接著將杏仁粉大量地加入開心果中。輕輕地混合，並用刮杓稍微舀起的方式混合。

杏仁巧克力打卦滋麵糊
Pâte à dacquoise au praliné

準備時間 20分鐘

製作 500克 麵糊的材料

榛果125克整顆磨成粉

糖粉125克

榛果30克烘烤並搗碎

冷藏殺菌蛋白液（見394頁）5個（約150克）

砂糖45克

榛果醬（pâte de noisette）20克

1］在容器上將榛果粉和糖粉一起過篩，並加入搗碎的榛果。

2］將冷藏蛋白液打發成泡沫狀，並一點一點地用砂糖打成立角的蛋白霜。

3］將榛果醬與1/5的蛋白混合，使榛果醬軟化。

4］倒入剩餘的蛋白。混入榛果的配料中，混合並用刮杓將所有材料以稍微舀起的方式混合。

5］將麵糊填入裝有9號圓口擠花嘴的擠花袋中，在覆有烤盤紙的烤盤上擠出圓形麵糊。

準備時間 30分鐘
製作 500克 麵糊的材料

麵粉140克
奶油40克
蛋4顆
砂糖140克

義式海綿蛋糕麵糊
Pâte à génoise

1] 用置於碗上的濾器將麵粉過篩。在小型平底深鍋中將奶油緩緩加熱，保留泡沫，然後放至微溫。將蛋打在鋼盆裡；從上方大量倒入糖，一邊攪拌。將鋼盆放入微滾的隔水加熱容器中，然後開始打發。

2] 持續攪打至混合物變得濃稠（55～60°C，手指能夠忍受的溫度）。

3] 將上述材料從隔水加熱的鍋中移開，並用手提式電動攪拌器攪打至完全冷卻。

4] 將2大匙混合物倒入小碗中，然後混入融化且微溫的奶油。

5] 接著將麵粉大量倒入鋼盆中，用刮杓將麵糊以稍微舀起的方式混合，然後加入小碗中的內容物，非常輕地攪拌。

訣竅

此義式海綿蛋糕特別蓬鬆，一烘烤完成冷卻，可用保鮮膜包起，冷凍保存。

如何將蛋打成蛋白霜？

蛋白主要含有水和蛋白質。後者是類似相互折疊的軟球般分子。部分的分子可溶於水；而其他不溶於水的部分則埋藏在軟球中心。當我們把蛋白打成泡沫狀時，軟球會攤開，將氣泡導入內部。不溶於水的蛋白質部分會自動與氣泡接觸：避開水。氣泡因而受到蛋白質的包覆，形成穩定的殼，並捕捉水中的空氣。
艾維提斯 H.T.

1

2

3

4

5

準備時間 15分鐘

製作 500克 麵糊的材料

奶油40克
杏仁膏75克
（含至少50%的杏仁粉）
砂糖60克
蛋黃2個
蛋4顆
麵粉125克

杏仁義式海綿蛋糕麵糊
Pâte à génoise à l'amande

1] 在平底深鍋中將奶油緩緩加熱，並放至微溫。

2] 在鋼盆中，用手持攪拌器攪打杏仁膏和砂糖，直到材料呈現沙狀。

3] 一個一個地加入蛋黃，接著是全蛋，攪拌均勻。

4] 將鋼盆放入微滾的隔水加熱鍋中，將混合物攪打至泛白並起泡呈濃稠狀。

5] 將一些4的混合物混入微溫的奶油中。

6] 將麵粉大量倒入鋼盆中，接著加入小碗中奶油的內容物，用刮杓輕輕將配料以稍微舀起的方式混合。

老饕論 Commentaire gourmand

用此海綿蛋糕來取代傳統的海綿蛋糕麵糊，風味更佳，因為它擁有更豐富的味道。

變化 Variante

咖啡義式海綿蛋糕
Pâte à génoise au café

在先前配料的最後，加入約5克摻少許水攪拌的即溶咖啡，便可獲得具咖啡香的麵糊。

準備時間 15分鐘

製作 500克 麵糊的材料

奶油40克
可可粉20克
砂糖140克
蛋黃2個
蛋4顆
麵粉120克
馬鈴薯澱粉20克

巧克力義式海綿蛋糕麵糊
Pâte à génoise au chocolat

1] 在小型平底深鍋中將奶油加熱至融化，並放至微溫。

2] 在鋼盆中混合可可粉和砂糖。

3] 一個一個地加入蛋黃，接著是全蛋，攪拌均勻。

4] 將鋼盆放入微滾的隔水加熱鍋中，將混合物攪打至泛白並起泡呈濃稠狀。

5] 將2大匙混合物倒入小碗中，然後混入融化且微溫的奶油。

6] 將麵粉和馬鈴薯澱粉一起過篩，大量倒入鋼盆中，接著加入小碗中的內容物，並用刮杓輕輕將配料以稍微舀起的方式混合。

準備時間 15分鐘

製作 500克 麵糊的材料

麵粉100克
奶油70克
蛋4顆
砂糖140克
香草糖(sucre vanillé)1/2包
蘭姆酒15毫升(1大匙)
(可隨意)
精鹽3克(1/2小匙)

蒙吉麵糊
Pâte à manqué

1] 用置於大碗上的濾器將麵粉過篩。

2] 在小型平底深鍋中將奶油緩緩加熱至融化，但請勿讓奶油上色，然後放至微溫。

3] 打蛋，將蛋白和蛋黃分開。將蛋白放入碗中。

4] 在容器中用力攪打蛋黃、砂糖和香草糖，直到泛白並起泡呈濃稠狀。

5] 加入大量的麵粉、融化的奶油，也可加入蘭姆酒。仔細攪拌，以獲得均勻的材料。

6] 在碗中將蛋白和鹽攪打至非常凝固的泡沫狀，接著輕輕地混入麵糊。

7] 將此蒙吉麵糊依您的喜好調味。

老饕論 Commentaire gourmand

您可用搗碎的榛果、葡萄乾、糖漬水果、茴香(anis)、利口酒(Liqueur)、酒精等等來為蒙吉麵糊調味。

進步麵糊 *Pâte à progrès*

準備時間 15分鐘

製作 500克 麵糊的材料

榛果粉75克
生杏仁粉(poudre d'amande brute)35克
白杏仁粉(poudre d'amande blanche)40克
糖粉160克
麵粉10克
蛋白6個
鹽2克(1小撮)

1] 在容器中混合榛果粉、杏仁粉、糖粉和麵粉。

2] 在碗中用手提式電動攪拌器將蛋白和鹽打成泡沫狀。

3] 放入容器中,混入杏仁粉、榛果粉、糖粉和麵粉的混合物,用刮杓或木匙很輕地將配料以稍微舀起的方式混合。

4] 將麵糊填入裝有9號圓口擠花嘴的擠花袋中,在覆有烤盤紙的烤盤上擠出圓形麵糊。

老饕論 Commentaire gourmand

此麵糊可用來製作各式蛋糕,並以調味奶油進行裝飾。

杏仁勝利麵糊 *Pâte à succès à l'amande*

準備時間 15分鐘

製作 500克 麵糊的材料

杏仁粉85克
糖粉85克
蛋白6個
砂糖160克
杏仁碎屑(brisure d'amande)(可隨意)

1] 混合杏仁粉和糖粉,並用置於容器上的濾器過篩。

2] 用手提式電動攪拌器將蛋白和一些砂糖打成泡沫狀。待充分膨脹時,一次加入剩餘的糖,攪拌1分鐘至蛋白霜成為立角狀,然後關掉攪拌器。

3] 用刮杓混入糖和杏仁粉的混合物,可加入一些杏仁碎屑。

4] 將勝利麵糊填入裝有9號圓口擠花嘴的擠花袋中,在覆有烤盤紙的烤盤上擠出圓形麵糊。

變化 Variante

榛果勝利麵糊
Pâte à succès à la noisette

為獲得榛果風味的勝利麵糊,請用榛果粉來取代杏仁粉。

蛋白霜 Les meringues

準備時間 5分鐘

製作 500克 蛋白霜的材料

蛋白5個

砂糖340克

天然香草精1小匙

法式蛋白霜 *Meringue française*

1] 一顆一顆地打蛋，將蛋白擺在一旁的沙拉盆裡。注意別在蛋白裡留下任何殘餘的蛋黃，因為會難以打發。用手提式電動攪拌器將蛋白打成泡沫狀，一邊慢慢地混入170克的糖。

2] 在膨脹為兩倍體積時，倒入85克的糖和香草精。持續打發至非常凝固，並呈現光亮平滑的狀態。

3] 加入剩餘的糖，大量地倒入。待糖均勻混入後，整體應凝固且穩定地停留在攪拌器的支架上。

4] 將蛋白霜填入裝有圓口擠花嘴的擠花袋中，然後在塗有奶油和撒上麵粉的烤盤上擠出您所想要的形狀。

訣竅

若您想為蛋白霜增添上「珍珠」(perler)，意即覆蓋上金黃色的小珠粒，以帶來視覺和味蕾上的享受，就請在上方篩一些糖粉；待形成薄薄一層外殼後，接著在烘烤前再篩上第二次。

老饕論 Commentaire gourmand

傳統上，一般我們稱為法式蛋白霜是用一半的砂糖和一半的糖粉所製作的。只使用砂糖會賦予蛋白霜輕微的焦糖味，以及既酥脆又柔軟的質地，而且可避免令人不悅的乾澀餘味。而造成乾澀餘味的原因，經常添加在糖粉中的澱粉要負部分責任。

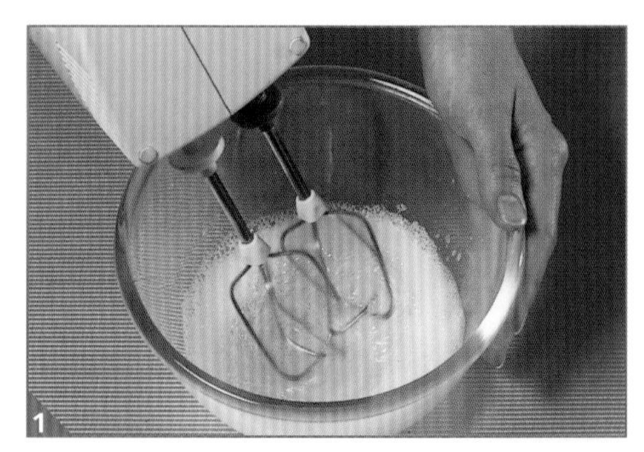

1

2

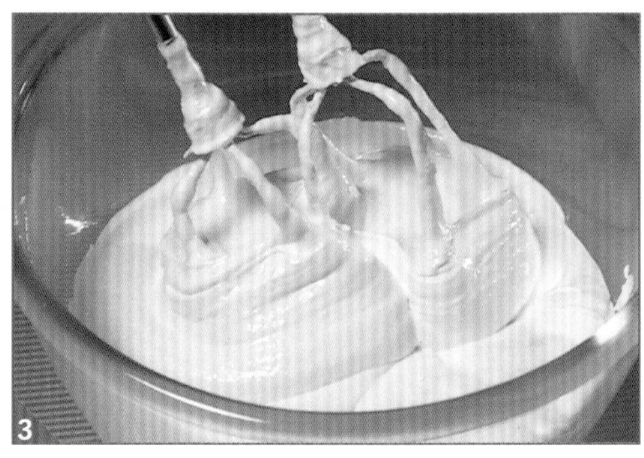

3

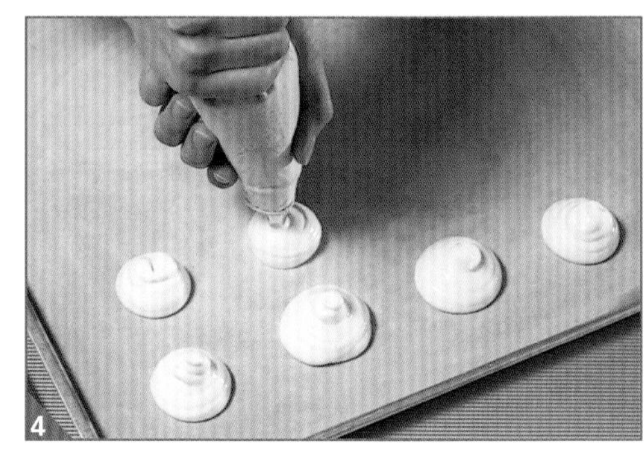

4

準備時間 10分鐘

製作 500克 蛋白霜的材料

水85毫升

砂糖280克

蛋白5個

義式蛋白霜 *Meringue italienne*

1] 在平底深鍋中將水和糖一起煮沸，並用沾濕的毛刷經常擦拭鍋壁。將混合物加熱至「硬球」(grand boulé)階段(見69頁)。

2] 用手提式電動攪拌器在大碗中將蛋白打發成呈現「鳥嘴」的泡沫狀，意即不要太凝固。將攪拌器設為中速，並將糖漿倒入蛋白中。打發至稍微冷卻。

3] 將蛋白霜填入裝有圓口擠花嘴的擠花袋中，然後在蛋糕上擠出您想要的形狀。

老饕論 Commentaire gourmand

義式蛋白霜也能讓蛋白霜或慕斯變得更輕盈，並用來製作雪糕(biscuit glacé)、法式奶油霜(crème au beurre)、雪酪和舒芙蕾凍糕(Soufflé glacé)，或甚至是迷你花式點心(petits-fours)。

1

2

3

準備時間 10分鐘

製作 500克 蛋白霜的材料

蛋白6個

糖粉340克

瑞士蛋白霜 *Meringue suisse*

1] 將蛋白和糖放入鋼盆中；置入隔水加熱鍋中(40°C)，將混合物攪打至變得濃稠(55～60°C，手指仍能忍受的溫度)。

2] 將混合物離火，然後快速攪打至凝固。

3] 依您選擇的口味調味或依您的喜好上色。

老饕論 Commentaire gourmand

在為此蛋白霜調味時，您可加入像是1小匙的香草精、1小匙的橙花水或檸檬皮。

蛋白霜的烘烤 Cuisson des meringues

烤箱預熱110～120°C。在烤箱裡烘烤您的蛋白霜，烤箱門微開。用擠花袋製作的小蛋白霜估計約40分鐘，而大的圓形蛋白質餅則是1小時30分鐘。

Les crèmes et les mousses
奶油醬與慕斯

奶油醬在甜點和糕點製作中扮演著決定性的角色。

部分可冷藏保存，

其他則必須在最後一刻準備。

而慕斯則是最軟嫩、美味且滑順的甜品。

奶油醬 Les crèmes

準備時間 10分鐘

製作 500克 奶油醬的材料

室溫奶油120克

杏仁粉100克

卡士達奶油醬150克

(crème pâtissière)(見58頁)

義式蛋白霜110克(見43頁)

杏仁奶油醬
Crème amandine

1] 先在碗中製作卡士達奶油醬；蓋起來並置於陰涼處。

2] 製作義式蛋白霜。保存在冰箱底層。

3] 將奶油切成小塊，放入容器中。

4] 用刮杓攪拌、用手動攪拌器或手提式電動攪拌器快速將奶油攪軟且顏色變淡。一點一點地加入杏仁粉，最後加入您所選擇的水果酒，並持續攪打。

5] 將卡士達奶油醬混入攪拌，接著是您所製備的義式蛋白霜。

老饕論 Commentaire gourmand

您可加入滿滿1大匙的杏桃蒸餾酒或櫻桃酒(kirsch)來為杏仁奶油醬提味。杏仁奶油醬可用於打卦滋中。以咖啡打卦滋的食譜(142頁)為基底，並用杏仁奶油醬來取代法式奶油霜。在蛋糕上放草莓或覆盆子。

準備時間 15分鐘
烹調時間 5分鐘
製作 500克 奶油醬的材料

香草莢2根
全脂鮮奶150毫升
液狀鮮奶油200毫升
蛋黃4個
砂糖85克

香草英式奶油醬
Crème anglaise à la vanille

1] 將香草莢剖開成兩半並刮出香草籽。將香草莢和籽放入平底深鍋中；加入鮮奶和鮮奶油；煮沸，接著浸泡10分鐘。然後過濾。

2] 在大碗中將蛋黃和糖攪打3分鐘，接著慢慢倒入香草牛奶，並一邊攪拌。

3] 將所有材料再倒入平底深鍋中，將奶油醬以中火燉煮，不停地用刮杓或木匙攪拌，直到83℃，特別要避免煮沸，接著離火，非常緩慢地攪拌，讓奶油醬變得極為滑順。奶油醬於是「表層稠化」(à la nappe)：用手指劃過刮杓會留下痕跡。

4] 用置於大碗上的濾器將奶油醬過濾。

5] 立刻將碗泡入裝滿冰塊的容器中：中止奶油醬的加熱，更有利於保存。讓奶油醬冷卻，不時攪拌，接著在冰箱中保存24小時(4℃)。

如何避免英式奶油醬結塊？

顯微鏡揭開了英式奶油醬的祕密。當我們加熱奶油醬時，蛋會逐漸凝結成肉眼看不見的塊。我們越是加熱，結塊就越密集。而我們要避免的是看得見的結塊，是微小結塊的聚合：蒸發的水讓後者以更密集的方式連結在一起。那麼我們應該要用什麼溫度來烹煮英式奶油醬？當然是68℃以上，這是蛋黃凝固的溫度。而且當然要在100℃以下，這是水沸騰的溫度。

艾維提斯 H.T.

變化 Variante

凝脂英式奶油醬
Crème anglaise collée

將4至5片吉力丁放入裝有冷水的大容器中軟化，浸透並擰乾。加入還溫熱的英式奶油醬中，讓吉力丁充分溶解。用漏斗型網篩過濾奶油醬，攪拌至完全冷卻。這個添加了500克打發鮮奶油並依您喜好調味的奶油醬，最常做為巴伐露(bavarois)和俄國夏露蕾特(charlotte russe)的配料。

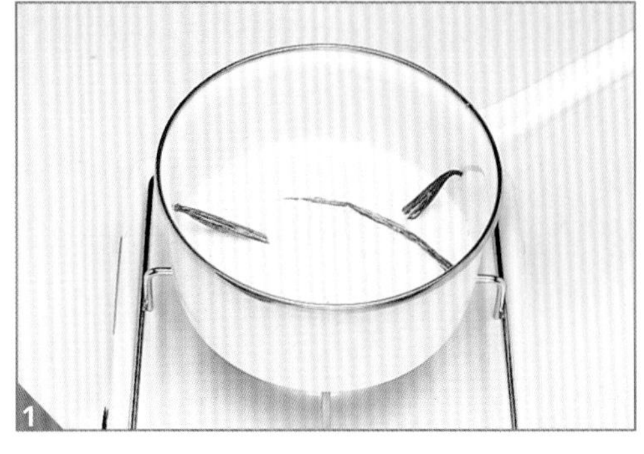
1

2

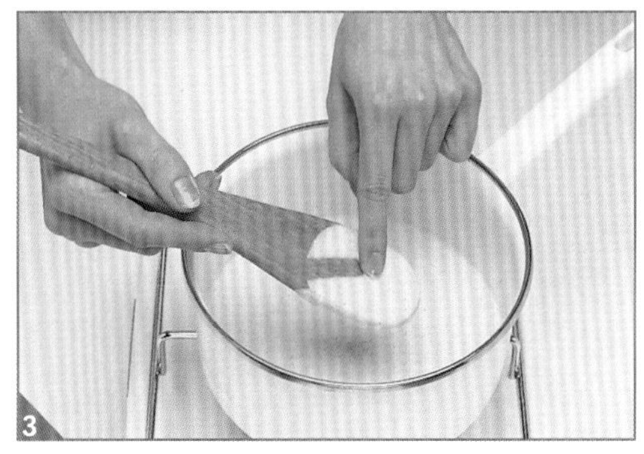
3

4

5

準備時間 10分鐘

製作 500克 奶油醬的材料

吉力丁2片

香草英式奶油醬 250克(見45頁)

打發鮮奶油250克(見53頁)

巴伐露奶油醬 *Crème bavaroise*

1] 將吉力丁放入裝有大量冷水的大碗中軟化，浸透並擠乾。在另一個容器中製備香草英式奶油醬。就在碗上過濾之後，當奶油醬還溫熱時，加入吉力丁，攪拌至吉力丁完全溶解。

2] 將裝著英式奶油醬的碗泡在裝滿冰塊的大容器中，攪拌直到混合物開始變稠(20°C)。

3] 與其使用濃稠的高脂濃鮮奶油(crème épaisse)，寧可混入您用液狀鮮奶油製作的打發鮮奶油(crème fouetée)。輕輕用刮杓以稍微舀起的方式混合。即刻使用。

為何吉力丁必須泡水？

若直接放入熱的材料中，吉力丁會形成再也無法清除的團塊：熱水在吉力丁表面形成凝膠，讓水無法朝吉力丁內部擴散。相反地，在冷水中，水分子不會立即形成外面的膠質保護層，因此水會持續緩慢的移動：整片吉力丁因而能夠軟化。

艾維提斯 H.T.

1

2

3

準備時間 20分鐘

烹調時間 5分鐘

製作 500克 奶油醬的材料

砂糖50克

錫蘭肉桂棒1根

全脂鮮奶200毫升

吉力丁2片

蛋黃3個

打發鮮奶油200克(見53頁)

焦糖肉桂巴伐露奶油醬 *Crème bavaroise à la cannelle caramélisée*

1] 在平底深鍋中，將一半的糖緩緩乾煮至融化，加入搗碎的肉桂棒，用文火煮至焦化。

2] 立即在平底深鍋中倒入熱牛奶來中止燉煮。再次煮沸，接著用置於碗上的濾器過濾。

3] 將吉力丁放入大量冷水中軟化，浸透並擠乾。

4] 在另一個平底深鍋中煮蛋黃、剩餘的糖和調味的牛奶，如同英式奶油醬(見45頁)。

5] 加入吉力丁，攪拌至溶解。

6] 用置於容器上的濾器過濾奶油醬，容器則泡在裝滿冰塊的容器中。不時攪拌，直到奶油醬開始變稠(20°C)。

7] 混入您準備好的打發鮮奶油，輕輕地將配料以稍微舀起的方式混合。即刻使用。

老饕論 Commentaire gourmand

您可將此奶油醬與水煮桃子相結合，並用於夏露蕾特中。

準備時間 15分鐘
烹調時間 5分鐘
製作 500克 奶油醬的材料
杏仁牛奶200克(見57頁)
蛋黃4個
吉力丁3片
苦杏仁精
(essence d'amande) 1滴
打發鮮奶油(crème fouetée)
250克(見53頁)

杏仁牛奶巴伐露奶油醬
Crème bavaroise au lait d'amande

1] 前一天晚上，製備杏仁牛奶，並加入1滴的苦杏仁精。

2] 在裝有冷水的容器中讓吉力丁軟化，浸透並擠乾。

3] 在平底深鍋中煮蛋黃和杏仁牛奶，如同英式奶油醬(見45頁)。

4] 加入吉力丁，攪拌至溶解，接著加入苦杏仁精。將平底深鍋泡在裝滿冰塊的容器中，直到奶油醬開始變稠(20°C)。

5] 混入打發的鮮奶油，輕輕地將配料以稍微舀起的方式混合。即刻使用。

準備時間 15分鐘
烹調時間 5分鐘
製作 500克 奶油醬的材料
全脂鮮奶150毫升
香料麵包的香料1克(1小撮)
栗樹蜜或冷杉蜜(miel de châtaignier ou de sapin) 15克
吉力丁3片
柔軟的香料麵包65克
蛋黃3個
打發鮮奶油200克(見53頁)

香料麵包巴伐露奶油醬
Crème bavaroise au pain d'épice

1] 在平底深鍋中將鮮奶煮沸，加入香料和一半的蜂蜜，浸泡15分鐘。過濾成為調味牛奶。

2] 將吉力丁放入大量冷水中軟化，浸透並擠乾。

3] 將香料麵包切成小丁，和調味牛奶一起放入大碗中；將所有材料用手提式電動攪拌器攪拌，直到獲得均勻的混合物。

4] 在平底深鍋中煮蛋黃、剩餘的蜂蜜和香料麵包牛奶，如同英式奶油醬(見45頁)。

5] 加入吉力丁，攪拌至溶解，接著將平底深鍋泡在裝滿冰塊的容器中，直到混合物開始變稠(20°C)。

6] 混入打發的鮮奶油，輕輕地將配料以稍微舀起的方式混合。即刻使用。

老饕論 Commentaire gourmand

依地區的不同，香料麵包集結了以下十幾種香料：八角茴香(anis étoilé)、肉桂、小荳蔻(cardamome)、丁香、香菜(coriandre)、橙皮(écorce d'orange)或磨碎的乾燥檸檬皮、拉維紀草(livèche)、肉豆蔻的假種皮(macis)、紫羅蘭根(racine de violette)。但每位糕點師都保有他製作的祕密配方。

準備時間 15分鐘
烹調時間 5分鐘
製作 500克 奶油醬的材料
玫瑰1朵
全脂鮮奶200毫升
玫瑰糖漿20毫升(滿滿1大匙)
吉力丁2片
蛋黃3個
砂糖20克
打發鮮奶油250克(見53頁)

玫瑰巴伐露奶油醬
Crème bavaroise aux pétales de rose

1] 將玫瑰花瓣輕輕摘下並切碎。在平底深鍋中將鮮奶煮沸，加入玫瑰花瓣和糖漿。浸泡15分鐘。過濾。

2] 將吉力丁放入裝有許多冷水的大碗中軟化，浸透並擠乾。

3] 在平底深鍋中煮蛋、糖、調味牛奶和玫瑰花水，如同英式奶油醬(見45頁)。

4] 加入吉力丁，攪拌至溶解，接著將平底深鍋泡在裝滿冰塊的容器中，直到混合物開始變稠(20°C)。

5] 輕輕地混入打發的鮮奶油。即刻使用。

老饕論 Commentaire gourmand

您可在東方雜貨店裡找到味道細緻的玫瑰糖漿。

橙米巴伐露奶油醬
Crème bavaroise de riz à l'orange

準備時間 15分鐘
烹調時間 5分鐘
製作 500克 奶油醬的材料

橙皮1/2顆
全脂鮮奶500毫升
圓粒米(riz à grains ronds)50克
砂糖30克
吉力丁2片
蛋黃2個
液狀鮮奶油125克

1] 將橙皮切成細碎。

2] 在平底深鍋中放入80毫升的鮮奶、米、果皮和10克的糖，以中火煮至米吸收所有的液體。在濾器中冷卻，攪拌5分鐘。

3] 讓吉力丁在大量冷水中軟化，浸透並擠乾。

4] 在另一個平底深鍋中煮蛋黃、糖、剩餘的牛奶和吉力丁，如同英式奶油醬(見45頁)。

5] 倒入煮好的米，立刻將平底深鍋泡在裝滿冰塊的容器中，一邊混合，直到混合物開始變稠(20°C)。

6] 混入液狀鮮奶油，輕輕將配料以稍微舀起的方式混合。即刻使用。

老饕論 Commentaire gourmand

在此提供一道容易製作的點心：將奶油醬倒入芭芭蛋糕(baba)模中，讓奶油醬冷藏凝結2至3小時。可搭配杏桃泥或覆盆子醬享用。

香草巴伐露奶油醬
Crème bavaroise à la vanille

準備時間 15分鐘
烹調時間 5分鐘
製作 500克 奶油醬的材料

浸泡
香草莢1/2根
全脂鮮奶200毫升
天然香草精15毫升(1大匙)

奶油醬Crème
吉力丁3片
蛋黃2個
砂糖50克
打發鮮奶油220克(見53頁)

1] 將1/2根香草莢剖開成兩半並刮出香草籽。

2] 在平底深鍋中放入鮮奶、香草莢、香草籽和香草精。煮沸，接著於陰涼處浸泡幾個小時。過濾。

3] 讓吉力丁在大量冷水中軟化，浸透並擠乾。

4] 在平底深鍋中煮蛋黃、糖和香草牛奶，如同英式奶油醬(見45頁)。

5] 加入吉力丁，攪拌至完全溶解，接著將平底深鍋泡在裝滿冰塊的隔水加熱容器中，直到混合物開始變稠(20°C)。

6] 混入打發的鮮奶油，輕輕將配料以稍微舀起的方式混合。即刻使用。

變化 Variante

蜂蜜番紅花巴伐露奶油醬
Crème bavaroise au miel et au safran

依同樣的原則，您可不放香草，然後用等量的蜂蜜來取代15%的糖，並加入1撮的番紅花雌蕊(pistil de safran)。

英式奶油霜
Crème au beurre à l' anglaise

準備時間 25分鐘
烹調時間 5分鐘
製作 500克 奶油醬的材料

蛋黃2個
砂糖60克
全脂鮮奶70毫升
冷奶油或室溫奶油250克
義式蛋白霜120克(見43頁)

1] 在平底深鍋中，如同英式奶油醬(見45頁)般烹煮蛋黃、糖和鮮奶，但不放香草。

2] 待上述材料煮好後，意即到達煮沸的極限，使用手提式電動攪拌器以中速攪拌至完全冷卻。

3] 在容器中攪打奶油，讓奶油變得柔軟且顏色變淡，然後加入冷卻的奶油醬，攪拌均勻。

4] 最後混入義式蛋白霜，輕輕將配料以稍微舀起的方式混合。

準備時間 20分鐘

烹調時間 5分鐘

製作 500克 奶油霜的材料

極軟的奶油
(beurre très mou)250克
水50毫升
砂糖140克
全蛋2顆
蛋黃2個

法式奶油醬 *Crème au beurre*

1] 在大碗中用刮杓將奶油攪拌成膏狀。

2] 將水倒入小型平底深鍋中；加入糖，以文火煮沸，一邊用蘸水的平刷(pinceau plat)擦拭平底深鍋內的邊緣。讓糖漿煮至「硬球」，意即溫度到達煮糖溫度計的120℃。

3] 將全蛋和蛋黃放入容器中，用手持攪拌器打發直到泛白並起泡呈濃稠狀。

4] 待糖漿準備好後，以少量倒入蛋中，始終以低速攪拌。如此持續至完全冷卻，若您有多功能攪拌機(robot ménager)，就用攪拌機攪拌，冷卻的作業因而加快許多。

5] 接著混入奶油，不斷攪打。當奶油變得平滑且均勻時，冷藏保存。

保存

奶油醬可以在密封的玻璃容器冷藏保存3週。

使用

奶油醬可用來擺在摩卡咖啡(moka)、俄羅斯蛋糕(gâteau russes)、聖誕木柴蛋糕、蛋捲(biscuit roulés)、部分的迷你花式點心上；也能用在裝飾上。

老饕論 Commentaire gourmand

您可用20毫升(滿滿1大匙)的白蘭地、君度橙酒(Cointreau)、香橙干邑甜酒(Grand Manier)、櫻桃酒或杏桃蘭姆酒，10克摻水攪和的即溶咖啡，或甚至是1大匙的開心果糖膏來增添香氣。

為何要用蘸濕的毛刷擦拭平底深鍋內部？

使用毛刷可避免令人不悅的「堆積(massage)」現象產生：當平底深鍋中的糖含有的水分過少時，突然添加的糖晶體會引發瞬間的結晶。然而，在我們煮糖時，加熱的鍋壁很可能會被結晶所覆蓋，而且可能會再落入糖漿裡頭。用蘸濕的毛刷擦拭可避免結晶的形成。

艾維提斯 H.T.

1

2

3

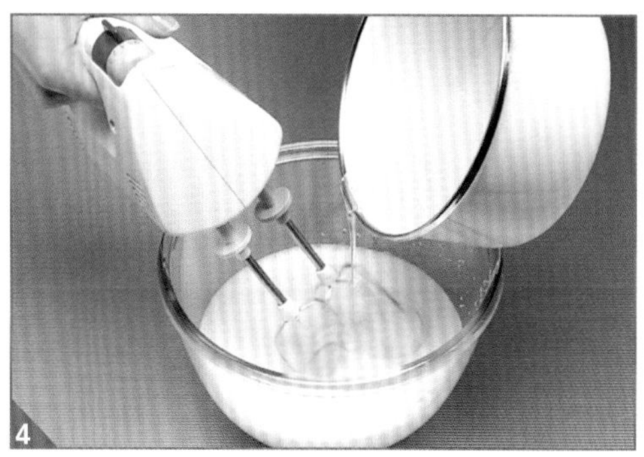
4

5

咖啡奶油醬 *Crème au café*

準備時間 25分鐘
烹調時間 5分鐘
製作 500克 奶油醬的材料

全脂鮮奶300毫升
咖啡粉(café moulu) 10克
蛋黃4個
砂糖75克
室溫奶油30克
鮮奶油香醍(crème Chantilly) 75克(見51頁)

1] 將鮮奶倒入平底深鍋中，加入咖啡粉，煮沸，浸泡30分鐘。過濾。

2] 在大碗中攪打蛋黃和糖3分鐘，接著以少量地倒入咖啡牛奶，一邊用攪拌器攪拌。

3] 將所有材料放入平底深鍋中，以中火燉煮這英式奶油醬，不斷用刮杓攪拌，特別要避免煮沸。

4] 將平底深鍋泡入裝滿冰塊的大碗中，直到配料變溫(50°C)。

5] 將奶油切得非常小塊，加入奶油醬中，並用木匙攪拌至融化；讓所有材料完全冷卻。

6] 最後加入鮮奶油香醍，用刮杓輕輕將配料以稍微舀起的方式混合。

老饕論 Commentaire gourmand

您可用淋上一道茴香利口酒來為奶油醬增添香氣。

焦糖奶油醬 *Crème au caramel*

準備時間 20分鐘
烹調時間 5分鐘
製作 500克 奶油醬的材料

義式蛋白霜125克(43頁)
砂糖125克
液狀鮮奶油125克
奶油125克

1] 製備義式蛋白霜，以有蓋容器保存在冰箱底層的陰涼處備用。

2] 在平底深鍋中緩慢地乾煮糖至焦糖色。將液狀鮮奶油倒入平底深鍋以中止烹煮。放涼。

3] 在容器中攪拌奶油至變軟且顏色變淡，並加入2的焦糖，攪拌至混合物到達室溫(20°C)。

4] 混入義式蛋白霜，用刮杓輕輕將配料以稍微舀起的方式混合。

牛奶巧克力鮮奶油香醍 *Crème Chantilly au chocolat au lait*

準備時間 20分鐘
冷藏時間 12小時
製作 500克 奶油醬的材料

牛奶巧克力150克
液狀鮮奶油350克

1] 將巧克力切碎或削成碎末。

2] 在平底深鍋中將液狀鮮奶油煮沸，接著緩緩地淋在巧克力上。

3] 接著快速攪打混合物，然後將容器泡在裝滿冰塊的大容器中，一邊持續攪打。

4] 將鮮奶油香醍冷藏靜置12小時(4°C)，接著在使用前再度攪打。

訣竅

很重要的是，要選擇優質的牛奶巧克力，也就是可可奶油含量35%以上的巧克力。

準備時間 10分鐘

製作 500克 奶油醬的材料

殺菌液狀鮮奶油
(crème liquide pasteurisée)
500毫升
砂糖30克

鮮奶油香醍
Crème Chantilly

1] 將液狀鮮奶油存放在冰箱裡至少2小時：必須為4°C。倒入鋼盆中，最後泡入裝滿冰塊的大容器內。

2] 手持攪拌器用力打發；若您使用的是小型的電動攪拌器，請用中速攪拌。在鮮奶油還呈現泡沫狀但已開始膨脹時加入糖，大量地倒入。

3] 在鮮奶油香醍凝固時停止攪拌。再攪拌的話，鮮奶油香醍會變得鬆散並變成奶油(beurre)。

保存

鮮奶油香醍只能冷藏保存幾小時。

老饕論 Commentaire gourmand

若您想要較清淡的鮮奶油香醍，可在最後一刻加入蛋白。在這種情況下，請即刻食用。

1

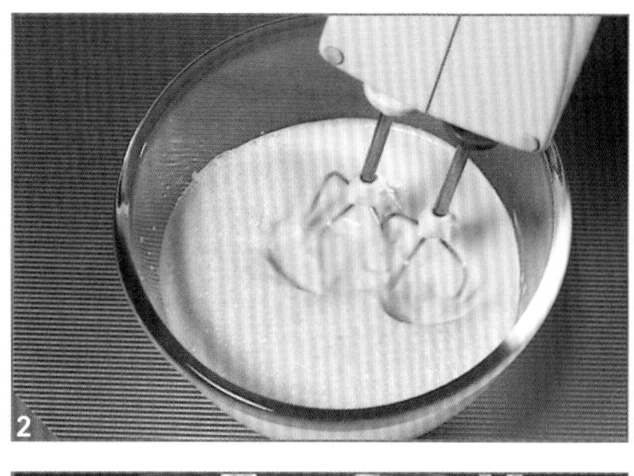

2

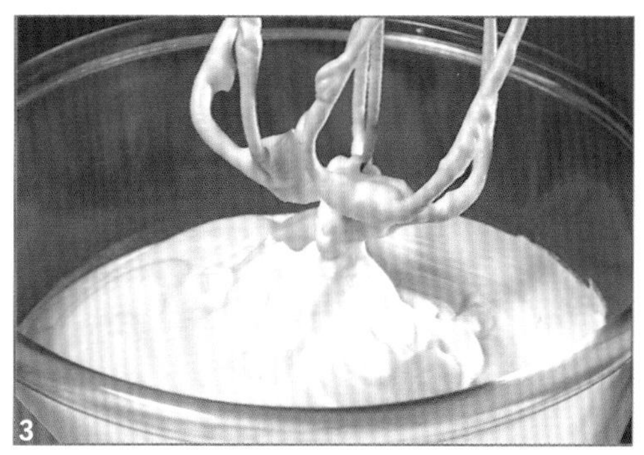

3

準備時間 20分鐘

冷藏時間 8小時

製作 500克 奶油醬的材料

苦甜巧克力110克
全脂鮮奶60毫升
液狀鮮奶油300毫升
糖25克

黑巧克力鮮奶油香醍
Crème Chantilly au chocolat noir

1] 將巧克力切碎或削成碎末。隔水加熱至融化(40°C)。

2] 在小型平底深鍋中將鮮奶煮沸，接著淋在融化的巧克力上，攪拌均勻。

3] 將混合物放至微溫(50°C)。

4] 將液狀鮮奶油和糖一起打發，接著緩緩地混入巧克力。

5] 將這奶油醬冷藏靜置8小時(4°C)，接著再次打發成為黑巧克力鮮奶油香醍。

變化 Variante

風味鮮奶油香醍
Crème Chantilly aromatisée

在調配500克的鮮奶油香醍時，您可在液狀鮮奶油中添加香料，為您的甜點提供花俏的色調，並打造味道的對比或和諧。將液狀鮮奶油浸泡在您所選擇的食材中15分鐘：30克的咖啡粉；30克的新鮮薄荷；3至4根剖開並刮出籽的香草莢；1根肉桂棒；八角茴香、苦杏仁精；橙皮或檸檬皮。您還能摻入60克的開心果糖膏。

吉布斯特奶油餡 *Crème Chiboust*

準備時間 25分鐘

烹調時間 5分鐘

製作 500克 奶油醬的材料

蛋4顆
蛋白1個
砂糖50克
玉米粉(fécule de maïs)20克
全脂鮮奶300毫升
吉力丁2片

吉力丁如何發揮效用?

吉力丁由存於陸生動物的皮膚、腱和骨頭,或是海生動物骨骼中的長分子所構成,並被三股所纏繞。這三螺旋由結實的纖維所組成。當我們加熱吉力丁時,分子會在熱水中散開:只要分子是熱的,就會快速朝四面八方移動。不過,當材料冷卻時,分子間的結合力量會比移動的能量更強。三螺旋的小段重新成形,而吉力丁的分子則形成一整張用來捕捉水分的網:想像在房間四處結網的蜘蛛;蒼蠅插翅也難飛。

艾維提斯 H.T.

1] 打蛋,將蛋白與蛋黃分開。用蛋黃、20克的糖、玉米粉和鮮奶來製作卡士達奶油醬(見58頁)。

2] 將吉力丁放入大量冷水中軟化,浸透並擠乾。混入溫熱的卡士達奶油醬中,攪拌至吉力丁充分溶解。離火。

3] 將5個蛋白打成泡沫狀,一邊逐漸混入剩餘的糖,打成立角狀的蛋白霜。

4] 將1/4蛋白霜混入卡士達奶油醬中。

5] 將上述混合物倒入剩餘的蛋白霜中,一邊用攪拌器輕輕攪拌配料。即刻使用。

保存

吉布斯特奶油餡必須在混合物一製作完成時就立刻使用。含有此奶油餡的蛋糕必須在24小時內食用。

使用

吉布斯特奶油餡經常用來搭配水果塔,並用於部分的點心中。

1

2

3

4

5

準備時間 10分鐘
烹調時間 5分鐘
製作 500克 奶油醬的材料
覆蓋巧克力(chocolat de couverture)125克
液狀鮮奶油150毫升
全脂鮮奶150毫升
切碎的乾燥薰衣草1克(1小撮)
吉力丁1片
蛋黃2個
砂糖30克

薰衣草巧克力奶油醬 *Crème au chocolat à la lavande*

1] 在隔水加熱的平底深鍋中將巧克力緩緩加熱至融化(40°C)。

2] 在另一個平底深鍋中，將鮮奶油和鮮奶煮沸，加入薰衣草，蓋上蓋子，浸泡10分鐘後過濾成為調味牛奶。將吉力丁放入大量冷水中軟化，浸透並擠乾。

3] 在平底深鍋中煮蛋黃、糖和調味牛奶，如同英式奶油醬(見45頁)。

4] 將吉力丁加入熱鍋中，一邊攪拌，讓吉力丁充分溶解，接著分3至4次加入巧克力，用刮杓輕輕將配料以稍微舀起的方式混合。

準備時間 20分鐘
烹調時間 5分鐘
製作 500克 奶油醬的材料
檸檬3顆
蛋2顆
砂糖135克
室溫奶油165克

檸檬奶油醬 *Crème au citron*

1] 刮取檸檬皮並切成細碎。將檸檬榨汁：您應有100毫升的果汁。

2] 在鋼盆中，混合蛋、糖、檸檬皮和檸檬汁。隔水加熱，不時攪拌，直到煮沸的極限(82～83°C)。

3] 用置於容器上的濾器將上述混合物過濾，並立即放入裝滿冰塊的容器中，攪拌至配料微溫(55～60°C)，即手指仍能忍受的溫度。將奶油切得很小塊後混入，用攪拌器攪拌至光滑。

4] 攪拌所有材料10分鐘，最好使用電動攪拌器，直到奶油醬完全均勻。

5] 冷藏保存2小時後使用(4°C)。

準備時間 10分鐘
烹調時間 5分鐘
製作 500克 奶油醬的材料
香草莢1/2根
全脂鮮奶350毫升
蛋3顆
糖80克

迪普門奶油餡 *Crème diplomate*

1] 將1/2根香草莢剖開成兩半並刮出香草籽。

2] 將鮮奶倒入大型平底深鍋中，加入香草莢和籽，煮沸，浸泡30分鐘。過濾並放涼。

3] 在容器中用攪拌器攪拌蛋和糖。

4] 混入放涼的牛奶並攪拌均勻。冷藏保存。

準備時間 5分鐘
製作 500克 奶油醬的材料
殺菌液狀鮮奶油400毫升
全脂鮮奶100毫升

打發鮮奶油 *Crème fouettée*

1] 將液狀鮮奶油存放在冰箱裡至少2小時：必須為4°C。

2] 倒入鋼盆，並泡在裝滿冰塊的大容器中，攪拌均勻。

3] 手持攪拌器用力打發；若您使用的是小型的電動攪拌器，請用中速攪拌。

4] 鮮奶油一凝固便停止攪拌。再攪拌的話，鮮奶油會變得鬆散並變成奶油(beurre)。

老饕論 Commentaire gourmand

就製作打發鮮奶油來說，最好使用液狀鮮奶油，比較不會像濃稠的鮮奶油(crème épaisse)那麼澀。

準備時間 15分鐘

製作 500克 奶油醬的材料

室溫奶油100克
糖粉100克
杏仁粉100克
玉米粉1小匙
蛋2顆
苦杏仁精1滴
卡士達奶油醬125克（見58頁）

法蘭奇巴尼奶油餡
Crème au frangipane

（杏仁奶油醬 *crème à l'amande*）

1］將奶油切小塊，放入容器中，用橡皮刮刀攪軟，別將奶油打發。

2］依序放入糖粉、杏仁粉、玉米粉、蛋和苦杏仁精，用電動攪拌器以低速攪打。

3］混入您預先製備的卡士達奶油醬，攪拌均勻。

4］若不馬上使用，請為容器蓋上保鮮膜，將奶油醬置於陰涼處。

訣竅

杏仁奶油醬絕不可起泡，因為會在烘烤時膨脹，接著在接觸到空氣時塌陷變形。

老饕論 Commentaire gourmand

為了將杏仁奶油醬稍微提味，需要用到苦杏仁精，但真的只能放1滴，因為它的苦味會讓奶油醬變得難以下嚥。

準備時間 15分鐘

烹調時間 5分鐘

製作 500克 奶油醬的材料

水200毫升
砂糖60克
吉力丁2片
攪打過、脂含量40%的白乳酪200克
蛋黃2個
打發鮮奶油230克（見53頁）

白乳酪奶油醬
Crème au fromage blanc

1］在平底深鍋中將水和糖煮沸，直到煮糖溫度計的120°C，即稱為「軟球（petit boulé）」（見69頁）的烹煮階段。

2］將吉力丁放入裝有許多冷水的大容器中軟化，浸透並擠乾。在隔水加熱的平底深鍋中加熱讓吉力丁融化。

3］在容器中，將熱糖漿淋在蛋黃上，攪打至混合物完全冷卻。

4］將溶化的吉力丁混入一半的白乳酪中，接著加入剩餘的乳酪、打發的鮮奶油，最後是蛋黃，輕輕將配料以稍微舀起的方式混合。

準備時間 20分鐘

烹調時間 5分鐘

製作 500克 奶油醬的材料

百香果300克
檸檬1顆
蛋（大的）2顆
砂糖110克
奶油180克

百香果奶油醬
Crème au fruit de la Passion

1］將百香果去皮並去核。切成小塊，用電動攪拌器或蔬果榨汁機（moulin à légumes）打成泥。用置於容器上的濾器過濾：您應獲得100毫升的果汁。將檸檬榨汁。

2］在平底深鍋中先後混合蛋、糖、百香果汁和10毫升（2小匙）的檸檬汁。

3］隔水加熱至奶油醬變稠。

4］離火，放至微溫達55°C（若您用手指測試的話，這是可忍受的溫度），接著將奶油切成小塊後加入。

5］用電動攪拌器攪打10分鐘。將奶油醬冷藏數小時（4°C），讓奶油醬完全冷卻。

香橙干邑使節奶油醬
Crème au Grand Marnier ambassadeur

準備時間 10分鐘
製作 500克 奶油醬的材料

吉力丁1片
香橙干邑甜酒15毫升(1大匙)
卡士達奶油醬250克(見58頁)
糖漬水果75克
鮮奶油香醍225克(見51頁)

1] 將吉力丁放入裝滿冷水的容器中軟化，浸透並擠乾。

2] 在隔水加熱的平底深鍋中加熱香橙干邑甜酒，並讓吉力丁融化。將您事先製備的1/4卡士達奶油醬加入上述混合物中；均勻混合，接著加入剩餘的卡士達奶油醬和糖漬水果。

3] 最後混入鮮奶油香醍，用刮杓輕輕將配料以稍微舀起的方式混合。

老饕論 Commentaire gourmand

您可用泡過熱水的湯匙將奶油醬製成球狀。整個淋上草莓醬或英式奶油醬，和草莓雪酪一起享用。

栗子奶油醬
Crème au marron

準備時間 10分鐘
製作 500克 奶油醬的材料

室溫奶油125克
栗子膏
(pâte de marron) 250克
液狀鮮奶油150毫升
蘭姆酒30毫升(2大匙)

1] 在容器中用橡皮刮刀將奶油攪拌成膏狀。

2] 加入栗子糊，混合至配料均勻。

3] 將液狀鮮奶油煮沸，接著加入奶油和栗子糊的混合物，攪拌均勻。最後混入蘭姆酒和4小匙(20毫升)的水(份量外)。

老饕論 Commentaire gourmand

您可添加一些糖栗碎屑來裝點這道奶油醬。

瑪斯卡邦乳酪奶油醬
Crème au mascarpone

準備時間 10分鐘
製作 500克 奶油醬的材料

瑪斯卡邦乳酪
(mascarpone)400克
全脂鮮奶100毫升
香草粉1克(1小撮)

1] 將瑪斯卡邦乳酪切丁。

2] 和鮮奶、香草粉一起放入容器中，用攪拌器混合至配料完全均勻。

3] 將奶油醬冷藏保存數小時後使用。

老饕論 Commentaire gourmand

您可用草莓或覆盆子來搭配這道奶油醬，或是用於水果沙拉中。

千層派奶油醬
Crème à mille-feuille

準備時間 10分鐘
製作 500克 奶油醬的材料

液狀鮮奶油100毫升
砂糖10克(2小匙)
卡士達奶油醬(見58頁)400克

1] 將鮮奶油存放在冰箱裡至少2小時(4°C)：鮮奶油必須非常冰涼。

2] 製作鮮奶油香醍(見51頁)，在大碗中打發液狀鮮奶油直到凝固；接著加糖打勻。

3] 在容器中放入您事前製備的卡士達奶油醬，並混入鮮奶油香醍中，用刮杓輕輕將配料以稍微舀起的方式混合。即刻使用。

杏仁慕思林奶油醬
Crème mousseline à l'amande

準備時間 15分鐘
製作 500克 奶油醬的材料
奶油150克
杏仁粉125克
卡士達奶油醬190克(見58頁)
義式蛋白霜140克(見43頁)

1] 將奶油切得很小塊，放入大的容器中。

2] 用電動攪拌器攪打，直到奶油變軟且顏色變淡。

3] 加入杏仁粉，不停攪拌。

4] 以手動攪拌器混入卡士達奶油醬，接著是義式蛋白霜。即刻使用。

老饕論 Commentaire gourmand

您可添加30毫升(2大匙)的櫻桃蒸餾酒來為這奶油醬增添風味。
在浸泡過深褐色蘭姆酒的3層海綿蛋糕中加入奶油醬和鳳梨片，再撒上綠檸檬皮，一道可口的點心就完成了。

覆盆子慕思林奶油醬
Crème mousseline à la framboise

準備時間 10分鐘
製作 500克 奶油醬的材料
法式奶油霜320克(見49頁)
卡士達奶油醬150克(見58頁)
覆盆子蒸餾酒
(eau-de-vie framboise)
30毫升(2大匙)

1] 在鋼盆中，用電動攪拌器攪打法式奶油霜至柔軟且顏色變淡，但請勿加熱。

2] 在沙拉盆中，用攪拌器將卡士達奶油醬攪拌至平滑，別讓奶油醬凝固。加入蒸餾酒並均勻混合。

3] 將這奶油醬混入法式奶油霜中，用刮杓輕輕將配料以稍微舀起的方式混合。即刻使用。

訣竅

為了成功完成這道食譜，使用時，法式奶油霜和卡士達奶油醬的溫度應相同。

老饕論 Commentaire gourmand

慕思林奶油一完成，就必須全部用掉。

混入液體的奶油？

慕思林奶油(crème mousseline)由水(在卡士達奶油醬中)、氣體(由攪拌器引入)和脂質所組成。然而，後者並不溶於水。但多虧了存於奶油中的蛋白質分子(酪蛋白)，上述混合物可以溶於水，並將配料中含有的微小氣泡和水滴包覆起來。
艾維提斯 H.T.

1

2

3

香檳慕思林奶油醬
Crème mousseline à la liqueur de Champagne

準備時間 10分鐘

製作 500克 奶油醬的材料

室溫奶油140克
卡士達奶油醬240克(見58頁)
香檳利口酒30毫升(2大匙)
義式蛋白霜80克(見43頁)

1] 將奶油切得很小塊，放入容器中，用電動攪拌器攪打至奶油變軟且顏色變淡。

2] 加入卡士達奶油醬和利口酒，均勻混合。

3] 用攪拌器混入義式蛋白霜，輕輕將配料以稍微舀起的方式混合。即刻使用。

訣竅

若您剛從冰箱中取出卡士達奶油醬，奶油醬往往會凝固，因此在加入利口酒之前，必須以手動攪拌器攪拌至「平滑」。

香草慕思林奶油醬
Crème mousseline à la vanille

準備時間 15分鐘

製作 500克 奶油醬的材料

吉力丁2片
卡士達奶油醬100克(見58頁)
香草精5克(1小匙)
打發鮮奶油400克(見53頁)

1] 將吉力丁放入裝有大量冷水的容器中軟化，浸透並擠乾。在隔水加熱的平底深鍋中緩緩加熱至融化(溫度不應超過25°C)。

2] 混入您事先製備的1/4卡士達奶油醬和香草精，均勻混合。若您觀察到混合物開始凝固，就稍微加熱。

3] 加入剩餘的卡士達奶油醬，輕輕將配料以稍微舀起的方式混合。即刻使用。

香橙奶油醬
Crème à l'orange

準備時間 15分鐘

烹調時間 5分鐘

製作 500克 奶油醬的材料

柳橙皮1/5顆
檸檬皮1/4顆
柳橙1顆
大型全蛋2顆
砂糖120克
室溫奶油170克

1] 將果皮切成細碎。將柳橙榨汁：應有100毫升的果汁。

2] 在鋼盆中混合蛋、糖、柳橙皮和柳橙汁。隔水加熱至混合物變稠。

3] 用置於容器上的濾器過濾，接著用電動攪拌器攪打。

4] 將奶油切得很小塊後加入，接著再攪打3至4分鐘。

杏仁牛奶
Lait d'amande

準備時間 10分鐘

冷藏時間 至少12小時

製作 500克 杏仁牛奶的材料

水250毫升
砂糖100克
杏仁粉170克
純櫻桃酒10毫升
(略少於1大匙)
苦杏仁精1滴

1] 在平底深鍋中將水和糖煮沸。離火。

2] 混入杏仁粉和櫻桃酒，均勻混合。將上述溫熱的材料用電動攪拌器攪打。用置於容器上的濾器過濾。

3] 讓材料冷藏靜置至少12小時。

4] 隔天，在使用前加入1滴的苦杏仁精：不可超過，因為會讓味道變得難以下嚥。

準備時間 20分鐘

烹調時間 5分鐘

製作 500克 奶油醬的材料

香草莢1又1/2根

玉米粉30克

砂糖80克

全脂鮮奶350毫升

蛋黃4個

室溫奶油35克

香草卡士達奶油醬
Crème pâtissière à la vanille

1] 將香草莢剖開成兩半並刮出香草籽。在厚底平底深鍋中放入玉米粉和一半的糖。倒入牛奶，一邊用攪拌器攪拌。加入香草莢和籽，煮沸，一邊攪打。

2] 在大碗中打發蛋黃和剩餘的糖3分鐘。掺入一些牛奶，一直攪打。

3] 再將混合物倒入平底深鍋加熱，一邊攪打。

4] 一煮沸就離火。移去香草莢，將奶油醬倒入碗中，並泡入裝滿冰塊的大容器中。

5] 待奶油醬微溫時(50°C)，混入奶油，並快速攪打。

保存

有需要時才製備卡士達奶油醬始終是最佳選擇。事實上，這種奶油醬很難冷藏保存超過12小時。超過此期限，奶油醬就會失去它的風味。

使用

這種奶油醬用於其他許多食譜的製作中。也用來裝飾或填入千層派、閃電泡芙、泡芙、修女泡芙(religieuse)等等。

1

2

3

4

5

變化 Variante

巧克力卡士達奶油醬

Crème pâtissière au chocolat

您可在烹煮的最後，分2至3次加入250克的黑巧克力碎末，為卡士達奶油醬增添風味。均勻混合至巧克力完全融化。

慕斯 Les Mousses

杏桃慕斯 *Mousse à l'abricot*

準備時間 15分鐘
製作 500克 慕斯的材料
充分成熟的杏桃400克
吉力丁3片
檸檬汁10毫升(略少於1大匙)
義式蛋白霜120克(見43頁)
打發鮮奶油150克(見53頁)

1] 將杏桃去核、切塊，放入蔬果榨汁機中：您應獲得250克的果泥。然後用置於容器上的濾器過濾。

2] 將吉力丁放入大量冷水中軟化，浸透並擠乾。

3] 在隔水加熱的平底深鍋中緩緩加熱至融化。加入添加了檸檬汁的50克杏桃果肉。

4] 將上述混合物1次倒入剩餘的果泥中，用力攪打。溫度不應超過15℃，讓材料保持堅實。

5] 混入確實冷卻的義式蛋白霜，接著是打發的鮮奶油，輕輕將配料以稍微舀起的方式混合。

香蕉慕斯 *Mousse à la banane*

準備時間 15分鐘
製作 500克 慕斯的材料
香蕉400克
檸檬1顆
吉力丁2片
義式蛋白霜75克(見43頁)
打發鮮奶油160克(見53頁)
肉荳蔻(muscade)粉1撮
(可隨意)

1] 將香蕉剝皮，切成小塊，然後放入蔬果榨汁機中：您應獲得250克的果泥。將檸檬榨汁。

2] 將吉力丁放入大量冷水中軟化，浸透並擠乾。

3] 置於隔水加熱的平底深鍋中加熱至融化。加入50克添加滿滿1大匙檸檬汁的香蕉泥。

4] 將上述混合物1次倒入剩餘的果泥中，並用力攪打。溫度不應超過15℃，讓材料保持堅實。

5] 混入確實冷卻的義式蛋白霜，接著是打發的鮮奶油，亦可加入肉荳蔻粉，然後輕輕將配料以稍微舀起的方式混合。

老饕論 Commentaire gourmand

肉荳蔻可巧妙地為香蕉提味。

焦糖慕斯 *Mousse au caramel*

準備時間 15分鐘
製作 500克 慕斯的材料
吉力丁3片
蛋黃2個
濃度1.2624的糖漿40毫升
(20毫升的水煮沸，
再加25克的糖)
慕斯用焦糖190克(見71頁)
打發鮮奶油240克(見53頁)

1] 吉力丁放入大量冷水中軟化，浸透並擠乾。

2] 在小型平底深鍋中混合蛋黃和糖漿。

3] 將平底深鍋隔水加熱至材料變稠，接著用電動攪拌器用力攪打至完全冷卻。

4] 將吉力丁隔水加熱至融化(40℃)，加入一些冷卻的焦糖，接著加入剩餘的所有焦糖。放至微溫，達到室溫為止(20～22℃)。

5] 將焦糖混入醬中，接著是打發的鮮奶油，攪拌均勻。

訣竅

在進行最後的混合時，慕斯必須為微溫或冷卻狀態，不然慕斯很容易散開。

巧克力慕斯
Mousse au chocolat

準備時間 15分鐘

製作 500克 慕斯的材料

黑巧克力180克

全脂鮮奶20毫升(滿滿1大匙)

液狀鮮奶油100毫升

奶油20克

蛋3顆

砂糖15克

1] 在木板上用刀將巧克力切碎，放入大碗中。將鮮奶和液狀鮮奶油煮沸。

2] 將上述煮沸的液體淋在巧克力上，用攪拌器混合1至2分鐘，讓材料達40°C的溫度，成為甘那許(ganache)。

3] 將奶油切得很小塊，混入混合物中，一邊用攪拌器攪拌。

4] 將蛋白和蛋黃分開。用電動攪拌器將蛋白和糖一起打成泡沫狀蛋白霜，接著在機器停止前幾秒加入蛋黃。

5] 將1/5的蛋白霜混入甘那許中混合。接著將所有材料倒入剩餘的蛋白中，輕輕將材料以稍微舀起的方式混合。冷藏保存。

保存

巧克力慕斯不應冷藏保存超過24小時。

訣竅

為了獲得充分起泡的奶油醬，務必將蛋白打至非常凝固的立角狀蛋白霜，小心翼翼地混入甘那許中，並用橡皮刮刀以稍微舀起的方式混合。

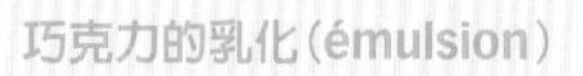

奶油醬(crème)是在水中擴散的微小滴；而牛奶也是。將牛奶和奶油醬的混合物加熱，會使部分水分蒸發，但仍足以保存所謂「乳化劑」的混合麵糊。當我們將乳化劑倒入巧克力時，巧克力會緩慢地融化，而其中所含的脂質(可可奶油)便在乳化劑的水中擴散成小滴。這就是我們混合牛奶、奶油醬和巧克力所形成的巧克力奶油醬，是蛋黃醬(mayonnaise)：油滴在蛋黃和醋水中的擴散；法式伯那西醬(béarnaise)：融化的奶油滴在醋水和蛋中的擴散；奶油醬：脂質滴在奶油中的擴散；或起司火鍋(fondue au fromage)：乳酪脂質在酒中的擴散的遠親。

艾維提斯 H.T.

準備時間 15分鐘
烹調時間 5分鐘
製作 500克 慕斯的材料
苦甜巧克力165克
室溫奶油165克
蛋2顆
蛋白2個
砂糖10克(2小匙)

奶油巧克力慕斯 *Mousse au chocolat au beurre*

1] 將巧克力切碎或削成碎末。在隔水加熱的小型平底深鍋中緩緩加熱至融化，離火，放至微溫(40～45℃)。

2] 將奶油切成小塊，在碗中攪打至軟化且顏色變淡。分2次倒入巧克力中，均勻混合。

3] 將蛋白和蛋黃分開。在容器中將4個蛋白和砂糖打成泡沫立角狀蛋白霜。

4] 將上述材料混入蛋黃中，直到材料均勻為止。

5] 最後倒入巧克力並攪拌，輕輕將材料以稍微舀起的方式混合。

準備時間 10分鐘
製作 500克 慕斯的材料
液狀鮮奶油380毫升
白巧克力120克

白巧克力慕斯 *Mousse au chocolat blanc*

1] 在碗中攪打330毫升的液狀鮮奶油。剩餘的預留備用。

2] 將巧克力切碎，在隔水加熱的小型平底深鍋中緩緩加熱至融化(35℃)。

3] 將剩餘50毫升的鮮奶油煮沸，倒入融化的巧克力中；接著先混入1/4打發的鮮奶油，接著加入剩餘的所有鮮奶油，用橡皮刮刀輕輕將材料以稍微舀起的方式混合。

老饕論 Commentaire gourmand

您可以立即使用這巧克力慕斯，或是讓巧克力在杯中凝結，然後搭配紅水果庫利(coulis de fruits rouges)品嚐。

準備時間 15分鐘
製作 500克 慕斯的材料
砂糖90克
半鹽奶油30克
液狀鮮奶油60毫升
半甜巧克力(chocolat mi-amer)85克
打發鮮奶油230克(見53頁)

焦糖巧克力慕斯 *Mousse au chocolat au caramel*

1] 在厚底的平底深鍋中，將糖乾煮至金黃色的焦糖。

2] 加入奶油和液狀鮮奶油以中止烹煮。

3] 將巧克力切碎或削成碎末。慢慢撒在焦糖上，一邊攪拌。

4] 再次將混合物倒入平底深鍋中，稍微加熱(45℃)，混入奶油，接著是打發的鮮奶油，用橡皮刮刀輕輕將材料以稍微舀起的方式混合。

準備時間 15分鐘
製作 500克 慕斯的材料
液狀鮮奶油90毫升
吉力丁1片
黑莓(mûre)泥150克
苦甜巧克力100克
打發鮮奶油300克(見53頁)

黑莓巧克力慕斯 *Mousse au chocolat à la mûre*

1] 將液狀鮮奶油煮滾，然後放涼。

2] 吉力丁放入冷水中軟化，浸透並擠乾。

3] 將吉力丁在隔水加熱的平底深鍋中緩緩加熱至融化，加入黑莓泥，均勻混合。

4] 將巧克力切碎或削成碎末。和奶油一起在隔水加熱的平底深鍋中緩緩加熱至融化(45℃)。

5] 再混入吉力丁和黑莓泥的混合物、鮮奶油，接著是打發的鮮奶油，用橡皮刮刀輕輕將材料以稍微舀起的方式混合。

香橙巧克力慕斯
Mousse au chocolat à l'orange

準備時間 10分鐘
製作 500克 慕斯的材料

液狀鮮奶油80毫升
柳橙皮1/4顆
半甜巧克力175克
（可可奶油含量至少60%）
蛋2顆
蛋白4個
砂糖15克

1] 將液狀鮮奶油煮滾，然後放涼。

2] 將柳橙皮切成細碎。將巧克力切碎或削成碎末。

3] 和液狀鮮奶油、柳橙皮一起放入平底深鍋中，緩緩隔水加熱至融化(45°C)。

4] 將蛋白和蛋黃分開。將6個蛋白和糖一起打成泡沫的立角狀蛋白霜。先將1/4混入蛋黃中，接著混入剩餘的，均勻混合。

5] 最後加入巧克力，用橡皮刮刀輕輕將材料以稍微舀起的方式混合。

黃檸慕斯
Mousse au citron jaune

準備時間 10分鐘
製作 500克 慕斯的材料

檸檬奶油醬220克（見53頁）
黃檸檬1顆
吉力丁3片
義式蛋白霜70克（見58頁）
打發鮮奶油180克（見53頁）

1] 提前2小時製備檸檬奶油醬。

2] 先抽取檸檬皮，然後切成細碎。

3] 將水果榨汁：您應獲得30毫升（2大匙）的果汁。

4] 將吉力丁放入裝有大量冷水的容器中軟化，浸透並擠乾。放入容器中，與檸檬皮混合。

5] 將這新的混合物倒入您提前2小時準備的檸檬奶油醬中，一邊攪拌，讓吉力丁充分溶解。

6] 先混入義式蛋白霜，接著是打發鮮奶油，用刮杓輕輕將材料以稍微舀起的方式混合。

青檸慕斯
Mousse au citron vert

準備時間 10分鐘
製作 500克 慕斯的材料

綠檸檬250克
吉力丁4片
義式蛋白霜190克（見58頁）
打發鮮奶油200克（見53頁）

1] 將檸檬去皮膜並去籽。將果肉放入蔬果榨汁機中：您應獲得110克的果泥。

2] 將吉力丁放入裝有大量冷水的容器中軟化，浸透並擠乾。

3] 讓吉力丁在隔水加熱的平底深鍋中緩緩加熱至融化(40°C)。

4] 加入一些榨過的檸檬果肉，接著將這混合物一次倒入剩餘的果泥中，一邊用手動或電動攪拌器用力攪打。經常注意混合物的溫度，不要超過15°C。

5] 混入您事先準備且充分冷卻的義式蛋白霜，接著是打發鮮奶油，用刮杓輕輕將形成的慕斯以稍微舀起的方式混合。

老饕論 Commentaire gourmand

綠檸檬皮有種非常細緻的香味。因此，可在果泥中加入一些果皮來為慕斯增添風味。在這種情況下，請使用未經加工處理的水果。

準備時間 20分鐘

製作 500克 慕斯的材料

覆盆子350克
檸檬1顆
吉力丁4片
義式蛋白霜120克(見43頁)
液狀鮮奶油160毫升

覆盆子慕斯
Mousse à la framboise

1] 在置於沙拉盆上的濾網中，用刮杓將覆盆子壓碎：您應獲得200克的果泥。將檸檬榨汁。

2] 將吉力丁放入裝有大量冷水的容器中軟化，浸透並擠乾。在隔水加熱的平底深鍋中緩緩加熱至融化。加入1/4的覆盆子泥，攪打並再度將混合物稍微加熱(40℃)。接著將上述材料在剩餘的覆盆子泥上方過濾，仔細按壓，以免殘留吉力丁塊。

3] 將醬汁倒入碗中，並泡在裝滿冰塊的容器中，用力攪打。

4] 在覆盆子泥和吉力丁的混合物中混入檸檬汁，接著是義式蛋白霜。

5] 最後混入打發鮮奶油。即刻使用。

省時妙法

若非覆盆子的季節，或是沒時間親自準備覆盆子泥，可購買現成的。有優質的快速冷凍產品。

為何覆盆子泥不能過度加熱?

找一天試著加熱覆盆子泥：一股芬芳的味道瀰漫著廚房。唉，這種香氣迅速蒸散，而且不復存於果泥中，只形成煮熟覆盆子的香味，而非新鮮覆盆子的芬芳。為了使吉力丁溶解，應加熱覆盆子，但為了保存新鮮覆盆子的香氣，最好別過度加熱。物理學家找出要讓吉力丁溶解所須達到的最小溫度：36℃。超過這個溫度，吉力丁分子就會在水中散開；不到這個溫度，吉力丁就會結凍。由於界限並不明確，我們可以不冒任何風險地煮至50℃。

艾維提斯 H.T.

變化 Variante

草莓慕斯

Mousse à la fraise

您可依同樣的原則來製備可口的草莓慕斯，並添加多一點的檸檬汁，因為此水果沒有覆盆子那麼酸。

1

2

3

4

5

白乳酪慕斯 *Mousse au fromage blanc*

準備時間 10分鐘

製作 500克 慕斯的材料

吉力丁6片
白乳酪350克
打發鮮奶油150克(見53頁)

1] 將吉力丁放入裝有大量冷水的容器中軟化，浸透並擠乾。

2] 在隔水加熱的平底深鍋中緩緩加熱至融化。

3] 先加入1/4的白乳酪，用力攪打，接著加入其餘的白乳酪。

4] 最後混入您預先準備的打發鮮奶油，用橡皮刮刀輕輕將材料以稍微舀起的方式混合。

老饕論 Commentaire gourmand

為了製作這道慕斯，最好選擇脂含量40%的白乳酪。

百香果慕斯 *Mousse au au fruit de la Passion*

準備時間 10分鐘

製作 500克 慕斯的材料

杏桃100克
百香果180克
吉力丁3片
義式蛋白霜140克(見43頁)
打發鮮奶油180克(見53頁)

1] 用電動攪拌器或蔬果榨汁機製備杏桃和百香果泥。

2] 將吉力丁放入裝有大量冷水的容器中軟化，浸透並擠乾。

3] 讓吉力丁在杏桃泥中緩緩融化。

4] 將上述混合物混入百香果泥中。放涼至溫度約18°C。

5] 先混入義式蛋白霜，接著是您預先準備的打發鮮奶油；用橡皮刮刀輕輕將材料以稍微舀起的方式混合。

芒果慕斯 *Mousse à la mangue*

準備時間 10分鐘

製作 500克 慕斯的材料

芒果300克
檸檬1顆
吉力丁3片
義式蛋白霜125克(見43頁)
打發鮮奶油180克(見53頁)

1] 將芒果去皮並去核。放入電動攪拌器或蔬果榨汁機中：您應獲得180克的果泥。

2] 將果泥以置於容器上的濾網過濾，並用木匙仔細壓扁。

3] 添加15毫升(1大匙)的檸檬汁(份量外)。

4] 將吉力丁放入裝有大量冷水的容器中軟化，浸透並擠乾。在隔水加熱的平底深鍋中緩緩加熱至融化。

5] 先將一些果泥加入融化的吉力丁裡，接著將這混合物1次倒入含有剩餘果泥的容器中。

6] 用力攪打上述材料，注意別讓溫度超過15°C，讓材料保持些許硬度。

7] 混入您預先準備且充分冷卻的義式蛋白霜。

8] 最後加入打發鮮奶油，用橡皮刮刀輕輕將材料以稍微舀起的方式混合。

老饕論 Commentaire gourmand

在異國產品的區域裡，我們幾乎全年都可見到芒果，但芒果一般還是以冬季和春季的品質較佳。

栗子慕斯
Mousse au marron

準備時間 10分鐘
製作 500克 慕斯的材料

吉力丁1又1/2片
室溫奶油35克
栗子膏140克
栗子奶油醬135克(見55頁)
純麥威士忌(whisky pur malt)15毫升(可隨意)
液狀鮮奶油170毫升

1] 將吉力丁放入裝有大量冷水的容器中軟化，浸透並擠乾。

2] 在容器中攪打奶油至軟化且顏色變淡。

3] 混入栗子膏和栗子奶油醬中。

4] 在小型平底深鍋中加熱威士忌，讓吉力丁在裡面緩緩融化。均勻混合，然後倒入已經混有奶油、栗子奶油醬和栗子膏的容器中。

5] 混入液狀鮮奶油，用刮杓輕輕將材料以稍微舀起的方式混合。

老饕論 Commentaire gourmand

您可立即食用這道慕斯，或是置於大杯子中凝結，然後搭配英式奶油醬和一些小餅乾(gâteaux secs)品嚐。

新鮮薄荷慕斯
Mousse à la menthe fraîche

準備時間 20分鐘
製作 500克 慕斯的材料

吉力丁2片
新鮮薄荷葉10片
水30毫升(2大匙)
糖80克
蛋黃5個
新鮮薄荷糖漿10毫升(1大匙)
打發鮮奶油270克(見53頁)

1] 將吉力丁放入裝有大量冷水的容器中軟化，浸透並擠乾。

2] 將新鮮薄荷葉切碎。

3] 在平底深鍋中將水和糖煮沸。加入新鮮薄荷葉，浸泡15至20分鐘，不要加蓋。

4] 將薄荷從鍋中取出，用電動攪拌器攪成細碎。

5] 在另一個平底深鍋中放入蛋黃和薄荷糖漿，隔水加熱至混合物呈現膏狀。

6] 將這膏狀物倒入容器中，攪拌至完全冷卻。

7] 將吉力丁隔水加熱至緩緩融化，一邊攪打，一邊混入一些上述的材料。加入攪碎的薄荷，最後加入上述剩餘的所有材料，一直用力攪打。

8] 最後混入您先前準備的打發鮮奶油，用橡皮刮刀輕輕將材料以稍微舀起的方式混合。即刻使用。

椰子慕斯
Mousse à la noix de coco

準備時間 15分鐘
製作 500克 慕斯的材料

吉力丁2片
椰子泥190克
罐裝椰奶(最好無糖)20克
義式蛋白霜100克(見43頁)
打發鮮奶油190克(見53頁)

1] 將吉力丁放入裝有大量冷水的容器中軟化，浸透並擠乾。

2] 在容器中混合椰子泥和椰奶。

3] 將吉力丁緩緩隔水加熱至融化，接著混入先前的材料中。

4] 均勻混合，讓吉力丁完全溶解。

5] 接著依序混入您先前製備的義式蛋白霜和打發鮮奶油，用橡皮刮刀輕輕將材料以稍微舀起的方式混合。

老饕論 Commentaire gourmand

您可將這慕斯倒入小型的舒芙蕾模(ramequin)中，並擺上一層草莓或覆盆子。也能搭配百香果庫利享用。

準備時間 35分鐘
烹調時間 5分鐘
製作 500克 慕斯的材料
覆蓋巧克力(chocolat de couverture)120克
蛋黃3個
砂糖40克
液狀鮮奶油300毫升

巧克力沙巴雍慕斯
Mousse sabayon au chocolat

1] 將巧克力切碎，在小型平底深鍋中隔水加熱至緩緩融化(40℃)。在鋼盆中混合蛋黃和糖，接著倒入50毫升的液狀鮮奶油，一邊攪打。

2] 將鋼盆放入微滾的水中隔水加熱，接著不停攪打材料至稠化；材料必須呈現蛋黃醬般的濃稠感。這時從隔水加熱鍋中取出，接著再次用手動或電動攪拌器攪打至充分冷卻。

3] 將剩餘充分冷卻的液狀鮮奶油倒入碗中，後者泡在裝滿冰塊的容器中。手持攪拌器用力攪打；若您使用小型的電動攪拌器，請以中速運轉。奶油一凝固就停止攪打。

4] 將1/4打發的奶油混入融化的巧克力中，用力攪打以免結塊。

5] 這時加入沙巴雍醬(煮過且冷卻的蛋黃、糖和奶油)，慢慢地混入，接著用刮杓輕輕地混入剩餘的打發奶油。

變化：「巧克力香醍 chocolat Chantilly」

最常見的巧克力慕斯，是將融化的巧克力加入打成立角狀的蛋白霜或打發鮮奶油中而得。但您知道巧克力本身也能打發成慕斯嗎？在小型平底深鍋中，將任何一種含水的液體(柳橙汁、咖啡、薄荷茶...)200毫升，和225克的即食的板狀巧克力(chocolat à croquer)緩緩加熱：我們因而獲得類似奶油醬的巧克力液，因為奶油醬是一種乳水中的脂質乳化劑。接著將這液體攪打至冷卻：起先會出現幾顆不穩定的大氣泡，接著在體積增加時，混合物會突然變稀。如同鮮奶油香醍，我們獲得以巧克力本身打發的慕斯(mousse de chocolat)(而非加入巧克力製成的慕斯 mousse au chocolat)：這就是「巧克力香醍」。

艾維提斯 H.T.

1

2

3

4

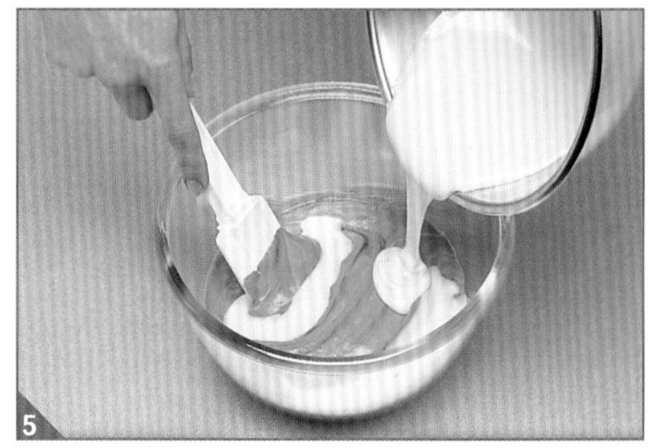
5

準備時間 20分鐘
烹調時間 5分鐘
製作 500克 慕斯的材料
吉力丁1片
水15毫升（1大匙）
砂糖50克
蛋1顆
蛋黃2個
苦甜巧克力（chocolat amer）80克
半甜巧克力（chocolat mi-amer）60克
打發鮮奶油200克（見53頁）

雙重巧克力沙巴雍慕斯 *Mousse sabayon aux deux chocolats*

1] 將吉力丁放入裝有大量冷水的容器中軟化，浸透並擠乾。

2] 在厚底的平底深鍋中煮水和糖，直到「硬球」（130℃）階段。

3] 在容器中攪打蛋和蛋黃至軟化且顏色變淡。混入煮好的糖，接著是吉力丁，均勻混合。

4] 持續攪打膏狀物，直到完全冷卻。

5] 將兩種巧克力隔水加熱或微波加熱至緩緩融化（40℃）。和1/4的打發鮮奶油混合，接著混入剩餘的奶油，最後是冷卻的膏狀物。輕輕地用橡皮刮刀混合。即刻使用。

變化 Variante

檸檬巧克力慕斯
Mousse au chocolat et au citron

可在融化的巧克力中混入1顆切成細碎的檸檬皮，為慕斯增添芳香。

準備時間 10分鐘
製作 500克 慕斯的材料
水100毫升
伯爵茶葉（feuilles de thé earl grey）10克
吉利丁4片
義式蛋白霜175克（見43頁）
打發鮮奶油220克（見53頁）

伯爵茶慕斯 *Mousse au thé earl grey*

1] 在平底深鍋中將水煮沸，放入茶葉浸泡，但請勿超過4分鐘，接著過濾。

2] 將吉力丁放入裝有大量冷水的容器中軟化，浸透並擠乾。隔水加熱至緩緩融化，然後倒入茶液中，一邊攪拌至完全溶解。

3] 混入義式蛋白霜，接著是打發鮮奶油，用橡皮刮刀輕輕將材料以稍微舀起的方式混合。

準備時間 25分鐘
製作 500克 慕斯的材料
吉力丁1片
蛋黃3個
濃度1.2624的糖漿40毫升
西班牙果仁糖膏（turrón de Jijona en pâte）165克
打發鮮奶油350克（見53頁）

果仁糖慕斯 *Mousse au turrón de Jijona*

1] 將吉力丁放入裝有大量冷水的容器中軟化，浸透並擠乾。

2] 製作炸彈麵糊（appareil à bombe）（見86頁）。將蛋黃和糖漿放入平底深鍋。置入隔水加熱鍋中加熱並攪打。

3] 離火，用電動攪拌器以快速攪打混合物至完全冷卻。麵糊因而形成發泡且非常膨鬆的外觀。

4] 讓吉力丁於少量的麵糊中溶解，接著將這混合物混入剩餘的膏狀物中。

5] 將一些打發鮮奶油摻入果仁糖膏，接著加入剩餘所有的鮮奶油。

6] 混入所獲得的膏狀物中，用刮杓輕輕將材料以稍微舀起的方式混合。

訣竅

若您找不到果仁糖（turrón;touron）膏，請用橡皮刮刀攪拌至膏狀。

Le sucre et le chocolat
糖與巧克力

糖是甜點、蛋糕、點心、果醬、糖果等一切材料的基礎。

糖也能用來製作鏡面、鏡面果膠和裝飾。

巧克力則是最常用於糕點和糖果的口味。

糖 Le sucre

在溫度升高時，糖更容易溶於水：舉例來說，1公升的水在19℃時可以溶解2公斤的糖，在100℃時可以溶解將近5公斤的糖。乾煮的話，糖在將近160℃時開始融解；從170℃開始變成焦糖，在將近190℃時會燒焦。

糖的烹煮最好一步步來，最好在厚底有柄的小平底鍋（poêlon）中。選擇沒有鍍錫的銅鍋或不鏽鋼材質，並徹底洗淨，不要使用去污劑或磨料。

應選擇精製的白糖，因為較純，因而較不會有結晶的可能。此外，我們也能使用塊狀糖和粉狀糖。應在開始烹煮前將糖稍微濕潤：準備最少300克的水來溶解1公斤的糖。

煮糖必須以文火開始，接著在糖溶解時加溫，小心地監督，因為不同的階段之間非常相近，而且每一個都對應到特殊的使用。可使用糖漿比重計（pèse-sirop）或煮糖溫度計來進行烹煮的控管。但也能用手進行測試，因為可從糖的物理特性來判定所到達的溫度（見70頁的解釋）。

煮糖的階段 *Les étapes de la caisson du sucre*

鏡面 NAPPÉ(100℃)。糖漿，完全半透明，開始沸騰；當我們非常迅速地浸入漏勺時，會在表面延展成鏡面。

使用 Emplois

芭芭蛋糕、糖漿水果(fruits au sirop)、沙弗林(savarin)。

細線 PETIT FILÉ(103～105℃) 在此溫度下，糖漿更為濃稠。若我們將湯匙泡入冷水中，再迅速放入糖漿中，接著用湯匙盛起，會在指間形成2至3公釐、非常細的線，而且很容易斷裂。

使用 Emplois

糖漬水果、杏仁膏。

粗線或拔絲 GRAND FILÉ OU LISSÉ(106～110℃) 指間獲得更結實、達5公釐的線。

使用 Emplois

鏡面、所有標示「糖漿」而無其他明確說明的食譜。

小珠 PETIT PERLÉ(110～112℃) 糖漿表面被圓形氣泡所覆蓋；用湯匙盛起，拿在指間，會形成大而堅固的線。

使用 Emplois

翻糖(fondant)、果仁牛軋糖(touron)。

大珠或吹動 GRAND PERLÉ OU SOUFFLÉ (113～115℃) 指間拉長的糖絲可達2公分；若垂下形成扭曲的線(超過1℃)，稱為「豬尾巴」。當我們浸入漏勺，並在上面吹氣時，會從另一邊形成氣泡。

使用 Emplois

糖衣水果(fruit déguisé)、鏡面(glaçages)、糖栗(marron glacé)、果醬用糖漿。

軟球 PETIT BOULÉ(116～125℃) 浸入冷水中的1滴糖漿形成柔軟的球；氣泡從漏勺中消失。

使用 Emplois

法式奶油霜、焦糖軟糖(caramel mou)、果醬和果凍(gelée)、義式蛋白霜、牛軋糖(nougat)。

硬球 GRAND BOULÉ(126～135℃) 糖漿在冷水中形成的球較硬；如雪般的絮片從漏勺中消失。

使用 Emplois

焦糖、果醬、糖飾(confitures et gelées)、義式蛋白霜。

小破碎 PETIT CASSÉ(136～140℃) 糖漿滴在冷水中便立即硬化，但會黏牙；此階段的糖不能使用。

大破碎 GRAND CASSÉ(146～155℃) 浸入冷水的糖漿滴變硬、易碎、無黏性；糖將鍋壁染上明亮的草黃色。

使用 Emplois

棉花糖(barbe à papa)、煮糖糖果(bonbons de sucre cuit)、糖絲裝飾(décors de sucre filé)、糖花(fleurs en sucre)、吹糖(sucre soufflé)。

淺色焦糖 CARAMEL CLAIR(156～165℃) 幾乎不含水分的糖漿轉化成麥芽糖，然後變成焦糖；一開始是黃色，接著變成金黃色和褐色。

使用 Emplois

為點心和布丁、糖果(bonbons)和奴軋汀(nougatine)、模型焦糖、天使的髮絲(cheveux d'ange)、焦糖布丁(crème caramel)、鏡面(glaçage)等增添芳香。

褐色或深色焦糖 CARAMEL BRUN OU FONCÉ (166～175℃) 糖變成褐色，而且喪失甜度；應在較深色焦糖為基底的材料中加糖。

使用 Emplois

碳化前的最後烹煮階段，褐色焦糖特別用於為醬汁和湯上色。

為何糖漿有時會結塊？

當我們用小火煮糖漿時，水逐漸蒸散。若我們倒入一些糖，使水量變得非常少，糖就會結晶並結塊。在製作焦糖時，我們因此而盡量避免攪動糖漿：若在容器內壁形成結晶，蒸發非常快速，結晶會再落入糖漿裡，因而造成「堆積(massage)」。為了避免這個現象，建議在整個操作過程中用濕潤的毛刷擦拭容器內壁。

艾維提斯 H.T.

煮糖
Cuisson du sucre

用來檢查烹煮溫度最妥當的方式，是使用糖漿比重計或溫度計(刻度至200℃)。儘管如此，專業人士仍經常以手指來測試烹煮的溫度，尤其是在量少時。將您的手指浸入裝有冰水的碗中，然後用沾濕的大拇指和食指提取一些糖漿，接著再立刻將糖漿浸入冰水的碗中。將手指移開，以檢驗堅實度。這項手作測試可執行至「大破碎 GRAND CASSÉ」階段；超過的話可能會很危險。

1] 當您在指間拉開，糖漿拉出絲來：我們稱這糖煮成了「線狀 FILÉ」。

2] 當您擺在指端，糖漿形成扁平的珠狀：我們稱這糖煮成了「軟球狀 PETIT BOULÉ」。

3] 當形成不再下陷的球狀時：我們稱這糖煮成了「硬球狀 GRAND BOULÉ」。

4] 您在指間將它折彎時，它還保持柔軟：我們稱這糖煮成了「小破碎 PETIT CASSÉ」。

5] 當您在指間拉扯，糖漿輕易折斷：我們稱這糖煮成了「大破碎 GRAND CASSÉ」。

訣竅

當我們在「大破碎 GRAND CASSÉ」階段後繼續烹煮，將獲得淺色的焦糖，接著是褐色或深色。

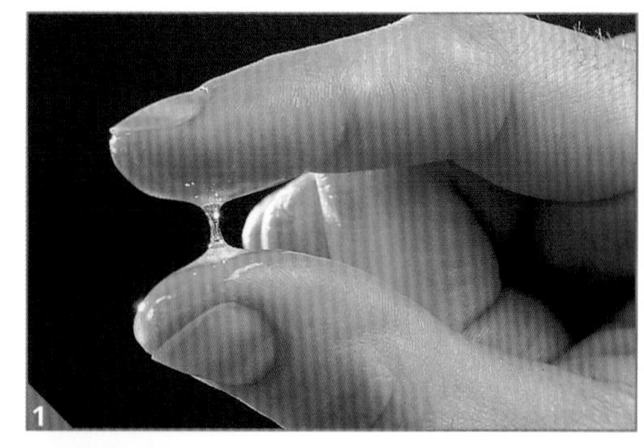

1

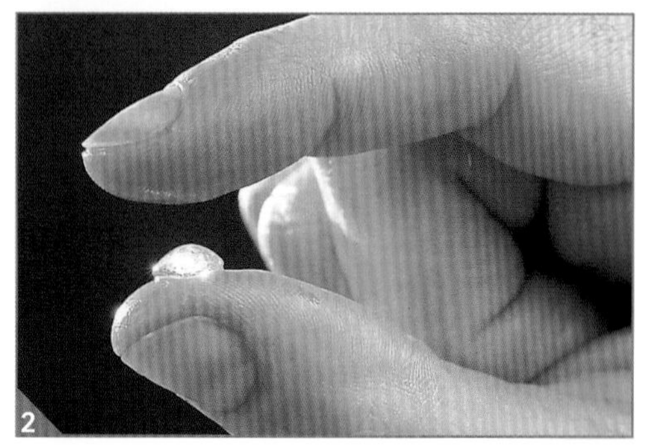

2

3

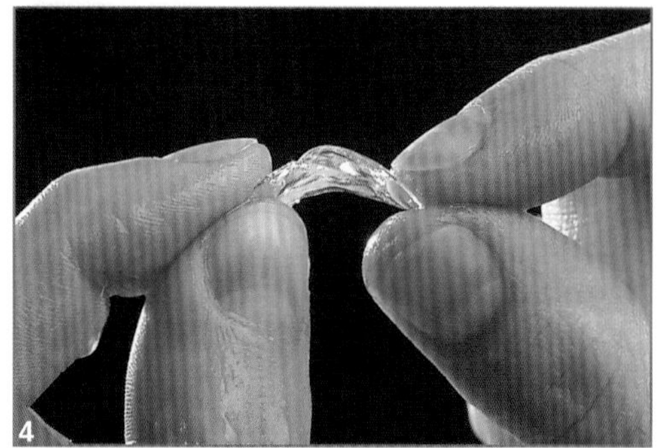

4

5

烹調時間 10分鐘
製作 500克 焦糖的材料
結晶糖(sucre cristallisé) 450克
水60毫升(4大匙)

焦糖
Caramel

1] 在厚底或銅製的有柄平底小深鍋中混合水和糖。將混合物加熱並經常用蘸濕的毛刷擦拭容器內壁，以免瞬間結晶。在煮糖時，平底深鍋的內壁實際上很可能被結晶所覆蓋，而結晶可能會落入糖漿裡。

2] 一達煮沸階段就再次用毛刷刷過內壁，並不時浸入刮杓來檢查焦糖的顏色。

3] 依焦糖的使用所需來停止烹煮：褐色或深色的焦糖可用來為各種材料增添芳香。

1

2

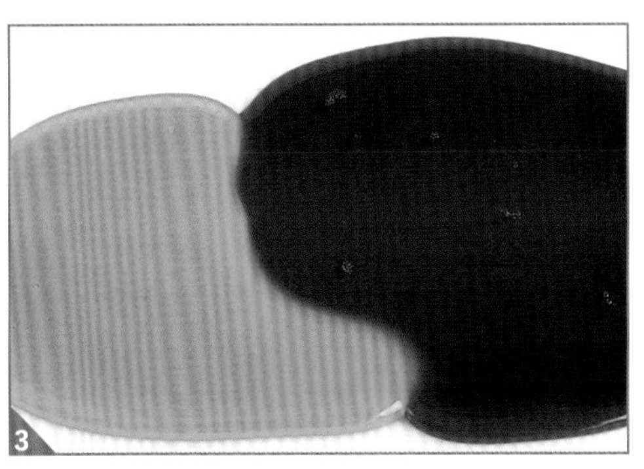
3

烹調時間 10分鐘
製作 500克 焦糖的材料
葡萄糖(或稱水飴)(glucose)100克
砂糖130克
半鹽奶油25克
打發鮮奶油250毫升(見53頁)

慕斯用焦糖
Caramel pour mousse

1] 在平底深鍋中讓葡萄糖緩緩溶化，不要煮沸。

2] 加入糖，煮至焦糖完全變成金黃色。

3] 立即停止烹煮，同時加入半鹽奶油，接著是打發鮮奶油，然後再度煮沸(103℃)。

4] 使用前讓焦糖完全冷卻。

烹調時間 10分鐘
製作 500克 焦糖的材料
液狀鮮奶油200毫升
砂糖250克
半鹽奶油50克

果膠鏡面用焦糖
Caramel à napper

1] 在小型平底深鍋中將液狀鮮奶油煮沸，然後放涼。

2] 在另一個平底深鍋中，以中火乾煮糖，少量地倒入，直到焦糖完全變成金黃色。立即停止烹煮，同時加入奶油，接著是鮮奶油，然後再次煮沸。在使用前讓焦糖完全冷卻。

烹調時間 10分鐘

製作 500克 焦糖的材料

砂糖350克

水150毫升

醬汁用焦糖
Caramel à sauce

1] 在平底深鍋中乾煮糖，接著加入一些水，以文火煮至焦糖呈現琥珀般的紅色。

2] 這時倒入剩餘的水，以更大的火煮沸。

3] 在焦糖呈現漂亮的顏色時離火。

爲模型上焦糖
Caraméliser un moule

1] 在平底深鍋中製備果膠鏡面用焦糖(見71頁)，但別放涼。

2] 趁熱倒入將用來隔水加熱烘烤麵糊的模型中。

3] 將模型快速轉動，直到焦糖不再流動：底部和邊緣蓋上一層均勻的厚度。

準備時間 10分鐘

焦糖鳥籠
Cage en caramel

為何焦糖鳥籠會變軟？

焦糖不再含有水分；因而傾向再吸收存於室內空氣中的濕氣。基於同樣的理由，不應使用含有一層酥脆外皮，並蓋上鐘形罩的餐盤。鐘形罩會協助將濕氣集中在酥脆的外皮上。
艾維提斯 H.T.

以焦糖線製作的鳥籠形成獨特的裝飾，您可用於冰淇淋、水煮水果(fruit poché)或含奶油的甜點。應盡量在最後一刻製作，因為它在1至2小時內便會軟化，並應保存在乾燥通風處，直到上菜的時刻。

1] 準備液狀焦糖。在長柄大湯勺的勺背稍微上點油。將叉子浸入焦糖，然後在湯勺上來回移動，並讓焦糖流動。

2] 動作的方向，是讓焦糖線互相交錯，以形成相當緊密的格子。

3] 當您覺得格子足夠時，使用剪刀將突出的焦糖線剪齊，然後將鳥籠以稍微提起的方式脫離湯勺。輕輕地進行以免斷裂。

1

2

3

準備時間 15分鐘

簡單焦糖裝飾 *Décors simples en caramel*

製作焦糖(見71頁)。在呈現金褐色時，將平底深鍋泡入裝滿冷水的容器中。

1] 在烤盤上鋪烤盤紙。將湯匙浸入熱焦糖中，並讓焦糖以線狀落在紙上，同時描出您想要的形狀。

2] 您也能使用烤盤紙來製作圓椎形紙袋。剪去尖端，當作擠花袋使用，用來描繪裝飾。在焦糖乾了的時候，再從紙上取下。

1

2

準備時間 10分鐘
烹調時間 5分鐘
製作 500克 翻糖的材料

方糖(sucre en moreaux)450克
葡萄糖(或稱水飴)(glucose)20克
水30毫升(2大匙)

翻糖(或稱風凍) *fondant*

翻糖是白色、柔軟且均質的糖膏，特別用於糖果的製造，並用來填入巧克力和糖果中；在染色和調味後使用。

加一點水、淡糖漿或酒精，隔水加熱至融化，翻糖在小糖盒或馬斯棒杏仁糖(massepain)、乾燥/新鮮水果和櫻桃蒸餾酒的外衣裡出現。

在糕點中，翻糖以原味或調味(巧克力、咖啡、草莓、檸檬或柳橙)使用，並用來為泡芙、閃電泡芙、千層派、修女泡芙等覆以糖面。

1] 在非常厚底的平底深鍋中，以旺火加熱水、糖和葡萄糖。在糖漿達「軟球」階段(121℃)時離火。

2] 倒在充分冷卻並上油的大理石板或工作檯上，放至微溫。

3] 用抹刀用力攪拌，將糖漿展開並收攏數次，直到完全均勻、平滑並呈現白色。

4] 放入密封盒或置於蓋有保鮮膜的容器中，冷藏保存(4℃)。

老饕論 Commentaire gourmand

我們可在許多優質的食品雜貨店中購買到現成的糕點用翻糖。

準備時間 10分鐘

製作 500克 鏡面的材料

翻糖或市售的糕點用翻糖
400克(見73頁)
糖漿100毫升
濃度1.2624(糖度30 °B)

翻糖鏡面
Glaçage au fondant

先用手將翻糖揉捏至軟化。然後置於隔水加熱的平底深鍋中緩緩融化(不超過34°C)，最後加入糖漿，攪拌均勻。

1] 將要上鏡面的蛋糕置於糕點用網架上。將稍微冷卻的翻糖均勻地倒在上面。

2] 用抹刀鋪平，1次鋪成薄薄的一層。讓翻糖瀝乾至凝結為止。

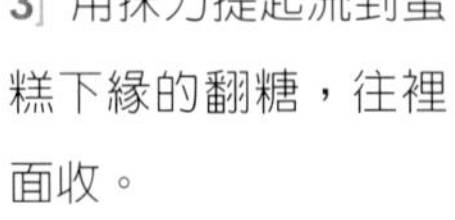

3] 用抹刀提起流到蛋糕下緣的翻糖，往裡面收。

1

2

3

變化 Variante

風味翻糖鏡面
Glaçage au fondant aromatisé

您可加入20至30克的咖啡精，或是25克的可可粉和額外30毫升(2大匙)的糖漿來為此翻糖鏡面增添芳香。

準備時間 5分鐘

製作 500克 糖霜的材料

檸檬1顆
糖粉450克
蛋白2個

蛋白糖霜
Glace royale

1] 將檸檬榨汁。將糖粉倒入容器中。加入蛋白和幾滴檸檬汁。

2] 用攪拌器攪打混合物至泛白且平滑。立即將這鏡面鋪在蛋糕上，在室溫下或於微溫的烤箱開口處晾乾。

老饕論 Commentaire gourmand

為了製作有趣的裝飾，請準備非常柔軟的蛋白糖霜500克，也就是再多加一點蛋白。讓1片吉力丁在裡面完全溶解，您將獲得用來覆蓋人造裝飾或蛋糕支架的糖膏，接著可在乾燥後染色或進行裝飾。

變化 Variante

風味蛋白糖霜
Glace royale aromatisée

您可依選擇為蛋白糖霜增添芳香或染色，或是兩者並行，以變化蛋白糖霜。

準備時間 20分鐘

製作 500克 糖的材料

糖漿(sucre cuit)
500克(見下面食譜)

氣泡糖
Sucre bullé

先製作糖漿(見下面食譜)。在烤盤上鋪上一塊烤盤紙或矽利康紙，撒上幾滴90°C的酒精。

1] 在烤盤紙中央倒入煮過，不論有無上色的糖漿，然後用抹刀稍微仔細地鋪平：分散在烤盤上的酒精會讓糖發泡。

2] 當糖還熱而柔軟時，將紙揉成您想要的形狀。讓糖保持不動地冷卻，接著將烤盤紙稍微提起，這時糖已經開始硬化。

3] 在糖充分硬化時，輕輕從紙上取下。

為何酒精能讓糖發泡？

酒精在78°C沸騰；當我們蓋上糖漿時，溫度大大超過，酒精蒸發，因而使糖產生氣泡。

艾維提斯 H.T.

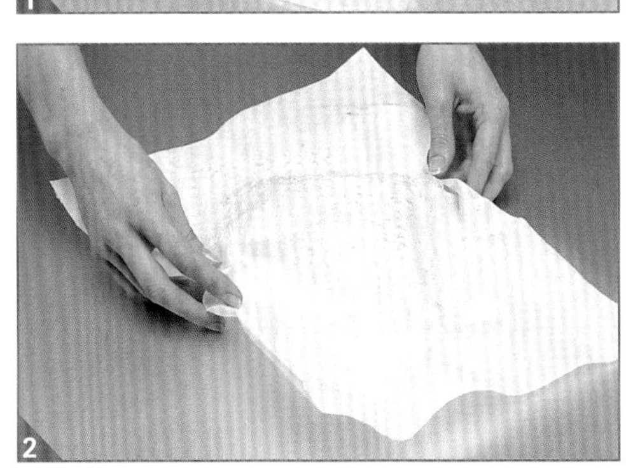

準備時間 10分鐘

製作 500克 糖的材料

砂糖300克
水100毫升
葡萄糖(或稱水飴)
(glucose)100克

糖漿
Sucre cuit

糖漿(sucre cuit)用來製作糖果、糖片(pastille)、棒棒糖(sucette)、棉花糖，但最常作為無數裝飾材料的基底：氣泡糖、線狀糖(天使的髮絲)、吹糖、拉糖(sucre tiré)等等。

1] 在平底深鍋中，將水、糖和葡萄糖煮沸，先以文火燉煮。在糖溶解時加溫，並監督至「大破碎」(146～155°C)階段。

2] 使用前讓糖稍微冷卻。

訣竅

在煮糖時加入的100克葡萄糖可避免結晶。

準備時間 10分鐘

製作 500克 糖的材料

糖漿(sucre cuit)
500克(見75頁)

線狀糖
sucre filé
(或天使的髮絲 *ou cheveux d'ange*)

天使的髮絲為冰淇淋、高塔式(pièce monté)甜點等形成非常高雅的裝飾。只能在最後一刻準備，因為它極怕熱和濕氣。

1] 製備糖漿。將裝有糖漿的平底深鍋浸入裝滿冷水的容器中，以中止烹煮和上色。將叉子或您已截去底部圓弧網的攪拌器浸入糖中。將器具拿高，在擀麵棍上來回纏繞。

2] 在線還沒變黏以前，輕輕提起。

3] 將線捲起、鋪在大理石板上形成薄紗、做成小雕像的袍子，或製成截然不同的裝飾。

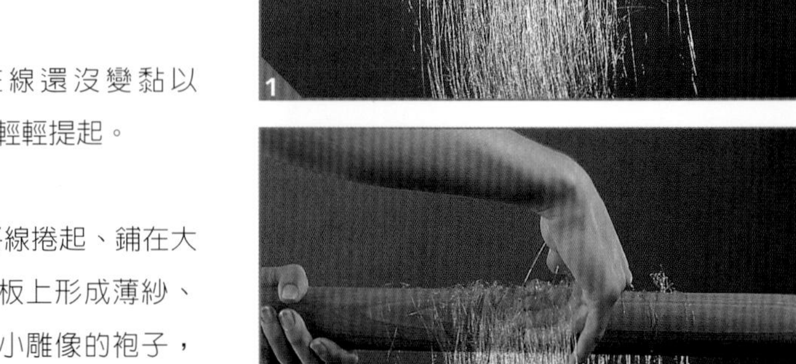

準備時間 5分鐘

烹調時間 10分鐘

製作 500克 糖的材料

砂糖400克
水100毫升
蛋白糖霜1大匙(見74頁)

岩糖
Sucre rocher

1] 將水和糖放入厚底的平底深鍋中，煮至「大破碎」(146～150°C)階段。

2] 可讓糖漿上色。混入蛋白糖霜。蛋白糖霜讓糖上升、下降，然後再上升。加入一點酒或檸檬汁，您會讓糖變得更多細孔。

3] 用這糖來製作仿造建築的柱石。

準備時間 20分鐘

製作 500克 糖的材料

砂糖350克
水150毫升

吹糖
Sucre soufflé

1] 將糖漿(sucre cuit)加工成拉糖(sucre tiré)(見77頁)。

2] 放入吹糖的橢圓形瓶中，澆鑄您的裝飾，在風扇前進行加工，這可讓材料均勻冷卻。

訣竅

吹糖最後可以上色。

準備時間 15分鐘

製作 500克 糖的材料

糖漿(sucre cuit)
500克(見75頁)

拉糖
sucre tiré

拉糖是一種只用於裝飾，最常做成花或緞帶的材料。我們在超市便可輕易找到現成可用的拉糖。

1] 製備糖漿（見75頁），可染色，然後倒在稍微塗上玉米油的大理石工作檯上。

2] 將邊緣向內折起，直到變厚。

3] 收攏成球狀，接著拉成短條狀。

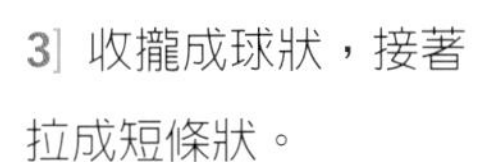

4] 當糖幾乎無法再攤開時，將糖拉長，接著重新折疊起來，折個15至20次，讓糖「光滑如緞satiné」，非常光亮。然後在烤盤紙上將球再拉成長條狀。

5] 這時剪下用手拉出的舌狀物，您可製成花的形狀、阿拉伯式花飾(arabesque)、葉片、緞帶等等。

訣竅

為了製作拉糖，最好在乾燥且溫熱的物件上加工，而且建議戴上橡膠手套來操作滾燙的糖。

至於拉糖本身，建議在糖漿中加入5滴水和酒石酸(acide tartrique)(藥房有售)的混合物。若您想為糖漿染色，請在130℃時，即烹煮結束前，加入液狀著色劑。

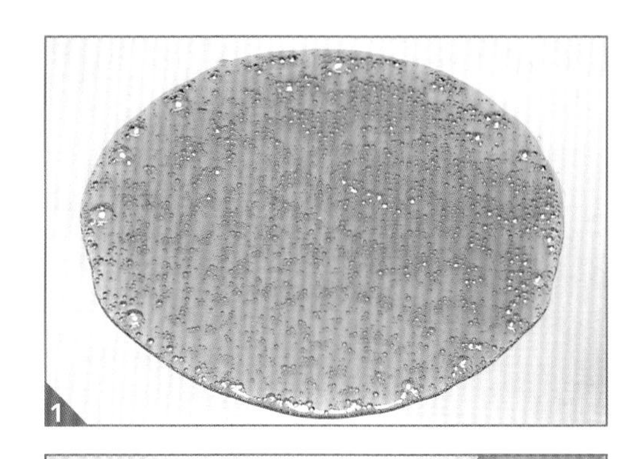

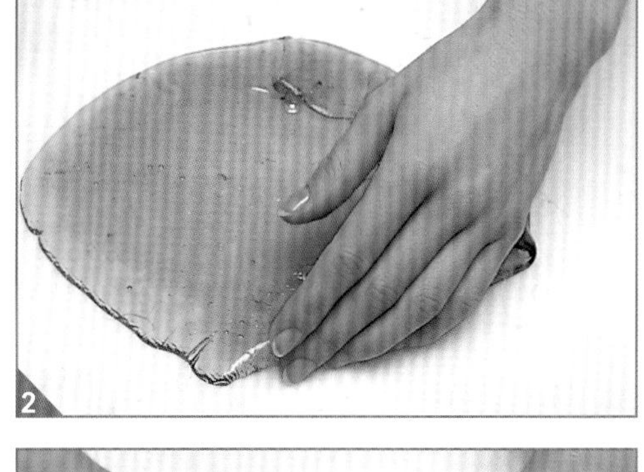

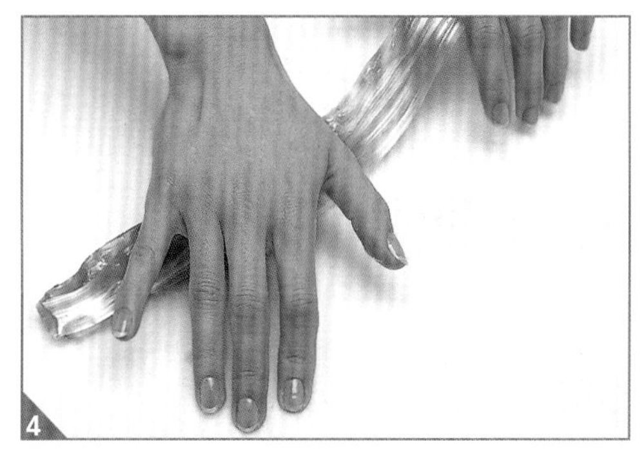

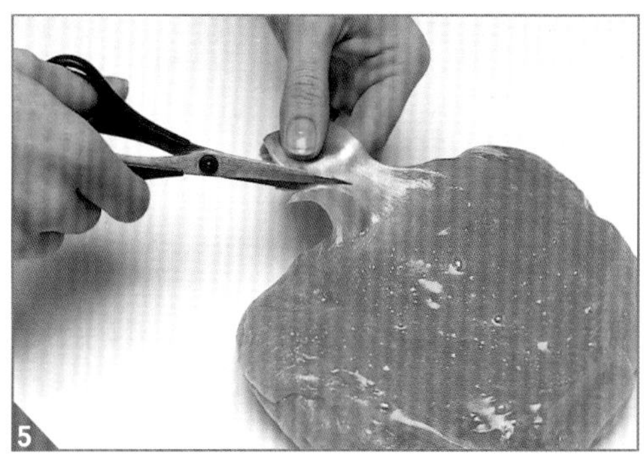

準備時間 20分鐘

製作 500克 塑糖的材料

吉力丁2片

白醋100毫升

糖粉400克

塑糖
Pastillage

塑糖可用來製作接近雕刻的裝飾零件。有些糕點師傅甚至用塑糖來作畫。在裝有冷水的容器中讓吉力丁軟化，接著浸透並擠乾。放入碗中，隔水加熱或用微波爐加熱至融化。加醋。

1] 在容器中用攪拌器或用手混合融化的吉力丁和糖，因為混合物會很快變硬。在撒上麵粉的工作檯上，用您的掌心將塑糖壓扁，盡量推揉至均勻。

2] 用擀麵棍一點一點地擀平，因為塑糖乾得很快。

3] 用刀尖劃過，將形狀裁下擺入紙盒或紙模(chablon)中。

4] 您可接著放入小模型(圓形、半圓形、星形、葉片等)裡來安排圖案。

訣竅

在糖膏變厚時，可在混合的最後加入著色劑。

1

2

3

4

巧克力 Le chocolat

巧克力在將近30℃時融化，但無法直接加熱；應以隔水加熱或用功率600瓦以下的微波爐加熱。

裝飾用巧克力必須保持完美的明亮、滑膩和穩定度。因此應進行「調溫tempérer」，意即牛奶巧克力必須達45～50℃，黑巧克力達50～55℃，接著將平底深鍋泡入裝滿冰塊的容器中，並一邊攪動。當溫度降到28℃時，再加熱到29～30℃或30～31℃。

融化的巧克力，甚至是「調溫」巧克力，與液體溶合的反應不佳；有它們的存在，便會形成稠厚而堅硬的團塊。當我們想為這些巧克力調味時，必須先準備甘那許(見81頁)。

巧克力裝飾 *Décors en chocolat*

將1塊大理石板或不鏽鋼板冷凍1小時。取出後鋪上調溫巧克力。您將能從中製作不同的裝飾。

巧克力木紋(Bois en chocolat)

在塑膠「木紋模(boisette)」上淋上一層巧克力，您正在創造木頭的效果。

巧克力雪茄(Cigarettes en chocolat)

用批刀(couteau à enduire)將巧克力層推起，然後捲成雪茄。

巧克力椎(Cône en chocolat)

製作圓椎形紙袋，倒入巧克力，倒扣在大理石板上，放涼後脫模。

巧克力刨花(Copeau en chocolat)

將巧克力層切成菱形，然後用批刀朝自己的方向刮。

巧克力扇形(Éventails en chocolat)

以如同刨花的方式進行，但將一根手指按在一側的刀面上。

巧克力捲(Rouleaux en chocolat)

用鋸齒刮刀(truelle crantée)將凝結但仍柔軟的巧克力刮起。

準備時間 5分鐘

製作 250克 巧克力的材料

白巧克力或牛奶巧克力 125克

半甜黑巧克力(chocolat noir mi-amer) 125克

大理石巧克力 *Chocolat marbré*

1] 將兩種巧克力各別調溫。

2] 在極冰冷的工作檯上鋪上一層巧克力，接著是另一種巧克力，用湯匙或叉子輕輕混合，以獲得大理石花紋。

老饕論 Commentaire gourmand

大理石巧克力可用來製作裝飾，例如用來搭配裝盤的甜點。

準備時間 5分鐘
製作 250克 巧克力的材料
巧克力175克
可可奶油
(beurre de cacao)75克

噴霧巧克力 *Chocolat pulvérisé*

1] 將您想裝飾的蛋糕冷凍一段時間，最後一刻再拿出來。

2] 以40°C的溫度讓巧克力和可可奶油融化。

3] 將混合物裝入置於溫熱處的噴槍中。

4] 將您選擇的紙板形狀擺在蛋糕上方，用噴槍將巧克力噴上去。

5] 移去紙板。蛋糕上就會覆蓋著一層巧克力天鵝絨。

準備時間 15分鐘
製作 250克 巧克力鏡面
半甜黑巧克力
(chocolat noir mi-amer)80克
鮮奶油(crème fraîche)80毫升
軟化奶油(beurre ramoli)15克
巧克力醬80克(見106頁)

巧克力鏡面 *Glaçage au chocolat*

1] 在碗中將巧克力切成細碎或削成碎末。在平底深鍋中將鮮奶油煮沸。離火，然後一點一點地加入巧克力。

2] 用刮杓以小同心圓的方式，從容器中央開始輕輕混合。

3] 當混合物的溫度降到60°C以下，將奶油切成小塊後混入，還有您之前製備的巧克力醬，一邊輕輕攪拌。

訣竅

此鏡面在35至40°C之間使用，在蛋糕上倒得越多，就越能輕易地塗抹開來。另一方面，它很容易凝固，但同時又能保持著明亮的光澤。

1

2

3

Les ganaches
甘那許

甘那許是巧克力、鮮奶油和奶油的混合物，
用於爲蛋糕塡餡、上果膠或鏡面。
應在製備好時立即使用，
並可用酒精、利口酒、咖啡、
肉桂等來增添香氣。

準備時間 10分鐘
製作 500克 甘那許的材料
半甜黑巧克力
(chocolat noir mi-amer)
300克
鮮奶油(crème fraîche)
250毫升
咖啡粉10克

巧克力甘那許
Ganache au chocolat

1] 在木板上用刀將巧克力切碎，或是在容器中削成碎末。
2] 在平底深鍋中將200毫升的鮮奶油煮沸。將50毫升另外保存，以便在接下來的階段中使用。
3] 將鮮奶油離火，然後倒入咖啡。浸泡約30分鐘，接著過濾。您會觀察到鮮奶油在此程序後減少了：您只剩下約160克(160毫升)。因此，用您預留的50毫升鮮奶油補足，就像剛開始一樣，有約200毫升的鮮奶油。再次加熱。
4] 最後，逐漸加入巧克力。用刮杓以小同心圓的方式，從容器中央開始輕輕混合。

訣竅

千萬別過度攪打甘那許，因為過多的空氣會讓甘那許在之後難以保存。

老饕論 Commentaire gourmand

您可用文火融化250克的巧克力來製作原味甘那許。加入70克的奶油，一邊攪打，接著是250毫升的鮮奶油。

焦糖甘那許
Ganache au caramel

準備時間 20分鐘

製作 500克 甘那許的材料

半甜黑巧克力115克
牛奶巧克力85克
結晶糖85克
半鹽奶油15克
鮮奶油100毫升

1] 將兩種巧克力切碎或削成碎末，然後倒入鋼盆中。

2] 在厚底的平底深鍋中乾煮糖，並以每次少量的方式倒入糖。焦糖一開始發泡，就摻入奶油，接著加進鮮奶油。

3] 將液體煮沸，接著將一半倒在巧克力上。用刮杓以小同心圓的方式，從容器中央開始輕輕混合。分2次加入剩餘的液體，並以同樣的方式進行。

白巧克力甘那許
Ganache au chocolat blanc

準備時間 15分鐘

製作 500克 甘那許的材料

白巧克力300克
鮮奶油150毫升
可可奶油或植物油(graisse végétale)50克

1] 將白巧克力切碎，或在容器中削成碎末。

2] 在平底深鍋中將鮮奶油煮沸。

3] 離火後逐漸倒入巧克力。用刮杓以小同心圓的方式，從容器中央開始輕輕混合。

4] 當所獲得的混合物溫度降至60°C以下時，混入所選擇的液體油脂，並以同樣的方式進行。

牛奶巧克力甘那許
Ganache au chocolat au lait

準備時間 20分鐘

製作 500克 甘那許的材料

牛奶巧克力300克
鮮奶油150毫升
葡萄糖或水飴(glucose)10克
室溫奶油50克

1] 將牛奶巧克力切碎或削成碎末，放入鋼盆中。

2] 在平底深鍋中將鮮奶油煮沸，加入葡萄糖。

3] 將一半滾燙的液體倒入巧克力中。以小同心圓的方式，從容器中央開始輕輕混合。

4] 分2次加入剩餘的奶油，以同樣的方式進行。

5] 當所獲得的混合物稍微冷卻時(低於60°C)，將奶油切成小塊後混入，一邊用刮杓輕輕攪拌。

檸檬甘那許
Ganache au citron

準備時間 20分鐘

製作 500克 甘那許的材料

半甜黑巧克力(chocolat noir mi-amer)80克
苦甜黑巧克力(chocolat noir amer)190克
檸檬皮1/5顆切得非常細碎
鮮奶油200毫升
軟化奶油50克

1] 將兩種巧克力切碎或削成碎末。放入鋼盆中，加入檸檬皮，攪拌均勻。

2] 在平底深鍋中將鮮奶油煮沸。

3] 將一半的奶油倒入巧克力中，以小同心圓的方式，從容器中央開始輕輕混合。分2次加入剩餘的鮮奶油，以同樣的方式進行。

4] 將奶油切成小塊。

5] 當混合物的溫度降至60°C以下時，將奶油切成小塊後混入，輕輕攪拌。

訣竅

為了重新使用剩餘的甘那許，請將用剩下的甘那許混入鮮奶油每100克的甘那許加入100毫升的鮮奶油。將所有材料放入甘那許前，請勿加熱超過35°C。

覆盆子甘那許
Ganache à la framboise

準備時間 20分鐘

製作 500克 甘那許的材料

半甜巧克力（chocolat mi-amer）240克
鮮奶油100毫升
覆盆子泥100克
砂糖20克
覆盆子利口酒或覆盆子奶油醬10毫升
軟化奶油30克

將巧克力切碎或削成碎末，放入鋼盆中。在2個平底深鍋中分別將鮮奶油和覆盆子泥煮沸。

1| 將一半煮沸的鮮奶油淋在巧克力上。用刮杓以小同心圓的方式，從容器中央開始輕輕混合。

2| 加入剩餘的鮮奶油，接著是覆盆子泥、糖，最後是覆盆子利口酒（或覆盆子奶油醬），重複先前的步驟。

3| 將奶油切得很小塊。當混合物的溫度降至60℃以下時，用攪拌器混合加入的奶油塊。

百香果甘那許
Ganache au fruit de la Passion

準備時間 20分鐘

製作 500克 甘那許的材料

牛奶巧克力320克
百香果泥125克（5～6顆）
葡萄糖（或水飴）（glucose）15克
軟化奶油50克

1| 將巧克力切碎或削成碎末，放入鋼盆中。

2| 在平底深鍋中將百香果泥煮沸，讓葡萄糖在當中溶解。

3| 將滾燙的果泥逐漸倒入巧克力中。用刮杓以小同心圓的方式，從容器中央開始輕輕混合。

4| 將奶油切成小塊。

5| 當混合物的溫度降至60℃以下時，混入奶油，並用刮杓非常輕地攪拌。

老饕論 Commentaire gourmand

可在平底深鍋中加入2克浸泡過果泥的薑絲，為此甘那許賦予獨特的風味。

薰衣草甘那許
Ganache à la lavande

準備時間 20分鐘

製作 500克 甘那許的材料

黑巧克力(chocolat noir)300克
鮮奶油250毫升
乾燥薰衣草1小匙
砂糖30克
軟化奶油125克

1] 將巧克力切碎或削成碎末，放入鋼盆中。

2] 在平底深鍋中將鮮奶油煮沸，並加入薰衣草和糖。浸泡15至20分鐘後過濾。

3] 再度加熱，並將一半煮沸的液體倒入巧克力中。用刮杓輕輕混合，注意別混入空氣。

4] 加入剩餘鮮奶油和薰衣草的混合物，重複同樣的步驟。

5] 當混合物的溫度降至60°C以下時，將奶油切成小塊後混入，輕輕攪拌。

修飾用甘那許
Ganache pour masquage

準備時間 15分鐘

製作 500克 甘那許的材料

即食板狀巧克力(chocolat à croquer)250克
過篩可可粉15克
鮮奶油250毫升

1] 將巧克力糖切碎或削成碎末，然後和過篩可可粉一起放入鋼盆中。

2] 將鮮奶油煮沸。

3] 慢慢淋在巧克力上，一邊用電動攪拌器以低速攪打。

4] 將混合物以漏斗型網篩過濾，去除最後的巧克力顆粒。

老饕論 Commentaire gourmand

此甘那許具有可用來修飾蛋糕的理想質地。

蜂蜜甘那許
Ganache au miel

準備時間 20分鐘

製作 400克 甘那許的材料

半甜黑巧克力100克
牛奶巧克力100克
鮮奶油110克
蜂蜜75克
軟化奶油20克

1] 將兩種巧克力切碎或削成碎末，一起放入鋼盆中。

2] 在平底深鍋中將鮮奶油煮沸並加入蜂蜜。

3] 將一半煮沸的液體倒入巧克力中。用刮杓以小同心圓的方式，從容器中央開始輕輕混合。

4] 加入剩餘的混合物，重複同樣的步驟。

5] 當混合物的溫度降至60°C以下時，將奶油切成小塊後混入，輕輕攪拌。

開心果甘那許
Ganache à la pistache

準備時間 20分鐘

製作 500克 焦糖的材料

白巧克力400克
鮮奶油200毫升
染色的開心果糖膏180

1] 將巧克力切碎或削成碎末，然後放入鋼盆中。

2] 在平底深鍋中將鮮奶油和開心果糖膏一起煮沸。

3] 將一半煮沸的液體倒入巧克力中。用刮杓以小同心圓的方式，從容器中央開始輕輕混合。

4] 加入剩餘的液體，重複同樣的步驟。

綠茶甘那許 *Ganache au thé*

準備時間 20分鐘

製作 500克 甘那許的材料

不會太苦的黑巧克力200克
牛奶巧克力80克
中國茶(thé de Chine)5克
煮沸的鮮奶油
(crème bouillie)250毫升
鮮奶油150毫升
軟化奶油30克

1] 將兩種巧克力切碎或削成碎末，一起放入鋼盆中。

2] 將茶泡在200毫升的煮沸鮮奶油中4分鐘，然後過濾。在這項程序後，您剩下約不到160克(160毫升)的鮮奶油。用您預留的50毫升鮮奶油來補足，就和剛開始一樣，約有200毫升的鮮奶油。再度加熱。

3] 將剩餘的150毫升鮮奶油煮沸並加入茶液。

4] 將一半煮沸的液體倒入巧克力中。用刮杓以小同心圓的方式，從容器中央開始輕輕混合。

5] 分2次加入剩餘的鮮奶油，重複同樣的步驟。

6] 當混合物的溫度降至60°C以下時，將奶油切成小塊後混入，輕輕攪拌。

三種香料甘那許 *Ganache aux trois épices*

準備時間 20分鐘

製作 500克 甘那許的材料

黑巧克力150克
牛奶巧克力150克
鮮奶油250毫升
砂糖30克
肉桂棒1根
黑胡椒籽4至5粒
牙買加辣椒
(piment de la Jamaïque)
3至4粒
軟化奶油125克

1] 將兩種巧克力切碎或削成碎末，放入鋼盆中。

2] 在平底深鍋中將鮮奶油煮沸，並加入糖、拍碎的肉桂，接著是壓碎的白胡椒和辣椒粒。浸泡15至20分鐘後過濾。

3] 再度加熱，將一半煮沸的液體倒入巧克力中。用刮杓以小同心圓的方式，從容器中央開始輕輕混合。

4] 加入剩餘的混合物，重複同樣的步驟。

5] 當混合物的溫度降至60°C以下時，將奶油切成小塊後混入，輕輕攪拌。

威士忌甘那許 *Ganache au whisky*

準備時間 15分鐘

製作 500克 甘那許的材料

黑巧克力250克
牛奶巧克力65克
鮮奶油80毫升
未經燄燒的威士忌
(whisky non flambé)100毫升

1] 將兩種巧克力切碎或削成碎末，放入鋼盆中。

2] 在平底深鍋中將鮮奶油煮沸。

3] 離火後慢慢倒入巧克力和威士忌中。用刮杓以小同心圓的方式，從容器中央開始輕輕混合。

Les glaces, sorbets et granités
冰淇淋、雪酪和冰砂

這些製品的基底是以水果所組成，

或以酒精、利口酒等調味的殺菌混合物。

冰淇淋含有奶油醬、牛奶，有時還包括蛋；

雪酪則含有糖漿(sirops de sucre)。

冰砂則是幾乎不加糖或調味的水果糖漿(sirops de fruits)。

準備時間 10分鐘

烹調時間 5分鐘

製作 1公斤 麵糊的材料

蛋黃10個

糖漿300毫升

(濃度1.406：150毫升的水煮沸，再加入160克的糖)

打發鮮奶油500毫升(見53頁)

炸彈麵糊
Appareil à bombe

1] 將蛋黃和糖漿放入平底深鍋中。將平底深鍋隔水加熱，一邊攪打。

2] 離火，將混合物攪打至完全冷卻。這時混合物的外觀發泡。輕輕地混入打發鮮奶油。

老饕論 Commentaire gourmand

您可加入您所選擇的香味(蘭姆酒、櫻桃酒、馬鞭草(verveine)、龍膽(gentiane)、草莓、巧克力、開心果、香草...等等)。製備完成時，可用鋁盒冷凍保存。

1

2

爲模型鋪上冰淇淋
Chemiser un moule de glace

1] 將炸彈模型冷凍1小時。用抹刀在模型底部鋪上冰淇淋以去除氣泡。沿著內壁往上塗。

2] 冰淇淋層的厚度必須均勻。最後整平，形成整齊的邊。

訣竅

為模型鋪上冰淇淋，要避免冰淇淋在脫模時刻黏在內壁上。我們也能將烤盤紙鋪在模型底部來達到同樣的效果。

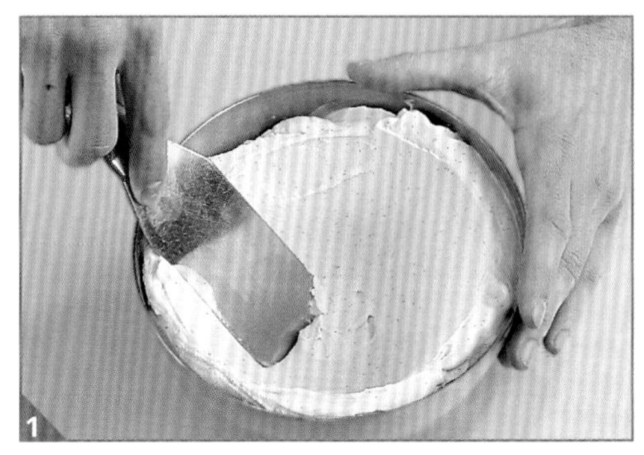
1

2

冰淇淋 Les galces

準備時間 20分鐘

製作 1公升 冰淇淋的材料

甜杏仁(amande douce)70克
全脂鮮奶500毫升
蛋黃4個
砂糖150克
香草莢1根剖開並去籽

杏仁冰淇淋
Glace aux amandes

1] 將杏仁以170°C稍微烘烤15至20分鐘。

2] 冷卻後在板子上切成細碎。

3] 將鮮奶煮沸並摻入烘烤過的杏仁。

4] 在平底深鍋中，將蛋黃和糖稍微攪打，接著倒在杏仁牛奶上。

5] 將平底深鍋重新加熱，直到材料均勻。

6] 將上述混合物過篩，放入香草莢及籽，浸泡約30分鐘。取出香草莢。

7] 將材料冷凍。

準備時間 20分鐘

製作 1公升 冰淇淋的材料

牛奶150毫升
鮮奶油500毫升
蛋黃7個
砂糖125克
阿爾馬涅克酒(Armagnac)30克

阿爾馬涅克冰淇淋
Glace à l'armagnac

1] 在平底深鍋中將牛奶和鮮奶油煮沸。

2] 在另一個平底深鍋中，用力攪打蛋黃和砂糖。

3] 將牛奶和鮮奶油的混合物倒入蛋中，如同英式奶油醬般燉煮(見45頁)，不停攪拌至83°C，注意別到達煮沸階段。

4] 在裝滿冰塊的容器中完全冷卻。

5] 加入阿爾馬涅克酒混合後冷凍。

咖啡冰淇淋 *Glace au café*

準備時間 15分鐘

製作 1公升 冰淇淋的材料

全脂鮮奶500毫升
即溶咖啡3大匙
蛋黃6個
砂糖200克
鮮奶油香醍200毫升(見51頁)

1] 在平底深鍋中將鮮奶煮沸。加入咖啡後過濾。

2] 在另一個平底深鍋中將蛋黃和糖稍微攪打，加入咖啡和煮沸牛奶的混合物，煮至83°C，如同英式奶油醬般燉煮(見45頁)，注意別超過煮沸階段。

3] 在裝滿冰塊的容器中完全冷卻，然後混入鮮奶油香醍，一邊輕輕將材料以稍微舀起的方式混合。

4] 冷凍。

老饕論 Commentaire gourmand

您可用浸泡過利口酒的咖啡豆為冰淇淋進行裝飾。

焦糖冰淇淋 *Glace au caramel*

準備時間 25分鐘

製作 1公升 冰淇淋的材料

全脂鮮奶500毫升
極冷的液狀鮮奶油150毫升
蛋黃5個
砂糖260克

1] 在平底深鍋中將鮮奶和50毫升的鮮奶油煮沸。

2] 在碗中打發剩餘的鮮奶油。

3] 在另一個平底深鍋中輕輕攪打蛋黃和85克的糖。

4] 在第3個平底深鍋中乾煮剩餘的糖，以少量倒入，直到呈現深琥珀色。

5] 立即摻入打發的奶油，用刮杓混合，接著將這焦糖麵糊倒入牛奶中。

6] 將這熱液體混入蛋黃中，如同英式奶油醬般燉煮(見45頁)至83°C(特別注意不要煮沸)。

7] 在材料附著於杓背時離火，然後在裝滿冰塊的容器中完全冷卻。

8] 冷凍。

訣竅

使用打發鮮奶油可避免糖濺出。

變化 Variante

焦糖肉桂冰淇淋
Glace à la cannelle caramélisée

您可在製作焦糖期間，在焦糖裡加入3根肉桂棒來製作這道冰淇淋。將肉桂奶油醬加入煮沸的牛奶中，浸泡1小時後將肉桂棒取出。

巧克力冰淇淋 *Glace au chocolat*

準備時間 20分鐘

製作 1公升 冰淇淋的材料

半甜黑巧克力(chocolat noir mi-amer)140克
水100毫升
全脂鮮奶500毫升
蛋黃3個
砂糖110克

1] 在砧板上將巧克力切碎或削成碎末。

2] 和100毫升的水一起放入平底深鍋中，隔水加熱至緩慢融化，加蓋。

3] 在另一個平底深鍋中，將蛋黃和糖攪打至形成緞帶狀。

4] 將鮮奶煮沸，混入巧克力中，用刮杓混合。

5] 將巧克力牛奶倒入蛋黃中，如同英式奶油醬般燉煮(見45頁)至83°C(特別注意別將混合物煮沸)。在裝滿冰塊的容器中完全冷卻。

6] 冷凍。

準備時間 10分鐘
冷藏時間 1小時
製作 1公升 冰淇淋的材料
草莓500克
砂糖100克
香草冰淇淋
500克（見92頁）

草莓冰淇淋
Glace à la fraise

1］在隔水加熱的容器中，煮草莓和糖約20分鐘，直到變成泥。

2］用細網目的濾器過濾，並把汁液擺在一邊。

3］讓草莓泥冷卻，接著在覆有保鮮膜的容器中冷藏1小時。

4］將汁液、300克的果泥和香草冰淇淋混合。

5］冷凍。享用前加入剩餘的草莓泥。

準備時間 10分鐘
冷藏時間 6小時
製作 1公升 冰淇淋的材料
覆盆子400克
覆盆子蒸餾酒1大匙
檸檬汁20毫升
砂糖150克

覆盆子冰淇淋
Glace à la framboise

1］挑選覆盆子，保留幾個作為裝飾。

2］將其餘的用電動攪拌器打成泥。將獲得的果肉用塑膠濾器過濾去籽。

3］將獲得的果汁和覆盆子蒸餾酒及檸檬汁混合。

4］在冰淇淋模型中，將上述混合物攪打至發泡。這時逐漸混入糖，並持續攪打。

5］將新的混合物冷凍2小時。

6］將材料取出，再次攪打並再度冷凍1小時。

7］再重複一次同樣的步驟，接著讓材料完全冷凍。

準備時間 10分鐘
製作 1公升 冰淇淋的材料
水400毫升
砂糖240克
檸檬皮1顆
白乳酪350克
檸檬汁20毫升

白乳酪冰淇淋
Glace au fromage blanc

1］在平底深鍋中，將水、砂糖和檸檬皮煮沸。放涼。

2］逐漸加入白乳酪和檸檬汁，充分攪拌至混合物均勻。

3］冷凍。

老饕論 Commentaire gourmand

最好用脂含量40%的白乳酪來製作這道冰淇淋。

準備時間 15分鐘
製作 1公升 冰淇淋的材料
全脂鮮奶150毫升
鮮奶油500毫升
依個人口味選擇新鮮的九層塔（basilic）、鼠尾草（sauge）或百里香（thym）20克
蛋黃8個
砂糖200克

芳香草冰淇淋
Glace au herbes aromatiques

1］在平底深鍋中將鮮奶和鮮奶油煮沸。

2］離火後加入您選擇的各式香草碎片，加蓋浸泡20分鐘。過濾。

3］在另一個平底深鍋中攪打蛋黃和糖。

4］倒入煮沸的牛奶，如同英式奶油醬般燉煮（見45頁）至83°C（特別注意別將混合物煮沸）。在裝滿冰塊的容器中完全冷卻。

5］冷凍。

薄荷冰淇淋
Glace à la menthe

準備時間 20分鐘
製作 1公升 冰淇淋的材料

全脂鮮奶150毫升
鮮奶油500毫升
新鮮薄荷葉25克切碎
蛋黃8個
砂糖200克
新鮮薄荷葉10片

1] 在平底深鍋中將鮮奶和鮮奶油煮沸。

2] 離火後放入切碎的薄荷葉，加蓋浸泡20分鐘後過濾。

3] 在另一個平底深鍋中攪打蛋黃和糖。

4] 將牛奶倒入平底深鍋中，如同英式奶油醬般燉煮(見45頁)至83°C。

5] 在裝滿冰塊的容器中完全冷卻。

6] 冷凍。在這道程序的最後，混入切成細碎的新鮮薄荷葉。

椰子冰淇淋
Glace à la noix de coco

準備時間 20分鐘
製作 1公升 冰淇淋的材料

鮮奶油600毫升
椰子粉115克
水100毫升
牛奶70毫升
紅糖(sucre roux) 140克
蛋黃4個

1] 在平底深鍋中將40毫升的鮮奶油和椰子粉煮沸。離火後浸泡10分鐘。

2] 將上述混合物用電動攪拌器攪打，並加入滾水。

3] 用細網目的濾器過濾，將椰子粉放在一旁。

4] 將牛奶加熱，讓糖在裡面溶解。將這混合物倒入容器的蛋黃中，一邊攪打。加入調味鮮奶油和剩餘的鮮奶油。

5] 在裝滿冰塊的容器中完全冷卻，混入椰子粉並均勻混合。

6] 冷凍。

夏威夷果仁冰淇淋
Glace à la noix de macadamia

準備時間 15分鐘
製作 1公升 冰淇淋的材料

砂糖100克
夏威夷果仁(noix de macadamia) 150克
奶油20克
香草冰淇淋750毫升(見92頁)

1] 在厚底的平底深鍋中乾煮糖，分次以少量倒入。煮成焦糖時，加入完整的夏威夷果仁，快速混合至糖完全包覆果仁。

2] 將這焦糖摻入奶油中。倒在烤盤上放涼。將夏威夷果仁磨碎。

3] 在攪拌製冰的最後，將所有材料混入香草冰淇淋中。

香料麵包冰淇淋
Glace au pain d'épice

準備時間 15分鐘
製作 1公升 冰淇淋的材料

李子(pruneaux) 3顆
全脂鮮奶600毫升
鮮奶油100毫升
柔軟的香料麵包5克
蛋黃7個
砂糖150克
茴香開胃酒(apéritif anisé) 1小匙

1] 在盤子上將李子切成小丁。

2] 在平底深鍋中將鮮奶和鮮奶油煮沸。

3] 和切丁的香料麵包、香料(茴香籽、肉桂、丁香等)及李子塊一起放入大沙拉盆中。用刮杓用力攪拌，或用電動攪拌器攪打至配料變得平滑。

4] 在另一個平底深鍋中攪打蛋黃和糖，加入牛奶，如同英式奶油醬般燉煮(見45頁)至83°C，注意別到達煮沸階段。

5] 在裝滿冰塊的容器中完全冷卻，並混入茴香開胃酒。

6] 冷凍。

準備時間 20分鐘
靜置時間 24小時
製作 1公升 冰淇淋的材料
全脂鮮奶120毫升
磨碎的牙買加辣椒5克
全脂鮮奶450毫升
鮮奶油100毫升
蛋黃8個
砂糖200克

牙買加辣椒冰淇淋
Glace au piment de la Jamaïque

1] 在平底深鍋中將120毫升的鮮奶煮沸。放入辣椒，浸泡2小時。

2] 過濾後將1/3的辣椒再放入浸泡液中。加入450毫升的鮮奶和鮮奶油後煮沸。

3] 在另一個平底深鍋中稍微攪打蛋黃和糖，接著加入煮沸的調味牛奶，如同英式奶油醬般燉煮(見45頁)至83°C。

4] 在裝滿冰塊的容器中完全冷卻，接著在冷藏靜置24小時後冷凍。

老饕論 Commentaire gourmand

牙買加辣椒由白胡椒粒大小的漿果所組成，在青綠色時採收，以日曬乾燥而成，陽光令其變成棕色而可食用。在美國以all spice(多香果，toute-épice)的名稱聞名，具有些許的白胡椒味，令人同時聯想到肉荳蔻(muscade)、肉桂和丁香。

準備時間 25分鐘
靜置時間 12小時
製作 1公升 冰淇淋的材料
去皮的西西里開心果(pistache de Sicile)50克
全脂鮮奶500毫升
鮮奶油100毫升
純開心果糖膏60～70克
葡萄糖(或水飴)(glucose)25克
苦杏仁精1滴
蛋黃6個
砂糖100克

開心果冰淇淋
Glace à la pistache

1] 將開心果以170°C稍微烘烤15至20分鐘；放涼後，搗成碎末或切碎。

2] 在平底深鍋中將鮮奶和鮮奶油煮沸。加入開心果糖膏，攪拌至完全溶解，接著加入葡萄糖和苦杏仁精。浸泡15分鐘。

3] 在另一個平底深鍋中，稍微攪打蛋黃和糖。加入調味牛奶，如同英式奶油醬般燉煮(見45頁)至83°C，注意別到達煮沸階段。

4] 在裝滿冰塊的容器中完全冷卻，於陰涼處保存15小時後攪拌製冰。

老饕論 Commentaire gourmand

別加入超過1滴的苦杏仁精。這會讓您的冰淇淋變得難以下嚥。

準備時間 25分鐘
製作 1公升 冰淇淋的材料
糖漬水果70克
蘭姆酒30毫升
鮮奶油650毫升
去皮甜杏仁100克
去皮苦杏仁3克
全脂鮮奶700毫升
蛋黃4個
砂糖100克

糖漬水果冰淇淋
Glace plombières

1] 將糖漬水果切成小丁，浸泡在蘭姆酒中。

2] 在平底深鍋中將鮮奶油煮沸。

3] 將甜杏仁和苦杏仁放入電動攪拌器中搗碎，並逐漸倒入鮮奶。加入鮮奶油，均勻混合。

4] 過濾，盡可能地擠壓。

5] 在容器中攪打蛋黃和糖。將杏仁牛奶煮沸，如同英式奶油醬般燉煮(見45頁)至83°C，注意別到達煮沸階段。

6] 在裝滿冰塊的容器中完全冷卻後加以冷凍。

7] 在冰淇淋還相當柔軟時混入瀝乾的糖漬水果。再冷凍。

玫瑰番紅花冰淇淋
Glace au safran et à l'eau de rose

準備時間 15分鐘

製作 1公升 冰淇淋的材料

全脂鮮奶600毫升
鮮奶油200毫升
香草精1小匙
蛋黃4個
砂糖100克
番紅花(safran)粉1小匙
玫瑰水(eau de rose)20毫升

1] 在平底深鍋中將鮮奶和鮮奶油煮沸。加入香草精。

2] 在另一個平底深鍋中攪打蛋黃和糖。倒入煮沸的鮮奶油和牛奶的混合液，如同英式奶油醬般燉煮(見45頁)至83°C，注意別到達煮沸階段。離火。

3] 用些許熱水沖泡番紅花，和玫瑰水一起混入材料中。混合均勻。

4] 在裝滿冰塊的容器中完全冷卻。冷凍。

松露冰淇淋
Glace à la truffe

準備時間 15分鐘

製作 1公升 冰淇淋的材料

全脂鮮奶350毫升
液狀鮮奶油350毫升
松露10克切碎
蛋黃10個
砂糖120克
甜雪利酒(xérès doux)10毫升

1] 在平底深鍋中將鮮奶和鮮奶油煮沸，放入切碎的松露，浸泡15分鐘。過濾並保存松露碎。

2] 在另一個平底深鍋中攪打蛋黃和糖。將調味液加入松露中，接著如同英式奶油醬般燉煮(見45頁)至83°C，注意別達煮沸階段。

3] 當混合物冷卻時，混入雪利酒和松露碎。

4] 冷凍。

綠茶冰淇淋
Glace au thé

準備時間 20分鐘

製作 1公升 冰淇淋的材料

全脂鮮奶600毫升
鮮奶油120毫升
茶14克
白胡椒(poivre blanc)
蛋黃6個
砂糖140克

1] 在平底深鍋中將鮮奶和鮮奶油煮沸。放入茶(伯爵、阿薩姆或錫蘭茶)浸泡，但別超過4分鐘。

2] 過濾並加入白白胡椒(撒入研磨器轉2圈的白胡椒粉量)。

3] 在另一個平底深鍋中攪打蛋黃和糖。倒入煮沸的奶油和牛奶的混合物，如同英式奶油醬般燉煮(見45頁)至83°C。

4] 在裝滿冰塊的容器中完全冷卻。冷凍。

香草冰淇淋
Glace à la vanille

準備時間 15分鐘

製作 1公升 冰淇淋的材料

全脂鮮奶150毫升
鮮奶油500毫升
香草莢1根剖開並取籽
蛋黃7個
砂糖150克

1] 在平底深鍋中將鮮奶和鮮奶油煮沸。

2] 放入香草莢和香草籽。浸泡30分鐘後過濾。

3] 在另一個平底深鍋中攪打蛋黃和糖。倒入調味牛奶，如同英式奶油醬般燉煮(見45頁)至83°C，注意別達煮沸階段。

4] 在裝滿冰塊的容器中完全冷卻。

5] 冷凍。

老饕論 Commentaire gourmand

為提升冰淇淋的香味，我們可將香草莢和香草籽浸泡在混合液中冷藏保存一整夜。

雪酪 Les sorbets

準備時間 20分鐘
製作 1公升 雪酪的材料

充分成熟的杏桃1.2公斤
砂糖200克
檸檬2顆
水300毫升

杏桃雪酪
Sorbet à l'abricot

1] 將杏桃剖成兩半並去核。在焗烤盤鋪上一層杏桃和200克的糖，在烤箱裡以180～200°C烤20分鐘。

2] 用電動攪拌器或蔬果榨汁機打成泥，接著加入40毫升的檸檬汁和300毫升的水，均勻混合。

3] 放入雪酪機中。

老饕論 Commentaire gourmand

您可在材料中加入6個杏桃核中取出的桃仁，為冰淇淋賦予細緻的味道。

準備時間 20分鐘
製作 1公升 雪酪的材料

鳳梨1.5公斤
水150毫升
砂糖200克
檸檬汁20毫升
櫻桃酒(kirsch)15毫升
(1大匙)(可隨意)

鳳梨雪酪
Sorbet à l'ananas

1] 切鳳梨，將果肉切成丁，並去除水果的中芯部分，放入電動攪拌器中打成泥：您應獲得650克。用置於容器上的精細濾器過篩。

2] 在平底深鍋中將水和糖煮沸，以獲得淡淡的糖漿。

3] 混入果泥中，均勻混合。

4] 將所有材料再放入平底深鍋中，再次煮沸。加入檸檬，也可加入櫻桃酒。

5] 放入雪酪機中。

準備時間 10分鐘
製作 1公升 冰淇淋的材料

酪梨700克
檸檬汁50毫升
水300毫升
砂糖270克

酪梨雪酪
Sorbet à l'avocat

1] 將酪梨切成兩半，去核並去皮。切塊，放入電動攪拌器中打成泥：您應獲得370克。

2] 將果泥放入容器中，混入檸檬汁，以免果泥變黑。

3] 在平底深鍋中將水和糖煮沸，以獲得淡淡的糖漿。放涼。

4] 將酪梨果泥混入糖漿中。

5] 放入雪酪機中。

準備時間 10分鐘
製作 1公升 雪酪的材料

柳橙2顆
中型檸檬2顆
充分成熟的香蕉6根
糖粉50克

香蕉雪酪
Sorbet à la banane

1] 分別將柳橙和檸檬榨汁。

2] 將香蕉剝皮，切丁，用電動攪拌器或蔬果榨汁機打成泥：您應獲得850克。

3] 先將柳橙汁混入果泥中，均勻混合，接著再混入檸檬汁。

4] 加入糖粉，攪拌至完全溶化。

5] 放入雪酪機中。

準備時間 10分鐘
製作 1公升 雪酪的材料

黑醋栗(cassis)400克
水400毫升
糖250克
檸檬1/2顆

黑醋栗雪酪
Sorbet au cassis

1] 準備黑醋栗的漿果，加熱煮成果泥。

2] 在平底深鍋中將水和糖煮沸，直到獲得濃度1.140的糖漿。放至微溫。

3] 將半顆檸檬榨汁。

4] 將檸檬汁混入糖漿中，接著加入黑醋栗泥，均勻混合。

5] 放入雪酪機中。

準備時間 10分鐘
製作 1公升 雪酪的材料

香草莢1/4根
水220毫升
糖220克
柳橙皮1/2顆
檸檬皮1/2顆
檸檬1顆
香檳500毫升
義式蛋白霜30克(見43頁)

香檳雪酪
Sorbet au champagne

1] 將香草莢剖成兩半並刮出香草籽。

2] 在平底深鍋中將水和糖、柳橙皮和檸檬皮、香草莢和籽煮沸。浸泡15分鐘，用置於容器上的濾器過濾。

3] 將檸檬榨汁。將2小匙的檸檬汁和香檳倒入平底深鍋中，均勻混合。放至完全冷卻。

4] 混入您先前製備的義式蛋白霜，輕輕將材料以稍微舀起的方式混合。

5] 放入雪酪機中。

老饕論 Commentaire gourmand

義式蛋白霜為雪酪賦予稠度，否則會非常稀。

準備時間 10分鐘
製作 1公升 雪酪的材料

水600毫升
砂糖220克
苦甜巧克力220克
(可可奶油含量70%)

巧克力雪酪
Sorbet au chocolat

1] 在平底深鍋中將水和糖煮沸，以獲得淡淡的糖漿。

2] 將巧克力切碎或削成碎末，然後逐漸混入糖漿中，攪拌均勻以完全融入。

3] 再度煮沸。

4] 放至完全冷卻。

5] 放入雪酪機中。

準備時間 10分鐘
製作 1公升 雪酪的材料

水250毫升
砂糖250克
奶粉250克
檸檬6顆

檸檬雪酪
Sorbet au citron

1] 在平底深鍋中將水和糖煮沸，以獲得淡淡的糖漿。

2] 倒入容器中，放至完全冷卻。

3] 將檸檬榨汁：您應獲得至少250毫升的檸檬汁。

4] 和奶粉一起放入容器中，均勻混合。

5] 放入雪酪機中。

訣竅

由於檸檬汁會使牛奶凝結，因此我們在這雪酪中使用奶粉，並在最後一刻再加進糖漿中。

準備時間 15分鐘

製作 1公升 雪酪的材料

九層塔8片
水400毫升
砂糖350克
柳橙皮1/2顆
綠檸檬4顆

九層塔青檸雪酪 *Sorbet au citron vert et au basilic*

1] 將3片九層塔切碎。

2] 在平底深鍋中將水、糖和果皮煮沸。離火後加入切碎的九層塔。浸泡15分鐘。

3] 在糖漿冷卻時，用置於容器上的細網目濾器過濾。

4] 將另5片九層塔切碎。將檸檬榨汁：您應獲得250毫升的檸檬汁。

5] 將檸檬汁和九層塔混入調味糖漿中並均勻混合。

6] 放入雪酪機中。

準備時間 20分鐘

烹調時間 45分鐘

製作 1公升 雪酪的材料

榲桲(coing) 1.5公斤
水100毫升
檸檬1顆
砂糖250克

榲桲雪酪 *Sorbet au coing*

1] 將榲桲去皮，細心將果核挖出。切塊，放入平底深鍋中，在沸水中加熱45分鐘。

2] 在還溫熱時，用蔬果榨汁機打成果泥。您應獲得800克。

3] 將檸檬榨汁。

4] 在另一個平底深鍋中將水和糖及檸檬汁煮沸。

5] 將果泥混入糖漿中。

6] 完全冷卻後放入雪酪機中。

準備時間 10分鐘

製作 1公升 雪酪的材料

充分成熟的草莓1公斤
檸檬1顆
砂糖250克

草莓雪酪 *Sorbet à la fraise*

1] 輕輕將草莓去梗，用電動攪拌器或蔬果榨汁機打成泥：您應獲得750克。用置於容器上的濾器將果泥過篩。

2] 將檸檬榨汁。

3] 將果泥放入平底深鍋中，和糖、50克的檸檬汁一起加熱至煮沸。

4] 完全冷卻後放入雪酪機中。

老饕論 Commentaire gourmand

您可使用野莓(fraise de bois)或混合兩種草莓來進行同樣的程序。

準備時間 15分鐘

製作 1公升 雪酪的材料

充分成熟的覆盆子1公斤
砂糖250克

覆盆子雪酪 *Sorbet à la framboise*

1] 細心地挑選覆盆子。放入置於容器上的細網目塑膠濾器中，用刮杓仔細壓碎，以獲得800克的平滑果泥：小籽應留在濾器裡。

2] 加入糖，用刮杓攪拌均勻，讓糖溶解。

3] 放入雪酪機中。

訣竅

請勿使用金屬濾器，因為這些酸水果不應接觸到可氧化的器具，會引發令人不悅的味道。

百香果雪酪
Sorbet au fruit de la Passion

準備時間 15分鐘

製作 1公升 雪酪的材料

充分成熟的百香果800克
水250毫升
砂糖300克
檸檬1顆

1] 將百香果剖開，挖出果肉，放入蔬果榨汁機中，接著用細網目塑膠濾器過濾：您應獲得500克的平滑果泥。

2] 在平底深鍋中將水和糖煮沸。

3] 將檸檬榨汁。

4] 只在果泥和糖漿裡混入幾滴，均勻混合。

5] 放入雪酪機中。

異國水果雪酪
Sorbet aux fruit exotiques

準備時間 20分鐘

製作 1公升 雪酪的材料

充分成熟的鳳梨1公斤
大芒果1顆
香蕉1根
檸檬1顆
砂糖225克
香草糖1包(約7克)
肉桂粉2克(1小撮)

1] 將鳳梨去皮，切成4塊，將芯取出，將果肉切丁，用碗盛接汁液。

2] 將芒果切成兩半，去核並用咖啡匙取下果肉。

3] 將香蕉剝皮，切成小圓片。

4] 將檸檬榨汁。

5] 將所有的果肉、檸檬汁和鳳梨汁放入大沙拉盆。用電動攪拌器將綜合果肉打成泥：您應獲得750克。

6] 倒入容器中，混入糖，用攪拌器均勻混合。

7] 加入香草糖和肉桂，用刮杓攪拌。

8] 放入雪酪機中。

番石榴雪酪
Sorbet à la goyave

準備時間 15分鐘

製作 1公升 雪酪的材料

番石榴700克
水350毫升
砂糖180克
檸檬汁30克

1] 將番石榴去梗並去皮。切成兩半，去籽。用置於容器上的電動攪拌器或蔬果榨汁機打成泥：您應獲得350克。

2] 在平底深鍋中將水和糖煮沸，直到糖完全溶解。放涼。

3] 在容器中混合糖漿、果泥和檸檬汁，用刮杓攪拌。

4] 放入雪酪機中。

碎核酸櫻桃雪酪
Sorbet à la griotte aux noyaux éclatés

準備時間 25分鐘

靜置時間 至少12小時

製作 1公升 雪酪的材料

歐洲酸櫻桃(griotte)1.2公斤
醋栗(groseille)100克
砂糖300克

1] 將酸櫻桃去核，並保留50克的果核。將醋栗摘下。

2] 在平底深鍋中煮一半的櫻桃和糖5分鐘。煮沸時，將果肉倒在容器中剩餘的櫻桃上，並加入醋栗。

3] 將所有水果放入沙拉盆中，並用電動攪拌器打成泥：您應獲得900克。用置於容器上的細網目塑膠濾器過篩。

4] 將酸櫻桃核包入紗布(mousseline)，壓碎，然後將這小袋浸入果泥中12至15小時。

5] 把裝有果核的小袋移除後放入雪酪機中。

準備時間 15分鐘
製作 1公升 雪酪的材料
新鮮荔枝1公斤
砂糖200克

荔香雪酪
Sorbet au parfum de litchi

1] 將成熟荔枝去殼並去核。用置於容器上的電動攪拌器或蔬果榨汁機打成泥：您應獲得700克。

2] 混入糖。

3] 放入雪酪機中。

老饕論 Commentaire gourmand

若並非荔枝的季節，您可使用荔枝糖漿，不過在這種情況下，只要使用150克的糖即可。

準備時間 15分鐘
製作 1公升 雪酪的材料
方糖250克
柑橘17個
水100毫升
砂糖70克

柑橘雪酪
Sorbet à la mandarine

1] 將柑橘皮抹在方糖上。務必要挑選未經加工的水果。

2] 在平底深鍋中將水和調味方糖煮沸，接著加入砂糖。

3] 將柑橘榨汁：您應獲得700克的果汁。

4] 倒入糖漿中，均勻混合。

5] 完全冷卻後放入雪酪機中。

變化 Variante

香橙雪酪
Sorbet à l'orange

只要用柳橙汁來取代柑橘汁(準備9顆柑橘)，您便可遵照同樣的比例，以同樣的方式來製作香橙雪酪。

準備時間 10分鐘
製作 1公升 雪酪的材料
充分成熟的芒果1.2公斤
檸檬1顆
砂糖150克

芒果雪酪
Sorbet à la mangue

1] 將芒果去皮且去核。切塊。

2] 用置於容器上的電動攪拌器或蔬果榨汁機打成泥：您應獲得800克。將檸檬榨汁。

3] 用攪拌器混合果泥、糖和50毫升的檸檬汁。

4] 放入雪酪機中。

老饕論 Commentaire gourmand

青檸皮可為此雪酪增添悅人的香氣。

準備時間 30分鐘
冷藏時間 至少12小時
製作 1公升 雪酪的材料
甜瓜(melon)1.5公斤
砂糖200克

甜瓜雪酪
Sorbet au melon

1] 將甜瓜去皮並仔細將果核挖出。切成小塊。

2] 擺在鋪有吸水紙(papier absorbant)的烤盤上，鋪滿，然後冷藏至少12小時以去除水分。

3] 和糖一起放入沙拉盆中，用電動攪拌器打成相當平滑的果泥：您應獲得800克。

4] 放入雪酪機中。

葡萄柚雪酪
Sorbet au pamplemousse

準備時間 15分鐘

製作 1公升 雪酪的材料

葡萄柚1.5公斤
檸檬1顆
砂糖350克
薄荷葉6片

1] 將葡萄柚榨汁：您應獲得750毫升的果汁。將檸檬榨汁。

2] 在平底深鍋中將葡萄柚汁、糖和1大匙的檸檬汁煮沸。

3] 待此混合物完全冷卻後放入雪酪機。

4] 在這段時間內，將薄荷葉切成細碎。

5] 在雪酪開始凝固時混入薄荷葉碎；再度冷凍。

老饕論 Commentaire gourmand

您可用切成小丁的150克糖漬橙皮來取代薄荷葉碎。

香桃雪酪
Sorbet à la pêche

準備時間 35分鐘

製作 1公升 雪酪的材料

充分成熟的桃子1.5公斤
砂糖120克
檸檬1顆

1] 將成熟桃子去皮並去核。切成小塊。放入沙拉盆中，用電動攪拌器打成泥：您應獲得900克。將檸檬榨汁。

2] 在平底深鍋中將果泥、糖和檸檬汁一起煮沸。

3] 待完全冷卻後放入雪酪機。

洋梨雪酪
Sorbet à la poire

準備時間 30分鐘

製作 1公升 雪酪的材料

洋梨1.2公斤
水1公升
砂糖520克
檸檬汁75毫升
香草莢1根剖開取籽
洋梨蒸餾酒20毫升

1] 將梨子去皮，將果核挖出。

2] 在平底深鍋中將水、500克的糖、50毫升的檸檬汁、香草莢和香草籽煮沸。

3] 讓梨子完全淹沒在糖漿裡，蓋上盤子，浸漬至少12小時。

4] 打成泥，接著混入剩餘20克的糖、25毫升的檸檬汁和蒸餾酒中。

5] 放入雪酪機中。

青蘋雪酪
Sorbet à la pomme verte

準備時間 25分鐘

烹調時間 25時間

製作 1公升 雪酪的材料

蘋果(granny smith品種)4顆
優質蘋果汁250毫升
砂糖25克
檸檬汁25毫升(1/2小匙)

1] 清洗蘋果並切成四塊，不要剝皮，然後將果核挖出。

2] 放入平底深鍋中，和蘋果汁、糖一起煮25分鐘。

3] 將上述所有材料和檸檬汁一起放入大沙拉盆裡。用電動攪拌器打成平滑且均勻的果泥：您應獲得750克。

4] 待完全冷卻後放入雪酪機。

綠茶雪酪 Sorbet au thé

準備時間 15分鐘

製作 1公升 雪酪的材料

水600毫升
茶葉50克
砂糖450克
檸檬汁60毫升

1] 用平底深鍋將水加熱。微滾時放入茶葉浸泡，別超過4分鐘。

2] 過濾並放涼。

3] 將糖慢慢倒入茶液中，用刮杓攪拌均勻，讓糖完全溶解。

4] 放入雪酪機中。

蕃茄雪酪 Sorbet à la tomate

準備時間 40分鐘

製作 1公升 雪酪的材料

充分成熟的蕃茄1.2公斤
水190克
糖果醬
(sucre pour confitures)375克
蛋白1個
糖粉50克
伏特加酒(vodka)(可隨意)

1] 將蕃茄完全泡入沸水中幾秒，接著放入冷水中。剝皮並用細網目的濾器過濾：您應獲得300毫升的果汁。

2] 用水和糖果醬製作不加熱的糖漿。

3] 和蕃茄汁混合，可加入30毫升的伏特加，加以攪拌。

4] 放入雪酪機中。

5] 將蛋白和糖粉一起打成泡沫狀。在雪酪開始凝固時混入，一邊輕輕攪拌。

6] 再度冷凍。

伏特加雪酪 Sorbet à la vodka

準備時間 15分鐘

製作 1公升 雪酪的材料

水600毫升
糖125克
柳橙皮1/2顆
檸檬皮1/4顆
伏特加150毫升
義式蛋白霜15克(可隨意)

1] 在平底深鍋中將水和糖煮沸。

2] 將容器離火並混入果皮。

3] 可加入您預先準備的義式蛋白霜(見43頁)。

4] 放至充分冷卻。加入伏特加並放入雪酪機中。

訣竅

將伏特加一次放入充分冷卻的混合物中，否則可能會失去酒精細緻的味道。

冰砂 Les granités

咖啡冰砂 Granité au café

準備時間 5分鐘

製作 1公升 冰砂的材料

濃縮咖啡500毫升
砂糖100克
水400毫升

1] 在容器中將咖啡、水和糖混合均勻。

2] 冷凍。

3] 在1小時30分鐘後，將材料取出，用刮杓攪拌。

4] 再度冷凍直到冰砂完全凝固。

老饕論 Commentaire gourmand

您可在享用前倒上幾滴威士忌來裝點冰砂。

檸檬冰砂 Granité au citron

準備時間 15分鐘
製作 1公升 冰砂的材料

黃檸檬2顆
水700毫升
砂糖200克

1] 將檸檬皮切成細碎。將檸檬榨汁並保留果肉：您應獲得100毫升的果汁。

2] 將水放入容器中，讓糖在當中溶解，一邊攪拌並加入檸檬皮、檸檬汁和果肉。

3] 用刮杓均勻混合，加以冷凍。

4] 在1小時30分鐘後，將材料取出，用刮杓攪拌。

5] 再度冷凍直到冰砂完全凝固。

老饕論 Commentaire gourmand

您可用綠檸檬來取代黃檸檬，並在冰砂上淋上一點伏特加。

新鮮薄荷冰砂 Granité à la menthe fraîche

準備時間 10分鐘
製作 1公升 冰砂的材料

新鮮薄荷葉50克
水800毫升
砂糖160克

1] 將薄荷葉切成細碎。

2] 在平底深鍋中浸泡切碎的薄荷葉15分鐘。用置於容器上的濾器過濾。

3] 冷凍。

4] 在1小時30分鐘後，將材料取出，用刮杓攪拌。

5] 再度冷凍直到冰砂完全凝固。

6] 享用前撒上剩餘切碎的薄荷葉。

變化 Variante

芳香草冰砂
Granité aux herbes

您可依循同樣的原則，用您選擇的新鮮草本植物，如果味道協調的話，甚至可相互搭配，取代薄荷以製作芳香草冰砂。

蜂蜜冰砂 Granité au miel

準備時間 10分鐘
製作 1公升 冰砂的材料

水750毫升
普羅旺斯蜂蜜
(miel de Provence)250克
去皮杏仁75克

1] 在容器中將水和蜂蜜均勻混合。

2] 冷凍。

3] 在1小時30分鐘後，將材料取出，用刮杓攪拌。

4] 再度冷凍直到冰砂完全凝固。

5] 讓杏仁在烤箱中以170°C烘烤15至20分鐘，然後磨碎。

6] 享用之前撒在冰砂上。

綠茶冰砂 Granité au thé

準備時間 10分鐘
製作 1公升 冰砂的材料

水800毫升
砂糖160克
茶葉10克(2小匙)

1] 將水和砂糖放入平底深鍋。

2] 煮沸，加入茶葉並煮至微滾，別超過4分鐘。用置於容器上的細網目濾器過濾。

3] 冷凍。

4] 在1小時30分鐘後，將材料取出，用刮杓攪拌。

5] 再度冷凍直到冰砂完全凝固。

老饕論 Commentaire gourmand

此冰砂和葡萄柚沙拉是絕妙的搭配。

Les coulis, les sauces et les jus
庫利、醬汁與果汁

庫利是以水果爲基底的配料，在糖漿裡稍微烹煮，
或僅用電動攪拌器攪拌而成。
庫利、醬汁與果汁妝點了甜點、夏露蕾特(charlotte)、
雪酪、冰淇淋、白乳酪等等。
較液態的果汁從水果中取得，
但也能從香料和草本植物中獲得。

庫利 Les coulis

準備時間 20分鐘
製作 500毫升 庫利的材料
成熟的大型酪梨1顆
中型香蕉1根
柳橙1顆
檸檬2顆
砂糖60克
白胡椒粉(poivre du moulin)
2克(1/2小匙)
水100毫升

香蕉酪梨庫利
Coulis à l'avocat et à la banane

1] 將酪梨去皮並去核。
2] 將香蕉剝皮。
3] 將柳橙和1又1/2顆檸檬榨汁。
4] 將酪梨和香蕉切成小塊，和柑橘類果汁、糖和白胡椒粉一起放入蔬果榨汁機或電動攪拌器中。
5] 加入一些水。讓機器轉動至獲得相當均勻的果泥為止：您應獲得約300克的果泥。
6] 逐漸加水稀釋，直到獲得想要的濃稠度。

老饕論 Commentaire gourmand

為了增添些許的異國風味，您可在庫利中加入1小撮的肉荳蔻粉或肉桂粉。

準備時間 15分鐘

製作 500毫升 庫利的材料

黑醋栗600克

醋栗100克

砂糖85克

水150毫升

黑醋栗庫利 *Coulis au cassis*

1] 細心地摘下黑醋栗和醋栗。以電動攪拌器或果汁機打成泥：您應獲得400克的果泥。

2] 用置於容器上的大型濾器過濾。加糖並均勻混合。

3] 逐漸加水沖淡，直到獲得想要的濃稠度。

變化 Variante

醋栗庫利

Coulis à la groseille

摘下600克的醋栗。和100克的覆盆子一起放入電動攪拌器中：您應獲得400克的果泥。用置於容器上的濾器過濾，混入糖並均勻混合。逐漸加水沖淡，直到獲得想要的濃稠度。

準備時間 10分鐘

製作 500毫升 庫利的材料

檸檬1顆

覆盆子750克

砂糖80克

水100毫升

覆盆子庫利 *Coulis à la framboise*

1] 將檸檬榨汁：您應獲得50毫升的果汁。用置於大碗上的電動攪拌器將覆盆子打成泥：您應獲得400克的果泥。

2] 將覆盆子泥放入濾器中過濾，並用橡皮刮刀或刮杓緊壓。

3] 用刮杓混入砂糖和檸檬汁。逐漸加水沖淡，直到獲得想要的濃稠度。

老饕論 Commentaire gourmand

此庫利也美妙地裝點了打成泡沫狀的蛋，以及奶油醬或巧克力蛋糕。

冬季時，使用快速冷凍的水果亦能製作出風味極佳的覆盆子庫利。

1

2

3

準備時間 10分鐘
烹調時間 5分鐘
製作 500毫升 庫利的材料

白胡椒5至6粒
肉桂棒1根
柳橙1顆
班努斯酒(banyuls)750毫升
砂糖75克
覆盆子醬200毫升(見102頁)

班努斯覆盆子庫利
Coulis à la framboise et au banyuls

1] 將白胡椒粒和肉桂棒壓碎。抽取柳橙皮，切成細碎。

2] 在平底深鍋中均勻混合班努斯酒、糖、白胡椒、肉桂和柳橙皮。

3] 以中火加熱至材料縮減為2/3。

4] 放涼後混入覆盆子醬並均勻混合。

準備時間 15分鐘
製作 500毫升 庫利的材料

充分成熟的草莓250克
醋栗125克
覆盆子250克
野莓(fraises des bois)75克
砂糖80克
水100毫升

紅果庫利
Coulis aux fruits rouges

1] 將草莓去梗，並細心摘下醋栗。

2] 將所有漿果以電動攪拌器或果汁機打成泥：您應獲得400毫升的果泥。

3] 混入糖，並用刮杓均勻混合。

4] 逐漸加水沖淡，直到獲得想要的濃稠度。

變化 Variante

歐洲酸櫻桃庫利
Coulis à la griotte

您也能用歐洲酸櫻桃來製作類似的庫利。將750克的酸櫻桃去核，摘下100克的醋栗。以電動攪拌器或果汁機打成泥：您應獲得400毫升的果泥。
用置於容器上的濾器過濾，混入120克的糖並均勻混合。有必要的話，可加入100毫升的水稀釋。

準備時間 5分鐘
製作 500毫升 庫利的材料

芒果雪酪500毫升(見97頁)
水100毫升

芒果庫利
Coulis à la mangue

1] 先製作芒果雪酪，然後冷藏。

2] 將雪酪從冷凍庫中取出，讓雪酪融化。逐漸加水沖淡，直到獲得想要的濃稠度。

老饕論 Commentaire gourmand

此庫利也能作為粗粒小麥粉布丁(semoule au lait)和白乳酪的美麗裝飾。

準備時間 15分鐘
冷藏時間 12小時
製作 500毫升 庫利的材料

檸檬1顆
柳橙1顆
苦橙(orange amère)600克
水500毫升
砂糖250克
小荳蔻粉(cardamome en poudre)1克
薑粉1克
白胡椒粉1克

苦橙庫利
Coulis à l'orange amère

1] 將檸檬榨汁：您應獲得100毫升的果汁。

2] 製作浸漬苦橙。將水果的兩端切下，其餘切成中型圓形切片。放入容器。

3] 將水和糖煮沸。將糖漿淋在柳橙上，於陰涼處靜置至少12小時。

4] 將柳橙瀝乾。和柑橘類果汁、小荳蔻粉、薑粉一起放入電動攪拌器中，直到將庫利打得非常平滑。

訣竅

為了製備這道庫利，請選擇未經加工處理的苦橙。

準備時間 15分鐘
製作 500毫升 庫利的材料
檸檬1顆
桃子600克
砂糖50克

香桃庫利
Coulis à la pêche

1] 將檸檬榨汁。
2] 用沸水汆燙桃子30秒，然後泡在冷水中，將桃子剝皮並去核。
3] 將桃子放入電動攪拌器中：您應獲得400毫升的果泥。
4] 加入糖和檸檬汁，均勻混合。

變化 Variante

杏桃庫利
Coulis à l'abricot

將去核的600克杏桃放入電動攪拌器中。將50克的糖和檸檬汁加入所獲得的果泥中。

準備時間 25分鐘
烹調時間 20分鐘
冷藏時間 至少12小時
製作 500毫升 庫利的材料
小型紅椒1顆(100克)
砂糖100克
水200毫升
覆盆子400克

覆盆子甜椒庫利
Coulis au poivron et à la framboise

1] 清洗紅椒，切成兩半，並仔細去籽。
2] 放入平底深鍋中，用水淹沒；煮沸後瀝乾。
3] 再重複同樣的步驟：您應獲得80克的果肉。
4] 和糖及水一起放入另一個平底深鍋中，煮20分鐘。
5] 冷藏浸漬至少12小時。
6] 細心挑選覆盆子。
7] 將甜椒的果肉瀝乾，接著和覆盆子一起放入電動攪拌器中，直到獲得非常平滑的醬狀庫利。

老饕論 Commentaire gourmand

可使用快速冷凍的覆盆子來製作這道庫利。

準備時間 10分鐘
冷藏時間 至少12小時
烹調時間 30分鐘
製作 500毫升 庫利的材料
大黃(rhubarbe)450克
檸檬1顆
砂糖80克
水50毫升(可隨意)

大黃庫利
Coulis à la rhubarbe

1] 將大黃切塊，不要去皮。
2] 將檸檬榨汁：您應獲得50毫升的果汁。
3] 將大黃和糖、檸檬汁一起放入容器中。冷藏浸漬至少12小時。
4] 在平底深鍋中以文火煮大黃30分鐘。
5] 在還溫熱時放入電動攪拌器，以便完全打成泥。
6] 依所想要的濃度而定，可摻入一些水稀釋。
7] 若有必要，可加入一些糖。

變化 Variante

草莓大黃庫利
Coulis à la rhubarbe et à la fraise

在一旁混合等量的大黃和草莓來製作此庫利。不要浸漬草莓，最多煮5分鐘。

醬汁 Les sauce

英式咖啡醬
Sauce anglaise au café

準備時間 10分鐘

製作 500毫升 醬汁的材料

全脂鮮奶350毫升
哥倫比亞咖啡粉10克
蛋黃4個
砂糖85克

1] 在平底深鍋中將鮮奶煮沸，然後加入咖啡。浸泡3分鐘。

2] 用置於容器上的細網目濾器過濾。

3] 如同英式奶油醬（見45頁）般，謹慎地用蛋黃、糖和咖啡牛奶製作醬汁。注意別達煮沸階段。

4] 將此醬汁冷藏保存一段時間後使用。

英式香橙醬
Sauce anglaise à l'orange

準備時間 10分鐘

製作 500毫升 醬汁的材料

英式奶油醬500克（見45頁）
柳橙1顆

1] 先製備稠度很稀的英式奶油醬。

2] 剝下柳橙皮並切成細碎。

3] 混入英式奶油醬中，均勻混合。

4] 將此醬汁冷藏保存4至5小時，讓果皮有時間充分釋放香味。

老饕論 Commentaire gourmand

關於這類使用果皮的配方，請務必使用未經加工處理的水果來製作。

英式開心果醬
Sauce anglaise à la pistache

準備時間 15分鐘

製作 500毫升 醬汁的材料

全脂鮮奶350毫升
調味並染色的開心果糖膏35克
蛋黃4個
砂糖20克

1] 在平底深鍋中加熱鮮奶和開心果糖膏，讓後者軟化，接著攪打混合物，讓混合物充分溶解。

2] 用蛋黃、糖、牛奶和上述混合物製作英式奶油醬（見45頁），注意別達煮沸階段。

老饕論 Commentaire gourmand

可用一些搗碎且或許稍微烘烤過的開心果來妝點此醬汁。

英式果仁糖醬
Sauce anglaise au turrón

準備時間 15分鐘

製作 500毫升 醬汁的材料

果仁糖（turrón）
（法文為touron）75克
牛奶300毫升
糖40克
蛋黃4個

1] 將果仁糖切得很小塊，之後才容易溶解。

2] 在平底深鍋中和牛奶一起加熱，攪打，讓果仁糖溶解。

3] 用蛋黃、糖和上述混合物製作英式奶油醬（見45頁），注意別到達煮沸階段。

可可醬 Sauce au cacao

準備時間 10分鐘

製作 500毫升 醬汁的材料

水250毫升
無糖可可粉50克
砂糖80克
高脂濃鮮奶油
(crème épaisse) 100毫升

1] 在平底深鍋中將水、可可粉和糖煮沸。

2] 加入高脂濃鮮奶油，一邊攪拌至醬汁變得濃稠並附著於刮杓。

老饕論 Commentaire gourmand

您可預先製備此可可醬，並冷藏保存2至3天。在享用時再緩緩加熱。

焦糖醬 Sauce au caramel

準備時間 15分鐘

製作 500毫升 醬汁的材料

液狀鮮奶油250毫升
砂糖200克
半鹽奶油
(beurre demi-sel) 45克

1] 在平底深鍋中將液狀鮮奶油煮沸。

2] 在另一個小平底深鍋中乾煮糖，不斷用刮杓攪拌，直到焦糖變成漂亮的金黃色。

3] 加入奶油塊以中止烹煮，接著逐漸加入液狀鮮奶油，均勻混合。

4] 再煮沸一會兒，然後將平底深鍋泡在裝滿冰塊的容器中。

老饕論 Commentaire gourmand

焦糖的顏色會直接影響到味道；焦糖越濃，味道就越強烈。

黑(或白)巧克力醬 Sauce au chocolat noir (ou blanc)

準備時間 15分鐘

製作 500毫升 醬汁的材料

黑(或白)巧克力150克
香草莢1根
牛奶500毫升

1] 將所選擇的巧克力切成細碎。

2] 將香草莢剖開兩半並刮出籽。

3] 在平底深鍋中將牛奶煮沸，然後加入香草莢和籽。

4] 停止烹煮，接著將牛奶逐漸倒入巧克力中。充分混合至醬汁均勻為止。

老饕論 Commentaire gourmand

趁熱使用這道醬汁，可用來搭配如小泡芙(profiterole)或糖漬蜜梨(poire Hélène)等點心。

果汁 Les jus

準備時間 15分鐘
冷藏時間 至少12小時
製作 500毫升 果汁的材料

綠檸檬1顆
九層塔4片
香草莢1根
水350毫升
砂糖50克
現成的杏桃果汁100毫升

九層塔杏桃汁
Jus à l'abricot et au basilic

1] 將綠檸檬一半的皮切成細碎。

2] 將九層塔切碎。

3] 將香草莢剖開成兩半並刮出籽。

4] 在容器中混合水和糖，接著加入香草莢、籽、檸檬皮和九層塔。

5] 冷藏浸泡至少12小時。

6] 混入杏桃汁。

老饕論 Commentaire gourmand

這帶有九層塔香的果汁可為夏季水果沙拉增添迷人的風味。您可在製作時少加一點糖。

準備時間 15分鐘
製作 500毫升 果汁的材料

水400毫升
砂糖65克
玉米澱粉(amidon de maïs) 15克(1大匙)
小荳蔻粉1克(1小撮)

小荳蔻汁
Jus à la cardamome

1] 在大平底深鍋中加水、糖、玉米澱粉和小荳蔻粉。

2] 混合均勻並煮沸。

3] 放涼後使用。

老饕論 Commentaire gourmand

此小荳蔻汁搭配烤蘋果(pomme au four)、糖煮果泥、甜點和巧克力蛋糕，以及香橙塔都相當美味。

準備時間 15分鐘
製作 500毫升 果汁的材料

檸檬皮1/2顆
新鮮香菜(芫荽)20克
水450毫升
砂糖80克

香菜汁
Jus à la coriandre

1] 將檸檬皮切成細碎。

2] 將香菜切碎。

3] 在平底深鍋中放入水、糖和檸檬皮。加熱至煮沸。

5] 離火，加入一半的香菜，浸泡15分鐘。過濾。

5] 加入剩餘的香菜，放入電動攪拌器中，直到完全細滑為止。

老饕論 Commentaire gourmand

此香菜汁可讓鳳梨沙拉變得更濃郁可口。

變化 Variante

花草汁
Jus aux plantes

您可用同樣的方式製作香茅(citronnelle)汁、牛至或稱馬鬱蘭(marjolaine)汁、馬鞭草(verveine)汁。

辛香汁
Jus épicé

準備時間 20分鐘
靜置時間 至少12小時
製作 500毫升 果汁的材料

檸檬1顆
柳橙1顆
香草莢1/2根
黑胡椒籽
(grain de poivre noir)4克
老薑(racine de gingembre)1塊
水350毫升
糖140克
八角1個
小丁香
(petit clou de girofle)1個

1] 剝下柳橙皮和檸檬皮，將約一半的量切成細碎。

2] 將檸檬榨汁：您應獲得40毫升的果汁。

3] 將1/2根香草莢剖成兩半並刮出香草籽。

4] 將黑胡椒粒搗碎。

5] 從薑塊上切下5片薄片。

6] 在平底深鍋中將水和糖煮沸。放入剩餘的所有材料並均勻混合。

7] 離火後浸泡至少12小時。過濾。

老饕論 Commentaire gourmand

此辛香汁讓椰棗(datte)、芒果和柳橙變得稍微辛辣。為了製備此辛香汁，請選擇未經加工處理的柑橘類水果。

草莓汁
Jus de fraise

準備時間 15分鐘
烹調時間 45分鐘
冷藏時間 5至6小時
製作 500毫升 果汁的材料

充分成熟的草莓800克
砂糖50克

1] 將草莓去梗。和糖一起放入鋼盆中，隔水加熱45分鐘。

2] 用置於容器上的濾器過濾果泥：您應獲得500毫升的果汁。將煮好的草莓存放在一旁。

3] 將果汁冷藏(4°C)保存5至6小時，然後過濾澄清。

老饕論 Commentaire gourmand

此果汁搭配香草冰淇淋、各種紅水果和水果雪酪都相當美味，也能用來烹煮水果。

焦糖草莓汁
Jus de fraise caramélisé

準備時間 15分鐘
製作 500毫升 果汁的材料

充分成熟的草莓800克
檸檬1顆
砂糖50克

1] 如同前一道食譜般烹煮草莓，但不加糖。

2] 將檸檬榨汁：您應獲得50毫升的果汁。

3] 在平底深鍋中乾煮糖，直到焦糖呈現漂亮的金黃色。

4] 加入檸檬以中止烹煮，接著倒入草莓汁，均勻混合。

老饕論 Commentaire gourmand

此果汁可搭配香煎金黃蘋果或洋梨(pommes ou poires dorées à la poêle)，也能搭配煮過的水果(fruit cuit)享用。

覆盆子汁
Jus de framboise

準備時間 10分鐘
烹調時間 30分鐘
製作 500毫升 果汁的材料

覆盆子700克
砂糖80克

1] 將覆盆子和糖一起放入鋼盆中，隔水加熱30分鐘。

2] 用置於容器上的塑膠濾器過濾果泥，然後冷藏保存(4°C)。

老饕論 Commentaire gourmand

這覆盆子汁可搭配香煎金黃蘋果或洋梨(pommes ou poires dorées à la poêle)。

準備時間 10分鐘

製作 500毫升 果汁的材料

新鮮九層塔24片
檸檬2顆
橄欖油300毫升
砂糖45克
白胡椒粉5克（1小匙）

九層塔橄欖油汁
Jus à l'huile d'olive et au basilic

1] 將九層塔切成細碎。

2] 將檸檬榨汁：您應獲得150毫升的果汁。

3] 在容器中放入切碎的九層塔、檸檬汁、橄欖油和糖。撒上白胡椒粉並均勻混合。

老饕論 Commentaire gourmand

此味道強烈的果汁非常適合用來烹煮烤香桃(pêche au four）。

準備時間 15分鐘

製作 500毫升 果汁的材料

新鮮薄荷葉20克
水400毫升
砂糖120克

新鮮薄荷汁
Jus à la menthe fraîche

1] 將薄荷葉切成細碎。

2] 在平底深鍋中將水和糖煮沸。

3] 離火，加入一半的薄荷葉，浸泡15至20分鐘，不要加蓋，以免有草味。過濾。

4] 加入剩餘的薄荷葉，然後放入電動攪拌器中，直到材料變得完全平滑為止。

訣竅

若您想獲得稍微濃稠的果汁，請在烹煮前混入糖和10克的馬鈴薯澱粉。

準備時間 15分鐘

製作 500毫升 果汁的材料

柳橙1顆
檸檬1顆
砂糖250克
香橙干邑甜酒
(Grand Marnier)25毫升
（略少於2大匙）

橙酒汁
Jus Suzette

1] 將1/2顆的橙皮切成細碎。將柳橙榨汁：您應獲得150毫升的果汁。將檸檬榨汁：您應獲得25毫升的果汁。

2] 在平底深鍋中乾煮糖，直到焦糖呈現漂亮的金黃色。

3] 倒入柳橙汁以中止烹煮，接著倒入檸檬汁。

4] 最後混入柳橙皮和香橙干邑甜酒。

老饕論 Commentaire gourmand

此果汁澆在香橙沙拉或可麗餅上都非常美味。

準備時間 10分鐘

製作 500毫升 果汁的材料

香草莢2根
砂糖80克
馬鈴薯澱粉10克
水400毫升

香草汁
Jus à la vanille

1] 將香草莢剖成兩半並刮出籽。

2] 先在平底深鍋中混合糖和馬鈴薯澱粉。將水倒入此混合物中，然後煮沸。

3] 加入香草莢和籽，微滾2分鐘。過濾。

老饕論 Commentaire gourmand

此香草汁和水煮水果、米布丁(riz au lait)是絕妙的搭配。

Les recettes de pâtisserie

糕點食譜

Les tartes, tourtes et crumbles

塔、餡餅、烤麵屑

塔和餡餅是由油酥麵團(pâte brisée)、折疊派皮(feuilletée)、法式塔皮麵團(sablée)或甜酥麵團(sucrée)等爲基底所組成的，通常會放上水果、巧克力、調味奶油餡、糖、米...再蓋上一張薄麵皮作爲蓋子。烤麵屑則是撒在水果上。

塔 Les tartes

準備時間 1小時
靜置時間 30分鐘
烹調時間 35至40分鐘
份量 4至6人份

麵粉300克
酵母粉(levure en poudre)10克
蛋1顆
蛋黃2個
牛奶1大匙
糖125克
室溫奶油150克
檸檬皮碎末1小匙
榲桲膏(pâte de coing)500克

芙蘿拉義麵塔
Pasta frola

1] 混合麵粉和酵母粉。
2] 在容器中攪打全蛋、蛋黃和1大匙的牛奶。
3] 加入糖、奶油、果皮碎末，以及麵粉和酵母粉的混合物；攪拌至獲得柔軟而均勻的麵團。
4] 將麵團冷藏靜置30分鐘。
5] 用擀麵棍將麵團擀成3或4公釐的厚度，填入直徑22公分的塔模中。
6] 從剩餘的麵皮中切下寬1公分的長條狀數條，備用。
7] 烤箱預熱170℃。
8] 在小型平底深鍋中，用3大匙的水將榲桲膏稀釋，放涼。
9] 用所獲得的果醬填入塔中，並以條狀麵皮作為裝飾。
10] 將塔放入烤箱中烘烤約40分鐘，直到麵皮變成金黃色。脫模，並在微溫或冷卻後享用。

杏桃塔
Tarte aux abricots

準備時間 40分鐘
靜置時間 10小時 + 30分鐘 + 30分鐘
烹調時間 12 + 25分鐘
份量 6至8人份

折疊派皮250克（見20頁）
杏仁奶油醬180克（見54頁）
杏桃900克
細砂糖20克
室溫回軟的奶油20克
杏桃果醬（marmelade）或果膠4大匙

1］製作折疊派皮（別忘了總共要靜置10小時）。

2］用擀麵棍擀成2公釐的厚度，接著冷藏30分鐘。

3］在直徑22公分的模型中塗上奶油並撒上糖，接著將派皮放入模型中。用擀麵棍將邊裁下，以拇指和食指在周圍按壓固定。用叉子在底部戳洞，冷藏30分鐘。

4］製備杏仁奶油醬。

5］烤箱預熱185℃。在塔內蓋上一張23公分的圓形烤盤紙，鑲在邊上，再加入杏桃核（或豆粒），烘烤12分鐘。除去烤盤紙和果核，再烘烤5分鐘。

6］將杏仁奶油醬鋪在麵皮上。將杏桃切成兩半，去核。將水果排成薔薇花狀，皮的部分在下，互相交疊。仔細地撒上糖，並撒上焦化奶油（noisette au beurre）。

7］烘烤22至25分鐘：水果必須覆蓋上焦糖。

8］從烤箱中取出，稍微放涼。用毛刷塗上杏桃果醬。在微溫時品嚐。

照片見115頁

鳳梨塔
Tarte à l'ananas

準備時間 10 + 25分鐘
靜置時間 1 + 1小時
烹調時間 35分鐘
份量 6至8人份

餅底脆皮麵團（pâte à foncer）250克（見16頁）
蛋2顆
細砂糖110克
麵粉1小匙
牛奶1杯
檸檬汁1/2顆
濃縮鳳梨糖漿4大匙
糖漬鳳梨片6片
糖粉（sucre glace）30克

1］製作餅底脆皮麵團並靜置1小時。擀成2公釐厚。在直徑22公分的塔模中塗上奶油並裝入圓形麵皮。用叉子在底部的數處戳洞。於陰涼處靜置1小時。

2］烤箱預熱200℃。將模型放入烤箱中，以180℃烘烤20分鐘。

3］裝作填料：將蛋白和蛋黃分離。將蛋黃和80克的砂糖、麵粉及牛奶混合。

4］以文火將此混合物煮至濃稠，不斷以木匙攪拌，接著加入檸檬汁和濃縮鳳梨糖漿。

5］將塔底放至微溫，接著倒入4煮好的奶油醬，並擺上瀝乾的鳳梨片。

6］將蛋白和30克的砂糖打發成立角狀的蛋白霜，覆蓋在水果上，並撒上30克的糖粉。

7］再放入烤箱烘烤10分鐘，將蛋白霜烤成金黃色。冷藏後享用。

比利時甜塔
Tarte belge au sucre

準備時間 20 + 30分鐘
靜置時間 40分鐘 + 2小時
烹調時間 12 + 10分鐘
份量 4至6人份

皮力歐許風味麵團250克（見24頁）
奶油10克
蛋1顆
細砂糖80克
高脂濃鮮奶油（crème fraîche épaisse）30克

1］製作皮力歐許風味麵團並冷藏靜置40分鐘。為直徑26公分的模型塗上奶油。揉成團狀，然後擀平。擀成模型大小，將圓形麵皮擺入模型中。讓麵皮發酵，意即讓麵皮在室溫（22～24℃）下膨脹約2小時。

2］烤箱預熱220℃。打蛋，然後用毛刷在麵皮表面塗上蛋汁；撒上細砂糖。

3］烘烤12分鐘，將烤箱溫度調低為200℃。

4］將塔取出後，在整個表面塗上鮮奶油，接著再烘烤8至10分鐘，以便讓糕點表面稍微覆上糖面：熱的糖事實上會吸收鮮奶油。

5］放至微溫或完全冷卻後，在當天享用此塔。

「椰子奶油」加勒比塔
Tarte caraïbe «crème coco»

準備時間 15 + 30分鐘
靜置時間 2小時 + 30 + 30分鐘
烹調時間 35至40分鐘
份量 6至8人份

甜酥麵團(Pâte sucrée)
500克(見19頁)

椰子奶油 crème coco
糖粉85克
杏仁粉40克
椰子粉45克
玉米粉5克
奶油70克
蛋1顆
深褐色蘭姆酒1/2大匙
液狀鮮奶油170克

填料 pour la garnture
成熟大鳳梨1顆
青檸檬2顆
醋栗4串
榲桲凍(gelée de coing)4大匙

1] 製作甜酥麵團並靜置2小時。

2] 用擀麵棍擀成2公釐的厚度。裁成直徑28公分的圓。擺在烤盤上，冷藏30分鐘。

3] 在直徑22公分的模型裡塗上奶油。擺上麵皮。用叉子戳洞，於陰涼處再度靜置30分鐘。

4] 製作「椰子奶油」：混合糖粉、杏仁粉、椰子粉和玉米粉，用濾器將上述所有材料過篩。在容器中用橡皮刮刀將奶油攪軟。加入上述混合物，接著是蛋，不停攪拌。接著倒入蘭姆酒和液狀鮮奶油。待椰子奶油醬完全均勻後，置於陰涼處。

5] 烤箱預熱220°C。

6] 在模型中倒入「椰子奶油」至一半高度。於烤箱中烘烤35至40分鐘。放涼後加入填料。

7] 用鋸齒刀(couteau-scie)去除鳳梨所有的果皮。切成1公分厚的片，留下中央部分，接著裁成薄片。置於吸水紙上瀝乾30分鐘。

8] 用削皮刀(couteau économe)仔細將青檸檬削皮，小心地避免削下白色的皮，接著將果皮切成極細的長條狀。

9] 在塔上覆蓋鳳梨薄片；撒上果皮。

10] 將4串的醋栗果實摘下，分散裝飾在塔上。

11] 在平底深鍋中，將榲桲凍加熱至融化；用毛刷稍微塗上榲桲果凍。

12] 將此塔於陰涼處保存2小時後享用。

訣竅

您可在前一天晚上製備甜酥麵團和「椰子奶油」(放在沙拉盆中並蓋上保鮮膜)，靜置於陰涼處。

紅糖塔
Tarte à la cassonade

準備時間 10 + 20分鐘
靜置時間 2小時
烹調時間 10 + 30分鐘
份量 6至8人份

油酥麵團(pâte brisée)
375克(見17頁)
去皮杏仁150克
蛋3顆
濃鮮奶油200克
粗粒紅糖(cassonade)300克

1] 製作油酥麵團。收攏成團狀，於陰涼處靜置2小時。

2] 烤箱預熱200°C。

3] 在25公分的塔模中塗上奶油。將麵團用擀麵棍擀成3公釐厚，填入模型中。用叉子戳洞。在塔底鋪上烤盤紙並放上豆粒，烘烤10分鐘。

4] 將杏仁用電動攪拌器打碎。

5] 一顆顆地打蛋，將蛋黃和蛋白分離。

6] 將打碎的杏仁倒入容器中，加入鮮奶油、粗粒紅糖和一顆顆的蛋黃。用刮杓均勻混合。

7] 將蛋白打成非常立角狀的蛋白霜，輕輕地混入上述混合物中，始終用刮杓以同一方向攪拌，以免破壞麵糊內的氣泡。

8] 將材料倒入塔底，再度於烤箱中烘烤30分鐘。冷藏後享用。

杏桃塔 Tarte aux abricots
出爐後在網架上放涼，
讓折疊派皮變得更酥脆。

亞爾薩斯櫻桃塔
Tarte aux cerises à l'alsacienne

準備時間 40分鐘
靜置時間 2 + 1小時
烹調時間 20 + 15分鐘
份量 4至6人份

油酥麵團（pâte brisée）300克（見17頁）
歐洲酸櫻桃（griotte）500克
細砂糖50克
杏仁奶油醬250克（見54頁）
伯萊特黑櫻桃（cerise noire burlat）或閃色櫻桃（gorge de pigeon）500克
酥頂碎麵屑180克（見29頁）

1] 製作油酥麵團，於陰涼處靜置2小時。
2] 將酸櫻桃去核並放入容器中。撒上細砂糖，浸漬約2小時。接著置於濾器中1小時，瀝乾。
3] 烤箱預熱180℃。
4] 製作杏仁奶油醬。
5] 將油酥麵團擀成2公釐的厚度。放入直徑26公分的不沾塔模中，用叉子在底部戳好幾下，以免在烘烤時鼓起。填入酸櫻桃，蓋上杏仁奶油醬，接著撒上沒有去核的黑櫻桃。放入烤箱中烘烤20分鐘。
6] 製作酥頂碎麵屑。
7] 在塔烘烤完成時，撒上酥頂碎麵屑，並再度烘烤15分鐘。放至微溫10分鐘後脫模，接著在網架上放涼。在塔還微溫或冷卻時享用。

訣竅

櫻桃核可為果肉增添香氣。若您找不到新鮮酸櫻桃，請毫不猶豫地使用快速冷凍的酸櫻桃。

巧克力塔
Tarte au chocolat

準備時間 15 + 40分鐘
靜置時間 2小時
烹調時間 20 + 20分鐘
份量 6至8人份

甜酥麵團（Pâte sucrée）250克（見19頁）
無麵粉巧克力海綿蛋糕麵糊（pâte à biscuit）80克（見33頁）
巧克力甘那許300克（見81頁）

1] 製作甜酥麵團，於陰涼處靜置2小時。
2] 烤箱預熱170℃。
3] 用擀麵棍擀成1.5公釐的厚度。
4] 放入直徑26公分的不沾塔模中。用叉子在底部戳出透氣孔。用小刀在上面劃十字，以免麵皮在烘烤時膨脹。接著蓋上直徑30公分的圓形烤盤紙，擺上杏桃核或豆粒。
5] 於烤箱中烘烤12分鐘。移去烤盤紙和果核（或豆粒），再接著烘烤8至10分鐘。
6] 將塔脫模並放涼。
7] 製作無麵粉巧克力海綿蛋糕。在烤盤上放24公分的慕斯圈。將無麵粉海綿蛋糕麵糊倒入裝有8公分圓口擠花嘴的擠花袋中。擠入慕斯圈中。在烤箱中烘烤20分鐘，讓烤箱門微開。在網架上放涼。
8] 製作巧克力甘那許。倒入裝有中型擠花嘴的擠花袋中。在塔底擠上薄薄一層。
9] 將海綿蛋糕擺在第一層的甘那許上，接著蓋上剩餘的甘那許。
10] 讓塔冷藏放涼約1小時，在室溫下享用。

訣竅

您可用黑巧克力刨花，或將焦糖薄瓦片插在甘那許上來裝飾此塔。

檸檬塔
Tarte au citron

準備時間 10 + 15分鐘
靜置時間 2小時
烹調時間 20 + 15分鐘
份量 4至6人份

甜酥麵團(Pâte sucrée) 250克(見19頁)
未經加工處理的檸檬5顆
蛋3顆
糖100克
融化奶油80克

1] 製作甜酥麵團並冷藏靜置2小時。

2] 烤箱預熱190℃。

3] 將麵團擀成3公釐的厚度，放入直徑18公分的模型中。用叉子在底部戳洞，擺上鋪有杏桃核或豆粒的圓形烤盤紙。將烤箱的溫度調低為180℃，烘烤20分鐘。10分鐘後取出果核或豆粒續烤。

4] 將檸檬皮削成碎末，並將果肉榨汁。

5] 在容器中混合蛋、糖、奶油、檸檬汁，最後是檸檬皮。用力攪打上述所有材料。

6] 將塔將烤箱中取出，倒入上述材料。再度烘烤15分鐘。冷藏後享用。

奧琳．衛席尼(Olympe Versini)

變化 Variante

您可同樣的方式製作香橙塔(用3顆柳橙)或柑橘(mandarine)塔(7顆柑橘)。

蛋白霜檸檬塔
Tarte meringuée au citron

準備時間 15 + 40分鐘
靜置時間 2小時 + 30分鐘
烹調時間 25 + 10分鐘
份量 6至8人份

甜酥麵團(Pâte sucrée) 300克(見19頁)
檸檬奶油醬700克(見53頁)
蛋白3個
細砂糖150克
糖粉10克

1] 製作甜酥麵團並靜置2小時。

2] 製作檸檬奶油醬。

3] 烤箱預熱190℃。

4] 為直徑25公分的模型塗上奶油。將麵團擀成2.5公釐的厚度。填入模型裡，緊密地貼合。冷藏靜置30分鐘。

5] 模型內鋪上烤盤紙，蓋上豆粒。於烤箱中烘烤25分鐘，但請過18分鐘後再將豆粒取出。

6] 填入充分冷卻的檸檬奶油醬，用橡皮刮刀整平，然後冷藏。

7] 在這段時間裡，配製蛋白霜：一邊慢慢地混入細砂糖，將蛋白打成立角狀的蛋白霜。用橡皮刮刀鋪在奶油醬的整個表面上，或是用擠花袋製作薔薇花飾。撒上薄薄一層糖粉，於烤箱中以250℃烘烤8至10分鐘。在塔冷卻後享用。

覆盆子黑無花果塔
Tarte aux figues noires et framboises

準備時間 10 + 30分鐘
靜置時間 2小時
烹調時間 40分鐘
份量 4至6人份

油酥麵團(pâte brisée) 250克(見17頁)
杏仁奶油醬180克(見54頁)
黑無花果600克
覆盆子1盒(可隨意)
肉桂糖
砂糖50克
肉桂粉1/3小匙

1] 製作油酥麵團並冷藏靜置2小時。

2] 製作杏仁奶油醬。

3] 將麵團擀成2公釐的厚度，放入直徑26公分的不沾模型中。用叉子在底部戳洞。在塔底鋪上杏仁奶油醬。

4] 烤箱預熱180℃。

5] 清洗無花果；依其大小，垂直切成4或6塊。仔細地排成圓形，尖端朝上，皮靠向杏仁奶油醬。烘烤40分鐘。

6] 將塔將烤箱中取出，在放到網架前先放至微溫5分鐘。

7] 混合糖和肉桂粉，在塔冷卻時撒在上面。接著加入覆盆子裝飾。

洋梨栗子塔

Tarte aux marrons et aux poires

一種克拉芙蒂麵糊(clafoutis appareil),
由栗子糊、威士忌、糖和蛋所組成,
倒入填有碎栗子和洋梨丁的
油酥麵團(pâte brisée)底部。
薄脆餅皮(pâte à filo)覆蓋於整個塔上。

食譜見449頁

草莓塔 *Tarte aux fraises*

準備時間 15 + 30分鐘
靜置時間 2小時
烹調時間 25分鐘
份量 6至8人份

甜酥麵團(Pâte sucrée)
250克(見19頁)
杏仁奶油醬200克(見54頁)
蓋瑞嘉特(gariguette)草莓或
馬哈野莓(mara des bois)
40顆(約800克)
草莓果膠
(gelée de fraise)150克
黑胡椒粉

1] 製作甜酥麵團(靜置2小時)和杏仁奶油醬。

2] 用擀麵棍將麵團擀成1.5公釐的厚度。將圓形麵皮擺入直徑22公分且塗上奶油的塔模中，用叉子在底部戳洞。

3] 烤箱預熱180°C。

4] 將杏仁奶油醬鋪在塔底，烘烤25分鐘。

5] 將草莓去梗。若有必要，用一些水將草莓果膠稀釋。

6] 將塔放涼，接著將整個表面塗上果膠。

7] 將草莓排成環狀，撒上少量黑胡椒粉，接著用毛刷刷上草莓果膠。您可搭配鮮奶油香醍來享用這道塔。

變化 Variante

草莓千層塔
Tarte feuilletée aux fraises

仔細地鋪上一層300克的折疊派皮(見20頁)，裁出一塊30公分的圓形派皮，擺在覆有烤盤紙的烤盤上。在上面擺上一個慕斯圈，用叉子在裡面戳幾下，讓派皮的邊緣膨脹，而非中央。以250°C烘烤，篩上些許糖粉，讓派皮在烘烤的最後烤成焦糖狀。放涼後填入150克的千層派奶油醬(見55頁)和800克的草莓，塗上100克的草莓果膠。

覆盆子塔 *Tarte aux framboises*

準備時間 30 + 25分鐘
靜置時間 10 + 1小時
烹調時間 25分鐘
份量 6至8人份

折疊派皮(pâte feuilletée)
300克(見20頁)
千層派奶油醬300克(見55頁)
覆盆子500克
醋栗或覆盆子果膠6大匙

1] 製作折疊派皮(別忘了總共必須靜置10小時)。

2] 製作千層派奶油醬並放涼。烤箱預熱200°C。

3] 將折疊派皮擀成3或4公釐的厚度，填入直徑24公分且塗上奶油的塔模中，用叉子在底部數處戳洞，鋪上烤盤紙再覆蓋上豆粒。

4] 將烤箱溫度調低至180°C，烘烤25分鐘。

5] 以文火將覆盆子或醋栗果膠加熱至融化。在冷卻的塔底鋪上千層派奶油醬，擺上覆盆子，並用毛刷刷上果膠。冷藏後享用。

白乳酪塔 *Tarte au fromage blanc*

準備時間 10分鐘
靜置時間 2小時 + 30分鐘
烹調時間 45分鐘
份量 4至6人份

油酥麵團(pâte brisée)
250克(見17頁)
瀝乾的白乳酪500克
砂糖50克
麵粉50克
鮮奶油50克
蛋2顆

RECETTE LÉGÈRE

1] 製作油酥麵團，靜置2小時。烤箱預熱200°C。

2] 將麵團擀成2公釐的厚度，填入直徑18公分且塗上奶油的塔模中；冷藏保存30分鐘。

3] 烤箱預熱180°C。

4] 在容器中混合白乳酪、糖、麵粉、鮮奶油和打好的蛋。

5] 將上述材料倒入模型中，烘烤約45分鐘。冷藏後享用。

100克的營養價值

240大卡；蛋白質：7克；脂肪：14克；醣類：20克

準備時間 10 + 15分鐘
靜置時間 2小時
烹調時間 35至40分鐘
份量 6至8人份

法式肉桂塔皮麵糊（Pâte sablée）500克（見19頁）
覆盆子果醬200克

覆盆子塔
Tarte aux framboises
（林茨塔 *Linzertorte*）

1] 製作法式塔皮麵團並靜置2小時。

2] 烤箱預熱180°C。

3] 將法式塔皮麵團擀成3公釐的厚度，擺入直徑22公分且塗上奶油的模型中，將內部仔細貼合，裁去多餘的部分，將邊修齊。用叉子在數處戳洞，然後放上果醬。

4] 將落下的麵團收攏成團，擀成厚2公釐的矩形。裁成寬8公釐的細長條，在果醬上排成十字形網狀；在塔皮邊緣接合麵團。

5] 烘烤35至40分鐘。脫模並放涼。

準備時間 10 + 10分鐘
靜置時間 2小時
烹調時間 35分鐘
份量 4至6人份

油酥麵團（pâte brisée）250克（見17頁）
白乳酪（fromage blanc）200克
鮮奶油100克
蛋3顆
細砂糖20克
鹽1撮
香草糖1包（約7克）或香草精幾滴

梅茲式默尙乳酪塔
Tarte au me'gin à la mode de Metz

1] 製作油酥麵團並靜置2小時。

2] 用擀麵棍將麵團擀成2公釐的厚度，填入直徑18公分且塗上奶油的模型中。

3] 烤箱預熱200°C。

4] 混合瀝乾的白乳酪（稱「費默尚fremgin」或「默尚me'gin」）、鮮奶油、打散的蛋、糖和鹽，接著是香草糖或香草精。

5] 將上述混合物倒入模型中，烘烤35分鐘。

6] 在室溫下品嚐。

準備時間 10 + 40分鐘
靜置時間 2 + 1小時
烹調時間 26分鐘
份量 6至8人份

油酥麵團（pâte brisée）250克（見17頁）
米布丁（riz au lait）400克（見280頁）
醋栗果膠5大匙
薄荷葉1/2束
草莓200克
覆盆子1盒
野莓（fraise de bois）1盒
醋栗1盒
白胡椒粉

紅果薄荷塔
Tarte à la menthe et aux fruits rouges

1] 製作油酥麵團並靜置2小時。

2] 在這段時間內製作米布丁。

3] 烤箱預熱180°C。

4] 將油酥麵團擀成2公釐的厚度。擺入直徑22公分且塗上奶油的模型中，在放入烤盤紙和杏桃核（或豆粒）之前，用叉子戳些透氣孔。

5] 烘烤18分鐘（麵皮必須呈現金黃色），接著移去烤盤紙和杏桃核（或豆粒）。在塔內填入米布丁，接著於烤箱中以180°C烘烤8分鐘，放涼。

6] 在平底深鍋中將醋栗果膠加熱至融化。用毛刷刷在米布丁上。將新鮮薄荷葉切碎，撒在塔上。再加塗幾次醋栗果膠，一直都用毛刷。

7] 在沙拉盆中混合所有紅水果，並擺在塔上。撒上研磨器轉4圈的白胡椒粉量。

8] 將塔冷藏1小時後享用。

變化 Variante

若並非紅水果的季節，我們可使用葡萄柚或甚至是柳橙片。

藍莓塔 Tarte aux myrtilles

準備時間 10 + 20分鐘
靜置時間 2小時
烹調時間 30分鐘
份量 4至6人份

油酥麵團(pâte brisée) 350克(見17頁)
藍莓(myrtille)(或矢車菊果實 bleuet) 400克
細砂糖60克
糖粉10克

1] 製作油酥麵團並靜置2小時。
2] 烤箱預熱190°C。
3] 為直徑28公分的塔模塗上奶油並撒上麵粉。將麵團擀成3公釐的厚度。將圓形麵皮鋪在模型中。用叉子在底部戳洞，蓋上豆類，以空燒(à blanc)的方式烘烤10分鐘。
4] 挑選藍莓。撒上細砂糖。整個混合均勻。
5] 將塔從烤箱中取出，將4散放在麵皮上。
6] 將塔再度放入烤箱，再以180°C烘烤20分鐘。
7] 放涼後在餐盤上脫模。篩上糖粉。

變化 Variante

矢車菊塔
Tarte aux bleuets

在加拿大的某些地區裡，人們用名為「矢車菊」的野生漿果來取代藍莓，而且傳統上會以鮮奶油香醍來裝飾此塔。

布達魯洋梨塔 Tarte aux poires Bourdaloue

準備時間 10 + 30分鐘
靜置時間 2小時
烹調時間 30分鐘
份量 6至8人份

油酥麵團(pâte brisée) 300克(見17頁)
剖半的糖漬梨10至12個(依大小而定)
杏仁奶油醬280克(見54頁)
杏桃果膠4大匙

1] 製作油酥麵團並靜置2小時。
2] 製作杏仁奶油醬。保存在陰涼處。
3] 將糖漬洋梨瀝乾。
4] 烤箱預熱190°C。
5] 將麵團擀成2公釐的厚度，然後仔細地放入直徑22公分且塗上奶油的塔模中，並用拇指和食指在邊緣做出浪峰(crête)。
6] 將杏仁奶油醬倒至一半高度，抹平。將洋梨切成2公釐厚的薄片，然後在上面排成環狀。
7] 烘烤30分鐘。
8] 在微溫時，將塔在網架上脫模。用毛刷刷上杏桃果膠。

蘋果千層塔 Tarte feuilletée aux pommes

準備時間 30 + 35分鐘
靜置時間 10 + 1小時
烹調時間 25 + 25分鐘
份量 6至8人份

折疊派皮(pâte feuilletée) 350克(見20頁)
蘋果(granny smith或cox orange品種)500克
糖煮蘋果泥(compote de pomme)300克
奶油30克
細砂糖20克
糖粉20克

1] 製作折疊派皮(別忘了總共要靜置10小時)。
2] 將派皮擀成2公釐的厚度。裁成長30公分，寬13公分的矩形，以及寬2公分的長條2條。
3] 用毛刷刷派皮2個長邊的邊緣，然後擺上長條，用拇指固定。靜置1小時。
4] 烤箱預熱200°C。烘烤塔約25分鐘，塔必須保持金黃色。放涼。
5] 將蘋果削皮，切成兩半，在去籽後切成薄片，以便重組為半顆蘋果。在派皮中央填入蘋果泥，並擺上一半的蘋果片。撒上細砂糖，並在每半顆水果上淋些焦化奶油(noisette au beurre)。
6] 讓塔在烤箱中以180°C烘烤25分鐘。放涼後用小型的濾網在邊緣篩上糖粉。在當天享用。

藍莓塔 Tarte aux myrtilles ▶
只要篩上糖粉，
就能成為午茶時刻令人矚目的焦點。

列日蘋果塔 *Tarte liégeoise aux pommes*

準備時間 10 + 20分鐘
靜置時間 2小時
烹調時間 45分鐘
份量 4至6人份

油酥麵團(pâte brisée) 300克(見17頁)
蘋果1公斤
蛋1顆
肉桂粉2撮
細砂糖200克
麵粉50克

1] 製作油酥麵團並靜置2小時。

2] 將麵團擀成3公釐的厚度，然後填入直徑25公分且塗上奶油的模型中。

3] 烤箱預熱200°C。

4] 製作填料：將蛋打在容器中，和肉桂粉、1大匙的砂糖一起攪打。將蘋果削皮，切成4片，將果核挖出，接著切成薄片。

5] 在麵皮底部刷上肉桂蛋汁。混合150克的糖、另一撮肉桂粉和麵粉，撒在麵皮上。擺上蘋果。

6] 烘烤45分鐘。

7] 在塔稍微冷卻時，在盤上脫模並撒上剩餘的細砂糖。在微溫時享用。

100克的營養價值

190大卡；蛋白質：1克；脂肪：6克；醣類：30克

糖杏仁塔 *Tarte aux pralines*

準備時間 30分鐘
靜置時間 2小時
烹調時間 30分鐘
份量 4至6人份

油酥麵團(pâte brisée) 250克(見17頁)
玫瑰糖杏仁(praline rose) 150克
鮮奶油(crème fraîche) 150克

1] 製作油酥麵團並靜置2小時。

2] 將糖杏仁放在毛巾上，將毛巾折起，用擀麵棍將糖杏仁壓碎成小塊。

3] 烤箱預熱180°C。

4] 為直徑18公分的模型塗上奶油。將油酥麵團擀成2公釐的厚度。用叉子在底部戳洞，蓋上圓形烤盤紙；填入杏桃核或乾豆粒。在烤箱中烘烤10分鐘。

5] 在沙拉盆中混合搗碎的糖杏仁和鮮奶油。

6] 將模型從烤箱中取出，倒入糖杏仁和鮮奶油的混合物，再度烘烤18至20分鐘。

7] 將塔冷藏後享用。

李子塔 *Tarte aux prunes*

準備時間 10 + 35分鐘
靜置時間 2小時
烹調時間 30分鐘
份量 6至8人份

油酥麵團(pâte brisée) 300克(見17頁)
李子(prune) 500克
細砂糖110克

1] 製作油酥麵團並靜置2小時。

2] 將李子洗淨，從邊切開，去核，但不要分成兩半。

3] 烤箱預熱200°C。

4] 將麵團擀成4公釐的厚度，擺入直徑22公分且塗上奶油的塔模中。切去多餘部分，將邊緣整平。用叉子在底部數處戳洞，撒上40克的糖。

5] 擺上切開的李子，突起面靠著麵團。在水果上撒上40克的糖。

6] 烘烤30分鐘，接著放至完全冷卻。

7] 撒上30克的砂糖，立即享用。

100克的營養價值

250大卡；蛋白質：2克；脂肪：11克；醣類：34克

大黃塔
Tarte à la rhubarbe

準備時間 15 + 30分鐘
靜置時間 8 + 2小時 + 30分鐘
烹調時間 15 + 15分鐘
份量 6至8人份

油酥麵團（pâte brisée）250克（見17頁）
細砂糖60克
大黃（rhubarbe）600克
結晶糖（sucre cristallisé）60克

杏仁麵糊（appareil）
蛋1顆
細砂糖75克
牛奶25克（2又1/2大匙）
液狀鮮奶油25克（2又1/2大匙）
杏仁粉25克
冷焦化奶油（beurre noisette froid）55克

1] 前一天晚上，將大黃洗淨。將大黃的莖切成2公分的段。放入大容器中，撒上細砂糖。加蓋，浸漬至少8小時。

2] 製作油酥麵團。靜置2小時。

3] 將大黃倒入濾器中，瀝乾30分鐘。

4] 烤箱預熱180°C。

5] 將油酥麵團擀成2公釐的厚度。填入直徑26公分的不沾模型中。用叉子在底部戳出透氣孔。

6] 為模型內鋪上烤盤紙，高過邊緣，並擺上杏桃核（或豆粒），讓油酥麵皮不會在烘烤時鼓起。

7] 在烤箱中烘烤麵糊15分鐘。

8] 製作杏仁麵糊：在碗中攪打蛋和糖，加入牛奶、鮮奶油、杏仁粉和冷的焦化奶油。混合。

9] 將烤盤紙和果核從塔中移除。將一段段的大黃擺在塔內，接著倒入杏仁麵糊，讓塔於烤箱中烘烤15分鐘，或再稍微久一點。撒上大量的結晶糖，在冷卻或微溫時享用。

老饕論 Commentaire gourmand

您可用草莓醬汁來搭配此塔，或是填入義式蛋白霜（見43頁），然後放入烤箱中烘烤5分鐘，將蛋白霜烤成金黃色。

可用藍莓（準備700克的果實）或黃香李（mirabelle）600克來取代大黃。

變化 Variante

亞爾薩斯大黃塔
Tarte à la rhubarbe à l'alsacienne

烘烤15分鐘後，您可以為塔覆蓋上酥頂碎麵屑（streusel）（見29頁），然後再烘烤20分鐘。在冷卻時享用。

鮮葡塔
Tarte au raisin frais

準備時間 10 + 30分鐘
靜置時間 1小時
烹調時間 10 + 30分鐘
份量 6至8人份

法式塔皮麵團（Pâte sablée）500克（見18頁）
青葡萄（raisin blanc）500克
蛋3顆
細砂糖100克
鮮奶油250毫升
牛奶250毫升
櫻桃酒100毫升
糖粉

1] 製作法式塔皮麵團並靜置1小時。

2] 將青葡萄洗淨並摘下果粒。

3] 烤箱預熱200°C。

4] 將麵團擀成3公釐的厚度，填入直徑24公分且塗上奶油的塔模中；用叉子在底部數處戳洞。擺上青葡萄，一一緊密排好，烘烤10分鐘。

5] 在容器中混合蛋和細砂糖，接著在材料泛白時，加入鮮奶油。用攪拌器仔細攪打，慢慢倒入牛奶，接著是櫻桃酒。

6] 將塔從烤箱中取出，倒入5的混合液，接著繼續烘烤30分鐘。放涼，脫模並篩上糖粉。

100克的營養價值

238大卡；蛋白質：3克；脂肪：12克；醣類：28克

聖傑克塔
Tarte de Saint-Jacques

準備時間 45分鐘
靜置時間 10分鐘
烹調時間 35分鐘
份量 6至8人份

麵團
葵花油(huile de tournesol)50毫升
牛奶50毫升　麵粉100克
糖25克　鹽1/4小匙

填料
蛋4顆　糖200克
肉桂1大撮　檸檬皮碎末1匙
杏仁粉200克
糖粉用來篩在表層

1] 將葵花油和牛奶、麵粉、糖及鹽混合，直到獲得平滑且均質的麵團。蓋上保鮮膜，靜置30分鐘。

2] 將麵團擀成3公釐的厚度，填入直徑22公分且塗上奶油的塔模(最好使用可拆卸的模型)。

3] 在沙拉盆中製作填料：將蛋和、糖、肉桂及檸檬皮碎末一起攪打至發泡。

4] 烤箱預熱180°C。

5] 在沙拉盆中加入杏仁粉，混合均勻。倒在塔內，抹平，以獲得平坦的表面。

6] 烘烤約40分鐘，直到塔的表面呈現金黃色。

7] 在紙上裁出聖傑克十字(或聖傑克扇貝)的輪廓，擺在塔中央，當作鑲花模板使用。

8] 篩上糖粉，將紙取下。脫模後享用。

米塔
Tarte au riz

準備時間 10 + 40分鐘
靜置時間 1小時
烹調時間 25 + 40分鐘
份量 6至8人份

法式塔皮麵團(Pâte sablée) 500克(見18頁)
糖漬水果200克
蘭姆酒3大匙　牛奶400毫升
香草莢1根　圓米100克
鹽1撮　砂糖75克
蛋1顆　鮮奶油2大匙
奶油50克　方糖5顆

1] 將糖漬水果切成小丁，用蘭姆酒浸漬。

2] 製作法式塔皮麵團，並靜置1小時。

3] 將牛奶和香草莢煮沸。將米洗淨，倒入煮沸的牛奶中，加入鹽和糖，混合後以文火煮25分鐘。

4] 烤箱預熱200°C。

5] 將米離火。在稍微冷卻時加入打好的蛋，一邊用力攪拌。接著混入鮮奶油和糖漬水果，以及漬泡的蘭姆酒。

6] 將麵團擀成3公釐的厚度，填入塔模中，用叉子在底部數處戳洞，然後倒入填料。

7] 在小型平底深鍋中將奶油加熱至融化。將方糖搗碎。將融化的奶油淋在塔上，並撒上搗碎的糖。烘烤約40分鐘。冷藏後享用。

瑞士酒塔
Tarte suisse au vin

準備時間 10 + 20分鐘
靜置時間 2小時
烹調時間 20 + 15分鐘
份量 6至8人份

餅底脆皮麵團(pâte à foncer) 500克(見16頁)
澱粉(fécule)15克
細砂糖220克
肉桂1大撮
白酒150毫升
糖粉20克
奶油20克

1] 製作餅底脆皮麵團，並靜置2小時。

2] 烤箱預熱240°C。

3] 用擀麵棍將麵團擀成2公釐的厚度。為直徑22公分的塔模塗上奶油。將麵糊填入模型。

4] 將澱粉、糖、肉桂及白酒混合。鋪在塔皮內。

5] 烘烤20分鐘。

6] 將塔取出，撒上糖粉、焦化奶油(noisette au beurre)，再繼續烘烤15分鐘。放至微溫時享用。

準備時間 20 + 30分鐘
靜置時間 10小時
烹調時間 50 + 30分鐘
份量 4至6人份

折疊派皮(Pâte feuilletée) 250克(見20頁)
金蘋果(pomme golden)(或其他耐煮品種的蘋果) 1.5公斤
細砂糖200克
奶油130克

塔丁蘋果塔
Tarte Tatin

1] 製作折疊派皮(別忘了總共要靜置10小時)。

2] 將蘋果削皮，切成兩半後挖空，然後再切成兩半。

3] 烤箱預熱180°C。

4] 在平底深鍋中將糖煮至焦糖化。加入奶油並混合。

5] 將焦糖倒入琺瑯瓷模(moule en fonte émaillée)、煎炒鍋(sauteuse)，或甚至是直徑25公分的海綿蛋糕模型中。

6] 擺上蘋果塊，一一筆直而緊密地排好。依蘋果的品質而定，放入烤箱中烘烤50分鐘至1小時。

7] 將模型從烤箱中取出，放涼。

8] 用擀麵棍將折疊派皮擀成2.5公釐的厚度。裁出容器大小的圓形麵皮，然後覆蓋在蘋果上。

9] 再將模型放入烤箱中烘烤30分鐘，直到派皮烤熟。

10] 放涼約3小時後，將模型浸入熱水脫模，接著倒扣在耐高溫的餐盤上。

11] 享用前，將塔丁蘋果塔再烘烤一下，讓塔派呈現微溫狀態。

照片見128頁

餡餅 Les tourtes

準備時間 40分鐘
靜置時間 2小時
烹調時間 50分鐘
份量 6至8人份

餅底脆皮麵團(pâte à foncer) 300克(見16頁)
麵粉40克
粗粒紅糖(cassonade)30克
香草粉1撮
肉桂粉1/2小匙
肉豆蔻粉(noix muscade râpée)1撮
小皇后蘋果(pomme reinette)800克
檸檬1顆
打散的蛋液1個

蘋果派
Apple pie

1] 製作餅底脆皮麵團。冷藏靜置2小時。

2] 分成2塊不等的麵塊。擀成2公釐的厚度。

3] 將較大的麵塊擺入22公分的瓷製塔模中。

4] 製作填料：在沙拉盆中混合麵粉、粗粒紅糖、香草、肉桂和肉豆蔻粉。將一半的混合物撒在麵糊上。

5] 烤箱預熱200°C。

6] 將蘋果削皮，將中芯去除，切成4塊，接著切成薄片。在塔模中排成環狀，並在中央形成圓頂。淋上檸檬汁，接著撒上其餘的麵粉、紅糖及香料的混合物。

7] 在上述材料上蓋上第二塊麵皮。用毛刷在邊緣塗上蛋汁，接合處仔細黏起來。在中央切出一個通氣孔。為上面的麵皮塗上蛋液。

8] 將模型放入烤箱中，烘烤10分鐘。再刷上蛋液，然後繼續烘烤40分鐘。

老饕論 Commentaire gourmand

您可在還微溫時享用原味的蘋果派，或是搭配鮮奶油、黑莓醬，甚至是一球香草冰淇淋(見92頁)享用。

杏仁奶油國王烘餅
Galette des rois à la frangipane

準備時間 30 + 20分鐘
靜置時間 10小時 + 30分鐘
烹調時間 40分鐘
份量 6至8人份

折疊派皮(Pâte feuilletée) 600克(見20頁)
法蘭奇巴尼奶油餡(crème frangipane) 300克(見54頁)
蠶豆(fève)1顆
蛋1顆

1] 製作折疊派皮(別忘了總共要靜置10小時)。

2] 製作法蘭奇巴尼奶油餡。

3] 將派皮麵團分成兩份，並將兩個麵團用擀麵棍擀成2.5公釐的厚度。

4] 打蛋，將蛋液刷在其中一塊圓形麵皮的周圍。鋪上杏仁奶油餡，在距離邊緣幾公分處放入蠶豆。

5] 擺上另一塊圓形麵皮，將邊緣密合起來。用小刀在一面劃出有間距的平行條紋，接著劃另一面，以形成菱形。冷藏靜置30分鐘。

6] 烤箱預熱250°C。

7] 將國王烘餅放入烤箱，接著將熱度調低為200°C，繼續烘烤40分鐘。

8] 趁熱或於微溫時享用。

尚比尼蛋糕
Gâteau Champigny

準備時間 30 + 30分鐘
靜置時間 10小時
烹調時間 20 + 25至30分鐘
份量 6至8人份

折疊派皮(Pâte feuilletée) 400克(見20頁)
杏桃800克
結晶糖(sucre cristallisé) 150克
水果酒1小杯
杏桃核仁幾個
蛋1顆
牛奶2大匙

1] 製作折疊派皮(別忘了總共要靜置10小時)。

2] 將杏桃去核，將幾個果核打碎以取得核仁。在平底煎鍋中，加入糖和一些水，煎水果20分鐘，直到水果變得鬆軟。用漏勺取出。

3] 將糖漿煮稠一點，接著加入水果酒和幾個杏桃核仁。再放入杏桃，放涼。

4] 烤箱預熱230°C。

5] 將折疊派皮擀成厚2公釐的長矩形。裁成寬1.5公分的4個長條和2個相等的矩形。打散蛋液並刷在其中一個矩形上。

6] 將麵條貼在上述矩形周圍，密合以形成清楚的邊。將杏桃醬倒入中央，並抹至麵皮的邊緣。

7] 貼上第二塊矩形，用手指按壓，讓果醬附著並將杏桃醬密封。將牛奶加入剩餘的蛋液中，刷在表層。用刀尖劃上十字。

8] 烘烤25至30分鐘。

9] 冷卻後即刻享用。

朗德香草蛋糕
Pastis landais

準備時間 20分鐘
靜置時間 20分鐘
烹調時間 45分鐘
份量 2或3塊

麵粉(type 55)1公斤
酵母粉30克
蛋7顆
香草糖200克
奶油200克
牛奶1公升
深褐色蘭姆酒300毫升
鹽

1] 用200克的麵粉、酵母粉和300毫升微溫的水製作麵種(levain)。快速混合上述材料，並揉成團狀。放入沙拉盆中，在溫熱處靜置20分鐘。

2] 將全蛋和香草糖、1撮鹽及微溫的融化奶油一起攪打；加入剩餘的麵粉、牛奶、麵種，接著是蘭姆酒。將這些材料混合均勻。

3] 將2至3個夏露蕾特烤模塗上奶油(份量外)，接著將每一個模型填入一半高的配料。

4] 烤箱預熱170°C。

5] 將模型放入烤箱中烘烤45分鐘。冷卻5分鐘後脫模。

6] 搭配英式奶油醬(見45頁)來享用這茴香蛋糕。

安德烈．高杰(André Gaüzère)

◀ 塔丁蘋果塔 Tarte Tatin
在微溫時搭配高脂濃鮮奶油(crème épaisse)享用。

皮斯維哈派
Pithiviers

準備時間 15 + 15 + 35分鐘
靜置時間 10小時
烹調時間 45分鐘
份量 6至8人份

折疊派皮(Pâte feuilletée)500克(見20頁)
杏仁奶油醬400克(見54頁)
蛋1顆

1] 製作折疊派皮(別忘了總共要靜置10小時)。
2] 製作杏仁奶油醬。
3] 用擀麵棍將一半的折疊派皮擀平，然後裁成直徑20公分的花形餅皮；填入杏仁奶油，在周圍留下1.5公分的邊。
4] 烤箱預熱250°C。
5] 將剩餘的折疊派皮擀成和第一塊同樣直徑的花形餅皮。用蘸水的毛刷刷第一塊餅皮的周圍。將第二塊餅皮擺在奶油上，將邊緣密合。
6] 在杏仁酥的周圍裁出花邊，然後塗上蛋汁。用小刀的刀尖在上面劃出菱形或圓花飾的花樣。
7] 烘烤45分鐘。
8] 微溫或冷藏後享用。

楓糖漿餡餅
Tourte au sirop d'érable

準備時間 10分鐘
靜置時間 1小時
烹調時間 5 + 35分鐘
份量 4人份

油酥麵團(pâte brisée)300克(見18頁)
楓糖漿(sirop d'érable)100毫升
玉米粉(féule de maïs)3小匙
奶油50克
切碎的杏仁50克

1] 製作油酥麵團。冷藏靜置1小時。
2] 將楓糖漿摻一點水調和，煮沸5分鐘。加入摻冷水調和的玉米粉。放涼。
3] 烤箱預熱220°C。
4] 將一半的油酥麵團擀平，套入直徑18公分且塗上奶油的餡餅模中。
5] 將奶油放入置於塔底的楓糖漿中。填入切碎的杏仁。將剩餘的麵團仔細擀平。將圓形餅皮擺在配料上，將邊收緊，並在蓋子中央開一個通氣孔。
6] 烘烤30至35分鐘。
7] 在餡餅放涼時享用。

香橙餡餅
Tourte à l'orange

準備時間 30 + 30分鐘
靜置時間 10 + 2小時
烹調時間 45分鐘
份量 8至10人份

折疊派皮(Pâte feuilletée)800克(見20頁)
未經加工處理的柳橙皮1/4顆
室溫回軟的奶油70克
杏仁粉85克
糖粉85克
玉米粉3克
糖漬橙皮25克
君度橙酒1/2大匙
蛋1顆
液狀鮮奶油150毫升
蛋白糖霜(glace royale)(見74頁)

1] 製作折疊派皮(別忘了總共要靜置10小時)。
2] 製作杏仁奶油醬：將柳橙皮切成細碎。將奶油放入容器中，用橡皮刮刀攪拌。接著先後放入杏仁粉、糖粉、玉米粉、柳橙皮、小塊的糖漬橙皮、君度橙酒、蛋和奶油。
3] 將折疊派皮分成相等的兩半。用擀麵棍擀成2公釐的厚度，然後各裁成28公分的圓形餅皮。
4] 將第一塊餅皮擺在蓋有濕潤烤盤紙的烤盤上。用蘸濕的毛刷濕潤麵皮四周3公分的寬度。在裡面放入2的杏仁奶油。
5] 蓋上第二塊圓形餅皮，將邊緣密合。用小刀劃出斜線。冷藏2小時。
6] 烤箱預熱200°C。
7] 製作蛋白糖霜。
8] 在餡餅表面蓋上薄薄一層蛋白糖霜。用刀劃成8或10份。撒上糖粉。
9] 將烤箱溫度調低為180°C，將餡餅放入，烘烤45分鐘。若餡餅烤得太棕色，就用鋁箔紙覆蓋加以保護。
10] 將餡餅放涼，最好在微溫時品嚐。

皮斯維哈派 Pithiviers ▶
此糕點可在微溫或冷卻時品嚐。

咖啡塔
Tarte au café

咖啡配上香甜的鮮奶油香醍，
酥脆的甜酥餅皮搭配滑順的咖啡甘那許，
覆蓋在柔軟的指形蛋糕上。

食譜見449頁

烤麵屑 Les crumbles

蘋果烤麵屑 *Apple crumble*

準備時間 5 + 30分鐘
烹調時間 15 + 15分鐘
份量 6至8人份

烤麵屑(Pâte à crumble) 300克(見29頁)
蘋果1公斤
葡萄乾60克
肉桂1撮
粗粒紅糖(cassonade)30克
奶油30克
鮮奶油250克

1] 製作烤麵屑，在製作填料時，以盤子冷藏保存。

2] 將蘋果削皮，切成8塊，去籽。將水果放入大碗中，加入葡萄乾、肉桂、粗粒紅糖，均勻混合。

3] 在大型不沾鍋中，將奶油加熱至融化，投入先前製備的混合物，一邊攪拌，煎至蘋果呈現金黃色。

4] 烤箱預熱200°C。

5] 將蘋果擺入塗上奶油的焗烤盤(plat à gratin)中。鋪上烤麵屑。將烤盤放入烤箱，將溫度調低為150°C，烘烤15分鐘。放至微溫時，搭配一旁的冰冷鮮奶油享用。

杏桃覆盆子烤麵屑 *Crumble aux abricots et aux framboises*

準備時間 10 + 30分鐘
烹調時間 20分鐘
份量 6至8人份

烤麵屑(Pâte à crumble) 250克(見29頁)
奶油40克
新鮮杏桃1公斤
覆盆子125克
細砂糖80克
薰衣草1撮
檸檬汁1顆
黑胡椒粉

1] 製作烤麵屑，在製作填料時，以盤子冷藏保存。

2] 在大型不沾鍋中，將奶油加熱至融化，投入去核的杏桃和糖；煮3分鐘。加入薰衣草、檸檬汁、研磨器轉3圈的黑胡椒粉量，均勻混合。

3] 烤箱預熱170°C。

4] 將杏桃放入長20公分的焗烤盤中。撒上覆盆子，接著是烤麵屑，於烤箱中烘烤20分鐘。

5] 放至微溫或冷卻時，搭配香草冰淇淋(見92頁)或覆盆子雪酪(見95頁)享用。

酸櫻桃烤麵屑佐白乳酪冰淇淋 *Crumble aux griottes et glace au fromage blanc*

準備時間 5分鐘 + 1小時
靜置時間 1小時
烹調時間 20 + 5分鐘
份量 6人份

烤麵屑(Pâte à crumble) 140克(見29頁)
肉桂粉3撮
白乳酪冰淇淋500克(見89頁)
歐洲酸櫻桃(griotte)500克
奶油10克
橄欖油10克
細砂糖50克
白醋1大匙
黑胡椒粉

RECETTE LÉGÈRE

1] 製作烤麵屑並加入肉桂粉，以盤子保存於陰涼處1小時。

2] 製作白乳酪冰淇淋。

3] 烤箱預熱170°C。

4] 將烤麵屑麵團擀平，放入烤盤，烘烤20分鐘。將酸櫻桃去核。

5] 在不沾鍋中，用文火將奶油和油加熱至融化。加入水果和糖，以旺火煎3至4分鐘。淋上白醋，用黑胡椒粉調味並離火。

6] 在6個杯子中央撒上弄碎的烤麵屑，擺上一球冰淇淋，接著在周圍放上熱櫻桃。立即享用。

100克的營養價值

215大卡；蛋白質：3克；脂肪：7克；醣類：32克

酸櫻桃烤麵屑 Crumble aux griottes ▶
在最後一刻上菜的甜點，
以免烤麵屑的麵皮被酸櫻桃汁所浸透。

洋梨烤麵屑佐糖栗
Crumble aux poires et aux marrons glacés

準備時間 10 + 30分鐘
烹調時間 10 + 20至25分鐘
份量 6至8人份

烤麵屑(Pâte à crumble)(見29頁)250克
高脂濃鮮奶油(crème fraîche épaisse)150克
細砂糖60克
蛋1顆
香草莢2根
成熟洋梨1公斤
糖栗160克
科林斯葡萄乾(raisins de Corinthe)50克
新鮮核桃40克
威廉洋梨蒸餾酒10毫升(可隨意)

1] 製作烤麵屑，在製作填料期間，以盤子冷藏保存。

2] 在容器中將鮮奶油、細砂糖、蛋以及選擇性的洋梨蒸餾酒一起攪打。

3] 將香草莢從長邊剖開，用刀尖刮出籽，然後將籽加入配料中。

4] 烤箱預熱180℃。

5] 將洋梨去皮，切成兩半，去籽後切丁，然後擺在長20公分的橢圓形盤中。

6] 將小塊的糖栗、葡萄乾及核桃碎散落在盤子的整個表面上，倒入填料。

7] 將盤子放入烤箱中烘烤10分鐘。接著取出，擺上烤麵屑。再度放入烤箱，烘烤20至25分鐘。

8] 將烤麵屑放涼，在微溫時搭配洋梨雪酪(見98頁)或焦糖冰淇淋或巧克力冰淇淋(見88頁)享用。

橙香大黃烤麵屑
Crumble à la rhubarbe et à l’orange

準備時間 5 + 30分鐘
靜置時間 12小時
烹調時間 10 + 25分鐘
份量 6至8人份

烤麵屑(Pâte à crumble)250克(見29頁)
大柳橙1顆或小柳橙2顆(未經加工處理)
水320克
糖150克
大黃800克
高脂濃鮮奶油(crème épaisse)180克
細砂糖60克
蛋1顆
丁香粉1撮

1] 前一天晚上：將柳橙切成薄片，不要剝皮。將水和糖煮沸，浸入柳橙片，以小滾煮5分鐘。接著浸漬12小時。

2] 前一天晚上：將大黃切塊，用糖浸漬。

3] 當天，製作烤麵屑，冷藏保存。

4] 將柳橙片瀝乾並切成小塊。將大黃瀝乾。

5] 製作填料：將奶油、細砂糖、蛋和丁香粉一起攪打。

6] 烤箱預熱180℃。

7] 在20公分的橢圓形焗烤盤中擺上大黃，撒上柳橙塊，倒入填料，然後放入烤箱，烘烤10分鐘。

8] 將烤盤從烤箱中取出，撒上烤麵屑，然後再烘烤25分鐘。

9] 放至微溫時享用。

老饕論 Commentaire gourmand

您可搭配鮮奶油或草莓雪酪(見95頁)來享用這道烤麵屑。

Les gâteaux
蛋糕

蛋糕所使用的基本麵糊和材料並不多，

但這些甜點依其形狀、大小、成份的性質及裝飾而千變萬化。

蛋糕總是極為華麗，

因此最好在清淡的一餐後享用。

準備時間 30分鐘
浸泡時間 12小時
烹調時間 5小時
份量 8至10人份

碎小麥(blé concassé)250克
鷹嘴豆(pois chiches)60克
乾白豆
(haricots blancs secs)60克
米60克
未經加工處理的柳橙皮1顆
核桃仁(cerneau de noix)50克
乾無花果6個
細砂糖1公斤
石榴(grenade)1顆
開心果50克

阿須爾
Açûre
(土耳其)

1] 將碎小麥、鷹嘴豆和乾白豆分開浸泡一整晚。仔細瀝乾。

2] 在雙耳蓋鍋(fait-tout)中將水煮沸。大量投入碎小麥和米。當再次煮沸時，將火轉小，以極微小的火煮4小時，經常留意烹煮的狀況。

3] 經過3小時的烹煮後，將鷹嘴豆和乾白豆放入一旁的平底深鍋烹煮：用水覆蓋，在開始煮沸時，整個倒入雙耳蓋鍋中。再煮1小時，始終用文火。

4] 烹煮過後，將柳橙皮削成碎末，將一半的核桃仁搗碎，將每顆無花果切成4塊，然後將這些材料都加入雙耳蓋鍋中。均勻混合。

5] 接著加入糖，再次混合，再煮5分鐘。

6] 瀝乾後倒入大的凹形餐盤中。

7] 將石榴切成4塊(無籽)，然後和開心果、剩餘的核桃仁一起擺在餐盤周圍作為裝飾。

8] 在微溫或冷卻時享用這道傳統的甜點。

愛爾蘭發酵水果蛋糕
Barm brack irlandais

準備時間 40分鐘
靜置時間 1小時 + 30分鐘
烹調時間 1小時
份量 6至8人份

麵粉400克
細砂糖120克
精鹽1/2小匙
肉桂粉略少於1小匙
肉荳蔻1撮
塊狀的室溫回軟奶油(beurre ramolli en morceaux)60克
牛奶200毫升
酵母粉(levure de boulanger)10克
蛋1顆
糖漬柳橙和糖漬檸檬皮60克
史密爾那(Smyrne)葡萄乾150克
科林斯(Corinthe)葡萄乾120克

1] 在容器中混合麵粉、90克的糖、鹽、肉桂和1撮的肉荳蔻粉。加入塊狀奶油，用手指混合。在材料均勻時，用您的手弄碎。

2] 將牛奶煮沸。在碗中撒入酵母粉，摻入1大匙的熱牛奶，加入1大撮的糖，接著是蛋，用力攪打。

3] 將糖漬果皮切碎。加入容器中，接著倒入熱牛奶、摻蛋的酵母粉和葡萄乾。用刮杓攪拌麵糊至均勻。

4] 在容器上放一塊毛巾，在室溫下靜置約1小時：麵糊應發酵成原來體積的兩倍。

5] 分成相等的兩塊。分別放入直徑20公分且高4或5公分的圓形模型。加蓋，再度在室溫下靜置30分鐘。

6] 烤箱預熱180°C。

7] 將兩個模型放入烤箱，烘烤約1小時，經常留意烘烤的狀況。

8] 用剩餘的糖和2大匙的水製作糖漿。煮沸。離火。

9] 將蛋糕取出。用毛刷刷上糖漿，再度烘烤3分鐘。

10] 冷藏後享用。

老饕論 Commentaire gourmand

在愛爾蘭，發酵水果蛋糕(蓋耳語為bairin breac)是在10月31日萬聖節時享用的。傳統上，人們將一枚戒指塞入麵糊中烘烤，據說找到戒指的人將在那一年內結婚。

杏仁蛋糕
Biscuit aux amandes

準備時間 15分鐘
烹調時間 40分鐘
份量 8至10人份

蛋黃1個
細砂糖400克
香草糖15克
橙花精1大匙
麵粉185克
澱粉185克
杏仁粉200克
苦杏仁精1滴
蛋白3個
覆盆子果醬12大匙
杏桃果膠
香草翻糖(fondant à la vanille)100克
切碎的杏仁

1] 在容器中混合蛋黃、300克的細砂糖、香草糖和橙花精：攪打至混合物泛白。

2] 將麵粉和澱粉一起過篩，加入容器中。均勻混合。接著加入杏仁粉和苦杏仁精。

3] 將蛋白和剩餘的糖打發成泡沫狀至立角的蛋白霜。輕輕地混入先前的配料中。

4] 烤箱預熱180°C。

5] 將直徑28公分且高4或5公分的蛋糕體模型塗上奶油，接著撒上細砂糖，然後倒入麵糊。

6] 放入烤箱，烘烤40分鐘。

7] 用刀尖檢查烘烤狀態：抽出時應保持乾燥。

8] 在網架上將蛋糕脫模，並放至完全冷卻。

9] 將蛋糕切成3個厚度相等的圓形蛋糕體。用刮刀為第一塊蛋糕體填入帶籽的覆盆子果醬，擺上第二塊蛋糕體，然後重複同樣的步驟，接著蓋上第三塊。

10] 用毛刷將2匙的杏桃果膠刷在蛋糕上方和周圍，接著在上面覆蓋上香草口味的翻糖作為鏡面，並以切碎的杏仁作為裝飾。

香橙慕司林蛋糕
Biscuit mousseline à l'orange

準備時間 20分鐘
烹調時間 40分鐘
份量 4至6人份

指形蛋糕體麵糊
(pâte à biscuits à la cuillère)
600克(見33頁)
奶油15克
糖粉30克
柳橙糖漿100毫升
水50毫升
柳橙果醬300克
翻糖180克(見73頁)
柑香酒(curaçao)20毫升
糖漬橙皮或新鮮的柳橙片

1] 製作指形蛋糕麵糊。

2] 烤箱預熱180°C。

3] 用毛刷在直徑20公分的夏露蕾特模型中塗上奶油，接著撒上大量的糖粉。將蛋糕麵糊倒入模型中：只應填入至2/3高。

4] 烘烤40分鐘。

5] 用刀尖檢查烘烤狀態：抽出時應保持潔淨。在網架上將蛋糕脫模，放至微溫。

6] 將蛋糕切成2個厚度相等的圓形蛋糕體。用水將柳橙糖漿稀釋。用一些柳橙糖漿將第一塊蛋糕體浸透，接著塗上厚厚一層的柳橙果醬。蓋上第二塊蛋糕體。再稍微浸透。

7] 混合翻糖與柑香酒，然後鋪在蛋糕表面。

8] 用糖漬橙皮或新鮮柳橙片排出花樣作為裝飾。

蛋糕捲
Biscuit roulé

準備時間 25分鐘
烹調時間 10分鐘
份量 4至6人份

蛋糕捲麵糊450克(見36頁)
奶油15克
糖100克
蘭姆酒1小匙
杏桃果醬或覆盆子果膠6大匙
杏桃果膠
杏仁片125克

1] 製作蛋糕捲麵糊。

2] 烤箱預熱180°C。

3] 讓奶油在不加熱的情況下軟化。在烤盤上鋪上烤盤紙，然後用毛刷刷上融化的奶油。接著用抹刀均勻地鋪上厚1公分的麵糊。

4] 烘烤10分鐘：蛋糕上面必須剛好變成金黃色。

5] 混合糖和100毫升的水以製作糖漿，加入蘭姆酒。

6] 將杏仁放入烤箱，用180°C稍微烘烤。

7] 將蛋糕攤在毛巾上，用毛刷使蛋糕被糖漿所浸透。用刮刀塗上杏桃果醬或覆盆子果膠。

8] 用毛巾將蛋糕捲起。將兩端斜切；用毛刷將2大匙的杏桃果膠刷在整個蛋糕上，並撒上杏仁。

薩瓦蛋糕
Biscuit de Savoie

準備時間 15分鐘
烹調時間 45分鐘
份量 8人份

蛋14顆
細砂糖550克
香草糖1包(約7克)
過篩的麵粉185克
澱粉185克
鹽1撮
模型用奶油和澱粉

1] 打蛋，將蛋白與蛋黃分開。

2] 烤箱預熱170°C。

3] 在容器中放入細砂糖、香草糖和蛋黃，接著混合至材料變得平滑且泛白。

4] 將蛋白和1撮的鹽打發成非常立角狀的蛋白霜。混入先前的混合物、麵粉和澱粉，始終以同一方向持續攪拌，以免破壞麵糊，攪拌至麵糊均勻為止。

5] 將28公分的薩瓦蛋糕模或海綿蛋糕模塗上奶油，接著撒上澱粉。倒入麵糊：模型只應填至2/3。

6] 烘烤45分鐘。

7] 用刀尖檢查烘烤狀態：抽出時應保持潔淨。出爐時，在餐盤上將蛋糕脫模。冷藏後享用。

照片見141頁

準備時間 1小時
冷藏時間 至少6小時
烹調時間 10分鐘
份量 8至10人份

指形蛋糕體麵糊
(pâte à biscuits à la cuillère)
400克(見33頁)
糖漿
水70毫升
細砂糖75克
深褐色蘭姆酒750毫升
栗子輕奶油
液狀鮮奶油20毫升
吉力丁2克(1片)
打發鮮奶油200克
奶油40克
栗子膏(pâte de marron) 140克
栗子泥(purée de marron) 120克
深褐色陳年蘭姆酒300毫升
糖栗5至6顆
罐裝或瓶裝糖漬黑醋栗
(cassis) 120克
栗子奶油餡
法式奶油霜(crème au beurre)
300克(見49頁)
栗子膏80克

栗子木柴蛋糕
Bûche aux marrons

1] 讓黑醋栗在濾器中瀝乾2小時。

2] 製作法式奶油霜並保存在陰涼處。

3] 烤箱預熱230°C。

4] 製作指形蛋糕麵糊。鋪在覆有40×30公分烤盤紙的烤盤上。烘烤10分鐘。

5] 製作糖漿：在平底深鍋中，將水和糖煮沸，用刮杓攪拌。將糖漿放涼，在液體完全冷卻時，加入陳年蘭姆酒。

6] 製作栗子輕奶油：將液狀鮮奶油煮沸。將吉力丁放入冷水中軟化，然後瀝乾。攪打打發的鮮奶油。用電動或手動攪拌器攪打奶油、栗子糊和栗子泥，直到麵糊變的柔軟。將瀝乾的吉力丁混入熱的液狀鮮奶油，整個倒入並持續攪打。最後，加入蘭姆酒，接著是打發的鮮奶油，非常輕地混合。

7] 將糖栗弄碎。用毛刷讓蛋糕稍微被糖漿浸透。

8] 用刮刀在蛋糕的整個表面上鋪上栗子輕奶油。撒上黑醋栗和碎糖栗。在寬的一邊將木柴蛋糕捲起。用保鮮膜包起，包緊，以保持形狀。冷藏6小時。

9] 在沙拉盆和隔水加熱的容器中，用橡皮刮刀攪拌法式奶油霜，以獲得濃稠的膏狀物。在變得均勻且平滑時，加入80克的栗子膏，再用攪拌器稍微攪拌，讓材料變得濃稠且平滑。

10] 將保鮮膜攤開，把木柴蛋糕擺在矩形的盤子上。將兩端斜切，切下的蛋糕捲擺在木柴蛋糕上作為裝飾。

11] 將整個木柴蛋糕蓋上一層栗子法式奶油霜，並用刮刀抹平。接著用叉子劃出條紋，以模仿樹皮。再度冷藏，讓法式奶油霜變硬。

12] 在享用時，更換盤子，將木柴蛋糕擺在花邊紙巾上，用冷杉球果(boule de sapin)和金黃色的冬青葉作裝飾。

準備時間 30分鐘
靜置時間 15 + 45分鐘
烹調時間 30至40分鐘
份量 6至8人份

奶油60克
蛋10顆
麵粉400克
榛果粉(noisette moulue) 200克
細砂糖100克
焦糖
剖開的香草莢1/2根
水40毫升
細砂糖100克

卡塔芙羅馬尼亞
Catalf roumain

1] 讓奶油軟化。

2] 先打9顆蛋，將蛋白和蛋黃分開。打最後一顆全蛋，加入9個蛋黃中，用攪拌器打散。

3] 逐漸加入奶油和麵粉，一邊混合，充揉捏至形成結實的麵團。

4] 用擀麵棍將麵團擀平，在陰涼處靜置15分鐘。

5] 捲成香腸的形狀，接著切成極薄的切片。讓麵團在室溫下乾燥約45分鐘。

6] 烤箱預熱180°C。

7] 為25公分的海綿蛋糕模塗上奶油。先後疊上一層的麵團切片、一層的榛果粉和一層的細砂糖。

8] 製作焦糖(見72頁)。將香草移除，然後將焦糖倒入模型中。

9] 烘烤30至40分鐘。將蛋糕冷藏後享用。

薩瓦蛋糕 Biscuit de Savoie ▶
亦可用一人份蛋糕模製作。

泡芙塔 *Croquembouche*

準備時間 1小時30分鐘 + 1小時
烹調時間 10 + 18至20分鐘
份量 15人份

泡芙麵糊(pâte à choux) 800克(見27頁)
甜酥麵團(pâte sucrée) 180克(見19頁)
卡士達奶油醬(crème pâtissière) 1公斤(見58頁)
蘭姆酒或櫻桃酒或香橙干邑甜酒50克
方糖700克
醋3小匙
糖衣果仁(dragée) 200克

1] 前一天晚上，製作泡芙麵糊、甜酥麵團和您自行選擇口味的卡士達奶油醬。用擠花袋製作75個泡芙，以200°C烘烤10分鐘。

2] 當天：將卡士達奶油醬填入裝有極尖細擠花嘴的擠花袋中，用擠花嘴將泡芙底部鑿穿，然後為泡芙填入奶油醬。

3] 烤箱預熱180°C。

4] 將甜酥麵團擀成4公釐的厚度。裁出直徑22公分的圓形餅皮，擺在覆有烤盤紙的烤盤上，烘烤20分鐘。用方糖和400毫升的水製作淺色焦糖。加醋，以免糖結晶。

5] 先將每個泡芙的頂端浸入焦糖中，然後將每個泡芙擺在烤盤上。

6] 在餐盤上擺上圓形甜酥麵皮，將直徑14公分的沙拉盆塗上油，倒扣在圓形麵皮上。將每個泡芙的底部浸入焦糖中，用焦糖泡芙在沙拉盆周圍黏成環狀，焦糖部分朝外側。

7] 將沙拉盆移去，然後持續向上排列泡芙，一個一個輕輕地移動。用焦糖將糖衣果仁黏在泡芙之間留下的缺口來裝飾。

8] 45分鐘後享用。

咖啡打卦滋 *Dacquoise au café*

準備時間 40分鐘
烹調時間 35分鐘
份量 6至8人份

杏仁打卦滋麵糊480克(見37頁)
咖啡奶油醬400克(見50頁)
稍微烘烤過的杏仁片
糖粉

1] 製作杏仁打卦滋麵糊。

2] 烤箱預熱170°C。

3] 在一個(或兩個)鋪有烤盤紙的烤盤上描出兩個直徑22公分的圓。將麵糊倒入裝有9號擠花嘴的擠花袋中，然後從中央向外擠成螺旋狀，將麵糊填入圓當中。烘烤35分鐘後放涼。

4] 製作咖啡奶油醬。將奶油醬放進裝有大圓口擠花嘴的擠花袋中，在第一個圓上塗上厚厚一層。將第二塊圓形餅皮擺在第一塊上，然後按壓固定。在打卦滋上撒烘烤過的杏仁片，並輕輕撒上糖粉。冷藏後享用。

喜樂巧克力蛋糕 *Délice au chocolat*

準備時間 20分鐘
烹調時間 20分鐘
份量 4至6人份

蛋4顆
細砂糖150克
奶油150克
苦甜黑巧克力200克
麵粉2大匙
杏仁粉100克

1] 烤箱預熱220°C。

2] 打蛋，將蛋白和蛋黃分開。在容器中將蛋黃和糖快速攪打至混合物發泡。

3] 讓奶油軟化。讓切塊的巧克力在平底深鍋中隔水加熱至融化。混入蛋黃和糖的混合物中。

4] 一邊攪拌，一邊加入麵粉、杏仁粉和奶油。

5] 將蛋白打發成泡沫立角狀的蛋白霜，混入上述混合物中，請勿過度攪拌，以免破壞麵糊內的氣泡。

6] 將蛋糕烤模(moule à manqué)塗上奶油，然後將麵糊倒入。烘烤20分鐘。用探針檢查蛋糕的烘烤情形：抽出時尖端應有點濕。

7] 放涼後脫模。

黑森林蛋糕
Forêt-Noire

準備時間 40分鐘
冷藏時間 2至3小時
烹調時間 35至40分鐘
份量 6至8人份

杏仁巧克力蛋糕體麵糊 700克（見31頁）
細砂糖200克
櫻桃酒100毫升
鮮奶油香醍800克（見51頁）
香草糖2包（約14克）
酒漬櫻桃 (cerise à l'eau-de-vie) 60克
厚刨的苦甜巧克力碎末250克

1] 製作杏仁巧克力蛋糕體麵糊。
2] 烤箱預熱180°C。
3] 將直徑22公分的模型塗上奶油、撒上麵粉，接著搖動，以去除多餘的麵粉。放入麵糊，烘烤35至40分鐘。
4] 用小刀尖檢查烘烤情形。
5] 將蛋糕脫模並放涼。
6] 接著用鋸齒刀將蛋糕體橫剖成3個相等的圓餅。
7] 用細砂糖、350毫升的水和櫻桃酒製作糖漿。
8] 製作鮮奶油香醍並加入香草糖。
9] 將第一塊蛋糕體浸以櫻桃酒糖醬，接著蓋上鮮奶油香醍並放上25至30顆酒漬櫻桃。對第二塊蛋糕體進行同樣的程序，然後擺在第一塊上。將第三塊浸以糖漿後擺上。
10] 為蛋糕蓋上鮮奶油香醍。用巧克力刨花進行裝飾，冷藏2或3小時後享用。

老饕論 Commentaire gourmand

源自於德國，這由3層巧克力蛋糕體構成的高圓形蛋糕在亞爾薩斯也很受歡迎。

草莓蛋糕
Fraisier

準備時間 1小時30分鐘
靜置時間 8小時
烹調時間 10分鐘
份量 8至10人份

義式海綿蛋糕麵糊 800克（見39頁）
法式奶油霜500克（見49頁）
卡士達奶油醬100克（見58頁）
大草莓1公斤
細砂糖180克
覆盆子利口酒3大匙
櫻桃酒5大匙

裝飾

杏仁膏100克
大草莓6顆
杏桃果膠30克

1] 製作義式海綿蛋糕麵糊。在2個18×22公分的矩形模型內塗上奶油倒入麵糊，然後放入烤箱，以230°C烘烤10分鐘。
2] 製作法式奶油霜和卡士達奶油醬。
3] 將草莓細心地清洗、去梗並乾燥。
4] 將細砂糖和120毫升的水煮沸，加入覆盆子利口酒和3大匙的櫻桃酒。
5] 將一個矩形海綿蛋糕擺在覆有烤盤紙的烤盤上。用毛刷浸以1/3的糖漿。
6] 攪打法式奶油霜，讓奶油霜變得輕盈，並用刮杓混入卡士達奶油醬。將配料的1/3鋪在浸透的蛋糕體上。
7] 擺上草莓，尖端向上，非常緊密地靠在一起，牢牢地插好。澆上2大匙的櫻桃酒並撒上細砂糖。用抹刀將尖端整平，覆上其餘的奶油醬，並用抹刀將上面和旁邊抹平。蓋上第二塊矩形海綿蛋糕，並以剩餘的糖漿浸透。為蛋糕覆上薄薄一層杏仁膏。
8] 讓草莓蛋糕冷藏靜置至少8小時。
9] 享用前，用泡過熱水的刀修飾邊緣。用切成扇形的草莓進行裝飾，並用毛刷刷上杏桃果膠。

變化 Variante

覆盆子蛋糕
Framboisier

您可用覆盆子來取代草莓，依同樣的食譜製作覆盆子蛋糕。

亞歷山大蛋糕 Gâteau Alexandra

準備時間 40分鐘
冷藏時間 10分鐘
烹調時間 50分鐘
份量 6至8人份

黑巧克力180克
蛋4顆
細砂糖125克
杏仁粉75克
麵粉20克
澱粉80克
鹽1撮
融化奶油75克
杏桃果膠100克
翻糖200克(見73頁)

1] 用小型厚底平底深鍋或微波爐將100克的黑巧克力加熱至融化。

2] 打3顆蛋，將蛋白和蛋黃分開。在容器中或電動攪拌器中攪打3個蛋黃、全蛋和細砂糖，直到混合物泛白。加入杏仁粉並加以混合，接著一一放入融化的巧克力、麵粉和澱粉，並持續攪拌。

3] 烤箱預熱180°C。

4] 將蛋白和1撮的鹽打成非常立角狀的蛋白霜，然後輕輕地混入麵糊中，始終以同一方向攪拌，以免破壞麵糊。接著加入融化奶油。

5] 將邊長18公分的方形模型塗上奶油並倒入麵糊。烘烤50分鐘，接著放涼。

6] 將杏桃果膠加熱，然後用毛刷刷在整個蛋糕上，接著冷藏10分鐘。

7] 用平底深鍋或微波爐將剩餘的巧克力加熱至融化。此外，將翻糖放至微溫。混合巧克力與翻糖：必須具有相當的流動性，以便於塗抹。

8] 用刮刀塗在蛋糕上，整平，在陰涼處保存至享用的時刻。

科西嘉山羊乾酪蛋糕 Gâteau corse au broccio

準備時間 20分鐘
靜置時間 2小時
烹調時間 30分鐘
份量 6至8人份

新鮮山羊乾酪500克
未經加工處理的柳橙1顆
未經加工處理的檸檬1顆
蛋6顆
細砂糖150克
鹽1撮
橄欖油1小匙

1] 將新鮮山羊乾酪包入紗布(mousseline)中，放在濾器中瀝乾2小時。

2] 將柳橙和檸檬果皮削成碎末。

3] 將蛋白和蛋黃分開。

4] 在蛋黃中加入糖，用力攪打至混合物泛白。

5] 烤箱預熱180°C。

6] 將蛋白和1撮的鹽打成立角狀的蛋白霜。先少量地將乳酪加入蛋黃和糖的混合物中，接著是柳橙和檸檬皮，最後是打成立角狀的蛋白霜。

7] 將直徑約25公分的蛋糕烤模(moule à manqué)塗上油。將麵糊倒入，並將上方抹平。烘烤30分鐘。放至微溫，脫模後在冷卻時享用。

胡蘿蔔蛋糕 Gâteau aux carottes

準備時間 10分鐘
烹調時間 40分鐘
份量 4至6人份

胡蘿蔔250克
蛋2顆
細砂糖100克
麵粉50克
泡打粉10克
榛果粉60克
杏仁粉70克
液體油25毫升
鹽1撮

1] 將胡蘿蔔削皮，清洗並削成碎末。

2] 烤箱預熱180°C。

3] 在容器中打蛋，並和糖一起打發至濃稠狀。

4] 將麵粉、泡打粉、榛果粉和杏仁粉一起過篩，接著逐漸加入打散的蛋液，用刮杓不斷攪拌。接著加入油、鹽和胡蘿蔔碎末，混合至麵糊變得均勻為止。

5] 將模型塗上奶油，倒入配料。烘烤40分鐘。

6] 讓蛋糕在模型裡放涼。接著脫模，然後切片。

胡蘿蔔蛋糕 Gâteau aux carottes ▶
由於這道蛋糕的製作很簡單，與其使用一般的蛋糕烤模，不如使用花式蛋糕模。

巧克力蛋糕 Gâteau au chocolat

準備時間 30分鐘
烹調時間 45分鐘
份量 6至8人份

蛋3顆
糖125克
奶油125克
鹽1撮
烘焙用巧克力
(chocolat à cuire) 150克
牛奶3大匙
即溶咖啡1甜點匙(可隨意)
麵粉125克

裝飾
糖2大匙
醋1大匙
核桃仁(cerneau de noix)
巧克力鏡面(見80頁)

1] 打蛋，將蛋白與蛋黃分開。在蛋黃中加入糖，攪打至泛白。

2] 將奶油切成小塊，以便讓奶油軟化，放入另一個容器中。將蛋白和1撮鹽攪打成立角狀的蛋白霜。

3] 將巧克力切成小塊，加入牛奶，用平底深鍋隔水加熱或用微波爐加熱至融化。在巧克力融化時，將混合物集中。

4] 烤箱預熱190°C。

5] 將放奶油的容器放入烤箱2分鐘，讓容器剛好變溫。取出後先加入熱巧克力(亦可再加入即溶咖啡)，混合後倒入蛋黃和糖的配料，攪拌均勻。

6] 將麵粉過篩，大量地加入，接著混入打成泡沫的蛋白中。將直徑25公分的模型塗上奶油，倒入麵糊，烘烤45分鐘。

7] 製作裝飾：在小型平底深鍋中放入糖、1大匙的水和醋，煮至變焦糖。

8] 將每個核桃仁插在叉子上，浸入焦糖中，然後擺在上油的盤子上。

9] 讓蛋糕在模型中冷卻，接著在擺在盤子上的網架上脫模。用抹刀在蛋糕上方和周圍鋪上巧克力鏡面，抹平。用核桃進行裝飾，置於陰涼處。

巧克力布朗尼蛋糕 Gâteau de brownies au chocolat

準備時間 1小時
靜置時間 5或6小時 + 1小時
烹調時間 18分鐘
份量 6至8人份

巧克力鏡面300克(見80頁)
巧克力甘那許100克(見81頁)
巧克力奶油醬800克(見53頁)
吉力丁6克(3片)

「布朗尼」蛋糕體
苦甜巧克力70克
蛋2顆
細砂糖150克
胡桃(noix de pecan)或
新鮮核桃100克
奶油125克
麵粉60克
核桃仁(cerneau de noix) 8個

1] 製作巧克力鏡面、巧克力甘那許和巧克力奶油醬，加入牛奶、煮沸的鮮奶油、泡水並瀝乾的吉力丁的混合物中。

2] 製作蛋糕體：將巧克力隔水加熱或用微波爐加熱至融化。混合蛋和糖，攪打至泛白。將核桃約略切碎。將奶油切丁，放入食物調理機中。用槳狀攪拌器以高速攪拌至泛白，接著分3次加入融化的巧克力，接著是泛白的蛋和糖的混合物。將食物調理機按停，將槽取出，接著用橡皮刮刀將糊狀物以稍微舀起的方式混合，混入麵粉，接著是切碎的核桃。

3] 烤箱預熱170°C。

4] 將直徑22公分、高3公分的慕斯圈塗上奶油，擺在鋪有烤盤紙的烤盤上，倒入麵糊，進烤箱烘烤18分鐘。放涼後，用刀身劃過周圍，將慕斯圈抽出。

5] 將慕斯圈洗淨並擦乾。再擺回蛋糕體上，接著讓巧克力奶油醬從上方流下，直到滿到邊緣。以冷藏冷卻5或6小時。

6] 以橡皮刮刀鋪上巧克力甘那許，仔細抹平。將慕斯圈移除：用您的掌心溫暖外側。

7] 將蛋糕擺在同樣大小的厚紙板上，冷凍1小時。

8] 將巧克力鏡面隔水加熱至融化，然後鋪在蛋糕上，用橡皮刮刀抹平以覆蓋邊緣。

9] 將8個核桃仁擺在周圍作為裝飾。

布朗尼蛋糕 Gâteau de brownies ▶
將柔軟的蛋糕切成方形，
並篩上糖粉。

南瓜蛋糕
Gâteau de courge

準備時間 1小時
靜置時間 12小時
烹調時間 10分鐘 + 1小時
份量 6至8人份

南瓜(potiron)400克
蛋4顆
液體油400毫升
麵粉350克
細砂糖250克
榛果粉200克
肉桂粉3小匙
鹽1撮
奶油20克

1] 前一天晚上：將南瓜削皮並切大塊，小心地移去所有的籽。將南瓜塊泡入一鍋鹹冷水(份量外)中，煮沸10分鐘。

2] 讓南瓜在濾器中瀝乾，靜置一整晚。

3] 隔天，將南瓜放入蔬果榨汁機或電動攪拌器中攪成泥。每次攪拌時，在果泥中放入一顆顆的蛋、油、麵粉、糖、榛果粉、肉桂粉和1撮的鹽。您應獲得滑順的麵糊。

4] 烤箱預熱160°C。

5] 將冠狀模型(moule couronne)塗上奶油。倒入麵糊，放入烤箱中烘烤1小時。

6] 用刀尖檢查烘烤狀態：抽出時應保持乾燥。將蛋糕放涼後脫模。

丹地蛋糕
Gâteau de Dundee

準備時間 20分鐘
靜置時間 10分鐘
烹調時間 1小時15分鐘
份量 6至8人份

葡萄乾500克
奶油125克
麵粉250克
糖125克
泡打粉1包
肉桂、薑和香菜粉各1小匙
蛋4顆
牛奶50毫升
柳橙皮100克
糖漬櫻桃100克

1] 將葡萄乾放入沙拉盆中。蓋上微溫的水，讓葡萄乾膨脹10分鐘。

2] 讓奶油軟化，在燙過熱水的容器中切成小塊。

3] 在另一個容器中均勻混合麵粉、糖、1撮鹽、泡打粉和香料的混合物(肉桂、薑和香菜)。

4] 烤箱預熱200°C。

5] 將蛋和牛奶一起攪打，倒入容器中混合，接著加入奶油並攪打麵糊。

6] 將葡萄乾瀝乾；將柳橙皮和糖漬櫻桃切塊。將這些水果混入麵糊中。

7] 將蛋糕放涼後脫模。

法蘭夢蛋糕
Gâteau flamand

準備時間 15 + 25分鐘
靜置時間 2小時 + 30分鐘
烹調時間 45分鐘
份量 6至8人份

甜酥麵團(pâte sucrée)350克(見30頁)
蛋3顆
細砂糖125克
香草糖1包(約7克)
杏仁粉100克
櫻桃酒50毫升
馬鈴薯澱粉25克
奶油40克
翻糖200克(見73頁)
櫻桃酒50毫升
糖漬櫻桃
歐白芷(當歸)枝(bâtonnets d'angélique)

1] 製作甜酥麵團並於陰涼處靜置2小時。

2] 將麵團擀成2或3公釐的厚度，為直徑20公分的蛋糕烤模塗上奶油，將圓形麵皮套入，接著冷藏保存30分鐘。

3] 烤箱預熱200°C。

4] 打蛋，將蛋白和蛋黃分開。

5] 在容器中混合細砂糖、香草糖和杏仁粉。用攪拌器混入一個個的蛋黃，接著加入50毫升的櫻桃酒，持續攪拌至配料泛白。大量倒入馬鈴薯澱粉並加以混合。

6] 將蛋白和1撮的鹽打成非常立角狀的蛋白霜，輕輕地混入先前的混合物中。

7] 讓奶油融化後加進配料中。

8] 將上述材料倒入模型中，烘烤45分鐘。接著放涼15分鐘後脫模。

9] 將翻糖放入平底深鍋，以文火加熱至融化。加入櫻桃酒，接著用刮刀將翻糖鋪在蛋糕上。用糖漬櫻桃和歐白芷進行裝飾。

白乳酪蛋糕 *Gâteau au fromage blanc*

準備時間 40分鐘
靜置時間 2小時
烹調時間 40分鐘
份量 6至8人份

非司勒白乳酪(fromage blanc en faisselle經過濾壓後的白乳酪)500克
杏桃乾150克
白酒500毫升
肉桂粉1/2小匙
未經加工處理的檸檬1顆
奶油150克
麵粉350克
細砂糖200克
鹽1撮
泡打粉1包
蛋黃5個
香草糖1包(約7克)

1] 將白乳酪倒入覆有紗布的濾器中，瀝乾2小時。

2] 將杏仁和肉桂粉浸泡在400毫升的白酒中。

3] 將檸檬皮削成碎末。讓奶油軟化。

4] 將麵粉倒入大碗中或工作檯上，然後挖出一個凹槽。放入160克的糖、1撮鹽、泡打粉、奶油，以及2個蛋黃。仔細混合，攪拌至麵團均勻，並加入100毫升的白酒，讓麵團變得柔軟。

5] 將麵團切成兩塊。為直徑28公分的蛋糕烤模塗上奶油。將每塊麵團擀成3公釐的厚度，形成兩個這種大小的圓形麵皮。

6] 將其中一塊麵皮套入模型中。

7] 烤箱預熱160℃。

8] 將杏桃瀝乾並切碎。

9] 將白乳酪倒入大碗中，加入香草糖和剩餘的細砂糖、切碎的杏桃，以及3個蛋黃，將所有材料均勻混合，接著倒入模型中，用刮杓將上面抹平。

10] 用毛刷沾一點水，濕潤第二塊麵皮周圍，擺在白乳酪的混合物上面，將邊緣密合。

11] 烘烤40分鐘。在蛋糕放至微溫時脫模，冷藏後享用。

老饕論 Commentaire gourmand

您可用糖漬水果或葡萄乾來取代杏桃乾。

柑橘蛋糕 *Gâteau à la mandarine*

準備時間 30分鐘
靜置時間 2小時
烹調時間 25分鐘
份量 6至8人份

餅底脆皮麵團(pâte à foncer)300克(見16頁)
去皮杏仁125克
蛋4顆
糖漬柑橘皮4塊
細砂糖125克
香草精3滴
苦杏仁精2滴
杏桃果醬
柑橘果醬
柑橘3或4顆
杏仁片
杏桃果膠
新鮮薄荷葉

1] 製作餅底脆皮麵團並靜置2小時。

2] 將3大匙的杏桃果醬過篩。在研缽中或食物調理機中將杏仁搗碎，並混入一顆顆的蛋。將糖漬柑橘皮切塊後加入，接著是細砂糖、3滴香草精和過篩的杏桃果醬。將所有材料混合均勻。

3] 烤箱預熱200℃。

4] 將餅底脆皮麵團擀成3公釐的厚度，然後套入直徑24公分的布丁派模(cercle à flan)中。在底部均勻鋪上約150克的柑橘果醬。接著倒入杏仁等配料。將上面抹平。

5] 烘烤25分鐘。將蛋糕取出，放涼。

6] 將柑橘削皮。

7] 將杏仁烘烤幾分鐘，烤成金黃色。

8] 加熱3大匙的杏桃果膠。

9] 撒上杏仁片並插上薄荷葉。冷藏後享用。

維多利亞蛋糕
Gâteau Victoria

在椰子風味的柔軟打卦滋蛋糕體上，
混合了鳳梨的汁多味美
和新鮮香菜的東方風味。

食譜見445頁

準備時間 40分鐘
烹調時間 35至45分鐘
份量 6至8人份

卡士達奶油醬(crème pâtissière)350克(見58頁)
奶油260克
糖粉350克
蛋6顆
椰子粉265克
香菜粉15克
全脂鮮奶300毫升
麵粉400克
泡打粉10克

椰子蛋糕
Gâteau à la noix de coco

1] 製作卡士達奶油醬，並用2大匙的蘭姆酒(份量外)調味。

2] 用電動攪拌器混合250克的奶油和糖粉，直到混合物均勻為止。

3] 加入一顆顆的蛋、250克的椰子粉和香菜粉，最後是鮮奶，一邊持續攪拌。

4] 烤箱預熱180℃。

5] 將麵粉和泡打粉一起過篩，用刮杓混入上述的配料中。

6] 為直徑22公分的海綿蛋糕模塗上奶油，撒上剩餘的椰子粉。倒入麵糊：必須填滿至3/4。

7] 烘烤35至45分鐘。用刀尖檢查烘烤狀態：抽出時應保持潔淨。將蛋糕取出，倒扣在烤盤上脫模。就這樣放涼。

8] 橫剖切成相等的3塊圓餅，用抹刀將其中2塊鋪上蘭姆卡士達奶油醬，接著一個個疊起。擺上第三塊，然後篩上糖粉。

老饕論 Commentaire gourmand

您亦可食用不加蘭姆卡士達奶油醬的原味蛋糕。

訣竅

在烘烤不沾模型時，為避免蛋糕底部顏色烤得太深，可將模型和烤盤中間墊上牛皮紙烘烤。

準備時間 45分鐘
烹調時間 15分鐘
份量 6至8人份

打發鮮奶油70克(見53頁)

麵糊
奶油50克
蛋3顆
麵粉100克
未經加工處理的檸檬1顆
糖粉100克

卡士達奶油醬
牛奶500毫升
香草莢1/2根
未經加工處理的檸檬1/2顆
蛋黃3個
細砂糖75克
玉米粉1大匙
麵粉1大匙
奶油30克

加泰隆尼亞蛋糕卷
Gâteau roulé catalan

1] 先製作打發鮮奶油。

2] 配製卡士達奶油醬。將牛奶、剖開並去籽的香草莢和檸檬皮在平底深鍋中煮沸。在容器中混合蛋黃、糖、玉米粉和麵粉。將牛奶過濾。將一些煮沸的牛奶以少量倒入容器中，一邊用攪拌器攪拌。將所有材料倒入平底深鍋中，將奶油醬煮沸2或3分鐘，接著離火。

3] 將卡士達奶油醬倒入沙拉盆中，泡入裝滿冰塊的容器中。當奶油醬達50℃時，加入30克的奶油，一邊用攪拌器快速攪拌。

4] 待完全冷卻後混入打發鮮奶油。

5] 將奶油50克隔水加熱至緩緩融化，溫度不要太高。

6] 製作麵糊。將蛋白和蛋黃分開。在容器中攪拌蛋黃、糖和剩餘的檸檬皮，直到混合物泛白。

7] 將蛋白攪打成非常立角狀的蛋白霜。將麵糊以稍微舀起的方式混合，加入一些麵粉和一部分的蛋白。攪拌麵糊，始終將麵糊以稍微舀起的方式混合，接著加入剩餘的麵粉和剩餘的蛋白。最後混入融化的奶油，和一些配料混合。

8] 烤箱預熱200℃。

9] 將麵糊倒入覆有烤盤紙的烤盤上；將厚度整平，烘烤10分鐘。蛋糕體必須正好變成金黃色。

10] 將蛋糕體倒扣在第二張烤盤紙上，放至完全冷卻。

11] 在蛋糕體上鋪上冷卻的卡士達奶油醬，接著捲起。撒上大量的糖粉。充分冷藏後享用。

俄羅斯蛋糕
Gâteau russe

準備時間 1小時
靜置時間 10分鐘
烹調時間 25至30分鐘
份量 6至8人份

杏仁榛果蛋糕體
杏仁粉45克
榛果粉40克
細砂糖150克
蛋白5個
鹽1撮

開心果慕司林奶油醬(Crème mousseline à la pistache)
法式奶油霜400克(見49頁)
開心果糖膏80克
卡士達奶油醬200克(見58頁)
開心果80克
糖粉

1] 製作法式奶油霜和卡士達奶油醬，保存於陰涼處。

2] 混合杏仁粉、榛果粉和65克的細砂糖。

3] 將蛋白和1撮鹽攪打成泡沫立角狀的蛋白霜，並逐漸加入85克的細砂糖，接著加入糖和粉狀的混合物，一邊輕輕以刮杓攪拌。

4] 烤箱預熱180°C。

5] 在烤盤紙上描出直徑22公分的2個圓。

6] 將麵糊填入裝有9號擠花嘴的擠花袋中。從中央出發，在圓裡擠出螺旋狀圓形，並在離邊2公分時停住。非常輕地在每個圓形麵糊上篩上第一次的糖粉；等10分鐘後再篩一次。

7] 烘烤25至30分鐘。將蛋糕體放涼，接著用抹刀將烤盤紙抽離。

8] 將60的開心果搗碎，放進烤箱裡烘烤。

9] 製作開心果慕司林奶油醬：用電動或手動攪拌器快速攪打法式奶油霜至蓬鬆且充滿空氣。一邊持續攪打，一邊加入開心果糖膏，接著是相當平滑的卡士達奶油醬。填入擠花袋(9號圓口花嘴)中。

10] 將第一塊圓形蛋糕體擺在盤上。在整個周圍緊密擠上奶油球。接著填滿蛋糕體中央，並撒上烘烤過的開心果。

11] 蓋上第二塊蛋糕體，輕輕在上面按壓以固定。當蛋糕就這麼裝填完成時，側邊可見到奶油球。冷藏1小時。

12] 將剩餘的開心果切成兩半。在享用蛋糕的時刻，撒上糖粉和剖半的開心果。

蘋果百頁餡餅
Jalousies aux pommes

準備時間 30 + 40分鐘
靜置時間 10小時
烹調時間 20 + 30分鐘
份量 4至6人份

折疊派皮(pâte feuilletée) 500克(見20頁)
蘋果1公斤
檸檬1顆
香草糖1包(約7克)
肉桂粉1小匙
蛋1顆
杏桃果膠5至6大匙
珍珠糖(sucre en grains)50克

1] 製作折疊派皮(別忘了總共要靜置10小時)。

2] 製作蘋果醬：將水果削皮、切開並去籽，然後切成薄片；淋上檸檬汁，和香草糖一起以極小的火煮約20分鐘。烹煮的最後加以搖動，將果醬的水分排乾，加入肉桂粉，均勻混合。離火。

3] 烤箱預熱200°C。

4] 將折疊派皮擀成厚3公釐的大矩形，然後裁成2條寬10公分的相等帶狀麵皮。用水濕潤烤箱的鋼板，然後擺上其中一條麵皮。

5] 在碗裡打蛋，用毛刷將蛋汁刷在麵皮的邊長上。接著在未塗蛋汁的內側部分鋪上厚厚一層蘋果醬。

6] 在第二條折疊派皮上，用刀子在整個表面上劃出間隔5公釐的規則斜切口，但請勿劃至兩側邊緣。

7] 將第二條派皮擺到第一條上。將四周的邊緣捏緊，將2條麵皮接合起來。將邊緣整平，並刷上剩餘的蛋汁。放入烤箱烘烤30分鐘。

8] 當餡餅烤好時，用毛刷刷上杏桃果膠。撒上珍珠糖。將百頁餡餅切成每份寬5公分的等份。在微溫時享用。

梅婕芙蛋糕
Megève

準備時間 40分鐘
靜置時間 2小時
烹調時間 1小時30分鐘
份量 6至8人份

巧克力醬45克(見106頁)
法式蛋白霜250克(見42頁)
巧克力鏡面300克(見80頁)
或黑巧克力刨花120克

慕斯
苦巧克力
(chocolate très amer)260克
室溫奶油185克
蛋黃3個
蛋白5個
細砂糖15克

1] 烤箱預熱110°C。

2] 製作巧克力醬。

3] 製作法式蛋白霜，倒入裝有9號星形擠花嘴的擠花袋。

4] 將直徑22公分的慕斯圈擺在覆有烤盤紙的烤盤上。在四周撒上麵粉，移去慕斯圈，將蛋白霜擺在標示的位置以形成圓形餅皮。重複同樣的程序2次，以獲得3個圓形蛋白霜餅皮。將餅皮烘烤1小時30分鐘。

5] 製作巧克力慕斯：將巧克力隔水加熱至緩緩融化。將奶油放入容器中，用電動或手動攪拌器攪打，讓奶油變輕，並盡可能地混入大量空氣。分3次加入微溫的融化巧克力(約40°C)，一邊不斷地攪拌，讓配料充滿空氣。

6] 在碗中混合蛋黃和巧克力醬。混入奶油和巧克力的混合物中。

7] 在大碗中將蛋白和糖打發成泡沫狀：當我們將手指插入並抽出時，還應發泡且攪拌器舀起有如「鳥嘴」般彎曲。

8] 在含有巧克力奶油醬和奶油的碗中加入1/4蛋白。混合，接著將碗中的內容物倒入大碗中的其餘蛋白中，輕輕地攪拌，並用刮杓將配料以稍微舀起的方式混合。

9] 用橡皮刮刀將上述2/5的慕斯鋪在第一塊蛋白霜餅皮上。擺上第二塊餅皮，同樣澆上2/5的慕斯。最後擺上第三塊，將剩餘的慕斯塗在蛋糕上面和側面。

10] 將梅婕芙蛋糕冷藏2天。

11] 享用前，覆蓋上正好微溫的巧克力鏡面，或僅用黑巧克力刨花裝飾。

摩卡蛋糕
Moka

準備時間 40分鐘
冷藏時間 1小時 + 2小時
烹調時間 35 + 5分鐘
份量 6至8人份

杏仁海綿蛋糕體麵糊
(pâte à biscuit Joconde)
650克(見35頁)
法式奶油霜600克(見49頁)
咖啡精1小匙
即溶咖啡1大匙
熱水1大匙

糖漿
糖130克
水1000毫升
咖啡精1小匙
即溶咖啡1大匙
去皮榛果150克
咖啡巧克力豆
(grain de chocolat au café)

1] 製作杏仁海綿蛋糕體。

2] 烤箱預熱180°C。

3] 為直徑20公分的蛋糕烤模塗上奶油，倒入麵糊，放入烤箱烘烤35分鐘。

4] 在烤盤上將蛋糕體脫模，放涼，接著蓋上毛巾，冷藏1小時。

5] 混合咖啡精、即溶咖啡和水。製作法式奶油霜，並用先前的配料進行調味。

6] 製作糖漿，將糖和水煮沸。放涼後加入即溶咖啡和咖啡精。

7] 將榛果搗成細碎，用烤箱烘烤。

8] 將蛋糕體橫切成3塊圓餅。將法式奶油霜分成5份。用毛刷將第一塊圓餅浸以咖啡糖漿，接著用抹刀蓋上1/5的奶油醬，並在上面撒上1/4的榛果。擺上第二塊餅皮，然後進行同樣的步驟，接著第三塊也重複同樣的程序。

9] 始終用抹刀為蛋糕裹上奶油醬，並用剩餘的榛果固定。

10] 將剩餘的奶油醬填入星形擠花袋中，在蛋糕上畫出薔薇花飾。在每個花飾中央擺上1顆咖啡巧克力豆。

11] 將摩卡蛋糕冷藏2小時，在極冰涼時享用。

梅婕芙蛋糕 Megève ▶
在三層酥脆的蛋白餅之間，
夾著輕盈的巧克力慕斯。

蒙特模蘭西櫻桃蛋糕 *Montmorency*

準備時間 40分鐘
烹調時間 30分鐘
份量 4至6人份

櫻桃糖漿400克
杏仁海綿蛋糕麵糊350克(見40頁)
翻糖200克(見73頁)
櫻桃酒1烈酒杯
紅色著色劑3滴
糖漬櫻桃12顆
歐白芷(當歸)塊(morceaux d'angélique)

1] 烤箱預熱200°C。

2] 將櫻桃洗淨、瀝乾並去核。

3] 製作杏仁海綿蛋糕麵糊並加入櫻桃。均勻混合。

4] 為直徑20公分的海綿蛋糕模塗上奶油，倒入麵糊，烘烤30分鐘。

5] 在網架上脫模並放涼。

6] 在平底深鍋中，以文火將翻糖煮至微溫，一邊攪拌。加入櫻桃酒和2至3滴的紅色著色劑，均勻混合。

7] 用抹刀為蛋糕蓋上上述配料，抹平，用糖漬櫻桃和幾塊歐白芷進行裝飾。

變化 Variante

此蛋糕體也可橫切成兩塊圓餅，以櫻桃酒浸泡並填入添加酒漬櫻桃的法式奶油霜(見49頁)。

蒙彭席耶蛋糕 *Montpensier*

準備時間 20分鐘
烹調時間 30分鐘
份量 4至6人份

糖漬水果50克
史密爾那(Smyrne)葡萄乾50克
蘭姆酒100毫升
奶油80克
蛋黃7個
糖125克
杏仁粉100克
麵粉125克
蛋白3個
杏仁片50克
杏桃果膠150克

1] 用蘭姆酒浸泡糖漬水果和葡萄乾。

2] 烤箱預熱200°C。

3] 讓奶油軟化。混合蛋黃和細砂糖，用攪拌器攪拌至泛白，接著加入杏仁粉、軟化的奶油，最後是麵粉。仔細攪拌至麵糊均勻為止。

4] 將蛋白和1撮鹽攪打成立角狀的蛋白霜，跟著混入麵糊，用刮杓輕輕攪拌，以免破壞麵糊的氣泡。

5] 將糖漬水果和葡萄乾瀝乾，加入配料中。

6] 為直徑22公分的海綿蛋糕模塗上奶油並撒上杏仁片。倒入麵糊，放入烤箱烘烤30分鐘。

7] 在網架上脫模並放涼。

8] 用毛刷在蛋糕表面刷上杏桃果膠。最好趁新鮮享用這蛋糕。

香橙蛋糕 *Orangine*

準備時間 30分鐘
靜置時間 1小時
烹調時間 45分鐘
份量 6至8人份

卡士達奶油醬(crème pâtissière)250克(見58頁)
柑香酒(curaçao)80毫升
義式海綿蛋糕麵糊650克(見39頁)
鮮奶油香醍300克(見51頁)
翻糖200克(見73頁)
糖漬橙皮
糖漿
香草糖60克
柑香酒50毫升

1] 先製作卡士達奶油醬，並用50毫升的柑香酒增添芳香。

2] 將50毫升的水、柑香酒和香草糖煮沸以製作糖漿。

3] 烤箱預熱200°C。

4] 製作義式海綿蛋糕麵糊。

5] 為直徑26公分的模型塗上奶油，倒入麵糊，烘烤35分鐘。

6] 製作鮮奶油香醍，接著輕輕地加入帶有柑香酒香的卡士達奶油醬中。冷藏保存1小時。

7] 混合翻糖和30毫升的柑香酒。將蛋糕體切成3個相等的圓餅。

8] 用毛刷為第一塊圓餅浸以柑香酒糖漿，接著蓋上香醍卡士達奶油醬。

9] 擺上第二塊圓餅，然後重複同樣的程序。接著放上第三塊，用抹刀細心地鋪上柑香酒翻糖，並仔細抹平。

10] 用糖漬橙皮塊為蛋糕進行裝飾。趁新鮮享用。

巴黎布雷斯特車輪泡芙 *Paris-brest*

準備時間 40分鐘
烹調時間 40至45分鐘＋10分鐘
份量 4至6人份

法式奶油霜300克（見49頁）
卡士達奶油醬（crème pâtissière）225克（見58頁）
泡芙麵糊300克（見27頁）
結晶糖（sucre cristallisé）50克
切碎的杏仁50克
室溫回軟的奶油25克
糖粉

奶油醬
榛果杏仁巧克力或杏仁膏90克

1］製作法式奶油霜和卡士達奶油醬，保存於陰涼處。

2］製作泡芙麵糊並填入裝有12號星形擠花嘴的擠花袋中。

3］烤箱預熱180°C。

4］為直徑22公分的慕斯圈內側塗上奶油，然後擺在覆有烤盤紙的烤盤上。在慕斯圈內擠上環狀麵糊，接著將第二環靠著第一環擺放，第三環橫跨著前兩環。撒上結晶糖和切碎的杏仁或杏仁片。就這樣在烤箱裡烘烤40至45分鐘，在烘烤15分鐘後將門微微打開，以便讓麵糊充分乾燥。

5］在另一個覆有烤盤紙的烤盤上擺上第四個環，其內徑相當於三個環。烘烤8至10分鐘。

6］製作奶油醬：將法式奶油霜放入容器中，攪打，讓奶油霜變得蓬鬆。加入您所選擇的杏仁巧克力，一邊用攪拌器混合，接著是卡士達奶油醬。

7］在大環冷卻時，用鋸齒刀水平切成兩半。

8］將奶油醬填入裝有星形擠花嘴的擠花袋中。在底部擠出一層奶油醬。擺上一旁烤好的環，在上面擠出花邊奶油帶，稍微超出泡芙邊緣。

9］在上面的部分撒上糖粉，然後擺在奶油上。

10］將車輪泡芙保存於陰涼處，但要在享用前1小時取出。

訣竅

您可在奶油醬中加入80克搗碎的焦糖榛果。您也能用直徑1.5或2公分的小泡芙串來取代小環，請裝入8號擠花袋中，烘烤20分鐘。

巴黎風味蛋糕 *Parisien*

準備時間 35分鐘
烹調時間 40＋5分鐘
份量 6至8人份

杏仁奶油醬600克（見54頁）
香草莢1根
檸檬1顆
杏仁海綿蛋糕麵糊500克（見40頁）

糖漿
細砂糖100克
水1000毫升
香橙干邑甜酒（Grand Marnier）800毫升

裝飾
糖漬水果100克
義式蛋白霜（見43頁）
糖粉

1］先製作杏仁奶油醬，在加熱牛奶時加入剖開並去籽的香草莢。置於陰涼處。

2］將檸檬皮削成碎末。

3］製作杏仁海綿蛋糕麵糊並加入檸檬皮。

4］烤箱預熱180°C。

5］為直徑22公分的蛋糕烤模塗上奶油，倒入麵糊，烘烤40分鐘。

6］將糖漬水果切成細碎。

7］製作義式蛋白霜。

8］製作糖漿：將水和糖煮沸。放涼，接著加入香橙干邑甜酒。

9］在蛋糕體冷卻時，切成厚1公分的6塊圓餅。用毛刷將第一塊浸以糖漿，接著用抹刀蓋上一層杏仁奶油醬，撒上糖漬水果。擺上第二塊圓餅，重複同樣的程序。就這麼進行到最後一塊，但最後一塊不放糖漬水果。

10］用星形擠花袋為蛋糕的整個表面蓋上義式蛋白霜。撒上糖粉並烤成金黃色。

11］在冷卻後享用蛋糕。

咖啡進步蛋糕 *Progrès au café*

準備時間 45分鐘
烹調時間 45分鐘
冷藏時間 1 + 1小時
份量 6至8人份

進步麵糊(Pâte à progrès) 400克(見41頁)
杏仁片150克
即溶咖啡20克
法式奶油霜600克(見49頁)
糖粉

1] 製作進步麵糊。

2] 烤箱預熱130°C。

3] 為2個烤盤塗上奶油，擺上3個直徑23公分的盤子，為烤盤撒上麵粉，將盤子移開：您因此而獲得3個圓。

4] 將進步麵糊填入8號擠花袋中，然後在3個描出的圓中，從中央開始朝邊緣擠出螺旋狀。

5] 烘烤約45分鐘。將圓形餅皮擺在網架上放涼。

6] 在還溫熱的烤箱中，讓杏仁烘烤上色。用1大匙的沸水沖泡即溶咖啡。

7] 製作法式奶油霜，用咖啡調味。將其中1/4擺在一旁。將剩餘的分成3份。

8] 用抹刀為第一塊圓形餅皮蓋上奶油，擺上第二塊，然後蓋上奶油；第三塊也是一樣，接著用剩餘的1/4奶油塗在蛋糕四周。

9] 用杏仁片裝飾上面。冷藏1小時。

10] 用厚紙裁出寬1公分、長25公分的長條。擺在蛋糕上，間隔2公分地排列長條，但請勿按壓。篩上糖粉，將長條抽出，再冷藏1小時。在享用前一個多小時將蛋糕取出。

匈牙利莉特須蘋果卷 *Rétès hongrois aux pommes*

準備時間 45分鐘
靜置時間 15 + 30分鐘
烹調時間 20分鐘
份量 6至8人份

麵團
過篩麵粉600克
蛋1顆
醋1大匙
軟化奶油50克

填料
蘋果(reine des reinettes 品種) 500克
奶油50克
麵包粉(chapelure) 100克
史密爾那(Smyrne)葡萄乾 100克
肉桂粉2大匙
細砂糖100克
糖粉

1] 在容器或在工作檯上倒入麵粉，挖出凹槽。將蛋打在中央，加入醋和300毫升微溫的水，用指尖混合所有材料。

2] 將奶油切得很小塊，同樣混入麵糊中，接著揉捏20分鐘：麵團應變得非常柔軟。蓋上潔淨的毛巾，冷藏靜置至少15分鐘。

3] 用擀麵棍將麵團擀至和可麗餅一樣薄。再蓋上毛巾，再靜置30分鐘，這段時間可讓麵團稍微乾燥。

4] 烤箱預熱200°C。

5] 將蘋果削皮，切成4塊，將心去掉，然後切成薄片。

6] 讓奶油在小型平底深鍋中加熱至融化。用毛刷刷在麵團上。撒上麵包粉，接著擺上蘋果，撒上葡萄乾。混合肉桂和糖，然後撒在整個表面上。

7] 將麵皮捲起，就如同製作木柴蛋糕一樣。擺在覆有烤盤紙的烤盤上，烘烤20分鐘。篩上糖粉，在微溫時享用。

變化 Variante

您可在莉特須水果卷中填入罌粟奶油醬。混合300克的罌粟籽和200毫升的牛奶、200克的細砂糖，煮10分鐘。將1顆蘋果切成薄片，將檸檬削成碎末並將所有材料混合。

咖啡進步蛋糕 Progrès au café ▶
進步麵糊和法式咖啡奶油霜的結合，構成了蛋糕的極致美味。

韋克思伯薩赫巧克力蛋糕 *Sachertorte Joseph Wechsberg*

準備時間 35分鐘
烹調時間 45分鐘
冷藏時間 3小時
份量 6至8人份

苦甜巧克力200克
奶油125克
蛋黃8個
蛋白10個
略帶香草味的細砂糖140克
過篩的麵粉125克
巧克力鏡面350克(見80頁)
杏桃果膠

1] 烤箱預熱180°C。

2] 在2個直徑26公分的模型中放入烤盤紙。

3] 將苦甜巧克力切成小塊，隔水加熱或用微波爐加熱至融化。將奶油加熱至融化。用刮杓或攪拌器混合蛋黃，加入融化的奶油和巧克力。

4] 將蛋白和鹽攪打成泡沫狀，並持續攪打至泡沫在攪拌器的支架上形成尖角的蛋白霜。先將1/3加進蛋、奶油和巧克力的混合物中，接著逐漸將剩餘的加入。大量倒入麵粉，持續混合至麵糊均勻為止。

5] 將麵糊倒入模型中。烘烤45分鐘：蛋糕應充分膨脹並乾燥。

6] 製作巧克力鏡面。

7] 在網架上將蛋糕脫模，放至完全冷卻。

8] 用毛刷為蛋糕表面刷上杏桃果膠。擺上第二塊蛋糕。用橡皮刮刀在整個表面和側邊鋪上鏡面。

9] 將薩赫巧克力蛋糕擺在餐盤上，接著冷藏3小時，讓鏡面硬化。享用前半小時取出。

聖托諾雷蛋糕 *Saint Honoré*

準備時間 35 + 50分鐘
靜置時間 10小時
烹調時間 25 + 18分鐘
份量 6至8人份

折疊派皮(pâte feuilletée) 120克(見20頁)
泡芙麵糊250克(見27頁)
千層派奶油醬(Crème à mille-feuille) 250克(見55頁)
細砂糖250克
葡萄糖(或稱水飴)60克
水80毫升
鮮奶油香醍(見51頁)200克

1] 製作折疊派皮(別忘了總共要靜置10小時)。

2] 製作泡芙麵糊和千層派奶油醬。

3] 將非常冷的折疊派皮擀成2公釐的厚度。從中裁出22公分的圓形餅皮。擺在覆有濕潤烤盤紙的烤盤上。

4] 將泡芙麵糊填入裝有9號或10號圓口擠花嘴的擠花袋中，從距離邊緣1公分處描出圓環，從內側開始擠出螺旋狀。為折疊派皮撒上糖。

5] 烤箱預熱200°C。

6] 在另一個裝有烤盤紙的烤盤上，用剩餘的麵糊擠出24個直徑2公分的小泡芙。

7] 將兩個烤盤放入烤箱。折疊派皮基底烤25分鐘，小泡芙烤18分鐘，並在烘烤過1/3的時間時(開始後8或9分鐘)將門打開。

8] 用5號擠花嘴在圓環上鑽出整整2公分的洞，並在小泡芙上打洞。在完全冷卻時，將千層派奶油醬填入裝有7號圓口擠花嘴的擠花袋中，將擠花嘴好好插入洞中，用力擠壓，將奶油擠入折疊派皮基底和小泡芙的深處。

9] 在平底深鍋中放入糖、葡萄糖和水。煮至155°C，接著將平底深鍋底部泡入冷水中，以中止焦糖的烹煮。將小泡芙一半浸入焦糖，並將沾有焦糖的一側擺在不沾烤盤上。

10] 接著再將小泡芙的另一側浸入焦糖，將泡芙旋轉，讓焦糖將側邊也包住。立即一個個地擺上泡芙麵糊環，緊密地排好。放涼。

11] 打發鮮奶油香醍，填入裝有星形擠花嘴的擠花袋中，並將蛋糕中央填滿。

12] 配製完成後，請儘快享用聖托諾雷蛋糕。

卡士達沙弗林
Savarin à la crème pâtissière

準備時間 15分鐘
靜置時間 30小時
烹調時間 20至25分鐘
份量 4至6人份

沙弗林麵團400克（見24頁）
卡士達奶油醬700克（見58頁）
糖漿
香草莢1根
糖250克
水500毫升

1] 製作沙弗林麵團。
2] 為直徑20至22公分的沙弗林蛋糕模塗上奶油，倒入沙弗林麵團，在微溫處靜置30分鐘。
3] 烤箱預熱200℃。
4] 烘烤20至25分鐘。接著在網架上脫模，然後放涼。
5] 製作卡士達奶油醬。冷藏。
6] 將香草莢打開並刮出籽。在平底深鍋中讓糖溶於水，加入香草莢及籽，煮成糖漿。在微溫時，一匙一匙淋在沙弗林上。
7] 在蛋糕中央填入卡士達奶油醬，在充分冷卻時享用。

義式冷霜雪糕
Semifreddo italien

準備時間 45分鐘
烹調時間 40分鐘
冷凍時間 30分鐘
份量 4至6人份

義式全蛋海綿蛋糕體麵糊（pâte à Pan di Spagna）400克（見254頁）
番紅花粉1刀尖
蘋果4顆（最好是博斯科普boskoop品種）
細砂糖65克
未經加工處理的檸檬1顆
白酒120毫升
水3大匙
鮮奶油200毫升
蛋黃4個
細砂糖100克
義式杏仁蛋白小餅（amaretti）（或馬卡龍macaron）150克

1] 烤箱預熱200℃。
2] 製作義式全蛋海綿蛋糕體麵糊並加入番紅花粉。倒入直徑22公分的模型中，烘烤40分鐘。
3] 準備蘋果：去皮、去籽，然後切片。在平底深鍋中和65克的糖、檸檬皮、酒和水一起以文火煮10分鐘：水果必須熟透並吸收湯汁。
4] 用攪拌器打發鮮奶油。在平底深鍋中混合蛋黃和100克的糖至泛白，並隔水加熱；打發一會兒，接著離火，再次攪打至冷卻。這時輕輕地加入打發的鮮奶油。
5] 用叉子將蘋果壓成泥。將義式杏仁蛋白小餅弄碎。全部與鮮奶油混合。
6] 將海綿蛋糕體從橫剖的方向切成3塊。裁下同樣大小的烤盤紙。擺上第一塊蛋糕體，然後用抹刀蓋上一層配料。擺上第二塊蛋糕體，重複同樣的程序，接著擺上第三塊。
7] 將冷霜雪糕冷凍30分鐘，接著冷藏保存至享用的時刻。

新加坡蛋糕
Singapour

準備時間 1小時
烹調時間 1小時30 ＋ 40分鐘
份量 6至8人份

糖725克
糖漬鳳梨片1罐4/4片
義式海綿蛋糕麵糊500克（見39頁）
杏仁150克
糖300克
水150毫升
櫻桃酒50毫升
杏桃果醬200克
糖漬心形櫻桃（bigarreau）和歐白芷（當歸）（d'angélique）

1] 將750毫升的水和600克的糖煮沸。放入鳳梨片，浸泡在微滾的糖漿中1小時30分鐘。放至微溫，然後瀝乾。
2] 烤箱預熱200℃。
3] 製作義式海綿蛋糕麵糊。放入22公分的模型中。烤40分鐘。脫模並放涼。
4] 將杏仁烤成金黃色。
5] 將水和糖煮沸。放至微溫，加入櫻桃酒。
6] 將鳳梨片切丁。預留12個左右。
7] 將義式海綿蛋糕橫剖切成2塊蛋糕體。用糖漿浸透。為第一塊鋪上杏桃果醬，並撒上鳳梨丁。蓋上第二塊蛋糕體，為整個新加坡蛋糕鋪上杏桃鏡面。在四周撒上烘烤過的杏仁，並用剩餘的鳳梨、糖漬心形櫻桃和歐白芷塊裝飾上面。在非常冰涼時享用。

茴香覆盆子千層派

Mille-feuille aux framboises et à l'anis

此千層派在三層焦糖反折疊派皮中放入兩層鳳梨奶油，並插入新鮮覆盆子。由於焦糖，這酥脆且柔軟的千層派不會輕易因奶油醬而軟化。

食譜見447頁

提拉米蘇
Tiramisu

準備時間 25分鐘
烹調時間 約8分鐘
份量 6人份

非常濃縮的咖啡200毫升
蛋白4個
水30毫升
細砂糖90克
瑪斯卡邦乳酪（mascarpone）250克
蛋黃4個
指形蛋糕體約20個（見33頁）
不甜的馬沙拉酒（marsala sec）（或義大利苦杏酒amaretto）80毫升
無糖可可粉

1] 準備咖啡並放涼。

2] 用電動攪拌器將蛋白打發成柔軟的泡沫狀。將水和糖煮沸，最多滾3分鐘。將糖漿以少量倒入蛋白中，用攪拌器攪拌至完全冷卻。

3] 在大碗中混合瑪斯卡邦乳酪和蛋黃。在配料變得平滑時，輕輕地混入蛋白霜中。

4] 將指形蛋糕體稍微用咖啡浸透。在約19×24公分的焗烤盤底擺上第一層。刷上馬沙拉葡萄酒。蓋上一層瑪斯卡邦乳酪的配料。繼續用同樣的方式，以瑪斯卡邦乳酪奶油醬做為最後一層。冷藏保存至少2小時。

5] 在享用時，在提拉米蘇上撒上過篩的可可粉。

老饕論 Commentaire gourmand

前一天晚上製作的提拉米蘇會更加美味。

瓦圖琪卡乳酪蛋糕
Vatrouchka

準備時間 40分鐘
靜置時間 1小時
烹調時間 15 + 50分鐘
份量 6至8人份

糖漬水果200克
干邑白蘭地（cognac）（或蘭姆酒，或阿爾馬涅克酒）50毫升

麵團
奶油125克
未經加工處理的檸檬1/2顆
未經加工處理的柳橙1/2顆
蛋黃3個
細砂糖200克
鹽1撮
香草糖1包（約7克）
鮮奶油40克
麵粉350克

填料
奶油100克
糖200克
蛋黃3個
白乳酪500克
鮮奶油200克
澱粉30克
蛋白1個
蛋1顆
糖粉

1] 將糖漬水果切成小丁，以干邑白蘭地浸漬。將白乳酪放入濾器中瀝乾。

3] 製作麵糊：讓奶油軟化。將柳橙和檸檬皮削成碎末。在沙拉盆中放入蛋黃和糖，攪打至混合物泛白；這時加入奶油、1撮鹽和香草糖，接著是果皮和鮮奶油，一邊在加入每樣材料時加以混合。接著一次倒入麵粉，再次混合，但請勿過度揉捏。將麵團蓋上保鮮膜冷藏靜置。

4] 烤箱預熱200°C。

5] 將麵團擀平，裁成厚度3公釐且直徑28公分的圓形餅皮。擺到同樣大小的烤盤紙上，接著放上烤盤。用叉子戳洞，放進烤箱烘烤15分鐘

6] 將切落下來的麵皮揉成團狀。

7] 製作配料：用叉子將奶油攪成膏狀。加入糖，接著一顆顆地加入蛋黃，攪拌均勻，少量地加入瀝乾的白乳酪和鮮奶油；最後加進澱粉和瀝乾的糖漬水果。將這糊狀物攪拌均勻。將蛋白打成非常立角狀的蛋白霜，然後加入。

8] 將此配料倒入冷卻的塔底，並用橡皮刮刀抹平。

9] 將剩餘的麵團擀成厚度3公釐的矩形，然後裁成狹長的帶狀；在蛋糕上排成十字網狀，在塔的邊緣上將兩端密合。

10] 打蛋，然後用毛刷為配料和帶狀麵皮塗上蛋汁。以200°C烘烤50分鐘。

11] 出爐時，撒上糖粉並放涼。

巴黎多明尼克餐廳（Restaurant Dominique）

Les gâteau individual et les tartelettes
一人份蛋糕與迷你塔

一人份蛋糕使用相當多元的麵糊：用來製作千層派和糖霜杏仁奶油派(conversation)的折疊派皮、用來製作船型點心的油酥麵團(pâte brisée)和甜酥麵團、用來製作修女泡芙(religieuse)和閃電泡芙的泡芙麵糊等等。迷你塔和船型點心是其中最容易完成的。

準備時間 40分鐘
靜置時間 2小時
烹調時間 20分鐘
份量 8個迷你塔

甜酥麵團300克(見19頁)
杏仁奶油醬400克(見54頁)
櫻桃酒100毫升
糖漬醋栗300克
醋栗果膠100克

公爵夫人杏仁塔
Amandines à la duchesse

1] 製作甜酥麵團，於陰涼處靜置2小時。
2] 製作杏仁奶油醬，並加入櫻桃酒。
3] 烤箱預熱200°C。
4] 將麵團擀成3公釐的厚度。用切割器(emporte-pièce)或迷你塔模型裁成8個圓形餅皮。將餅皮擺進塗有奶油的小模型中。用叉子在底部戳洞以防烘烤時膨起。
5] 將糖漬醋栗瀝乾。保留幾個作為裝飾用。將其他的散布在模型中。接著用湯匙再覆蓋上杏仁奶油醬。
6] 將杏仁塔烘烤20分鐘。放至完全冷卻後輕輕地脫模。
7] 在小型平底深鍋中，將醋栗果膠煮至微溫。用毛刷刷在杏仁塔上。
8] 用幾顆糖漬醋栗為杏仁塔進行裝飾，保存於陰涼處，直到享用的時刻。

老饕論 Commentaire gourmand

您可用300克的糖漬櫻桃來取代醋栗，以同樣的食譜製作櫻桃杏仁塔。

蘭姆芭芭
Baba au Rhum

準備時間 30分鐘
靜置時間 30分鐘
烹調時間 15分鐘
份量 8個芭芭蛋糕

麵糊
奶油100克
檸檬皮1/2顆
麵粉250克
金合歡蜜(miel d'acacia)25克
酵母粉(levure de boulanger)25克
鹽之花(fleur de sel)8克
香草粉1小匙
蛋8顆

模型
奶油25克

糖漿
檸檬皮1/2顆
柳橙皮1/2顆
香草莢1根
水1公升
細砂糖500克
鳳梨泥50克
深褐色蘭姆酒100毫升

果膠鏡面
杏桃果膠100克
深褐色蘭姆酒100至200毫升

此食譜分為2個階段：理想上，應在製作的2個階段之間讓材料瀝乾48小時。

1] 將奶油切成小塊並置於室溫下。將檸檬皮削成碎末。

2] 在裝有槳狀攪拌棒的揉麵機凹槽中放入麵粉、花蜜、弄碎的酵母粉、鹽之花、香草粉、檸檬皮和3顆蛋。讓機器以中速轉動，直到麵糊脫離凹槽內壁。這時加入3顆蛋，以同樣方式攪動。當麵糊再次脫離內壁時，加入剩餘的2顆蛋，再攪拌10分鐘。讓機器不停轉動，這時加入切成小丁的奶油。在麵糊變得均勻時—仍然保持很稀的狀態—倒入沙拉盆中，在室溫下發酵30分鐘。

3] 將8個1人份的芭芭蛋糕模塗上奶油。將麵糊放入擠花袋中，然後填至模型的一半。讓麵糊再次發酵至到達模型邊緣。

4] 烤箱預熱200°C。烘烤芭芭蛋糕15分鐘。

5] 放涼，接著在網架上脫模。讓蛋糕變硬1至2天；如此有助之後的糖漿浸透。

6] 製作糖漿：將檸檬皮和柳橙皮削成碎末，將香草莢打開並取籽。將水、糖、果皮、香草和鳳梨泥一起煮沸。煮沸後加入蘭姆酒，然後熄火。放至微溫，直到60°C。

7] 將芭芭蛋糕一一泡入糖漿中。為了確定有充分浸透，將刀身插入：感覺不應碰到任何阻力。

8] 在平底深鍋中將杏桃果膠煮沸。為芭芭蛋糕灑上蘭姆酒，接著用毛刷刷上煮沸的杏桃果膠。

9] 用原味或肉桂或巧克力口味的鮮奶油香醍(見51頁)妝點芭芭蛋糕，並依季節而定，插上整顆的紅色水果或是切丁的異國水果。

訣竅

這道食譜使用揉麵機會比較容易製作，不過您也能用手動攪拌機進行。

覆盆子船型蛋糕
Barquettes aux framboises

準備時間 10 + 30分鐘
靜置時間 2 + 1小時
烹調時間 15分鐘
份量 10個船型蛋糕

油酥麵團(pâte brisée)300克(見17頁)
卡士達奶油醬(crème pâtissière)150克(見58頁)
覆盆子200克
醋栗(或覆盆子)果膠5大匙
模型用奶油25克

1] 製作油酥麵團並於陰涼處靜置2小時。

2] 製作卡士達奶油醬，冷藏保存。

3] 將油酥麵團擀成3公釐的厚度。用模型或切割器裁出10塊麵皮。將這些麵皮擺進塗有奶油的小模型中。用叉子在底部戳洞。靜置1小時。

4] 烤箱預熱180°C，並將填入麵皮的模型烘烤15分鐘。

5] 將船型蛋糕脫模並放涼。用小湯匙在每個蛋糕底部放入一些卡士達奶油醬。挑選覆盆子並散落在蛋糕上。

6] 在小型平底深鍋中，將醋栗(或覆盆子)果膠煮至微溫，然後用毛刷輕輕地刷在覆盆子上。

蘭姆芭芭 Baba au rhum ▶
預先製備鮮奶油香醍並冷藏保存。
在妝點芭芭蛋糕前，再打發2分鐘。

栗子船型蛋糕
Barquettes aux marrons

準備時間 1小時
靜置時間 2 + 1小時
烹調時間 15分鐘
份量 10個船型蛋糕

甜酥麵團300克(見19頁)
栗子奶油醬400克(見55頁)
咖啡鏡面(glaçage au café) 100克(見74頁)
巧克力鏡面(glaçage au chocolat) 100克(見80頁)
奶油25克

1] 製作甜酥麵團並於陰涼處靜置2小時。

2] 將麵團擀成3或4公釐的厚度，接著用溝紋切割器(emporte-pièce cannelé)或模型裁出10塊橢圓形麵皮。

3] 為船型蛋糕模塗上奶油並放入麵皮。用叉子在底部戳洞，靜置1小時。

4] 烤箱預熱180°C，烘烤15分鐘。

5] 製作栗子奶油醬。

6] 在冷卻時將船型蛋糕脫模，並用湯匙大量放入栗子奶油醬，以形成橢圓形拱頂。用抹刀修飾表面。

7] 將每個船型蛋糕的一側蓋上咖啡鏡面，另一側蓋上巧克力鏡面。將剩餘的栗子奶油醬放入裝有擠花嘴的擠花袋中，用栗子奶油醬在蛋糕上描出線條。冷藏後享用。

杏桃酥盒
Bouchées à l'abricot

準備時間 30分鐘
烹調時間 20分鐘
份量 20個酥盒

麵糊
融化的奶油200克
蘭姆酒1小杯
糖250克
蛋8顆
麵粉200克

填料
杏桃果醬10大匙
蘭姆酒50毫升
杏仁片
糖漬櫻桃20顆

1] 烤箱預熱180°C。

2] 讓奶油融化並加入蘭姆酒。在沙拉盆中，將細砂糖和蛋集中，攪打至混合物泛白。

3] 加入過篩的麵粉和融化的奶油，然後用蘭姆酒調味。

4] 將塗上奶油的圓形或橢圓形小模型填入麵糊，但只要填至高度3/4處。

5] 烘烤20分鐘。將酥盒在網架上脫模並放涼。在烤箱中將杏仁片烘烤成金黃色。

6] 將5大匙的杏桃果醬和一半的蘭姆酒混合。將每個酥盒橫切成兩半。將一半填入上述的蘭姆杏桃醬，然後擺上另一半的酥盒。

7] 將剩餘的杏桃果醬濃縮，加入剩餘的蘭姆酒中，然後塗在酥盒的上方和四周。放上杏仁，並擺上糖漬櫻桃。

波蘭皮力歐許
Brioches polonaises

準備時間 20 + 30分鐘
靜置時間 4小時
烹調時間 35 + 10分鐘
份量 6個皮力歐許

皮力歐許麵團300克(見24頁)
卡士達奶油醬200克(見58頁)
糖漬水果150克
櫻桃酒50毫升
蛋白霜(見42頁)200克
杏仁片50克

糖漿
糖150克
水250克
櫻桃酒300毫升

1] 製作皮力歐許麵團並於陰涼處靜置4小時。

2] 揉成每個50克的麵團，放入塗上奶油的皮力歐許模型中。讓麵團膨脹。

3] 烤箱預熱200°C。將皮力歐許以200°C烘烤10分鐘，接著將烤箱溫度調低為180°C，繼續烘烤25分鐘。

4] 製作糖漿：將水和糖煮沸。放涼後加入300毫升的櫻桃酒。製作卡士達奶油醬，混入切成小丁的糖漬水果和50毫升的櫻桃酒。

5] 將皮力歐許脫模，將每個的圓頂切去，然後將麵體水平切成3片。用毛刷將每片浸以櫻桃酒糖漿，然後蓋上卡士達奶油醬；重組皮力歐許。

6] 製作蛋白霜。將皮力歐許放在耐高溫的餐盤上，用蛋白霜包覆，撒上杏仁片，然後以200°C烘烤10分鐘。冷藏後享用。

準備時間 40分鐘
烹調時間 20分鐘
份量 12個泡芙

泡芙麵糊(見27頁)350克
卡士達奶油醬
(crème pâtissière)
800克(見58頁)
即溶咖啡精6小匙
鏡面
翻糖(或稱風凍)200克
即溶咖啡精4小匙
糖30克
水2大匙

咖啡泡芙
Choux au café

1] 製作泡芙麵糊。

2] 烤箱預熱180°C。

3] 將泡芙麵糊倒入裝有14號大星形擠花嘴的擠花袋中，然後在覆有烤盤紙的烤盤上擠出12個圓形麵糊。

4] 烘烤20分鐘，在開始烘烤5分鐘後將門稍微打開。

5] 製作卡士達奶油醬並用即溶咖啡精調味。

6] 製作鏡面：在一旁將翻糖隔水加熱或以微波爐加熱，加入咖啡精；在另一邊將水和糖煮沸以製作糖漿。將糖漿逐漸倒入翻糖中，一邊用刮杓攪拌。

7] 將卡士達奶油醬倒入裝有7號中型圓口擠花嘴的擠花袋中，將擠花嘴插入泡芙底部，填入卡士達奶油醬。將每個泡芙的上半部泡入翻糖中，用手指去除多餘的部分。擺在網架上放涼。

訣竅

翻糖的製作需要稍微注意。太熱的話，容易失去光澤；太冷的話，則難以塗抹。理想的溫度是在32至35°C之間。
糖漿使翻糖變得濃稠，而這理想的溫度讓翻糖能輕易地用以塗抹。

變化 Variante

以同樣的方式，您可用巧克力卡士達奶油醬(見58頁)、巧克力口味的翻糖和20克的可可粉來製作巧克力泡芙；也能覆蓋上咖啡翻糖的鏡面，製作咖啡風味的吉布斯特(Chiboust)奶油泡芙(見52頁)。

準備時間 30分鐘
烹調時間 20分鐘
份量 10個泡芙

泡芙麵糊300克(見27頁)
鮮奶油香醍500克(見51頁)
糖粉

香醍泡芙
Choux à la crème Chantilly

1] 製作泡芙麵糊。

2] 烤箱預熱180°C。

3] 將泡芙麵糊倒入裝有直徑15公釐圓口擠花嘴的擠花袋中。在覆有烤盤紙的烤盤上擠出10個長8公分、寬5公分的橢圓形泡芙(它們將構成天鵝的身體)。

4] 將擠花嘴移去，換上直徑4或5公釐的擠花嘴。擠出10個高度5或6公分的「S」形麵糊(它們將作為天鵝的頸部)。

5] 將泡芙烘烤18至20分鐘，「S」形麵糊烘烤10至12分鐘。

6] 製作鮮奶油香醍，冷藏保存。

7] 讓泡芙在熄火的烤箱中冷卻，門打開。

8] 用小鋸齒刀切去每個泡芙的上半部。接著再將每一塊縱切成兩半(這些將成為天鵝的翅膀。)

9] 將鮮奶油香醍倒入裝有大星形擠花嘴的擠花袋中，填入每個泡芙中以形成拱頂。將一個「S」形插在一端，然後將翅膀插在奶油中。撒上大量的糖粉。

準備時間 30 + 30分鐘
靜置時間 10小時 + 15分鐘
烹調時間 30分鐘
份量 8個奶油派

折疊派皮400克(見20頁)
杏仁奶油醬200克(見54頁)
蛋白2個
糖粉250克

糖霜杏仁奶油派 *Conversations*

1] 製作折疊派皮(別忘了總共要靜置10小時)。

2] 製備杏仁奶油醬。

3] 將折疊派皮分成兩半。用擀麵棍將麵塊擀成3公釐的厚度。用刀裁出8個圓。第二塊麵皮也進行同樣的程序。

4] 為8個迷你塔模塗上奶油，擺上第一批圓形麵皮。

5] 填入杏仁奶油醬至離邊緣5公釐處，用小湯匙背面鋪均。

6] 用毛刷濕潤另8塊圓形折疊派皮的邊，固定在奶油醬上方，並加以密合。

7] 製作鏡面。將蛋白一邊逐漸混入糖粉，攪打成柔軟的鏡面，並用抹刀將此混合物鋪在奶油派的整個表面。

8] 烤箱預熱180～190℃。

9] 將散落的麵皮揉成團狀，擀成2公釐的厚度，然後裁成15個寬6至8公釐的細帶。在鏡面上交錯地排成菱形。讓蛋糕靜置整整15分鐘。

10] 烘烤30分鐘。冷藏後享用。

準備時間 30分鐘
靜置時間 1小時
烹調時間 15分鐘
份量 6個迷你塔

甜酥麵團250克(見18頁)
草莓300克
細砂糖60克
奶油130克
新鮮薄荷葉6片

喜樂草莓迷你塔 *Délice aux fraises*

1] 製作甜酥麵團，冷藏靜置1小時。

2] 快速將草莓洗淨並瀝乾。一半和糖一起放入沙拉盆中，浸漬約1小時。另一半放在吸水紙上瀝乾。

3] 烤箱預熱190℃。

4] 將甜酥麵團擀成3公釐的厚度，用切割器裁出6個圓形麵皮。

5] 將這些麵皮擺入塗上奶油的迷你塔模中。用叉子在每個塔底戳洞。裁出6張烤盤紙，和一些乾豆粒一起擺在塔底，以免麵皮在烘烤過程中鼓起。

6] 烘烤10分鐘。

7] 將奶油放入沙拉盆中，用攪拌器或叉子攪拌至軟化。

8] 將浸漬的草莓瀝乾，用網篩過篩後加入奶油。混合至您獲得相當均勻的奶油醬。

9] 在迷你塔冷卻時，輕輕地脫模，用湯匙將草莓奶油醬塗在每個塔上。擺上新鮮草莓，並用幾片薄荷葉作為裝飾。

喜樂草莓迷你塔 ▶
Délice aux fraises
以薄荷葉裝飾的迷你塔。

準備時間 40分鐘
靜置時間 1 + 1小時
烹調時間 15分鐘
份量 8塊喜樂蛋糕

甜酥麵團250克（見19頁）
杏仁奶油醬250克（見54頁）
咖啡奶油醬350克（見50頁）
核桃仁
(cerneau de noix) 100克
裝飾
翻糖（或稱風凍）
250克（見73頁）
咖啡精2大匙
熱水2大匙
核桃仁(cerneau de noix) 8個

喜樂核桃蛋糕
Délices aux noix

1] 製作甜酥麵團，靜置1小時。

2] 製備杏仁奶油醬和咖啡奶油醬：冷藏保存。

3] 烤箱預熱190°C。

4] 將麵團擀成2公釐的厚度。用迷你塔模裁出8個圓。將8個模型塗上奶油，放入圓形麵皮。用叉子在底部戳洞，鋪上杏仁奶油醬。

5] 烘烤15分鐘。

6] 將核桃仁切碎，混入咖啡奶油醬中。

7] 在迷你塔冷卻時脫模。用小湯匙填入咖啡奶油醬，形成圓頂，用抹刀抹平。接著冷藏保存1小時。

8] 在平底深鍋中將翻糖隔水加熱或微波加熱至微溫，加入咖啡精和2匙熱水。

9] 用叉子在每個喜樂蛋糕底部戳洞，將奶油圓頂浸入翻糖至麵皮部分。用抹刀將表面整平。

10] 用核桃仁為每個喜樂蛋糕進行裝飾，置於陰涼處直到享用的時刻。

準備時間 45分鐘
烹調時間 20分鐘
份量 12個閃電泡芙

泡芙麵糊375克（見27頁）
咖啡卡士達奶油醬
卡士達奶油醬800克（見58頁）
水5克
即溶咖啡5克
咖啡精5克
鏡面
細砂糖60克
水4大匙
翻糖（或稱風凍）
250克（見73頁）
天然咖啡精
(extrait naturel de café) 2大匙

咖啡閃電泡芙
Éclairs au café

1] 製作卡士達奶油醬，用攪拌器混入摻咖啡精的咖啡調味；保存於陰涼處。

2] 製作泡芙麵糊。

3] 烤箱預熱190°C。

4] 將麵糊填入裝有13或14號大星形擠花嘴的擠花袋中。在覆有烤盤紙的烤盤上擠出12個長12公分的小棍狀）每個應約30克）。烘烤20分鐘，在烘烤7分鐘後將門稍微打開。

5] 接著將閃電泡芙擺在網架上，放至完全冷卻。

6] 製作鏡面：在平底深鍋中放入水和糖，煮沸以製作糖漿。在另一個平底深鍋中放入翻糖，隔水加熱。翻糖一軟化便加入咖啡精，並逐漸以少量倒入糖漿，用刮杓非常輕地攪拌，不要製造氣泡。翻糖一變成柔軟的膏狀物）理想上的濃稠度），就別再加入糖漿。這時可以輕易地用以塗抹而不會流動。

7] 將卡士達奶油醬填入裝有7號中型圓口擠花嘴的擠花袋中。將擠花嘴插入每個閃電泡芙的一端；就這樣一個接一個地裝填。

8] 將翻糖倒入裝有圓口擠花嘴的擠花袋中，鋪在閃電泡芙上。翻糖會在5至10分鐘內凝結，閃電泡芙已經準備好，可進行品嚐；不然就存放在陰涼處。

變化 Variante

巧克力閃電泡芙
Éclairs au chocolat

在仍溫熱的卡士達奶油醬中，分3至4次加入200克約略切碎的黑巧克力。至於鏡面的部分，請加入25克過篩的苦甜可可粉。

巧克力閃電泡芙 Éclairs au chocolat ▶
必須提早以足夠的時間製作，
以便在冷卻時享用。

蘋果遊戲
Jeu de pommes

準備時間 30分鐘
烹調時間 15分鐘
份量 4塊蘋果遊戲

麵團
麵粉200克
奶油140克
鹽
細砂糖8克
水200毫升

填料
蘋果4顆
奶油30克
細砂糖30克
糖粉
金合歡蜜2大匙
檸檬1顆
蘋果白蘭地(calvados)50毫升

1] 製作麵團：在揉麵機凹槽放入麵粉、相當硬的奶油、1克的鹽、糖和200毫升的水。讓機器快速攪動，然後將麵團取出：麵團中應出現小顆的奶油粒。

2] 烤箱預熱220°C。

3] 將蘋果削皮，切成薄片。

4] 將麵團擀薄，用切割器裁出16個直徑12公分的圓。

5] 擺在烤盤上，放上蘋果片。刷上融化的奶油並撒上糖。

6] 將迷你塔烘烤15分鐘。取出後篩上糖粉。放到網架上，讓糖變成焦糖。

7] 將迷你塔放至微溫，4個4個疊在甜點盤上。享用時，在每個蘋果遊戲上淋上摻有檸檬汁和蘋果白蘭地的金合歡蜜。也可以搭配1球檸檬雪酪享用。

涂華高兄弟(Jean et Pierre Troisgros)

瑪德蓮蛋糕
Madeleines

準備時間 10分鐘
烹調時間 15分鐘
份量 12塊瑪德蓮蛋糕

麵粉100克
泡打粉3克
奶油100克
未經加工處理的檸檬1/4顆
蛋2顆
細砂糖120克

1] 將麵粉和泡打粉一起在碗上過篩。

2] 讓奶油在平底深鍋中加熱至融化，然後放涼。

3] 將1/4顆檸檬果皮切成細碎。

4] 將蛋打在容器裡，將糖倒在上面。攪打5分鐘，讓蛋發泡；大量加入麵粉和泡打粉的混合物，接著是奶油和切碎的檸檬皮，不停地攪拌。

5] 烤箱預熱220°C。

6] 在用來烘烤瑪德蓮蛋糕的模型上塗奶油，只將麵糊填至2/3處。以220°C烘烤5分鐘，接著將溫度調低至200°C，再烘烤10分鐘。

7] 將微溫的瑪德蓮蛋糕脫模，然後放涼。

盧昂蜜盧頓杏仁塔
Mirlitons de Rouen

準備時間 30 + 15分鐘
靜置時間 10小時 + 30分鐘
烹調時間 15至20分鐘
份量 10個迷你塔

折疊派皮250克(見20頁)
蛋2顆
大馬卡龍(Macaron)4個
細砂糖60克
杏仁粉20克
去皮杏仁15個
糖粉

1] 製作折疊派皮(別忘了總共要靜置10小時)。

2] 用擀麵棍將派皮擀成2公釐的厚度。用切割器裁出10個圓，擺入迷你塔模。

3] 將蛋打在容器中，攪打。將馬卡龍弄得細碎，加入蛋中混合。

4] 接著加入細砂糖和杏仁粉，攪打至配料充分均勻為止。

5] 將這奶油醬填入模型3/4處，然後冷藏30分鐘。

6] 烤箱預熱200°C。

7] 將杏仁縱切成兩半，將3片切半的杏仁插在每個迷你塔上。撒上糖粉，烘烤15至20分鐘。在微溫或冷卻時享用。

新橋 *Ponts-neufs*

準備時間 50分鐘
靜置時間 2小時
烹調時間 20分鐘
份量 10個迷你塔

餅底脆皮麵團(pâte à foncer) 350克(見16頁)
卡士達奶油醬650克(見58頁)
馬卡龍(macaron)30克
泡芙麵糊250克(見27頁)

裝飾
蛋1顆
醋栗果膠100克
糖粉

1] 製作餅底脆皮麵團，保存於陰涼處2小時。
2] 接著製作卡士達奶油醬，加入壓得細碎的馬卡龍。置於陰涼處。
3] 製作泡芙麵糊。
4] 將餅底脆皮麵團擀成3公釐的厚度，用切割器裁成10個比迷你塔模略大的圓形麵皮，然後放入模型中。將散落的麵皮集中並揉成團狀。
5] 烤箱預熱190℃。
6] 將泡芙麵糊加入卡士達奶油醬中。將這新的麵糊倒入模型中。將蛋打在碗裡，加以攪打，然後用毛刷為迷你塔塗上蛋汁。
7] 將剩餘的麵團擀平，裁成20個寬5至6公釐的細帶，在每個蛋糕上排成十字。
8] 將迷你塔烘烤15至20分鐘，接著在冷卻時脫模。
9] 在小型平底深鍋中，以文火將醋栗果膠稍微加熱，刷塗在十字以外的四個小區塊上。置於陰涼處，直到享用的時刻。

巧克力小泡芙 *Profiteroles au chocolat*

準備時間 40分鐘
烹調時間 15分鐘
份量 30個小泡芙

泡芙麵糊350克(見27頁)
蛋1顆

巧克力醬 (sauce au chocolat)
即食板狀巧克力 (chocolat à croquer)200克
鮮奶油100毫升
鮮奶油香醍400克(見51頁)
細砂糖75克
香草糖1包(約7克)

1] 製作泡芙麵糊。
2] 烤箱預熱200℃。
3] 將泡芙麵糊放入裝有圓口擠花嘴的擠花袋中，在覆有烤盤紙的烤盤上擠出30個核桃大小的麵球。打蛋，攪打後用毛刷為每顆球塗上蛋汁。將麵球烘烤15分鐘，烘烤5分鐘後將門稍微打開。
4] 製作巧克力醬。將巧克力切成細碎。將鮮奶油煮沸，就這樣倒入巧克力中，混合均勻。
5] 製作鮮奶油香醍，同時逐漸加入細砂糖和香草糖。倒入裝有7號擠花嘴的擠花袋中。在泡芙底穿洞，然後將鮮奶油香醍填入。
6] 將小泡芙立在杯中或盤上，搭配溫熱的巧克力醬享用。

照片見177頁

愛之井 *Puits d'amour*

準備時間 30 ＋ 30分鐘
靜置時間 10小時
烹調時間 15分鐘
份量 6個愛之井

折疊派皮500克(見20頁)
蛋1顆
糖粉

填料
香草卡士達奶油醬 350克(見58頁)

1] 製作折疊派皮(別忘了總共要靜置10小時)。
2] 製作卡士達奶油醬，保存於陰涼處。
3] 烤箱預熱240℃。
4] 將折疊派皮擀成4至5公釐的厚度。用切割器或模型裁出12個直徑6公分的圓。在覆有烤盤紙的鋼板上，放上其中6個圓形麵皮。在碗中打蛋，用毛刷為這些麵皮塗上蛋汁。
5] 用小型切割器將其他6個圓形麵皮挖空，形成環狀。邊應有1.5公分寬。擺在圓形麵皮上，用同樣方式塗上蛋汁。
6] 烘烤15分鐘。接著在網架上放涼並篩上糖粉。
7] 用咖啡匙在中央填入香草卡士達奶油醬。冷藏後享用。

準備時間 45分鐘

烹調時間 25分鐘

份量 12個修女泡芙

巧克力卡士達奶油醬 800克(見58頁)

泡芙麵糊500克(見27頁)

鏡面

細砂糖60克

水4大匙

翻糖(或稱風凍) 250克(見73頁)

苦甜可可粉25克

巧克力修女泡芙 *Religieuses au chocolat*

1] 先製作巧克力卡士達奶油醬，保存在陰涼處。

2] 製作泡芙麵糊。

3] 烤箱預熱190℃。

4] 將2/3的麵糊放入裝有13或14號大星形擠花嘴的擠花袋中。在覆有烤盤紙的烤盤上擠出12個大泡芙。

5] 烘烤約25分鐘，在烘烤7分鐘後，將門稍微打開，以便讓麵糊均勻膨脹。

6] 接著將泡芙擺到網架上，放至完全冷卻。

7] 剩餘的麵糊也同樣的方式進行，只是做成小泡芙，只要烘烤18分鐘。

8] 製作鏡面：在平底深鍋中放入水和糖，煮沸以製作糖漿。在另一個平底深鍋中將翻糖隔水加熱。一軟化便加入過篩的可可粉，混合並逐漸倒入糖漿，一邊非常緩慢地用刮杓攪拌，別讓氣泡產生。

9] 將巧克力卡士達奶油醬放入裝有7號中型圓口擠花嘴的擠花袋中。用擠花嘴在每個大泡芙底下鑽洞，然後為所有泡芙填入奶油醬。小泡芙也一樣。

10] 將每個小泡芙浸入翻糖中，用手指去除多餘滴下的部分。大泡芙也一樣，並立即擺上一顆小泡芙，以便黏合在一起。

訣竅

您亦可用法式咖啡奶油霜來裝飾這道修女泡芙，並用裝有星形擠花嘴的擠花袋在每個修女泡芙上擠出火焰狀的裝飾。

變化 Variante

咖啡修女泡芙

Religieuses au café

製作咖啡卡士達奶油醬。至於鏡面部分，加入2大匙的天然咖啡精。

準備時間 5分鐘

靜置時間 24小時

烹調時間 8至10分鐘

份量 30至40顆椰子球

鮮奶200毫升

椰子粉300克

細砂糖200克

蛋4顆

椰子球 *Rochers congolais*

1] 前一天晚上：將鮮奶煮至微溫。在沙拉盆中混合糖、椰子粉和牛奶。稍微攪和，接著一顆顆地加入蛋，並在加入每顆蛋之間攪打。冷藏24小時。

2] 將此麵糊放到覆有烤盤紙的烤盤上，同時形成30至40個小金字塔狀。

3] 烤箱預熱250℃，烘烤8至10分鐘，以便讓椰子球的頂端上色。

訣竅

請注意，椰子粉很容易變質。永遠都要存放在冰箱裡，並記得要在使用前嚐看看。

巧克力小泡芙 Profiteroles au chocolat ▶
在最後一刻為泡芙裝填鮮奶油香醍，
以免使泡芙麵皮軟化，
接著淋上熱騰騰的巧克力醬。

Les bavarois
巴伐露

巴伐露是以模型製成的點心，在非常冰涼時享用。

最常由凝膠狀(gélifiée)的英式奶油醬(crème anglaise)，

或添加打發鮮奶油和義式蛋白霜的果泥所組成。

最好使用底部有裝飾花紋的金屬模型。

準備時間 45分鐘
冷藏時間 6至8小時
份量 6至8人份

新鮮或快速冷凍的黑醋栗500克
細砂糖170克
吉力丁5片
鮮奶油500毫升
奶油15克
糖粉50克

黑醋栗巴伐露 *Bavarois au cassis*

1] 挑選黑醋栗，放在濾器中清洗。仔細瀝乾，接著用食物料理機或蔬果榨汁機(moulin à légumes)和細網壓碎。最後放入精細的濾器中去籽。若您使用快速冷凍水果，請提前解凍，接著壓碎。

2] 將吉力丁泡在大量涼水中15分鐘，接著小心擠乾。

3] 將1/4的黑醋栗果肉和細砂糖一起加熱，加入吉力丁，均勻混合。接著倒入剩餘的黑醋栗果肉，再次混合。這時加入鮮奶油，接著是糖粉，均勻混合。

4] 將直徑22公分的圓模塗上奶油。倒入配料，冷藏6至8小時。

5] 為了脫模，請將模型極迅速地泡入溫水中，然後倒扣在餐盤上。

變化 Variante

此巴伐露亦能以其他新鮮或快速冷凍的紅色水果製作。您也能用酒漬黑醋栗的籽(grains de cassis)來進行裝飾。在這種情況下，請鋪上一層巴伐露，撒上黑醋栗籽，然後重複同樣的步驟，直到將模型填滿。

黑醋栗巴伐露 Bavarois au cassis ▶
這裡的黑醋栗巴伐露
以一人份的小碗製作。
請冷藏保存至最後一刻。

準備時間 30分鐘
冷藏時間 20分鐘 + 3小時
烹調時間 5分鐘
份量 6至8人份

栗子膏300克
鮮奶油香醍130克（見51頁）
巴伐露香草奶油醬
900克（見48頁）
奶油10克
細砂糖15克
糖栗碎屑180克
糖栗3顆

塞文巴伐露 *Bavarois à la cévenole*

1] 將栗子膏分散在沙拉盆中。將鮮奶油香醍打發，作為奶油醬和裝飾。

2] 製作巴伐露香草奶油醬。

3] 一煮好便倒在栗子膏上，均勻混合。接著放涼。這時加入100克的鮮奶油香醍，攪拌至配料均勻。

4] 為直徑20公分的芭芭蛋糕模塗上奶油並撒上糖。倒入巴伐露香草奶油醬，接著撒上糖栗碎屑，將模型冷藏3小時。

5] 將模型泡入熱水中一會兒，然後倒扣在餐盤上脫模。

6] 將剩餘30克的鮮奶油香醍放入裝有星形擠花嘴的擠花袋中，為巴伐露裝飾上薔薇花飾。

7] 將糖栗切成兩半，插在鮮奶油香醍花飾之間。

準備時間 30分鐘
冷藏時間 6小時
份量 4至6人份

巴伐露奶油醬
700克（見46頁）
巧克力70克
（可可奶油含量最少55%）
香草精2小匙

香草巧克力巴伐露 *Bavarois au chocolat et à la vanille*

1] 製作巴伐露奶油醬並分成兩份。

2] 將巧克力隔水加熱或微波加熱至緩緩融化。

3] 加入其中一份巴伐露奶油醬中，均勻混合。

4] 將香草精加入另一份巴伐露奶油醬中。

5] 在直徑22公分的烤模中倒入巧克力巴伐露奶油醬。這時將模型冷藏約30分鐘，讓奶油醬凝固。

6] 接著蓋上香草巴伐露奶油醬。再將模型冷藏4或5小時，讓奶油醬凝固。

7] 在餐盤上將巴伐露脫模。用削皮刀刨出50至70個巧克力刨花，然後撒在巴伐露上。

準備時間 1小時
冷藏時間 6至8小時
份量 6至8人份

巴伐露奶油醬750克（見46頁）
香蕉4根
蘭姆酒100毫升
鮮奶油香醍200克（見51頁）
糖漬鳳梨2片
開心果30克
液體油

克里奧巴伐露 *Bavarois à la créole*

1] 將香蕉剝皮，切成圓形薄片，然後立即放入蘭姆酒中浸漬。

2] 製作巴伐露奶油醬。

3] 將香蕉瀝乾，將蘭姆酒加入奶油醬中。

4] 將液體油刷在直徑22公分的模型上。倒入第一層的巴伐露奶油醬。撒上酒漬香蕉片，接著再蓋上巴伐露奶油醬，重複進行同樣的步驟，直到將模型填滿，最後蓋上一層巴伐露奶油醬。冷藏6至8小時。

5] 將鮮奶油香醍打發。

6] 將糖漬鳳梨片瀝乾，切成薄片。

7] 將巴伐露連模型快速浸過熱水後，在圓盤上脫模。將鮮奶油香醍放入裝有擠花嘴的擠花袋中，用奶油醬畫出薔薇花飾，每朵花飾中插上鳳梨片。

8] 最後，將開心果壓碎，撒在整個巴伐露上。

水果巴伐露 *Bavarois aux fruits*

準備時間 1小時
冷藏時間 6至8小時
份量 6至8人份

巴伐露奶油醬600克(見46頁)
快速冷凍果泥(杏桃、鳳梨、黑醋栗、草莓、覆盆子等)500毫升
吉力丁3片
檸檬1/2顆
椰子粉
糖粉

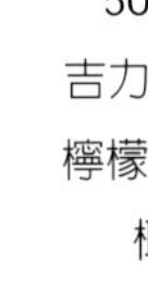

1] 讓果泥解凍。

2] 製作巴伐露奶油醬。

3] 將吉力丁泡入涼水中15分鐘，接著瀝乾。

4] 將半顆檸檬榨汁，然後加入果泥中。將1/4的果泥煮至微溫，加入充分脫水的吉力丁，混合後倒入剩餘的果泥中，然後再次混合。

5] 將上述配料加入巴伐露奶油醬中，混合後倒入直徑22公分的蒙吉蛋糕烤模或18公分的夏露蕾特(Charlotte)模中。冷藏6至8小時。

6] 將巴伐露連模型浸泡熱水一會兒後，在圓盤上脫模。

7] 將椰子粉快速放進熱烤箱中，稍微烘烤，然後撒在巴伐露上。再篩上糖粉。

老饕論 Commentaire gourmand

您可用調味的同一種水果醬汁來搭配此巴伐露。

100克的營養價值

80大卡；蛋白質：1克；醣類：12克；脂肪：3克

諾曼地巴伐露 *Bavarois à la normande*

準備時間 50分鐘
冷藏時間 6至8小時
份量 6至8人份

巴伐露奶油醬700克(見46頁)
吉力丁3片
蘋果400克
糖70克
奶油30克
蘋果白蘭地(calvados)70毫升
蘋果2或3顆
糖粉

1] 製作巴伐露奶油醬。

2] 將吉力丁泡入大量涼水中15分鐘，接著擠乾。

3] 將蘋果削皮，去籽，切塊，然後和糖、奶油一起放入平底深鍋中。當糖煮果泥煮好後，用食物調理機攪碎，或用叉子仔細壓碎。將充分擠乾的吉力丁加入溫熱的糖煮果泥中，接著放涼。

4] 在糖煮果泥冷卻時，和巴伐露奶油醬仔細混合，並加入蘋果白蘭地。倒入直徑22公分的烤模或18公分的夏露蕾特(Charlotte)模中。冷藏6至8小時。

5] 烤箱預熱200°C。

6] 製作裝飾用蘋果：將蘋果削皮，切成兩半，接著切成3或4公釐厚的圓形薄片。擺在覆有烤盤紙的烤盤上，篩上糖粉，烘烤約4或5分鐘，讓蘋果上色。

7] 為了能輕易地將巴伐露脫模，讓模型浸泡一會兒的熱水，然後倒扣在餐盤上。

8] 將金黃色的蘋果薄片仔細鋪在巴伐露的側面和上面，形成薔薇花飾。

激情
Émotion Exalté

味道和質地的美味遊戲：
在檸檬和薄荷草莓中，
蕃茄甜凍、絲滑的白巧克力慕斯、
以及鹽的刺激協調。

食譜見444頁

Charlotte, diplomates, puddings et pain perdus

夏露蕾特、水果麵包布丁、布丁和法式吐司

夏露蕾特是由指形蛋糕體、巴伐露奶油醬、慕斯或水果所構成的點心。

水果麵包布丁(diplomate)是從皮力歐許麵包或指形蛋糕體開始製作的。

布丁則是以麵糊、吐司(mie de pain)、

蛋糕體或粗粒麥粉為基礎所製成。

夏露蕾特 Les charlottes

杏桃夏露蕾特 *Charlotte aux abricots*

準備時間 30分鐘
冷藏時間 24小時
份量 6至8人份

RECETTE LÉGÈRE

乾果和糖漬水果
糖漬水果100克
蘭姆酒60毫升
葡萄乾100克

糖漿
糖40克
水100毫升
蘭姆酒40毫升

杏桃的材料
糖漬杏桃1大罐
檸檬1顆
糖100克
吉力丁2片
指形蛋糕體36個(見33頁)

1] 將糖漬水果切丁。和葡萄乾一起放入蘭姆酒中浸漬。

2] 在平底深鍋中放入糖和水。煮沸，接著離火並放至微溫，然後加入蘭姆酒。

3] 將杏桃瀝乾，用電動攪拌器攪拌。

4] 將檸檬榨汁，將果汁和糖加入果泥中。將吉力丁浸泡在大量冷水中，泡軟後擠乾。

5] 先加進1/4的杏桃果泥中，接著再加入剩餘的，每次都均勻混合。

6] 將葡萄乾和糖漬水果瀝乾。

7] 將指形蛋糕體一個個浸泡在糖漿中。覆蓋在邊長22公分的方形模型底部。鋪上一層糖漬水果和葡萄乾，一層杏桃果泥和一層糖漬蛋糕體。就這樣用葡萄乾和糖漬水果、杏桃果泥和糖浸蛋糕體交替地將夏露蕾特堆疊起來。最後鋪上指形蛋糕體。

8] 冷藏24小時。將夏露蕾特脫模，淋上剩餘的杏桃果泥。

100克的營養價值

215大卡；蛋白質：1克；醣類：46克；脂肪：2克

咖啡夏露蕾特 *Charlotte au café*

準備時間 1小時
冷藏時間 4小時
份量 6至8人份

咖啡奶油醬
液狀鮮奶油800毫升
阿拉比卡咖啡粉40克
吉力丁3片
細砂糖100克

糖漬蛋糕體
指形蛋糕體(biscuit à la cuillère)150克(見33頁)
滾燙的特濃濃縮咖啡120克
細砂糖60克
米果巧克力磚(tablette de chocolat au riz soufflé)3/4塊
3×6公分的吐司10片
奶油60克

裝飾
牛奶巧克力30克

1] 製作咖啡奶油醬：將液狀鮮奶油煮沸。倒入咖啡粉，蓋上蓋子，浸泡5分鐘。

2] 用細網目的濾器將1過篩。從浸泡液中提取100克，加入吉力丁和100克的糖。

3] 將剩餘浸泡的鮮奶油倒入沙拉盆中，放入裝有冰塊的隔水加熱鍋中，直到鮮奶油非常冰涼為止，接著用攪拌器用力攪打。

4] 將一些打發的鮮奶油放入2浸泡奶油和吉力丁的混合物中，接著再將這配料倒入剩餘的打發奶油中。均勻混合。

5] 調配濃縮咖啡並加糖。

6] 將米果巧克力約略切碎。

7] 將吐司片的兩面塗上奶油，放到烤架上烘烤。

8] 將直徑16公分的夏露蕾特模塗上奶油，然後在四周擺上熱吐司。在模型底部填入一些咖啡奶油醬，並撒上一半的巧克力碎片。用滾燙的咖啡濕潤一些指形蛋糕體，然後擺在模型上。

9] 重複同樣的程序，直到模型完全填滿，最後放上一層浸泡過咖啡的蛋糕體。將模型蓋上保鮮膜，冷藏保存4小時。

10] 將模型快速浸過熱水後，倒扣在餐盤上，將夏露蕾特脫模。製作牛奶巧克力刨花，然後撒在上面。在充分冷卻後享用。

老饕史 Histore gourmande

這道將咖啡(或巧克力)奶油醬倒入鋪有指形蛋糕體和糖漬吐司所構成的冰淇淋點心，人們將它的發明歸功於安東尼卡漢姆(Antonin Carême)。

巧克力夏露蕾特 *Charlotte au chocolat*

準備時間 40分鐘
冷藏時間 4小時
烹調時間 20分鐘
份量 6至8人份

巴伐露奶油醬800克(見46頁)
黑巧克力300克
英式奶油醬400克(見45頁)
指形蛋糕體(biscuit à la cuillère)300克(見33頁)

糖漿
水100毫升
細砂糖120克
蘭姆酒或香橙干邑甜酒(Grand Marnier)100毫升
黑巧克力30克

1] 先製作巴伐露奶油醬。將巧克力隔水加熱或微波加熱至緩緩融化，並加入巴伐露奶油醬，均勻混合。放涼

2] 製作英式奶油醬，在您製作剩餘配料時，保存於陰涼處。

3] 製作浸泡用糖漿：在小型平底深鍋中將水和細砂糖煮沸。放至微溫後加入蘭姆酒(或香橙干邑甜酒)。

4] 將一個一個的指形蛋糕體浸泡微溫的糖漿，然後鋪在直徑22公分的夏露蕾特模底部和側邊。

5] 小心地將巧克力巴伐露奶油醬倒入模型內，冷藏4小時。

6] 為了將夏露蕾特脫模，將模型迅速浸過熱水後倒扣在盤上。

7] 用削皮刀削下黑巧克力刨花，撒在夏露蕾特上。搭配英式奶油醬享用。

香蕉巧克力夏露蕾特
Charlotte au chocolat et à la banane

準備時間 40分鐘
冷藏時間 3小時
份量 6至8人份

巧克力沙巴雍慕斯700克（見66頁）
指形蛋糕體250克（見33頁）

糖漿
水80毫升
細砂糖80克
檸檬2顆
陳年蘭姆酒60毫升

香煎香蕉
香蕉2根
檸檬1又1/2顆
奶油15克
肉荳蔻粉
白胡椒粉
細砂糖20克

裝飾
檸檬1/2顆
香蕉1根
巧克力30克

1] 製作巧克力沙巴雍慕斯，置於陰涼處。

2] 製作糖漿：在平底深鍋中將水和糖煮沸。將2顆檸檬榨汁。將糖漿放涼後加入蘭姆酒和檸檬汁。

3] 製作香煎香蕉：將水果剝皮，切成1公分厚的薄片。將1又1/2顆檸檬榨汁，將果汁淋在香蕉上，均勻混合，以免香蕉變黑。

4] 將奶油在不沾鍋中加熱至融化，丟進香蕉，以旺火加熱2或3分鐘。加入1撮的肉荳蔻粉和研磨器轉2或3圈的白胡椒粉。將香蕉放涼。

5] 將直徑16公分的夏露蕾特模塗上奶油並撒上糖。

6] 讓指形蛋糕體稍微浸泡糖漿，然後整個鋪在模型周圍。倒入巧克力沙巴雍慕斯直到一半高度，接著撒上香蕉塊。

7] 放上一層糖漬蛋糕體。加入剩餘的沙巴雍慕斯，接著是剩餘的香蕉，最後將蛋糕體擺在模型頂端。冷藏至少3小時。

8] 為了將夏露蕾特脫模，將模型迅速過熱水後倒扣在餐盤上。

9] 製作夏露蕾特的裝飾：將半顆檸檬榨汁。將最後的香蕉切成圓形薄片，浸泡在檸檬汁中。整個擺在夏露蕾特的上緣四周。

10] 用削皮切裁下巧克力刨花，放在中央。冷藏後享用。

草莓夏露蕾特
Charlotte aux fraises

準備時間 35分鐘
冷藏時間 4小時
份量 6至8人份

草莓1公斤
吉力丁6片
糖60克
液狀鮮奶油750毫升
非常柔軟的指形蛋糕體250克（見33頁）

1] 將草莓快速洗淨，去梗，在吸水紙上瀝乾。

2] 將吉力丁浸泡在一些水中。

3] 預留一些草莓作為裝飾（挑最漂亮的）。將其他所有的草莓放入電動攪拌機凹槽中，打成果泥，或用蔬果榨汁機（moulin à légumes）壓碎。

4] 接著將果泥用漏斗型濾網或濾器過濾，以獲得非常細緻的果肉。

5] 將吉力丁仔細瀝乾。將1/4的草莓果肉和糖稍微加熱，接著加入吉力丁並加以混合。然後混入剩餘的果肉，再次攪拌均勻。

6] 加入打發的液狀鮮奶油，務必要均勻混入剩餘的混合物中。

7] 將指形蛋糕體稍微泡水，然後擺在直徑16公分的夏露蕾特模中，接著倒入草莓慕斯。再蓋上一層蛋糕體，冷藏保存4小時。

8] 為了將夏露蕾特脫模，將模型迅速浸過熱水後倒扣在餐盤上。用預留的草莓在上面進行裝飾。

100克的營養價值
185大卡；蛋白質：2克；醣類：11克；脂肪：14克

◀ 香蕉巧克力夏露蕾特
Charlotte au chocolat et à la banane
蓋滿沙巴雍慕斯和香煎香蕉，
此夏露蕾特必須冷藏至少3小時。

紅果夏露蕾特 *Charlotte aux fruits rouges*

準備時間 40分鐘
冷藏時間 2小時
份量 6至8人份

紅果慕斯
草莓100克
覆盆子100克
吉力丁3片
檸檬1/2顆
細砂糖50克
液狀鮮奶油300毫升
野莓(fraise de bois)60克
指形蛋糕體(biscuit à la cuillère)20個(見33頁)

覆盆子蜜 (nectar de framboise)
覆盆子80克
水500毫升
細砂糖50克
櫻桃酒20毫升

裝飾
草莓50克
覆盆子50克
黑莓(mûre)50克
醋栗(groseille)4至5串
野莓50克
覆盆子醬300克

RECETTE LÉGÈRE

1] 將草莓快速洗淨，去梗，在吸水紙上瀝乾。預留最漂亮的作為夏露蕾特的裝飾(約50克)。

2] 將其他所有草莓放入電動攪拌機凹槽中打成果泥，或用蔬果榨汁機壓碎。接著將果泥用漏斗型濾網或濾器過濾，以獲得非常細緻的果肉。

3] 將所有的覆盆子用食品調理機(moulinette)或電動攪拌器壓成泥(除了50克準備作為裝飾的以外)，以製作覆盆子蜜和慕斯。將這果泥在細網目的濾器中過濾去籽。

4] 製作覆盆子蜜：將水和糖煮沸。將糖漿放涼，這時加入櫻桃酒和50克的覆盆子泥。

5] 製作紅果慕斯：讓吉力丁浸泡在大量冷水中，軟化後擠乾。將檸檬榨汁，混合草莓泥和剩餘的覆盆子泥。加入檸檬汁和細砂糖。

6] 將吉力丁隔水加熱或微波加熱至融化。將2或3匙的甜果泥倒入融化的吉力丁中，接著加入剩餘所有的果肉並均勻攪拌。攪打液狀鮮奶油至發泡狀，加進上述材料中，攪打至均勻混合。

7] 將直徑18公分的夏露蕾特模塗上奶油。將一個一個的指形蛋糕體稍微浸泡覆盆子蜜，然後整個鋪在模型周圍。

8] 將紅果慕斯填至模型的1/3高度。撒上野莓。擺上泡過覆盆子蜜的指形蛋糕體，輕輕按壓。將慕斯填至齊邊時再用蛋糕體重複同樣的程序。

9] 將夏露蕾特冷藏3小時。

10] 將模型迅速浸過熱水後，倒扣在餐盤上脫模。

11] 用切半的草莓、覆盆子、黑莓、醋栗和野莓為夏露蕾特進行裝飾。

12] 搭配覆盆子醬，享用冰涼的夏露蕾特。

100克的營養價值

100大卡；蛋白質：2克；**醣類**：18克；**脂肪**：1克

栗子夏露蕾特 *Charlotte aux marrons*

準備時間 35分鐘
冷藏時間 6小時
份量 4至6人份

栗子泥200克
栗子奶油醬120克(見55頁)
威士忌30毫升
吉力丁2片
鮮奶油30克
鮮奶油香醍50克(見51頁)
香草糖2包(約14克)
指形蛋糕體(biscuit à la cuillère)18個(見33頁)
糖栗60克

糖漿
水80毫升
糖100克
純麥威士忌60毫升

1] 在沙拉盆中，用刮杓混合栗子泥、栗子奶油醬和威士忌。

2] 將吉力丁泡在大量冷水中，讓吉力丁軟化。仔細擠乾。

3] 將鮮奶油煮至微溫，接著放入吉力丁融化。

4] 加入1的栗子混合物。

5] 製作鮮奶油香醍，並加入香草糖。分幾次加入4的栗子混合物中。

6] 製作糖漿：將水和糖煮沸；放涼，接著加入60毫升的威士忌。

7] 將直徑18公分的夏露蕾特模塗上奶油。將指形蛋糕體一個個地浸泡糖漿。鋪在模型底部和邊緣。倒入一半的栗子夏露蕾特糊。均勻撒上糖栗塊，接著鋪上剩餘的栗子夏露蕾特糊。將夏露蕾特冷藏至少6小時。

8] 將模型迅速浸過熱水後，倒扣在餐盤上脫模。趁冰涼享用夏露蕾特。

凡西范德恩(Francis Vandenhende)

準備時間 1小時
烹調時間 15 + 35分鐘
冷藏時間 12至24小時
份量 6至8人份

巧克力木柴蛋糕體麵糊
160克(見32頁)
焦糖榛果
榛果80克
香草莢1/4根
水200毫升
糖60克
糖漿
細砂糖50克
可可粉15克
水100毫升
慕斯
非常苦的黑巧克力(chocolate noir très amer)300克
細砂糖140克
鮮奶油香醍500克(見51頁)
蛋2顆
蛋黃5個
裝飾
巧克力鏡面300克
指形蛋糕體
(biscuit à la cuillère)
140克見(33頁)
巧克力30克

榛果巧克力夏露蕾特
Charlotte aux noisettes et au chocolat

1] 烤箱預熱170°C。

2] 製作焦糖榛果：把榛果擺在烤盤上，稍微烘烤約15分鐘。接著放入粗孔的網篩或大型濾器中，用手掌滾動，以清除果皮。

3] 切下1/4的香草莢並刮出籽，然後和糖一起放入水中。煮沸直到118～120°C。

4] 離火。將微溫的榛果丟進糖漿中，用刮杓攪動，讓糖在周圍結晶。再將平底深鍋重新開火，持續攪拌至榛果變成琥珀色，接著倒入上油的烤盤或盤子，放涼。

5] 製作巧克力木柴蛋糕體麵糊。鋪在直徑18公分的慕斯圈中，烘烤35分鐘。將蛋糕體放涼，接著切成2塊圓餅，一個直徑18公分，另一塊14公分。

6] 製作糖漿：在平底深鍋中混合糖和可可粉，加水。煮沸，一邊用攪拌器攪拌。離火。

7] 製作慕斯：將巧克力打成碎塊，隔水加熱或微波加熱至融化。放涼至45°C。在平底深鍋裡放糖，並加入3大匙的水。煮沸約3分鐘，直到表面充滿大氣泡(125°C)。這時離火。

8] 製作鮮奶油香醍。

9] 將蛋打在容器中，加入蛋黃攪打，一邊以少量倒入熱糖漿。持續攪打至混合物泛白，體積膨脹3倍且冷卻。

10] 在融化的巧克力中，先加入1/4的鮮奶油香醍，加以混合，接著倒入剩餘的鮮奶油香醍，再次混合。

11] 接著加入蛋和糖漿的混合物，用攪拌器將配料以稍微舀起的方式混合。

12] 將18公分的半球模型固定在12至14公分的慕斯圈上，然後倒入一半的慕斯。將14公分的巧克力蛋糕體浸以糖漿，然後擺在慕斯上。

13] 將焦糖榛果約略切碎，撒在蛋糕體的表面上，接著倒入剩餘的慕斯。將最大的蛋糕體浸以糖漿，然後蓋在慕斯上。

14] 用保鮮膜將模型包住，冷藏12至24小時，並持續固定在慕斯圈上。

15] 在享用夏露蕾特時，將模型浸入溫水10秒鐘，然後倒扣在餐盤上脫模。

16] 把巧克力鏡面淋在整個夏露蕾特上。

17] 將指形蛋糕體切成兩半，然後立即黏在夏露蕾特周圍。

18] 用削皮刀製作巧克力刨花，在圓頂上進行裝飾。

訣竅

若您沒有半球形模型，請使用同樣大小的大碗或沙拉盆。

老饕論 Commentaire gourmand

您可用同樣方式製作杏仁夏露蕾特。

準備時間 1小時
烹調時間 30分鐘
冷藏時間 6至8小時
份量 6至8人份

洋梨
洋梨1.5公斤
水1公升
細砂糖500克

奶油醬
英式奶油醬500克(見45頁)
吉力丁8片
西洋梨蒸餾酒50毫升
鮮奶油香醍50克(見51頁)
指形蛋糕體(biscuit à la cuillère)24個(見33頁)

洋梨夏露蕾特
Charlotte aux poires

1] 先用糖和1公升的水製作糖漿。

2] 將所有的梨子剝皮，整顆投入煮沸的糖漿中煮。用刀尖檢查烹煮狀況。

3] 只用2顆熟梨製作梨子果泥，去籽，並用食品調理機(moulinette)攪拌：您應獲得150克的果泥。

4] 製作英式奶油醬。將吉力丁泡在裝了大量冷水的容器中，泡軟後擠乾，接著加入離火且還溫熱的奶油醬中溶化。在奶油醬冷卻時，加入蒸餾酒和果泥。

5] 將鮮奶油香醍打發，並和洋梨奶油醬混合。

6] 將其他的洋梨泥切成中型薄片，去籽。保留幾片洋梨片作為裝飾用。

7] 將直徑20公分的夏露蕾特模鋪上指形蛋糕體。倒入一層奶油醬，接著是一層洋梨片，接著再鋪上一層奶油醬，就這樣繼續下去，直到將模型填滿為止。最後鋪上一層蛋糕體。

8] 將模型蓋上保鮮膜，冷藏約6至8小時。

9] 將模型快速浸過熱水，在餐盤上脫模。用剩餘的洋梨切片在上面進行裝飾。

100克的營養價值

110大卡；蛋白質：2克；**醣類**：16克；**脂肪**：4克

準備時間 50分鐘
烹調時間 18分鐘
冷藏時間 3小時
份量 6至8人份

糖漬洋梨500克
指形蛋糕體(biscuit à la cuillère)80克(見33頁)

烤無花果
新鮮無花果4個
奶油10克
細砂糖20克
未經加工處理的柳橙皮1/2顆
蘋果汁500毫升

洋梨奶油醬
糖漬洋梨200克
吉力丁4片
英式奶油醬250克(見45頁)
液狀鮮奶油250毫升

裝飾
糖漬洋梨1個
新鮮無花果2個

洋梨無花果夏露蕾特
Charlotte aux poires et aux figues

1] 烤箱預熱200°C。

2] 製作烤無花果：將每個無花果的頂端切開，和奶油、糖、柳橙皮和蘋果汁一起放到烤盤上。烘烤18分鐘，一邊為水果淋上它們的汁液整整3或4分鐘。接著將烤盤從烤箱中取出，放涼。

2] 製備洋梨奶油醬：將200克的糖漬洋梨瀝乾，用食品調理機(moulinette)打成泥。

3] 讓吉力丁在冷水中軟化，接著仔細瀝乾。

4] 製作英式奶油醬，並在烹煮的最後加入吉力丁和洋梨果泥。均勻混合。接著將此配料放入裝滿冰塊的桶中冷卻。

5] 將液狀鮮奶油打發，在英式奶油醬充分冷卻時加入，用攪拌器輕輕混合。

6] 將500克的糖漬洋梨瀝乾，切丁。同樣將烤無花果切丁。

7] 將指形蛋糕體鋪在直徑16公分的夏露蕾特模周圍。將英式奶油醬倒至一半高度。撒上洋梨和烤無花果丁。放上一層指形蛋糕體，並在上面輕輕按壓。

8] 重複同樣的程序直到將模型填滿。最後以蓋上蛋糕體作為結束。

9] 將模型蓋上保鮮膜，冷藏3小時。

10] 將模型浸過熱水後倒扣在餐盤上，為夏露蕾特脫模。

11] 將洋梨和無花果切成薄片，為夏露蕾特進行裝飾。趁冰涼時享用。

蔚藍海岸夏露蕾特
Charlotte riviéra

準備時間 1小時
靜置時間 5或6小時
烹調時間 5分鐘
冷藏時間 4小時
份量 6至8人份

指形蛋糕體18個（見33頁）

水煮鮮桃
新鮮桃子1公斤
水750毫升　糖380克
肉桂棒1根　檸檬5顆

薄荷汁
新鮮薄荷1把
水160毫升　細砂糖80克

滑順檸檬奶油醬
檸檬奶油醬450克（見53頁）
奶油300克

裝飾
糖粉
榲桲（coing）或蘋果果膠1大匙
醋栗（groseille）3或4串或
野莓幾顆

1］製作水煮鮮桃：將水、糖、肉桂棒和檸檬汁煮沸。將水果削皮，切成兩半，去核。立即泡入糖漿，熄火，就這樣浸漬5或6小時，並蓋上盤子，讓水果完全浸入糖漿中。

2］讓水煮鮮桃在吸水紙上瀝乾，並切成大薄片。

3］製作薄荷汁：將薄荷葉切碎。將水和糖煮沸。離火，這時混入切碎的薄荷。倒入電動攪拌器的碗中，打成細碎。

4］製作檸檬奶油醬。過濾以去除果皮，接著在還溫熱的奶油醬中加入奶油，一邊不停用攪拌器攪拌，或是用手持式電動料理器更好。

5］為直徑18公分的夏露蕾特模塗上奶油並撒上糖。將蛋糕體平的部分浸泡在薄荷汁中，然後鋪在模型四周。將一半的檸檬奶油醬倒入模型底部，接著放入1/3切片的桃子片，並蓋上糖漬蛋糕體。加入剩餘的奶油醬和剩下一半的桃子。最後蓋上蛋糕體。

6］將剩餘的桃子用盤子蓋上保鮮膜，保存在陰涼處。

7］也將模型蓋上，將所有材料置於陰涼處至少4小時。

8］快速浸過熱水後，將夏露蕾特倒扣在餐盤上脫模。

9］為夏露蕾特飾上糖粉，將桃子排成花冠狀。用毛刷刷上熱的榲桲或蘋果膠。

10］用您選擇的紅色水果和一片新鮮薄荷作為裝飾。趁冰涼時享用。

「教士」蛋糕
Gâteau « le prélat »

準備時間 1小時30分鐘
冷藏時間 6至8小時 + 2至3小時
份量 6至8人份

含糖的特級濃縮咖啡1公升
白蘭姆酒（rhum blanc）70毫升
細線狀態的糖漿（sucre cuit au filé）300克（見69頁）
未經加工處理的柳橙皮2顆
苦甜巧克力300克
濃縮鮮奶油（crème double）750毫升
全蛋2顆
蛋黃6個
指形蛋糕體30個（見33頁）

鏡面
巧克力300克
液狀鮮奶油300毫升
水50毫升
蜂蜜50克

1］調配特級濃縮咖啡。稍微加一點糖，然後加入白蘭姆酒。放涼。

2］煮細線糖（見69頁）。

3］將柳橙皮削成碎末。將巧克力隔水加熱或微波加熱至軟化。將鮮奶油稍微打發。一起攪打全蛋和蛋黃。淋在細絲糖漿上，攪打至混合物冷卻。加入巧克力、果皮和奶油。均勻混合。

4］將20×24公分的矩形模型塗上奶油，在底部鋪上稍微浸泡過咖啡的指形蛋糕體。用湯匙塗上巧克力奶油醬。再擺上一層浸泡過的蛋糕體，就這樣繼續下去，直到模型頂端，最後鋪上咖啡蛋糕體。

5］將蛋糕冷藏6至8小時。

6］為了將蛋糕脫模，將模型迅速浸過熱水，然後後倒扣在餐盤上。

7］製作鏡面：將巧克力切成細碎。將鮮奶油、水和蜂蜜一起煮沸，然後將這煮沸的混合物倒入切碎的巧克力中，一邊用刮杓攪拌。

8］將蛋糕放在盤上的網架上。為蛋糕淋上鏡面，並用抹刀塗均勻，收集流下的巧克力，再塗在蛋糕上。

9］再將蛋糕冷藏2或3小時。在極冰涼時享用。

亞歷山大．杜曼（Alexandre Dumaine）

白巧克力夏露蕾特佐大黃和紅果

Charlotte au chocolat blanc, à la rhubarbe et aux fruits rouges

此夏露蕾特是由指形蛋糕體所組合而成，
最好預先浸泡過百香果汁。
我們交替疊上白巧克力慕斯層、大黃泥、糖漬蛋糕體。
至於裝飾的部分，
則在最後一刻擺上幾片薄荷葉和新鮮的紅水果。

食譜見442頁

水果麵包布丁 Les diplomates

巴伐露水果麵包布丁 *Diplomate au bavarois*

準備時間 1小時
浸漬時間 1小時
冷藏時間 6小時
份量 4至6人份

史密爾那(Smyrne)葡萄乾50克
水100毫升
細砂糖100克
切丁的糖漬水果50克
蘭姆酒50毫升
巴伐露香草奶油醬
500克(見48頁)
指形蛋糕體200克(見33頁)

修飾

杏桃果膠3大匙
蘭姆酒30毫升

1] 將史密爾那葡萄放入濾器中並快速洗淨。將100毫升的水和100克的細砂糖煮沸，然後將葡萄浸入；放涼，接著瀝乾，擺在盤上，並保存糖漿。

2] 將糖漬水果切丁，放入蘭姆酒中浸漬1小時。

3] 製作巴伐露香草奶油醬

4] 為直徑18公分的夏露蕾特模塗上奶油。

5] 將糖漬水果瀝乾。混合葡萄糖漿和糖漬水果蘭姆酒，將指形蛋糕體泡入。在模型底部擺上幾個糖漬水果，蓋上一層巴伐露香草奶油醬。

6] 先在上面加入一層指形蛋糕體，並撒上糖漬水果。就這樣持續一層層地疊上，直到模型完全填滿，最後疊上一層糖漬水果作為結束。

7] 在模型上放上保鮮膜，冷藏保存至少6小時。

8] 將模型浸過熱水後倒扣在餐盤上，為水果麵包布丁脫模。

9] 將杏桃果膠加熱至融化，加入蘭姆酒，並用毛刷為水果麵包布丁刷上果膠。趁冰涼時享用。

糖漬水果麵包布丁 *Diplomate aux fruits confits*

準備時間 35分鐘
浸漬時間 1小時
烹調時間 1小時
份量 6至8人份

糖漬水果200克
葡萄乾80克
蘭姆酒100毫升
皮力歐許麵包1個(見24頁)
奶油40克
細砂糖200克
香草糖1包(約7克)
牛奶250毫升
蛋6顆

裝飾

糖漬水果30克

1] 將糖漬水果切碎，放入蘭姆酒中，和葡萄乾一起浸漬1小時。

2] 烤箱預熱150℃。

3] 將皮力歐許麵包切成厚2公分的切片。將麵包皮去掉，在麵包片的兩面塗上奶油，在烤箱的烤架上稍微烘烤上色並轉面。

4] 將葡萄和糖漬水果瀝乾。保留蘭姆酒。

5] 為直徑22公分的夏露蕾特模塗上奶油並撒上糖。

6] 先在底部鋪上一層麵包片，然後蓋上葡萄和糖漬水果。放上另一層麵包片，接著是一層浸漬水果，持續至模型完全填滿。

7] 在大碗中混合細砂糖、香草糖和牛奶。用叉子攪打蛋，然後和浸漬的蘭姆酒一起加進碗中。

8] 將上述配料逐漸倒入模型中，讓麵包片有時間吸收水分。

9] 在烤箱中隔水加熱1小時。不應煮沸。

10] 放至完全冷卻，在餐盤上脫模。用糖漬水果進行裝飾。在放涼後享用。

黑李乾麵包布丁
Diplomate aux pruneaux

準備時間 40分鐘
浸漬時間 12小時
冷藏時間 6小時
份量 4至6人份

阿讓黑李乾(pruneaux d'Agen)200克
淡茶1碗
卡士達奶油醬500克(見58頁)
細砂糖50克
蘭姆酒或櫻桃酒30毫升
指形蛋糕體28個(見33頁)

修飾
蘭姆酒或櫻桃酒英式奶油醬500克(見45頁)

1] 前一天晚上：泡茶，並讓整顆的李子乾浸漬一整晚。

2] 製作卡士達奶油醬。

3] 將李子乾和茶倒入大型平底深鍋中，加糖，以文火煮15分鐘。放涼，接著瀝乾並去核。

4] 在糖漿中加入蘭姆酒或櫻桃酒。將指形蛋糕體一一浸入，然後填入直徑18公分的夏露蕾特模中。

5] 先倒入一些卡士達奶油醬，放上一層李子乾，接著是一層蛋糕體，然後就這樣持續至模型填滿為止，最後放上蛋糕體作為結束。為水果麵包布丁蓋上保鮮膜，冷藏6小時。

6] 製作英式奶油醬，用蘭姆酒或櫻桃酒調味，同樣冷藏保存。

7] 為水果麵包布丁脫模，淋上英式奶油醬享用。

布丁和法式吐司 Les puddings et les pains perdus

聖誕布丁
Cristmas pudding

準備時間 提前3星期
烹調時間 4小時
重新加熱時間 2小時
份量 12至25人份

牛的白色脂肪(graisse de rognon de boeuf)500克
柳橙皮125克
糖漬櫻桃125克
去皮杏仁125克
檸檬皮2顆
葡萄乾500克
史密爾那(Smyrne)葡萄乾500克
科林斯葡萄乾(raisins de Corinthe)250克
新鮮麵包粉(chapelure)500克
麵粉125克
四香粉(quatre-épice)25克
肉桂25克
肉荳蔻(muscade)1/2顆
鹽1撮
牛奶300毫升
蛋7或8顆
蘭姆酒60毫升
檸檬汁2顆

1] 將牛脂肪切成小塊。

2] 將柳橙皮、糖漬櫻桃、杏仁和檸檬皮切碎。

3] 在容器中將上述所有的材料和各種葡萄、麵包粉、麵粉和所有的香料混合。加入鹽、牛奶並加以攪拌。

4] 隨著一顆顆蛋的加入，在每次混合時攪打每一顆蛋。

5] 接著倒入蘭姆酒和檸檬汁。揉捏至麵糊均勻。

6] 將這麵團包在撒有麵粉的帆布中，形成團狀。再用細繩綁好，在沸水中煮約4小時。其他方案：為圓形容器稍微上油，放入麵團，用烤盤紙將蓋子密封；用繩子綁好，讓容器不會打開，然後放入燉鍋中，將水淹至一半高度。煮4小時。

7] 布丁連同布料或容器，保存在陰涼處至少3星期。

8] 在享用時，再隔水加熱烤2小時，接著脫模，淋上蘭姆酒，享用以冬青枝條裝飾的火燒布丁。

變化 Variante

此布丁也能搭配蘭姆奶油(rhum butter)享用：混合250克的糖粉，並和125克的奶油攪打至混合物呈現白色乳霜狀。這時一匙一匙地舀上一杯蘭姆酒。搭配這非常冰涼的醬汁來享用聖誕火燒布丁。

皮力歐許法式吐司
Pain perdu brioché

準備時間 20分鐘
烹調時間 5分鐘
份量 4至6人份

香草莢1/2根
牛奶1/2升
細砂糖100克
放硬的皮力歐許
(brioche rassise)250克
蛋2顆
奶油100克
糖粉
肉桂粉

1] 將香草莢打開，刮出籽，和80克的糖一起放入牛奶中。煮沸，接著浸泡並放涼。

2] 將皮力歐許切成厚片。將蛋和20克的糖一起攪打至均勻。

3] 將每片皮力歐許迅速泡過冷卻的牛奶，以免散開，接著放入打散的蛋液中。

4 在大型不沾鍋中加熱奶油，將所有皮力歐許的每一面煎成金黃色。

5] 擺在盤上並撒上糖粉和肉桂粉。

法式麵包布丁
Pudding au pain à la française

準備時間 15分鐘
烹調時間 1小時
份量 6至8人份

淡茶
葡萄乾50克
杏桃果醬125克
放硬的皮力歐許麵包
(brioche rassise)14片
蛋4顆
細砂糖100克
牛奶400毫升
切丁的糖漬水果60克
蘭姆酒60毫升
鹽1撮
糖漬洋梨4個
黑醋栗醬汁

1] 準備淡茶，將葡萄泡至膨脹。

2] 將杏桃果醬過篩。

3] 將葡萄乾瀝乾。

4] 在沙拉盆中將皮力歐許麵包片切成小丁。

5] 在容器中將蛋和細砂糖一起攪打至均勻，倒在皮力歐許上並加以混合。加入微溫的牛奶、葡萄乾、糖漬水果、蘭姆酒、1撮的鹽和杏桃果醬。均勻混合。

6] 將糖漬洋梨仔細瀝乾，然後切成薄片。

7] 烤箱預熱200°C。

8] 將直徑18公分的布丁模(或22公分的烤模)塗上奶油，然後倒入一半的麵糊。擺上洋梨片，摻進並蓋上剩餘的配料。在工作檯上將模型輕輕搖動，讓麵糊(appareil)均勻。

9] 將布丁模放在盤上隔水加熱。先煮至沸，接著將布丁烘烤1小時。

10] 將模型底部浸過冷水幾秒，接著在圓盤上將布丁脫模，搭配黑醋栗醬汁享用。

蘋果布丁
Pudding aux pommes

準備時間 30分鐘
烹調時間 2小時
份量 6至8人份

牛的白色脂肪225克
麵粉400克
細砂糖30克
鹽7克
水100毫升

蘋果
蘋果(reine des reinettes品種)500克
細砂糖70克
未經加工處理的檸檬皮1顆
肉桂粉(可隨意)

1] 將牛的白色脂肪切成細碎。用食物調理機(robot)或在沙拉盆中，用刮杓和麵粉、細砂糖、鹽及水混合，攪拌至麵團均勻，接著擀成8公釐的厚度。

2] 將檸檬皮切碎。

3] 將蘋果削皮、去籽、切成薄片，然後和糖、檸檬皮及肉桂粉混合。

4] 為1公升的布丁碗，或夏露蕾特模，或直徑18至20公分、高10公分的耐熱玻璃(Pyrex)模型塗上奶油。擺上一半的麵皮，接著放上蘋果。

5] 蓋上剩餘的麵皮，用手指捏緊，將邊緣密合。用布料將碗包起來，用細繩綁好。將布丁放入裝有沸水的平底深鍋中，以文火煮2小時。

皮力歐許法式吐司 Pain perdu brioché ▶
撒上糖粉和肉桂粉，
此法式吐司可搭配新鮮草莓享用。

南瓜布丁 *Pudding au potiron*

準備時間 1小時
烹調時間 50分鐘
份量 4至6人份

南瓜(potiron)1公斤
糖350克
未經加工處理的柳橙2顆
蛋5顆
玉米粉200克
牛奶500毫升
柳橙汁100毫升
糖漬柳橙些許

1] 將南瓜剝皮並去籽。切塊後和50克的糖一起放入沸水中煮至軟化。瀝乾後放入蔬果榨汁機中打成泥。

2] 將柳橙皮削成碎末，並然後榨果汁。

3] 打蛋，用力地攪打。

4] 將南瓜泥和玉米粉、牛奶、柳橙汁、柳橙皮末及蛋汁混合。

5] 將剩餘的糖(300克)放入布丁模中。加入30毫升的水，煮沸至獲得淺色焦糖。放至微溫，然後倒入先前4的配料。

6] 烤箱預熱180°C。

7] 將模型在隔水加熱的鍋中烘烤50分鐘；檢查烘烤狀態：當我們將針插入布丁，取出時必須保持潔淨。

8] 放涼，接著脫模。用糖漬柳皮裝飾表面後享用。

小麥布丁 *Pudding à la semoule*

準備時間 30分鐘
烹調時間 25 + 30分鐘
靜置時間 30分鐘
份量 6至8人份

牛奶1公升
糖125克
奶油100克
鹽1撮
細粒小麥粉(semoule fine)250克
蛋6顆
柳橙利口酒30毫升
模型用奶油和粗粒小麥粉(semoule)

1] 加熱牛奶、糖、奶油和1大撮鹽。當牛奶煮沸時，大量倒入小麥粉。用刮杓混合，以極小的火煮25分鐘。放至微溫。

2] 烤箱預熱200°C。

3] 打蛋，並將蛋黃和4個蛋白分開。將4個蛋白和1撮鹽打成非常立角狀的蛋白霜。

4] 在微溫的小麥粉中倒入蛋黃和柳橙利口酒。均勻混合，接著加入蛋白霜，再次用刮杓攪拌。

5] 為沙弗林模(moule à savarin)塗上奶油，撒上小麥粉。倒入麵糊，放入隔水加熱的深烤盤中，烘烤30分鐘：布丁摸起來應略具彈性。

6] 靜置約30分鐘後脫模。

老饕論 Commentaire gourmand

您可搭配英式柳橙醬(見105頁)來享用這道布丁。

蘇格蘭布丁 *Scotch pudding*

準備時間 30分鐘
烹調時間 1小時
份量 6至8人份

奶油200克
吐司500克
牛奶300毫升
細砂糖125克
葡萄乾(科林斯、馬拉加Málaga、史密爾那)375克
切丁的糖漬水果175克
蛋4顆
蘭姆酒60毫升

1] 烤箱預熱200°C。

2] 將奶油隔水加熱或微波加熱至軟化。

3] 將吐司弄碎，放入沙拉盆中。淋上滾燙的牛奶。先加入軟化的奶油、細砂糖、科林斯、馬拉加、史密爾那葡萄乾和糖漬水果丁，在每加入一樣材料時加以混合。接著加入一顆顆的蛋，在加進每一顆時一邊混合，並加入蘭姆酒。攪拌至麵糊均勻。

4] 為直徑22公分的模型塗上奶油，倒入麵糊。

5] 將模型放入隔水加熱的深烤盤中，烘烤1小時。

老饕論 Commentaire gourmand

您可搭配用50毫升的蘭姆酒調味的沙巴雍(見270頁)，或是用30毫升的馬德拉葡萄酒(madère)調味的英式奶油醬(見45頁)來享用這道布丁。

Les crêpe, les beignet et les gaufres
可麗餅、油炸麵團和鬆餅

可麗餅和鬆餅爲傳統的配料，很容易製作，

而且經常與儀式慶典相結合。

油炸麵團(或稱多拿滋)則名列最古老的地區點心之一。

使用的麵糊依包入的食材而有所不同，

因而形成各式各樣的變化。

可麗餅 Les crêpes

準備時間 15分鐘
靜置時間 2小時
烹調時間 30分鐘
份量 10片可麗餅

可麗餅麵糊800克(見28頁)
花生油
細砂糖

經典甜式可麗餅
Crêpes au sucre

1] 製作可麗餅麵糊並靜置2小時。

2] 在碗中放入一點花生油。將不沾鍋加熱，用浸過油的棉布擦上薄薄的油。

3] 用長柄大湯勺將麵糊倒入平底煎鍋中。將平底深鍋朝各個方向傾斜，讓麵糊均勻攤開。重新置於爐火上。在麵糊顏色變深時，用抹刀將邊緣鏟起，然後將可麗餅翻面。將另一面煎約1分鐘：可麗餅必須變成金黃色。

4] 將煎好的可麗餅放到餐盤上。撒上細砂糖。

100克的營養價值

165大卡；蛋白質：6克；醣類：19克；脂肪：6克

老饕論 Commentaire gourmand

在製作可麗餅麵糊時，您可用金黃啤酒(bière blonde)來取代一半的牛奶。這時使用俄式煎餅鍋(poêle à blinis)，每片可麗餅約一湯勺。煎1分鐘，將可麗餅翻面，煎至金黃色為止。享用這塗上含鹽奶油並淋上楓糖漿的可麗餅。

杏仁可麗餅
Crêpe aux amandes

準備時間 10 + 20分鐘
靜置時間 2小時
烹調時間 30分鐘
份量 12片可麗餅

可麗餅麵糊1公斤(見28頁)
卡士達奶油醬500克(見58頁)
杏仁粉75克
蘭姆酒30毫升
糖粉

1] 製作可麗餅麵糊並靜置2小時。

2] 製作卡士達奶油醬；在配製的最後，加入杏仁粉和蘭姆酒。均勻混合。

3] 將不沾鍋加熱，稍微擦上油，以基本的方式(見199頁的食譜)製作12張可麗餅。

4] 陸續為每片可麗餅填入杏仁卡士達奶油醬，並一個個地捲起。輕輕地擺在可烘烤的餐盤上。

5] 烤箱預熱250℃。

6] 撒上糖粉，烤成金黃色。立即享用。

錢袋可麗餅
Crêpe en aumônière

準備時間 35分鐘
靜置時間 2小時
烹調時間 20分鐘
份量 6片可麗餅

可麗餅麵糊500克(見28頁)
檸檬1顆
蘋果2顆
洋梨2顆
香蕉2根
細砂糖10克
覆盆子醬180克(見102頁)
牙籤(pique en bois) 12根

1] 製作可麗餅麵糊並靜置2小時。

2] 以基本的方式(見199頁的食譜)製作6片可麗餅，趁熱保存在餐盤中。

3] 將檸檬榨汁。將蘋果和洋梨削皮，並去除所有的籽；將香蕉剝皮。

4] 將所有的水果切成小塊，淋上檸檬汁。

5] 接著在平底深鍋中以小火和糖一起煎12分鐘。

6] 在每個盤上淋上覆盆子醬。把邊摺起，形成錢袋狀，並用2根牙籤固定維持袋口的密合。

7] 將每個錢袋擺在盤上，立即享用。

修道院可麗餅
Crêpes des chartreux

準備時間 35分鐘
靜置時間 2小時
烹調時間 20分鐘
份量 6片可麗餅

可麗餅麵糊500克(見28頁)
軟化的奶油50克
細砂糖50克
烤好的義式蛋白霜3個(見43頁)
沙特勒茲綠色香甜酒(Chartreuse verte) 50毫升
未經加工處理的柳橙1顆
馬卡龍(macaron) 6個
干邑白蘭地(cognac) 50毫升
糖粉

1] 製作可麗餅麵糊並靜置2小時。將奶油從冰箱取出，讓奶油軟化。

2] 將奶油放入容器中，用刮杓或叉子攪拌至膏狀，接著加入細砂糖並加以混合。用您的手指在容器上將蛋白霜餅弄碎，再加以混合。最後加入沙特勒茲綠色香甜酒。

3] 將柳橙皮削成碎末，加入麵糊中。用刀將馬卡龍切成細碎，和干邑白蘭地一起混入先前的配料中。均勻混合。

4] 以基本方式(見199頁的食譜)煎可麗餅，為每一片塗上大量的填料，折成4折。

5] 擺到熱盤上，撒上糖粉，趁熱享用。

變化 Variante

柑橘可麗餅
Crêpes à la mandarine

在可麗餅麵糊中加入柑橘汁和1匙的柑香酒(curaçao)。和50克的奶油、柑橘汁和果皮、1匙的柑香酒及50克的細砂糖拌合，製作柑橘奶油。在折疊成4折前，在每片可麗餅上放上1匙的奶油。

准備時間 45分鐘
靜置時間 2小時
烹調時間 20 + 5分鐘
份量 6片可麗餅

可麗餅麵糊500克(見28頁)
切丁的糖漬水果50克
蘭姆酒100毫升
圓粒米100克
牛奶400毫升
香草莢1根
糖80克
奶油30克
鹽1撮
蛋黃3個
糖粉

孔戴可麗餅
Crêpe Condé

1] 製作可麗餅麵糊並靜置2小時。

2] 將糖漬水果浸漬在蘭姆酒中。

3] 在平底深鍋中將2升的水煮沸，浸入圓米數秒，接著用冷水沖洗，瀝乾。

4] 烤箱預熱200°C。

5] 將牛奶和香草莢一起煮沸，接著移除。加入糖、奶油、1大撮的鹽，均勻攪拌，接著加入米。

6] 等混合物再次煮沸，再度攪拌，接著整個倒入耐高溫餐盤中。

7] 為餐盤包上鋁箔紙，烘烤約20分鐘。

8] 以基本的方式(見199頁的食譜)煎可麗餅，放入盤中，擺在裝有沸水的平底深鍋中保溫。

9] 在米煮熟時，攪拌並放涼5分鐘，接著加入一個一個的蛋黃，然後是糖漬水果和蘭姆酒。均勻混合。

10] 為可麗餅填入上述配料，捲起，緊密地擺在盤上。撒上糖粉。

11] 將烤箱溫度調高為250°C，再將餐盤烘烤幾分鐘，讓可麗餅變成金黃色。立即享用。

準備時間 5分鐘
靜置時間 2小時
烹調時間 20分鐘
份量 80片法式薄脆餅

精製麵粉(farine de froment)250克
鹽1撮
細砂糖250克
香草精1/2小匙
蛋5顆
鮮奶750毫升

布列塔尼法式薄脆餅
Crêpe dentelles bretonnes

1] 將麵粉、鹽、糖放入大碗中混合，接著加入香草精和一顆顆的蛋，在每次加入時用刮杓攪拌。最後倒入鮮奶，持續攪拌至您獲得平滑且稀薄的麵糊，接著將麵糊靜置2小時。

2] 用小型不沾鍋加熱，稍微上油。倒入一些薄脆餅麵糊，並快速地盡可能攤開。在薄脆餅上色時翻面。

3] 當薄脆餅煎好時，切成3條帶狀後捲起。

4] 將薄脆餅以密封盒保存，以免受潮。

準備時間 40分鐘
靜置時間 30分鐘
烹調時間 15分鐘
份量 4人份

麵糊
蛋3顆
麵粉220克
牛奶500毫升
糖50克

填料
蘋果(reinettes品種)3顆
糖75克
蘭姆酒100毫升

蘋果厚可麗餅
Crêpe épaisse aux pommes

1] 製作麵糊：將蛋攪打至發泡。混合麵粉和牛奶，接著混入蛋和糖，直到獲得平滑且均質的麵糊。靜置30分鐘。

2] 製作填料：將蘋果削皮，去心，切成非常薄的薄片。撒上糖。

3] 將塗上奶油的不沾平底煎鍋加熱。倒入大量足以覆蓋平底深鍋底部的麵糊，接著加入1/4的蘋果片。

4] 再為蘋果蓋上麵糊。將平底深鍋加蓋，以文火煎至底部呈現金黃色為止。翻面後繼續煎7或8分鐘。就這樣製作4片厚可麗餅。

5] 將蘭姆酒加熱，為每片可麗餅撒上糖，然後點火燃燒。立即享用。

諾曼地可麗餅 *Crêpe normandes*

準備時間 35分鐘
靜置時間 2小時
烹調時間 15分鐘
份量 6片可麗餅

可麗餅麵糊500克(見28頁)
蘋果3顆
蘋果白蘭地(calvados)60毫升
奶油50克
糖粉
鮮奶油200毫升

1] 製作可麗餅麵糊並靜置2小時。

2] 將蘋果削皮、去籽並切成非常薄的薄片。放入蘋果白蘭地中浸漬，直到麵糊準備好為止。

3] 在平底煎鍋中加熱奶油，丟入蘋果，讓蘋果快速上色。放涼後加入可麗餅麵糊。

4] 在不沾平底煎鍋中煎可麗餅。撒上糖粉。陸續疊在餐盤上。

5] 搭配一旁放在醬汁杯(saucière)中的鮮奶油，趁熱享用。

橙香火焰可麗餅 *Crêpe Suzette*

準備時間 30分鐘
靜置時間 2小時
烹調時間 30分鐘
份量 6片可麗餅

可麗餅麵糊500克(見28頁)
柑橘2顆
柑香酒(curaçao)2大匙
玉米油2大匙
奶油50克
細砂糖50克
香橙干邑甜酒50毫升

1] 將柑橘皮削成碎末，並將果肉榨汁。

2] 製作麵糊，同時加入一半的柑橘汁、1大匙的柑香酒和玉米油。靜置2小時。

3] 在容器中將奶油切成小塊。和剩餘的柑橘汁、柑香酒、柑橘皮末及細砂糖拌和。

4] 以基本的方式煎可麗餅(見199頁的食譜)，薄一點更好。

5] 將一點調味奶油擺在每片可麗餅上，折成4折，再以文火加熱。擺盤。

6] 在小型平底深鍋中加熱香橙干邑甜酒，淋在可麗餅上後點火燃燒。

櫻桃酒可麗餅 *Matafans bisontins*

準備時間 10分鐘
靜置時間 1小時
烹調時間 10分鐘
份量 5片可麗餅

麵粉50克
牛奶150毫升
蛋1顆
蛋黃2個
細砂糖50克
鹽1撮
液體油1小匙
櫻桃酒(kirsch)20毫升
奶油

1] 在麵粉中央作出凹槽，倒入牛奶、全蛋和蛋黃、一些細砂糖、鹽及油。

2] 混合，接著加入櫻桃酒。讓麵糊靜置約1小時。

3] 在不沾平底煎鍋中加熱一些奶油。倒入麵糊，在平底深鍋中均勻攤開(見199頁的食譜)。

在可麗餅一面煎好時，翻面，將另一面煎至金黃色。

老饕論 Commentaire gourmand

加入櫻桃酒，製作香煎櫻桃：迅速將250克去核或未處理的新鮮櫻桃和奶油一起放入熱的平底煎鍋中，並加入20至30毫升的櫻桃酒。放上這些煮過的櫻桃後，趁熱享用可麗餅。

果醬薄煎餅
Pannequets à la confiture

準備時間 20＋30分鐘
靜置時間 2小時
烹調時間 50分鐘
份量 8片可麗餅

可麗餅麵糊700克(見28頁)
半顆糖漬杏桃16個
歐洲李果醬125克
杏仁片60克
奶油25克
糖粉
蘭姆酒50毫升

1] 製作可麗餅麵糊並靜置2小時。
2] 以慣用的方式在不沾平底煎鍋中製作可麗餅(見199頁的食譜)。
3] 將杏桃切成薄片。
4] 為每片可麗餅塗上一層歐洲李果醬，不要覆蓋到邊緣。在中央擺上等量的杏桃並撒上杏仁片。
5] 烤箱預熱240℃。
6] 將可麗餅捲起，擺在塗了奶油的焗烤盤中。為煎餅撒上糖粉，烘烤5至7分鐘。加熱蘭姆酒，淋在可麗餅上，點火燃燒。

油炸麵團(或稱多拿滋) Les beignets

櫻桃多拿滋
Beignet aux cerises

準備時間 20分鐘
靜置時間 1小時
烹調時間 15分鐘
份量 30個多拿滋

多拿滋麵糊400克(見28頁)
硬肉櫻桃300克
結晶糖(sucre cristallisé)100克
肉桂粉1撮
油炸用油

1] 製作多拿滋麵糊並靜置1小時。
2] 將油炸用油加熱至175℃。
3] 將櫻桃洗淨，不要去梗，仔細弄乾。在盤中混合糖和肉桂粉。
4] 拿著每顆櫻桃的梗，浸入多拿滋麵糊中，接著泡入油炸液中。油炸至呈現金黃色。
5] 用漏勺陸續撈起並瀝乾。擺在吸水紙上。
6] 蘸過糖和肉桂粉的混合物後，趁熱享用。

變化 Variante

您也能製作香蕉多拿滋(為6根香蕉預備800克的多拿滋麵糊)。先浸漬香蕉切塊的縱向。插在長叉子上，滾過麵糊後油炸。

蜂蜜檸檬多拿滋
Beignets au citron et au miel

準備時間 25分鐘
靜置時間 45分鐘
烹調時間 20分鐘
份量 20個多拿滋

麵糊的材料
麵粉100克
泡打粉1/2包
水150毫升
檸檬1顆

糖漿
細砂糖750克
水400毫升
檸檬1顆
蜂蜜1大匙

油炸用油

1] 製作多拿滋麵糊：將泡打粉摻水攪和。將檸檬榨汁。將麵粉放入沙拉盆中，作出凹槽，倒入摻水的泡打粉和檸檬汁。均勻混合：麵糊必須平滑，不能太稀。靜置約45分鐘。
2] 製作糖漿：將檸檬榨汁。混合糖和水，煮沸約5分鐘。這時加入蜂蜜和檸檬汁。離火。
3] 將油炸用油加熱至175℃。
4] 將麵糊放入裝有5號星型擠花嘴的擠花袋中。當油夠熱時(175℃)，用擠花袋擠下約5或6公分長的麵塊。攪動，在多拿滋變成金黃色時取出。
5] 擺在吸水紙上。浸入糖漿，放在餐盤一，趁熱享用。

柏林油炸球

Boules de Berlin

一種柔軟可口的甜食，可填入歐洲李、
杏桃、覆盆子果醬，
或是卡士達奶油醬。

食譜見440頁

金合歡多拿滋
Beignets de fleurs d'acacia

準備時間 15分鐘
靜置時間 1小時
烹調時間 15分鐘
份量 15個多拿滋

多拿滋麵糊200克(見28頁)
柳橙1顆
金合歡(fleurs d'acacia) 15串
油炸用油
糖粉

1] 製作多拿滋麵糊，同時加入100毫升的柳橙汁，靜置1小時。

2] 將油炸用油加熱至170～180℃。將每串金合歡浸入多拿滋麵糊中，均勻包覆，接著浸入油炸液中。

3] 用漏勺將金合歡轉面，讓每一面都變成金黃色，接著取出，擺在吸水紙上。

4] 放到覆有餐巾的餐盤上。撒上糖粉後享用。

科西嘉乳酪多拿滋
Beignet à l'imbrucciata

準備時間 20分鐘
靜置時間 1小時
烹調時間 15分鐘
份量 30個多拿滋

過篩的麵粉500克
蛋3顆
鹽
泡打粉1小包(約10克)
橄欖油2大匙
新鮮普西歐乳酪(broccio)400克
油炸用油
糖粉

1] 將過篩的麵粉放入容器中，形成凹槽。混入蛋、1撮鹽、泡打粉和橄欖油。加入350毫升的水，混合至獲得平滑的麵糊。蓋上布巾，在室溫下靜置1小時。

2] 將油炸用油加熱。

3] 將普西歐乳酪切片。用叉子叉每一片乳酪，稍微以麵糊包覆，接著浸入滾燙的油中。

4] 當多拿滋變成金黃色時，用漏勺取出並瀝乾。擺在吸水紙上。

5] 將多拿滋擺在餐盤上，撒上糖粉。

那內特多拿滋
Beignet Nanette

準備時間 30分鐘
靜置時間 1小時
烹調時間 20分鐘
份量 10個多拿滋

多拿滋麵糊800克(見28頁)
糖漬水果150克
櫻桃酒或蘭姆酒100毫升
卡士達奶油醬600克(見58頁)
慕斯林皮力歐許(放得稍硬brioche mousseline rassise) 1個
油炸用油
糖漿
糖300克
水200毫升
櫻桃酒或蘭姆酒30毫升

1] 製作多拿滋麵糊並靜置1小時。

2] 將切丁的糖漬水果放入櫻桃酒(或蘭姆酒)中浸漬。

3] 製作卡士達奶油醬並加入瀝乾後的浸漬水果。

4] 將皮力歐許切成圓片。

5] 加熱油炸用油。

6] 製作糖漿：將水和糖煮沸。離火，加入櫻桃酒(或蘭姆酒)。

7] 用小湯匙為每片皮力歐許蓋上一層糖漬水果卡士達奶油醬，然後兩片兩片以奶油醬那面相黏。淋上一些糖漿。

8] 用長叉叉住，浸入多拿滋麵糊中，然後泡入熱的油炸液中。

9] 瀝乾、吸乾，撒上細砂糖(sucre fin)，然後擺在餐盤上。

老饕論 Commentaire gourmand

選擇同樣的蒸餾酒(櫻桃酒或蘭姆酒)來浸漬糖漬水果並為糖漿調味。

蘋果多拿滋
Beignets aux pommes

準備時間 30分鐘
靜置時間 1小時
烹調時間 20分鐘
份量 20個多拿滋

多拿滋麵糊400克(見28頁)
蘋果(belle de boskoop或reine des reinettes品種)4顆
油炸用油
細砂糖90克
肉桂粉1小匙

1] 製作多拿滋麵糊並靜置1小時。
2] 將蘋果削皮，用蘋果去核器去核，接著橫切成相等的厚切片。
3] 將油炸用油加熱至175°C。
4] 在盤子混合一半的糖和肉桂粉。
5] 先將每片蘋果圓形切片浸入用肉桂調味的糖中，持續至糖足以附著為止。
6] 接著用長叉叉住每片蘋果片，浸入多拿滋麵糊中，然後泡入熱的油炸液中。
7] 用漏勺為多拿滋轉面，讓每一面都變成金黃色，從油中取出，然後擺在吸水紙上。
8] 將多拿滋放到餐盤上，撒上糖。立即享用。

維也納多拿滋
Beignets viennois

準備時間 30分鐘
麵糊靜置時間 1小時30分鐘 + 1小時
多拿滋靜置時間 30分鐘
烹調時間 15分鐘
份量 35個多拿滋

皮力歐許麵團1.2公斤(見24頁)
杏桃果醬250克
油炸用油
糖粉

1] 製作皮力歐許麵團，於微溫處靜置1小時30分鐘(必須發酵至體積膨脹兩倍)。
2] 用手壓平，接著冷藏1小時。麵團會因此較容易展開。
3] 接著將麵團分成2份，分別用擀麵棍擀成5公釐的厚度。
4] 用切割器或杯子裁成直徑6至8公分的圓形麵皮。用毛刷濕潤麵皮的邊。
5] 用小湯匙在兩塊麵皮中央放上一些杏桃果醬。蓋上剩餘的麵皮，然後將邊緣仔細密合。
6] 將一塊布巾鋪在烤盤上，撒上麵粉，擺上多拿滋，發酵30分鐘。
7] 將油炸用油加熱至160～170°C。
8] 將多拿滋浸入油炸油中。在一面膨脹並呈現金黃色時翻面。在吸水紙上瀝乾，排在盤上，撒上糖粉。

里昂貓耳朵
Bugnes lyonnaises

準備時間 30分鐘
靜置時間 3小時
烹調時間 15分鐘
份量 25個貓耳朵

軟化的奶油50克
大蛋2顆
過篩的麵粉250克
細砂糖30克
鹽1撮
蘭姆酒、蒸餾酒或橙花水30毫升
油炸用油
糖粉

1] 讓奶油軟化。將蛋打散。
2] 在大碗中倒入過篩的麵粉，作成凹槽。放入奶油、糖、1大撮的鹽、蛋汁和蘭姆酒(或蒸餾酒或橙花水)。混合並長時間搓揉，接著揉成團狀，於陰涼處靜置3小時。
3] 將油加熱至180°C。
4] 用擀麵棍將貓耳朵麵團擀成約5公釐的厚度。
5] 將麵皮裁成長10公分、寬4公分的細條狀。用刀在每個細條中央劃一道開口。將麵皮條的一端穿入，就像打結一樣。
6] 將貓耳朵浸入熱油中，翻面一次，用漏勺輕輕取出，在吸水紙上瀝乾。
7] 擺在餐盤上，撒上糖粉。

吉拿棒
Churros

準備時間 10分鐘
靜置時間 1小時
烹調時間 10分鐘
份量 45個吉拿棒

水250毫升
奶油60克
鹽1撮
細砂糖60克
麵粉225克
蛋2顆
油炸用葡萄籽油

1] 在平底深鍋中，將水、奶油、鹽和2撮的細砂糖煮沸。

2] 在沙拉盆中將麵粉過篩，形成凹槽，倒入沸水並用刮杓攪拌。您將迅速獲得均質的厚麵糊。

3] 混入打散的蛋液，加以混合並讓麵糊於陰涼處靜置1小時。

4] 將油炸用油加熱至180°C。

5] 將麵糊填入裝有10號星形擠花嘴的擠花袋中。擠出長10公分的麵條進油中。進行數次，讓麵糊不會彼此黏在一起。

6] 炸成金黃色，用漏勺在油中翻面。取出後在吸水紙上瀝乾。

7] 為吉拿棒撒上細砂糖，在微溫時享用。

多拿滋油炸奶油
Crème frite en beignets

準備時間 45分鐘
靜置時間 1小時
烹調時間 15分鐘
份量 30個多拿滋

卡士達奶油醬850克（見58頁）
多拿滋麵糊600克（見28頁）
烤盤用奶油
油炸用油
糖粉

1] 前一天晚上：製作卡士達奶油醬。在覆有烤盤紙的烤盤上將奶油鋪成約1.5公分的厚度，放至完全冷卻，接著將烤盤冷藏。

2] 製作多拿滋麵糊並靜置1小時。

3] 將油炸用油加熱至180°C。

4] 將卡士達奶油醬裁成矩形、菱形或圓形。將每一塊叉在長叉上，浸入多拿滋麵糊中，接著浸入滾燙的油中。

5] 小心地將多拿滋翻面，在呈現金黃色時取出，接著在吸水紙上瀝乾。

6] 擺在盤上，並在享用時撒上糖粉。

油炸小泡芙
Pets-de-nonne

準備時間 15分鐘
烹調時間 25～30分鐘
份量 30個油炸麵球

泡芙麵糊300克（見27頁）
油炸用油
糖粉

1] 製作泡芙麵糊。

2] 將油炸用油加熱至170～180°C。

3] 用咖啡匙舀起一些泡芙麵糊，浸入油炸油中。就這樣持續舀12匙，在變成金黃色時翻面。

4] 在2或3分鐘的油炸後，用漏勺取出，擺在吸水紙上。

5] 就這樣持續至沒有麵糊為止。

6] 將油炸小泡芙擺在餐盤上，撒上糖粉後享用。

變化 Variante

在泡芙麵糊中加入50克的杏仁片，您可製作「多拿滋杏仁小泡芙」。在微溫時搭配您選擇的水果醬汁享用。

吉拿棒 Churros ▶
這種油炸麵團在傳統上
總會搭配1杯的熱巧克力品嚐。

鬆餅 Les gaufres

準備時間 15分鐘
靜置時間 1小時
烹調時間 10分鐘
份量 5個鬆餅

鬆餅麵糊500克（見29頁）
模型用油
糖粉

甜味鬆餅 *Gaufres au sucre*

1] 製作鬆餅麵糊並靜置至少1小時。

2] 用浸過油的毛刷為鬆餅模型擦上油，然後加熱。將一小勺的麵糊倒入打開鬆餅模的半邊，填滿但別溢出。

3] 蓋上鬆餅模，接著翻面，讓麵糊同樣在模型兩邊攤開。每一面烤2分鐘。

4] 打開鬆餅模，為鬆餅脫模，然後撒上糖粉。

老饕論 Commentaire gourmand

鬆餅以原味品嚐就相當可口，那麼您也能鋪上果醬、鮮奶油，或甚至是鮮奶油香醍（見51頁）。

100克的營養價值

170大卡；蛋白質：6克；醣類：13克；脂肪：9克

準備時間 15分鐘
靜置時間 2小時
烹調時間 1小時
份量 5個鬆餅

香桃雪酪（見98頁）

麵糊
奶油125克
打發鮮奶油250克
蛋黃3個
蛋白2個
細砂糖120克
過篩的麵粉180克
泡打粉4克
乾燥的接骨木花2克
全脂鮮奶500毫升

香煎桃子
桃子500克
奶油30克
糖30克
檸檬1顆
乾燥的接骨木花1克
糖粉
黑胡椒粉研磨器轉2至3圈

香桃接骨木鬆餅 *Gaufres au sureau et aux pêches*

1] 若您不使用購買的雪酪，就製備香桃雪酪並冷凍保存。

2] 讓奶油在容器中軟化，並用橡皮刮刀用力攪拌至膏狀。

3] 製作鬆餅麵糊：攪拌打發的鮮奶油；將蛋白和1撮的鹽打成泡沫狀，並逐漸加入一半的糖。

4] 在容器中將蛋黃和另一半的糖一起攪打。

5] 接著混入軟化的奶油，接著是麵粉、泡打粉和接骨木花。

6] 倒入鮮奶，接著是打發鮮奶油、蛋白，一邊混合，極輕地將配料以稍微舀起的方式混合，以免破壞麵糊。

7] 讓麵糊靜置至少2小時。

8] 用毛刷為鬆餅模上油並加熱。

9] 在半邊的鬆餅模中倒入一小勺的麵糊。蓋上模型，一面烘烤5分鐘，另一面烤4分鐘。

10] 製作香煎桃子：將桃子（最好選擇白桃）削皮，切成兩半並去核。讓奶油在不蘸平底煎鍋中融化。放入一半的桃子、糖、1大匙的檸檬汁、接骨木花，用旺火快速油煎3分鐘。加入2至3圈的白胡椒粉，並整個倒入盤中。

11] 將一塊鬆餅擺在每個盤子中央。在四周放上桃子，並擺上1球的香桃雪酪。即刻享用。

老饕論 Commentaire gourmand

您可用薰衣草或小塊的牛軋糖來取代接骨木花，並在煎桃子的最後加入。

準備時間 20分鐘
靜置時間 2小時
烹調時間 每塊鬆餅6至8分鐘
份量 18個鬆餅

麵粉380克
二砂糖(vergeoise blonde)190克
鹽1小撮
奶油140克
蛋3顆

金砂鬆餅
Gaufres à la vergeoise

1] 讓奶油在容器中軟化，並攪拌至膏狀。

2] 在沙拉盆中混合麵粉、二砂糖和鹽。加入奶油和蛋，將麵糊拌和至均勻。蓋上保鮮膜，靜置2小時。

3] 將麵團分成18份，揉成小丸狀。

4] 用毛刷為鬆餅模稍微上油並加熱。

5] 在其中一面放上小丸。蓋上模型，一面烘烤約4分鐘。

6] 將鬆餅翻面，將另一面烤2或3分鐘。打開檢視烘烤狀態，若有必要的話，請不要猶豫並繼續烘烤。在餐盤上為鬆餅脫模。

7] 將鬆餅放涼，如同餅乾般食用。

訣竅

您也能為這些鬆餅填入甘那許(見81頁)，或是咖啡、開心果，還是香草口味的法式奶油霜(見49頁)，然後兩兩疊合起來。

準備時間 30分鐘
靜置時間 12小時
烹調時間 15分鐘
份量 50個別名叫杏仁餅(Ricciarelli)的鬆餅

蛋白2個
鹽1撮
杏仁粉500克
細砂糖500克
香草精1/2小匙
糖粉175克

西恩那杏仁鬆餅
Gaufres de Sienne aux amandes

1] 前一天晚上：在鋼盆中將蛋白和1撮的鹽稍微打成泡沫狀。

2] 在沙拉盆中，用刮杓混合杏仁粉和糖。加入打發的蛋白，小心地攪拌以免破壞麵團，接著加入香草精。混合至獲得柔軟的麵團。

3] 在碗中放入100克的糖粉。用小湯匙裁出一堆堆的麵團，用手掌心壓平。用刀裁成長6公分、寬4公分的小菱形，每一次都先將刀子插進糖粉中。

4] 在所有的鬆餅都備妥時，擺在塗上奶油的烤盤上，晾乾一整晚。

5] 隔天，烤箱預熱130°C。

6] 將鬆餅烘烤15分鐘，讓鬆餅乾燥。鬆餅必須保持雪白而柔軟。放至完全冷卻，撒上糖粉後食用。

老饕論 Commentaire gourmand

這些小鬆餅可搭配各種糖煮果泥(杏桃、蘋果、洋梨、草莓等)和一些鮮奶油香醍花飾享用。

洋梨、薄荷葉和檸檬葉多拿滋

Beignets de poire, feuilles de menthe et feuilles de citronnier

將1/4的洋梨、薄荷葉和檸檬葉浸入油炸麵糊中，
然後丟進熱油中，
接著搭配幾滴的檸檬和細砂糖享用。
注意，檸檬葉不能食用：
我們只品嚐充滿其香味的麵皮。

食譜見440頁

Les viennoiseries
維也納麵包

皮力歐許、蘋果派(chaussons aux pommes)、

可頌、棕櫚派(palmiers)、巧克力、牛奶、

葡萄口味的小麵包(petits pains)等，

屬於以發酵麵團或半折疊派皮爲基底的製品，

人們以早餐、孩子們的點心，或是下午茶等形式享用。

水果皮力歐許
Brioche aux fruits

準備時間 1小時
靜置時間 3 + 1小時
烹調時間 45分鐘
份量 4至6人份

皮力歐許麵團400克(見24頁)
法蘭奇巴尼奶油餡
(Crème au frangipane)
150克(見54頁)
當季水果(杏桃、桃子、洋梨、李子)300克
洋梨或李子蒸餾酒50毫升
糖50克
檸檬1/2顆
蛋1顆
糖粉

1] 製作皮力歐許麵團並發酵3小時。

2] 製作法蘭奇巴尼奶油餡，並在您製作之後馬上冷藏保存。

3] 將您選擇的水果洗淨，有必要的話就削皮，然後切成大丁。在您選擇的蒸餾酒、糖及半顆檸檬汁混合液中一起浸漬。

4] 用掌心將發酵的發團壓扁，冷藏半小時。

5] 為直徑22公分、邊不高的圓形模型塗上奶油。

6] 烤箱預熱200℃。

7] 取3/4的麵團。用擀麵棍將這麵塊展開，並像塔一樣填入模型中。

8] 將法蘭奇巴尼奶油餡倒入底部。將水果瀝乾，加在上面。

9] 將另一塊麵團擀平，擺上去，並將邊緣密合。

10] 再在室溫下發酵1小時。

11] 在碗中打蛋，用毛刷為皮力歐許的整個面塗上蛋汁。

12] 以200℃烘烤15分鐘，接著繼續以180℃烘烤30分鐘。

13] 出爐後篩上糖粉，趁熱享用。

水果皮力歐許 Brioche aux fruits ▶
在這裡以一人份蛋糕的比例製作，
可搭配新鮮的杏桃庫利。

巴黎皮力歐許 *Brioche parisienne*

準備時間 20 + 5分鐘
靜置時間 4 + 1小時30分鐘
烹調時間 30分鐘
份量 4人份

皮力歐許麵團300克（見24頁）
蛋1顆

1] 製作皮力歐許麵團並發酵4小時。

2] 分成2球：以250克的球作為皮力歐許的身體，另一個50克的作為頭部。在手上撒上麵粉，將大球滾圓。

3] 為1/2公升的皮力歐許模型塗上奶油，擺入大球。同樣將小球滾成梨形。用您的手指在大球頂端挖個小洞，讓另一顆球最窄的部分可以插入，並稍微按壓固定。

4] 讓麵糊在室溫下發酵1小時30分鐘：將膨脹兩倍體積。

5] 烤箱預熱200°C。

6] 濕潤剪刀的刀身，在球狀麵團中剪出一些開口，從邊到頂端。

7] 打蛋並用毛刷為皮力歐許塗上蛋汁。

8] 以200°C烘烤10分鐘，接著將溫度調低為180°C，繼續烘烤約20分鐘。將還微溫的皮力歐許脫模。

老饕論 Commentaire gourmand

此皮力歐許搭配水果沙拉、冰淇淋、糖煮果泥或其他甜點都相當可口。您也能切成薄片（保持原狀或稍微烘烤），塗上含鹽奶油品嚐。

變化 Variante

先將此巴黎皮力歐許切成5片，您能用100克切丁的糖漬水果來製作波蘭皮力歐許（brioche polonaise）。用30毫升櫻桃酒浸漬糖漬水果，混合300克的卡士達奶油醬（見58頁）蓋上200克的蛋白霜（見42頁）和烘烤5分鐘、呈現金黃色的杏仁片50克。

糖杏仁皮力歐許 *Brioche aux pralines*

準備時間 30分鐘
靜置時間 3 + 1小時
烹調時間 45分鐘
份量 4至6人份

皮力歐許麵團400克（見24頁）
玫瑰糖杏仁（praline rose）130克

1] 製作皮力歐許麵團。

2] 將100克的糖杏仁約略磨碎，然後將剩餘的用食物調理機打碎，或放在折成兩折的布巾裡用擀麵棍壓碎也行。

3] 將100克磨碎的糖杏仁加進皮力歐許麵團中，發酵3小時。

4] 快速揉捏麵團，並在剩餘的糖杏仁上滾動，以便讓糖杏仁分散在整個表面上。將這糖杏仁麵團擺在覆有烤盤紙的烤盤上，發酵1小時。

5] 烤箱預熱230°C。

6] 將烤盤烘烤15分鐘，接著將溫度調低至180°C，繼續烘烤30分鐘。

7] 將皮力歐許脫模，在微溫時享用。

變化 Variante

以同樣的原則，您也能製作聖傑尼斯皮力歐許（brioche de Saint-Genix）。製作皮力歐許，並在麵糊中混合130克完整的聖傑尼斯糖杏仁（極紅的特殊糖杏仁）。用模型或在烤盤上烘烤。

葡萄皮力歐許捲
Brioche roulée aux raisins

準備時間 20 + 20分鐘
靜置時間 3小時30分鐘 + 2小時
烹調時間 30分鐘
份量 4至6人份

皮力歐許麵團300克(見24頁)
葡萄乾70克
蘭姆酒4大匙
卡士達奶油醬100克(見58頁)
蛋1顆

鏡面
蘭姆酒30毫升
糖粉60克

1] 製作皮力歐許麵團並發酵3小時。

2] 讓葡萄乾在蘭姆酒中浸漬。

3] 製作卡士達奶油醬。

4] 用掌心將發酵麵團壓平，再冷藏約半小時。

5] 將葡萄乾瀝乾。

6] 為直徑22公分的海綿蛋糕模塗上奶油。將皮力歐許麵團分成2塊，1塊140克，另一塊160克。用擀麵棍將第一塊擀成模型大小，輕輕地放入模型，接著鋪上一層卡士達奶油醬。

7] 將另一塊皮力歐許麵團擀成寬12公分、長20公分的矩形。為這矩形蓋上剩餘的卡士達奶油醬，接著撒上葡萄乾。

8] 將矩形捲起，以獲得長20公分的麵捲，然後切成等厚的6段。

9] 將這6段相鄰平放在您已填入麵糊和奶油醬的模型中，於微溫處發酵2小時。

10] 烤箱預熱200°C。

11] 為皮力歐許塗上蛋汁，先以200°C烘烤10分鐘，接著以180°C烘烤20分鐘。在微溫時脫模。

12] 製作鏡面：將蘭姆酒煮至微溫，和糖粉混合。在皮力歐許冷卻時，用毛刷刷上鏡面。

蘋果修頌
Chaussons aux pommes

準備時間 30 + 30分鐘
靜置時間 10小時
烹調時間 35至40分鐘
份量 10至12個小修頌

折疊派皮500克(見20頁)
蘋果(reinettes 品種)5顆
檸檬1顆
糖150克
高脂濃鮮奶油(crème fraîche épaisse)20克
奶油30克
蛋1顆

1] 製作折疊派皮(別忘了總共要靜置10小時)。

2] 將檸檬榨汁。

3] 將蘋果削皮並去除所有的籽，切成小丁，然後立即和檸檬汁混合，以免蘋果變黑。將蘋果瀝乾，在碗中和糖及鮮奶油均勻混合。

4] 將奶油切成小塊。

5] 烤箱預熱250°C。

6] 用擀麵棍將折疊派皮擀成3公釐的厚度。裁成直徑12公分的10～12個圓。

7] 在碗中打蛋，用毛刷在圓形餅皮四周刷上蛋汁。用湯匙擺上蘋果丁，並在每塊餅皮的一半塗上奶油。

8] 將另一半折向填餡的部分。將剩餘的蛋汁刷在表面。晾乾，接著用刀尖劃上十字，小心別把蘋果修頌刺穿。

9] 以250°C烘烤10分鐘，接著繼續以200°C烘烤25至30分鐘。在微溫時享用。

變化 Variante

您也能用250克浸漬且去核的李子乾、50克浸泡過蘭姆酒的科林斯葡萄乾，和4顆切丁的蘋果來製作黑李乾蘋果修頌。

葡萄乾奶油麵包
Cramique

準備時間 25分鐘
靜置時間 1小時
烹調時間 40分鐘
份量 6人份

茶1碗
科林斯葡萄乾100克
奶油100克
蛋3顆
鹽1撮
鮮奶200毫升
酵母粉20克
麵粉500克
細砂糖1大匙

1] 泡茶並將葡萄浸泡其中。

2] 將奶油切得很小塊。

3] 打2顆蛋，並和1撮鹽一起打散。

4] 將鮮奶煮至微溫。在沙拉盆中將酵母弄碎，倒入一些牛奶並混合。逐漸加入麵粉，用刮杓攪拌至獲得柔軟的麵團。

5] 將剩餘的麵粉放在工作檯上，作出凹槽。放入酵母粉。加入打散的蛋液以及剩餘的微溫牛奶。

6] 用手攪拌麵團，揉捏至有彈性。加入奶油。持續揉捏。將葡萄瀝乾，加進麵糊中。再將麵團稍微拌合，以便完全融合。

7] 烤箱預熱200°C。

8] 將麵團揉成條狀，接著放入長28公分並塗上奶油的長方型模(moule à cake)中；必須填至模型的3/4。攪打最後一顆蛋，用毛刷塗上蛋汁。在室溫下發酵1小時。

9] 將葡萄乾奶油麵包以200°C烘烤10分鐘，接著將溫度調低為180°C，然後繼續像這樣烘烤30分鐘。

10] 脫模後放涼。

老饕論 Commentaire gourmand

搭配糖煮果泥、巧克力奶油醬，或水果冰淇淋享用這道葡萄乾奶油麵包。

可頌
Croissants

準備時間 25分鐘
靜置時間 5小時 30分鐘
烹調時間 15分鐘
份量 8塊可頌

可頌麵團400克(見26頁)
蛋黃1個

1] 製作可頌麵團(別忘了總共要冷藏靜置5小時30分鐘)。

2] 將可頌麵團擀成6公釐的厚度。

3] 切成14×16公分的三角形以構成可頌。將每個三角形從底部(寬14公分處)開始朝頂端捲起。

4] 將可頌擺在覆有烤盤紙的烤盤上。將蛋黃摻入一些水攪和，用毛刷為可頌塗上蛋汁。靜置1小時：體積將膨脹兩倍。

5] 烤箱預熱220°C。

6] 再次為可頌塗上蛋汁並烘烤。在以220°C烘烤5分鐘後，將烤箱溫度調低為190°C，再繼續烘烤10分鐘。

變化 Variante

亞爾薩斯可頌
Croissants alsaciens

用70克的糖和500毫升的水製作糖漿。離火後加入70克的核桃、杏仁和榛果粉(總共210克)，以及20克的結晶糖。將上述配料鋪在可頌的三角麵皮上，接著以同樣方式進行。在亞爾薩斯可頌烤好時，淋上用150克的糖粉混合60毫升的水或櫻桃酒所製成的鏡面，然後放涼。

葡萄乾奶油麵包 Cramique ▶
法國北部和比利時特產，
葡萄乾奶油麵包是午茶時刻的可口點心。

波爾多國王蛋糕
Gâteau des Rois de Bordeaux

準備時間 30分鐘
靜置時間 3 + 1小時
烹調時間 30分鐘
份量 8至10人份

皮力歐許麵團1.5公斤（見24頁）
未經加工處理的檸檬皮1顆
蠶豆（fève）4顆
蛋1顆
糖漬枸櫞（cédrat）250克
糖漬甜瓜250克
珍珠糖（sucre en grains）

1] 製作皮力歐許麵團並加入檸檬皮碎末。靜置3小時。

2] 將麵團分成4等份。用掌心壓平，作成冠狀。烘烤每顆蠶豆底部。擺在覆有烤盤紙的烤盤上，再置於微溫處發酵至少1小時。

3] 烤箱預熱200°C。

4] 打蛋，用毛刷為冠狀麵團塗上蛋汁。以200°C烘烤約10分鐘，接著以180°C烘烤20分鐘。

5] 出爐後在上面和旁邊撒上糖漬枸櫞塊、甜瓜片和珍珠糖。

6] 放涼後享用。

庫克洛夫
Kouglof

準備時間 40分鐘
麵種（levain）冷藏時間 4或5小時
靜置時間 2小時 + 1小時30分鐘
烹調時間 35至40分鐘
份量 2個庫克洛夫

麵種
麵粉115克
酵母粉5克
牛奶80毫升

麵團
酵母粉25克
牛奶80毫升
麵粉250克
鹽3撮
細砂糖75克
蛋黃2個
奶油85克
葡萄乾145克
蘭姆酒60毫升
整顆去皮杏仁40克
奶油30克
糖粉

1] 前一天晚上：將葡萄浸泡在蘭姆酒中。

2] 製作麵種：在沙拉盆中混合麵粉、酵母粉和牛奶；均勻拌合。用濕潤的布巾蓋在沙拉盆上，冷藏4或5小時，直到麵種表面出現小氣泡。

3] 在這靜置時間的最後，製作麵團：將酵母摻入牛奶中。將麵種、麵粉、鹽、糖、蛋黃和摻牛奶的酵母放入大沙拉盆中。均勻混合至麵團脫離沙拉盆壁。

4] 這時加入奶油，持續攪拌至麵團再度脫離內壁。

5] 將浸漬的葡萄瀝乾並加入。混合，接著為容器蓋上布巾，將麵團在室溫下靜置約2小時，直到體積膨脹2倍。

6] 將兩個庫克洛夫模塗上奶油，在每個凹槽底擺上整顆的杏仁。

7] 將麵團放在撒上麵粉的工作檯上，分成2等份。用掌心將每塊麵團壓扁，讓麵團再回到最初的形狀。將邊朝中央疊合，揉成2顆球狀。在工作檯上以繞圈的動作將每顆球捲起，並用您的掌心握緊滾圓。

8] 為您的手指撒上麵粉，將每顆球拿在手上，用拇指在中央按入，將麵團稍微拉長，放入模型中。再讓麵團在室溫下發酵約1小時30分鐘：若環境很乾燥，就蓋上一塊濕布巾。

9] 烤箱預熱200°C。

10] 將兩個模型烘烤35至40分鐘。在網架上脫模，刷上融化的奶油，讓庫克洛夫不會乾得太快。

11] 放涼，稍微篩上糖粉後享用。

訣竅

若您想將庫克洛夫保存一段時間，請以保鮮膜包覆。

馬芬 *Muffins*

準備時間 25分鐘
靜置時間 2小時
烹調時間 30分鐘
份量 18個馬芬

牛奶300毫升
蛋1顆
鹽2撮
精製麵粉(farine de froment) 250克
泡打粉1包
細砂糖60克
軟化的奶油100克

1] 將牛奶加熱至微溫。打蛋，並將蛋白和蛋黃分離。

2] 將麵粉、泡打粉和鹽放入容器中，形成凹槽。放入蛋黃和牛奶，混合。

3] 將麵糊拌勻，蓋上布巾，在微溫處靜置2小時。

4] 烤箱預熱220°C。

5] 將蛋白和1撮鹽打發。

6] 在麵糊中混入糖和奶油，接著是打成立角狀的蛋白霜(輕輕混入，以免破壞麵糊)。

7] 將18個小圓模塗上奶油，並用麵糊填至一半的高度。烘烤5分鐘，接著將溫度調低為200°C，讓馬芬再烘烤十幾分鐘至變成金黃色。

8] 取出，為烤箱的烤盤蓋上烤盤紙，在上面脫模。再烘烤10至12分鐘，讓另一面變成金黃色。

葡萄麵包 *Pains aux raisins*

準備時間 30分鐘
靜置時間 30分鐘 + 1小時30分鐘
烹調時間 20分鐘
份量 12個麵包

麵種
酵母粉15克
牛奶60毫升
麵粉60克

麵團
奶油150克
麵粉500克
細砂糖30克
蛋3顆
精鹽6撮
牛奶30毫升
科林斯葡萄乾100克
蛋1顆
珍珠糖(sucre en grains)

1] 製作麵種：將酵母粉摻入牛奶中，並和一半的麵粉均勻混合。撒上剩餘的麵粉，在微溫處發酵30分鐘。

2] 將葡萄放入裝有溫水的碗中，讓葡萄膨脹。

3] 在麵種備妥時，製作麵團：讓奶油軟化。在容器中將麵粉過篩，加入麵種，接著是細砂糖、蛋和鹽。揉捏5分鐘，在桌子上拍打麵團至有彈性。

4] 這時加入牛奶並均勻混合。接著將軟化的奶油混入麵團中，接著是瀝乾的科林斯葡萄乾。再稍微揉捏，在微溫處靜置1小時。

5] 將麵團分成12塊。揉成細長條，捲成螺旋狀，在覆有烤盤紙的烤盤上發酵30分鐘。

6] 烤箱預熱210°C。

7] 為麵團塗上蛋汁，撒上珍珠糖，烘烤20分鐘。

8] 最好在微溫或冷卻時享用葡萄麵包。

棕櫚派 *Palmiers*

準備時間 40分鐘
靜置時間 10小時
烹調時間 10分鐘
份量 20個棕櫚派

折疊派皮500克(見20頁)
糖粉

1] 製作折疊派皮(別忘了總共必須靜置10小時)。在最後2折時撒上糖粉。

2] 烤箱預熱240°C。

3] 將派皮擀成1公分的厚度。撒上糖粉。將兩邊朝中央折起，兩邊對稱折至中心。

4] 切成1公分厚的小塊，接著擺在覆有烤盤紙的烤盤上，留下空隙，以免附著在一起，因為麵團條會在烘烤時膨脹。

5] 將棕櫚派烘烤10分鐘，在中途翻面，讓兩面都能烤成金黃色。

6] 放涼並保存在密封盒中，以免軟化。

紅果奶油烘餅

Kouign-amann aux fruits rouges

紅黑色的糖煮果泥，溫熱的酸味色調，
包裹在酥脆的焦糖發酵折疊派皮中。

食譜見445頁

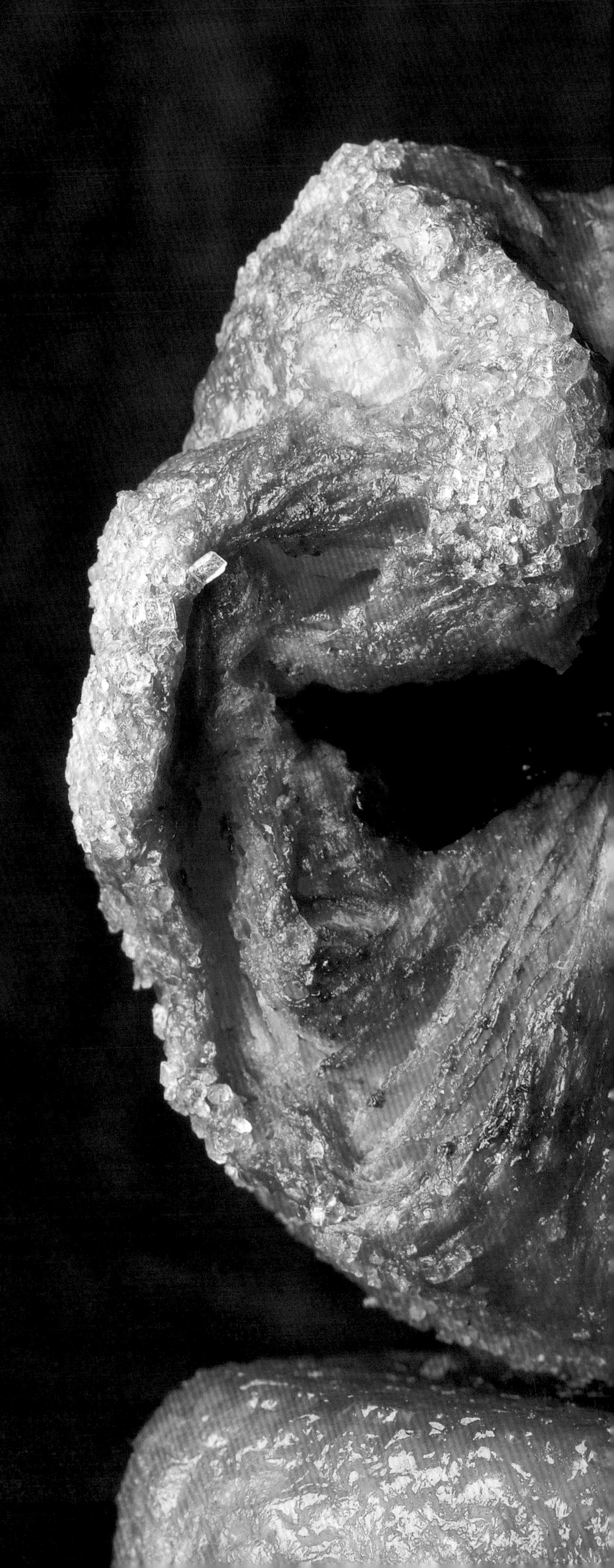

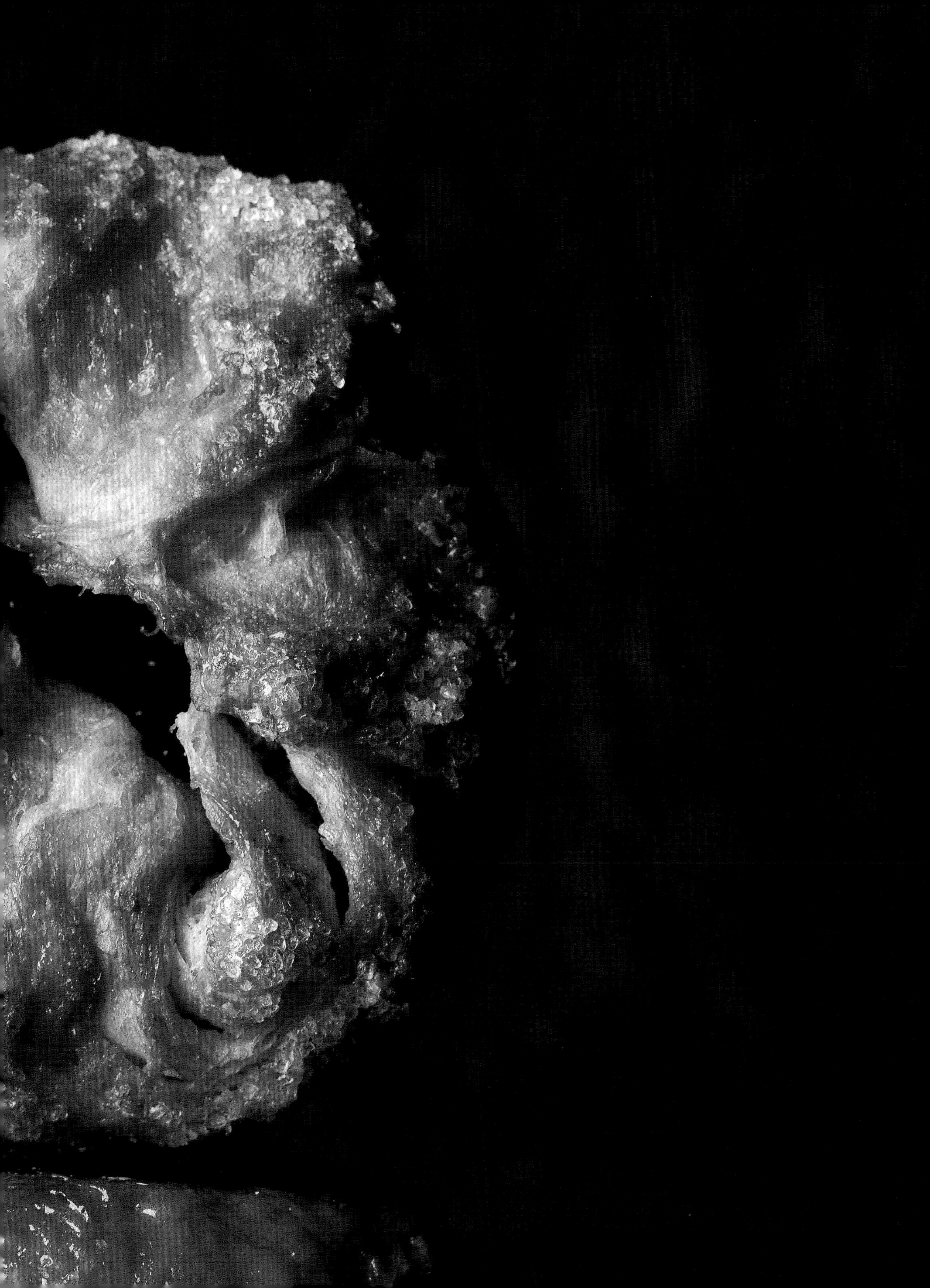

羅芒一手麵包 *Pognes de Romans*

準備時間 20分鐘
靜置時間 2小時 + 30分鐘
烹調時間 40分鐘
份量 2個一手麵包

奶油250克
麵粉500克
鹽10克
橙花水1大匙
麵包的麵種250克
(見220頁)
蛋6顆
細砂糖200克
蛋1顆

1] 讓奶油軟化。

2] 在容器上將麵粉過篩，作出凹槽，放入鹽、橙花水、麵種、奶油和4顆全蛋。

3] 用刮杓或在食物調理機的碗中攪拌麵團，接著一顆顆地加入最後2顆蛋。

4] 這時以少量混入細砂糖，不斷地攪拌。為容器子蓋上布巾，發酵2小時。

5] 將發酵的麵團擺在撒有麵粉的工作檯上，用手掌壓平。揉成兩個團狀，作成環狀，並放入兩個塗上奶油的餡餅模(tourtière)中。

6] 讓麵團再次在溫熱處發酵30分鐘。

7] 烤箱預熱190°C。

8] 為環狀麵團塗上蛋汁，烘烤40分鐘。

法式聖誕麵包 *Pompe de Noël*

準備時間 30分鐘
靜置時間 5或6小時
烹調時間 15分鐘
份量 8人份

麵種
牛奶50毫升　酵母粉35克
麵粉30克

麵糊
麵粉500克　蜂蜜1大匙
橄欖油7大匙　柳橙2顆
茴香籽2大匙　鹽2撮
含糖咖啡1/2杯

1] 將柳橙皮削成碎末並將2顆柳橙榨成汁。

2] 製作麵種：將牛奶煮至微溫。在沙拉盆中將酵母弄碎，倒入微溫的牛奶讓酵母溶解，然後加入麵粉。仔細揉捏。為您的手指撒上麵粉，將麵糊揉成團狀。在沙拉盆下裝滿溫水，讓麵團的體積膨脹為2倍(約5至8分鐘)。

3] 在工作檯上，將麵粉過篩，作出凹槽：放入蜂蜜、橄欖油、柳橙皮和果汁、茴香籽和鹽，用手指揉捏全部材料。在麵團均勻前將麵種混入麵糊中。這時快速揉捏至您獲得結實但摸起來柔軟的麵團。

4] 擀成1公分的厚度，製成直徑30～40公分的圓形麵皮。為烤盤上油，擺上麵包。用刀尖做出12個星形開口。讓麵團發酵5～6小時。

5] 烤箱預熱200°C。

6] 沖泡咖啡，加糖。用毛刷為麵包刷上含糖咖啡，烘烤15分鐘。

吉．蓋達(Guy Gedda)

司康 *Scones*

準備時間 20分鐘
烹調時間 10分鐘
份量 12個司康

茶1碗
史密爾那(Smyrne)葡萄乾60克
科林斯葡萄乾60克
麵粉240克
鹽1撮　細砂糖90克
泡打粉10克　奶油220克
牛奶200毫升　蛋1顆

1] 泡茶，讓所有的葡萄乾浸泡1小時，接著瀝乾。

2] 在容器中將麵粉過篩並作出凹槽。倒入1撮的鹽、糖和泡打粉，混合所有材料。將100克的奶油切塊，逐漸混入。將麵團攪拌至顆粒狀。

3] 加入牛奶，接著是蛋，持續用刮杓混合。

4] 在麵團均勻且柔軟時，加入瀝乾的葡萄。

5] 烤箱預熱220°C。

6] 在撒上麵粉的工作檯上，將麵團用杯子裁成1公分厚的圓形麵塊。

7] 放到覆有烤盤紙的烤盤上。烘烤10分鐘。

8] 將每塊司康打開成兩半，大量塗上奶油，重新蓋上並擺盤。立即享用。

Les petits-fours secs et frais

新鮮迷你花式點心

迷你花式點心是千變萬化的糕點，共同之處在於它們的小尺寸。

法式小餅乾(petits-fours sec)最常用來搭配蛋製甜點、

冰淇淋甜點、雪酪...等。

新鮮迷你花式點心(petits-fours frais)

則經常是一人份蛋糕的縮小複製品。

法式小餅乾 Les petits-fours secs

準備時間 20分鐘
靜置時間 10小時
烹調時間 10分鐘
份量 20個火柴

折疊派皮200克(見20頁)
蛋白糖霜(Glace royale)
200克(見74頁)

糖霜火柴 *Allumettes glacées*

1] 製作折疊派皮(別忘了總共要靜置10小時)。

2] 烤箱預熱200°C。

3] 將折疊派皮擀成4公釐的厚度。裁成寬8公分的麵條。

4] 用毛刷或小抹刀稍微擦上一層蛋白糖霜。

5] 將麵條裁成寬2.5至3公分的小塊，排在覆有烤盤紙的烤盤上。

6] 烘烤約10分鐘，直到火柴上方呈現奶油色。

訣竅

蛋白糖霜只能大量製作，但您可以將未用完的蛋白糖霜放在碗中，以保鮮膜仔細包覆，並保存於冰箱上層，最多保存10至12天。

香料牛耳餅 *Arlettes aux épices*

準備時間 30分鐘
靜置時間 1小時30分鐘 ＋ 4小時
烹調時間 4或5分鐘
份量 40個牛耳餅

焦糖反折疊派皮500克（見23頁）
奶油50克
香草糖粉
四香粉（quatre-épice）7克
香草粉5克
糖粉50克

1］製作焦糖反折疊派皮，置於陰涼處1小時30分鐘。

2］製作香草糖粉：將四香粉和香草粉與糖粉混合。

3］將奶油加熱至融化。將折疊派皮擀成2公釐的厚度，並形成40公分的正方形，用毛刷將整個表面擦上融化的奶油。將麵皮捲起，冷藏4小時。

4］烤箱預熱230°C。

5］用磨得很利的長刀將麵捲切成厚2公釐的切片。在工作檯上撒上香料糖粉。擺上兩個兩個的麵塊，接著把麵塊擀得很薄。

6］將所有麵皮擺在覆有烤盤紙的烤盤上，烘烤4或5分鐘。

訣竅

這些香料牛耳餅在乾燥處的鐵盒中可良好地保存十五天左右，或是在密封的塑膠盒中保存十來天。

變化 Variante

您可將這些香料牛耳餅製成真正的甜點：蓋上巧克力慕斯（見60頁）或開心果法式奶油霜（見49頁）；放上另一片，擺盤後搭配香桃醬（見104頁）或覆盆子醬（見102頁）享用。

孜然棍狀麵包 *Bâtonnets au cumin*

準備時間 25分鐘
冷藏時間 2小時
烹調時間 10分鐘
份量 20個棍狀麵包

甜酥麵團300克（見19頁）
孜然籽（graine de cumin）20克
蛋1顆

1］製作甜酥麵團，並在最後加入孜然籽；攪拌均勻後於陰涼處靜置2小時。

2］烤箱預熱200°C。

3］用擀麵棍將麵團擀成5公釐的厚度，接著裁成長8～10公分的小型棍狀。

4］在碗中打蛋，用毛刷為麵棍塗上蛋汁，擺在覆有烤盤紙的烤盤上。烘烤10分鐘。

老饕論 Commentaire gourmand

您能用同樣的方式製作香芹（carvi）或棍狀茴香麵包。

香草糖霜棍狀麵包 *Bâtonnets glacé à la vanille*

準備時間 20分鐘
烹調時間 10分鐘
份量 15個棍狀麵包

杏仁粉85克
糖85克
香草糖1包（約7克）
蛋白1個
蛋白糖霜（見74頁）
香草精1小匙

1］在沙拉盆中混合杏仁粉、糖和香草糖。加入蛋白，攪拌至麵團變得平滑。

2］製作蛋白糖霜並加入香草精。

3］烤箱預熱160°C。

4］在工作檯上稍微撒上麵粉，用擀麵棍將麵團擀成1公分的厚度。為這麵皮蓋上一層蛋白糖霜。

5］裁成寬2公分、長10公分的條狀。在烤盤上塗奶油並撒上麵粉，擺上麵團。烘烤10分鐘。

哥多華餅 *Biscuits de Cordoba*

準備時間 15分鐘
靜置時間 1小時
烹調時間 10分鐘
份量 20至25個餅乾

奶油200克
麵粉400克
細砂糖15克
香草糖1包(約7克)
蛋黃2個
牛奶100毫升
牛奶醬、番石榴或榲桲果醬

1] 將奶油切成小塊。

2] 在沙拉盆中將麵粉過篩，和細砂糖及香草糖混合。逐漸加入奶油，接著是一個個的蛋黃。

3] 接著倒入牛奶，混合，但請勿過度揉捏，直到麵團變得結實。於陰涼處靜置1小時。

4] 烤箱預熱180℃。

5] 用擀麵棍將麵團擀成3公釐的厚度。用刀子、杯子或切割器裁成圓形或矩形。間隔地擺在覆有烤盤紙的烤盤上。

6] 烘烤10分鐘。用抹刀取下餅乾。在工作檯上放涼。

7] 塗上牛奶醬、番石榴或榲桲果醬，然後兩兩黏合起來。

布朗尼 *Brownies*

準備時間 30分鐘
烹調時間 15至20分鐘
份量 30個布朗尼

「布朗尼」式蛋糕體麵糊800克(見34頁)

1] 製作「布朗尼」式蛋糕體麵糊。

2] 烤箱預熱180℃。

3] 為30公分的方形模塗上奶油，倒入配料。用橡皮刮刀將上面抹平，烘烤15至20分鐘。麵糊應保持柔軟：用刀尖檢查烘烤狀況，抽出時應微微蘸有麵糊。

4] 放至微溫後脫模，接著將模型倒扣在盤上，放涼。先裁成條狀，再切成邊長約4公分的方形，放入有凹凸花紋的小紙盒中。

訣竅

您可將這些布朗尼良好保存在密封盒中一段時間。

巧克力餅乾 *Cookies au chocolat*

準備時間 20分鐘
烹調時間 每批8至10分鐘
份量 30個餅乾

軟化奶油110克
黑巧克力或黑巧克力丁175克
黑糖(sucre brun)110克
細砂糖100克
蛋1顆
香草精1/2小匙
麵粉225
泡打粉1/2小匙
鹽1撮

1] 讓奶油軟化。

2] 若您沒有巧克力丁，就用粗孔削絲器削成碎末，或是用刀切碎。

3] 烤箱預熱170℃。

4] 在容器中攪打奶油和兩種糖，直到混合物變成淡黃色並發泡。加入全蛋，接著是香草精。

5] 將麵粉和泡打粉及鹽過篩。將全部材料逐漸倒入容器中，用刮杓攪拌均勻，以免結塊。接著在麵糊中混入黑巧克力丁或巧克力碎末。

6] 在烤盤上放烤盤紙。湯匙每一次都先浸入一碗水中，舀上麵糊間隔地放在烤盤上。用湯匙背將麵糊壓平，以形成直徑約10公分有一點厚度的圓形麵糊。

7] 烘烤8至10分鐘。餅乾裡面應變得酥脆。

8] 從烤箱中取出，擺在網架上。在微溫或冷卻時享用。

照片見228頁

布列塔尼地方餅乾
Galettes bretonnes

準備時間 10分鐘
靜置時間 2小時
烹調時間 10分鐘
份量 30至35個餅乾

奶油130克
細砂糖135克
鹽2克
蛋1顆
麵粉230克
泡打粉7克

1] 讓奶油軟化，並和糖及鹽混合。加入蛋，用刮杓拌合幾分鐘。接著倒入麵粉和泡打粉，揉捏至麵團均勻。

2] 揉成團狀，用保鮮膜包覆，於陰涼處靜置1小時。

3] 將麵團切成4塊。將每塊揉成直徑3公分的條狀，接著切成1公分厚的切片。將這些切片放在覆有烤盤紙的烤盤上，再冷藏約1小時。

4] 烤箱預熱200°C，烘烤10分鐘。

5] 在餅乾冷卻時，放入密封盒中。

老饕論 Commentaire gourmand

搭配英式奶油醬、巧克力慕斯、水果沙拉、糖煮果泥、冰淇淋或雪酪來享用這些布列塔尼地方餅乾。

中東復活節餅
Galettes pascales moyen-orientales

準備時間 45分鐘
靜置時間 2小時
烹調時間 35分鐘
份量 20個烘餅

麵糊
奶油250克
麵粉500克
橙花水50毫升
玫瑰花水50毫升
填料
核桃、去皮的杏仁或開心果200克
糖200克
橙花水50毫升

1] 在平底深鍋中將奶油加熱至融化。

2] 將麵粉放入容器中，淋上奶油、橙花水和玫瑰花水。仔細揉捏，可加一些水。靜置2小時：麵團必須變得濃稠。

3] 將核桃、去皮的杏仁或開心果切碎，接著和糖、橙花水(或玫瑰花水)混合。

4] 烤箱預熱160°C。

5] 取小雞蛋大小的麵團。用手指挖洞，形成椎狀。在每個椎形中填入一些填料，然後封起。

6] 將餅擺在覆有烤盤紙的烤盤上，烘烤35分鐘。將復活節餅取出並撒上糖粉。

貓舌餅
Langues-de-chat

準備時間 20分鐘
烹調時間 30分鐘
份量 45個貓舌餅

奶油125克
香草糖1包(約7克)
細砂糖75至100克
蛋2顆
麵粉125克

1] 將奶油切塊，用橡皮刮刀攪拌至非常平滑的膏狀。加入香草糖和細砂糖，均勻混合。接著加入一顆顆的蛋。將麵粉過篩，大量倒入，用攪拌器混合。

2] 烤箱預熱200°C。

3] 在烤盤上鋪上烤盤紙。將麵糊填入裝有6號擠花嘴的擠花袋中，以間隔2公分的距離擠出長5公分的舌狀麵糊。

4] 光是一個烤盤無法容納所有的貓舌餅。每一盤烤4或5分鐘。在貓舌餅冷卻時，以密封盒保存。

餅乾 Cookies
這些北美小糕點
在微溫時和冷卻時一樣好吃。

馬卡龍 *Macarons*

準備時間 45分鐘
烹調時間 10至20分鐘
份量 20個大馬卡龍或80個小馬卡龍

麵糊
糖粉480克
杏仁粉280克
蛋白7個
增加顏色
可可粉40克
咖啡精1/2小匙
胭脂紅色食用色素6滴
或綠食用色素6滴
香草精1小匙

1] 將糖粉和杏仁粉一起過篩。若您要製作巧克力馬卡龍，請將可可粉過篩。

2] 在容器中將蛋白打成立角狀的蛋白霜。加入您選擇的食用色素。

3] 非常快地將糖和杏仁的混合物大量倒入蛋白中。用刮杓混合，從容器子中央從邊緣攪拌麵糊，一邊用左手轉動容器。輕巧地攪動混合物以免破壞蛋白內的氣泡。您應獲得有一點點稀的麵糊，讓馬卡龍在烘烤時不至於變得太乾。

4] 烤箱預熱250°C。

5] 將兩個烤盤相疊，並在第二個烤盤上鋪上烤盤紙。將麵糊倒入裝有8號圓口擠花嘴的擠花袋中，以製作小馬卡龍（直徑2公分）和12號擠花嘴的擠花袋，以製作大馬卡龍（直徑7公分）。

6] 形成馬卡龍。就這樣在室溫下靜置25分鐘（表面會形成薄膜），接著將烤盤放入烤箱，並即刻將溫度調低為180°C。大馬卡龍烘烤18至20分鐘，小馬卡龍烤10至12分鐘，並將烤箱門微微開啓。

7] 在馬卡龍烤好時，將兩個烤盤取出。在量杯中放入一些水，讓水流到烤盤紙下：所產生的蒸氣可使馬卡龍較容易剝離。

8] 在網架上放涼後可選擇性地填入餡料。

9] 將馬卡龍排在覆有保鮮膜的烤盤上，冷藏保存2天：屆時風味更佳。

變化 Variante

可依個人口味用下列材料為馬卡龍填餡：300克的巧克力甘那許（見81頁）；或300克的原味法式奶油霜（見49頁）；或300克的法式咖啡奶油霜（見49頁）；或300克的「覆盆子」果醬（見336頁）；或300克的法式開心果奶油霜（見49頁）。這樣的份量預計會做出20個小馬卡龍（或5個大的）。這時用小湯匙或裝有擠花嘴的擠花袋在馬卡龍的平坦部分擠出甘那許、奶油醬或果醬，然後在上面疊上第二塊馬卡龍。

貴婦餅 *Palets de dames*

準備時間 15分鐘
烹調時間 10分鐘
份量 25個餅

科林斯葡萄乾80克
蘭姆酒80毫升
奶油125克
細砂糖125克
蛋2顆
麵粉150克
鹽1撮

1] 將科林斯葡萄乾沖些水瀝乾，浸漬在蘭姆酒中約1小時。

2] 烤箱預熱200°C。

3] 讓奶油軟化。在容器中和細砂糖一起攪打，接著加入一顆顆的蛋，均勻混合。接著倒入麵粉、葡萄乾、蘭姆酒和1撮的鹽。在加入每一道材料之間充份拌和。

4] 在覆有烤盤紙的烤盤上，用小湯匙擺上彼此間隔的小麵糊堆，烘烤10分鐘。在餅乾冷卻時，保存在密封盒中。

胡桃小蛋糕 *Petits gâteaux aux noix de pecan*

準備時間 30分鐘
烹調時間 15分鐘
份量 25個小蛋糕

奶油150克
胡桃(pecan) 200克
蛋4顆
糖100克
麵粉400克

1] 讓奶油軟化。

2] 研磨胡桃，放在布巾中用擀麵棍壓碎，或是使用食物調理機。

3] 將蛋打在大沙拉盆中，將蛋黃和蛋白打碎，接著加入糖和奶油，用攪拌器均勻混合。接著逐漸混入麵粉，不停攪拌。加入胡桃並均勻混合。

4] 烤箱預熱200°C。

5] 將麵糊倒在工作檯上，滾成長條狀，接著切成1公分厚的圓形薄片。

6] 擺在覆有烤盤紙的烤盤上，間隔約4公分，以免相黏，烘烤15分鐘。

7] 放涼。將小蛋糕以密封盒保存在乾燥處。

佛羅倫汀焦糖杏仁餅 *Sablés florentins*

準備時間 15 + 30分鐘
冷藏時間 2小時
烹調時間 15 + 10至12分鐘
份量 90個杏仁餅

甜酥麵團400克(見19頁)
糖漬橙皮100克
未經加工處理的柳橙1顆
液狀鮮奶油500毫升
水90毫升
結晶糖(sucre cristallisé) 220克
葡萄糖10克
奶油120克
液狀蜂蜜(miel liquide) 100克
杏仁片280克
半甜巧克力300克

1] 製作甜酥麵團，冷藏2小時。

2] 烤箱預熱180°C。

3] 將麵團擀成2公釐的厚度，用叉子戳洞。鋪在覆有烤盤紙的烤盤上，烘烤15分鐘，直到麵皮呈現金黃色。

4] 將糖漬橙皮切得很小塊。

5] 將柳橙皮削成碎末，加入液狀鮮奶油中，整個煮沸。

6] 在厚底平底深鍋中倒入水、糖和葡萄糖，煮至您獲得琥珀色的焦糖為止。

7] 加入奶油、煮沸的鮮奶油和液狀蜂蜜，用橡皮刮刀混合。煮至125°C(見69頁)。

8] 離火後加入糖漬橙皮塊和杏仁片。均勻混合。

9] 出爐時將配料倒入甜酥麵團中，盡可能地鋪薄。

10] 將烤箱溫度增加為230°C，再度將烤盤烘烤10至12分鐘。

11] 將烤盤從烤箱中取出，放涼，接著裁成邊長約3公分的方形。

12] 將巧克力隔水加熱或微波加熱至融化，接著調溫，讓巧克力保持光澤：當到達50°C時，將平底深鍋浸入裝滿冰塊的沙拉盆中，同時持續攪拌至溫度下降至28°C。再度加熱至29或31°C，不停地攪拌。

13] 將每個佛羅倫汀餅半浸入巧克力中，留下對角線。將杏仁餅陸續擺在烤盤紙上，於乾燥處放涼。

訣竅

佛羅倫汀焦糖杏仁餅在密封盒中可保存數日。

老饕論 Commentaire gourmand

您可從同樣的麵糊開始，並依循同樣的食譜來製作無巧克力的佛羅倫汀杏仁餅。

椰子酥餅
Sablés à la noix de coco

準備時間 30分鐘
靜置時間 2小時
烹調時間 18至20分鐘
份量 60個酥餅

奶油325克
糖粉150克
鹽3撮
杏仁粉75克
椰子粉75克
蛋2顆
麵粉325克

1〕在容器中用叉子拌和奶油至軟化，接著加入糖粉、鹽、杏仁粉、椰子粉、1顆蛋，最後是麵粉，並在加入每道食材之間均勻混合。

2〕將麵團稍微揉捏。於陰涼處靜置2小時。

3〕烤箱預熱180℃。

4〕將麵團擀成3.5公分的厚度，並擺在撒上麵粉的工作檯上。用直徑45～55公釐的圓形花紋壓模(emporte-pièce cannelé)裁成塊。

5〕將酥餅擺在覆有烤盤紙的烤盤上。

6〕將第二顆蛋打在碗中，用毛刷為所有酥餅塗上蛋汁。烘烤3或4分鐘。放涼。

林茲酥餅
Sablés Linzer

準備時間 30分鐘
靜置時間 2小時
烹調時間 7或8分鐘
份量 40個酥餅

肉桂甜酥麵團500克(見19頁)
覆盆子果醬200克(見336頁)
蛋1顆

1〕製作肉桂甜酥麵團，於陰涼處靜置2小時。

2〕切成兩塊。將每個麵塊擀成3公釐的厚度。用毛刷蘸水，將第一塊完全濕潤。

3〕烤箱預熱180℃。

4〕用直徑5公分的圓形花紋壓模切割第二塊麵塊。在每塊圓形麵皮中央用直徑2公分的圓形切割器在中央打洞。

5〕將濕潤的麵團以直徑5公分的圓形花紋壓模裁下，但別在麵皮中央打洞。

6〕將每塊實心麵皮擺在打了洞的麵皮下。

7〕將酥餅擺在覆有烤盤紙的烤盤上。

8〕將蛋打在碗中，攪打後用毛刷為每塊酥餅塗上蛋汁。烘烤7或8分鐘。

9〕將酥餅放涼，接著在每塊的中央凹陷處擺上覆盆子果醬。

維也納可可酥餅
Sablés viennois au cacao

準備時間 15分鐘
烹調時間 每爐10～12分鐘
份量 約65個酥餅

麵粉260克
可可粉30克
室溫回軟的奶油250克
糖粉100克
鹽1撮
蛋白2個

1〕烤箱預熱180℃。

2〕將麵粉和可可粉過篩。用攪拌器在大碗中拌和奶油，直到變成非常軟的乳霜狀。加入過篩的糖粉和鹽。攪打至配料均勻為止。

3〕輕輕地攪打蛋白。量3大匙。混入配料中，一邊攪打。逐漸倒入過篩的麵粉和可可粉的混合物中，輕輕地攪打至麵糊均勻，但請勿過度攪拌。

4〕將1/3的麵糊倒入裝有9號星形擠花嘴的擠花袋中。在兩個覆有烤盤紙的烤盤上擠出約長5公分、寬3公分的「W」形。每個之間預留2.5公分的空間。

5〕將烤盤放入烤箱，烘烤約10至12分鐘。讓酥餅在烤架上放涼。所有的麵糊都以同樣方式進行。

維也納可可酥餅 ▶
Sablés viennois au cacao
稍微攪拌的麵糊使這些餅乾變得精緻易碎。

準備時間 20分鐘
烹調時間 4分鐘
份量 25個瓦片餅

奶油75克
細砂糖100克
香草糖1/2包
麵粉75克
蛋2顆
鹽1撮
杏仁片75克

瓦片餅
Tuiles

1] 將奶油加熱至融化，將麵粉過篩。

2] 烤箱預熱200°C。

3] 在大碗中用刮杓混合細砂糖、香草糖、過篩的麵粉，加入一顆顆的蛋，並加入1小撮的鹽。

4] 混合融化的奶油和杏仁片（輕輕地拌和，以免弄碎）。

5] 在烤盤上鋪上一張烤盤紙。

6] 用小湯匙間隔地擺上一小堆一小堆的麵糊，用叉子的背部稍微鋪開，每一次都先蘸冷水濕潤。烘烤約4分鐘。

7] 為擀麵棍塗上大量的油。接著用抹刀將每塊瓦片餅輕輕剝離，立刻橫放在擀麵棍上形成瓦片的弧狀彎曲。一冷卻就將瓦片餅取下並放入密封盒中。

訣竅

以小爐的方式烘烤這些瓦片餅，以便進行用擀麵棍塑形的操作，因為這些瓦片餅非常脆弱。

準備時間 20分鐘
靜置時間 24小時
烹調時間 15至18分鐘
份量 40個小瓦片餅

杏仁片125克
細砂糖（sucre de semoule）125克
香草粉2撮
天然苦杏仁精1滴
蛋白2個
奶油25克
麵粉20克

杏仁瓦片餅
Tuiles aux amandes

1] 在容器中混合杏仁、糖、香草粉、苦杏仁精和蛋白。

2] 在小型平底深鍋中將奶油加熱至融化，然後將熱奶油倒入容器中，用橡皮刮刀攪拌。持續攪拌至混合物均勻。為容器子蓋上保鮮膜，冷藏24小時。

3] 在麵糊靜置過後，混入過篩的麵粉。加以混合。

4] 用咖啡匙將麵糊鋪在不沾烤盤上。用浸過冷水的湯匙背盡可能推薄，別擔心麵糊會被壓出花邊。在每片瓦片餅之間預留至少3公分的間隔。

5] 以150°C烘烤瓦片餅15至18分鐘。瓦片餅應均勻地烤成金黃色。

6] 為擀麵棍塗上大量的油。用抹刀將每塊瓦片餅輕輕剝離，立刻橫放在擀麵棍上形成瓦片的弧狀彎曲。一冷卻就將瓦片餅從擀麵棍上取下並放入密封盒中。

準備時間 20分鐘
冷藏時間 1小時
烹調時間 8至10分鐘
份量 40個威斯坦丁

蛋白4個
麵粉40克
奶油185克
細砂糖125克
杏仁粉125克

威斯坦丁
Visitandines

1] 將3個蛋白放入碗中，一個蛋白放在另一個碗，冷藏整整1小時。

2] 將麵粉過篩。將奶油隔水加熱至緩緩融化。

3] 將一個蛋白攪打成非常立角狀的蛋白霜，然後置於陰涼處。

4] 烤箱預熱220°C。

5] 混合細砂糖和杏仁粉。加入麵粉，接著逐漸混入3個泡沫狀蛋白，一邊仔細攪拌混合物，最後加入剛好微溫的融化奶油。加入打成立角狀的蛋白霜混合均勻。

6] 為小型的船型模型塗上奶油，用裝有大圓口擠花嘴的擠花袋擠入一小堆一小堆的配料。

7] 烘烤8至10分鐘；蛋糕必須烤至外部呈現金黃色，而內部柔軟。在微溫時將威斯坦丁脫模。

新鮮迷你花式點心 Les petits-fours frais

杏桃小點 *Abricotines*

準備時間 40分鐘
烹調時間 15分鐘
份量 40個小點

蛋白100克
鹽1撮
麵粉15克
杏仁粉100克
糖粉100克
香草精1小匙
杏仁片100克
杏桃果醬300克
半甜巧克力150克

1] 在沙拉盆中將蛋白和鹽攪打成泡沫狀。

2] 在另一個容器中，將麵粉、杏仁粉和糖粉一起過篩，並加入香草精。

3] 將蛋白倒入上述混合物中並輕輕混合，同時將配料稍微輕巧地提起。

4] 填入裝有8號擠花嘴的擠花袋中。

5] 烤箱預熱180℃。

6] 取2個烤盤，先各自鋪上一片瓦楞紙板，接著鋪上烤盤紙(杏桃小點將因而維持非常柔軟的狀態)。

7] 間隔2公分，擠出直徑1.5公分的圓形麵糊。撒上杏仁片，接著手持烤盤兩端垂直搖動，去除未附著在麵糊上的杏仁片。

8] 烘烤15分鐘，烤箱門微微打開。

9] 將烤盤上的麵殼取出，擺在網架上。用食指在每個麵殼平的一面挖個小洞。用小湯匙填入杏桃果醬，然後用另一個麵殼覆蓋。

10] 將巧克力隔水加熱或微波加熱至融化，然後將每個杏桃小點浸入一半。

11] 在覆有烤盤紙的烤盤上將杏桃小點放涼。

老饕論 Commentaire gourmand

您也能不浸泡巧克力，製作原味的杏桃小點。

檸檬多拿滋 *Beignets au citron*

準備時間 1小時
烹調時間 10分鐘
冷藏時間 2小時
份量 40個多拿滋

檸檬奶油醬400克(見53頁)

糖漬檸檬皮
未經加工處理的檸檬1顆
水100毫升
糖130克

多拿滋麵糊
奶油180克
杏仁膏375克
蛋4顆
香草精2滴

檸檬果膠
杏桃果膠150克
未經加工處理的檸檬1顆

1] 製作檸檬奶油醬並保存於陰涼處。

2] 製作糖漬檸檬皮：取下檸檬皮，切成很細的長條。將水和糖煮沸，將檸檬皮浸入3分鐘，接著在網架上瀝乾。

3] 製作多拿滋：讓奶油軟化。將杏仁麵糊切成小塊，和2顆蛋一起放入沙拉盆中。仔細混合，接著加入另2顆蛋，再次攪拌。這時放入香草精和奶油，再度混合。

4] 烤箱預熱200℃。

5] 為迷你塔模塗上奶油，倒入麵糊。烘烤10分鐘。

6] 將多拿滋從烤箱中取出，在覆有烤盤紙的烤盤上脫模。用食指在中央按壓，形成小洞。放涼。

7] 將檸檬奶油醬放入裝有8號擠花嘴的擠花袋中，在每個多拿滋的洞裡擠出一堆的奶油醬，接著將多拿滋冷藏2小時或冷凍1小時。

8] 製作熱檸檬果膠：將檸檬皮削成碎末，並將果肉榨汁。將果皮和果汁和杏桃果膠一起放入平底深鍋中，煮沸10秒鐘。放涼。

9] 將多拿滋一一浸入杏桃果膠中，接著擺在網架上。為每個多拿滋擺上糖漬檸檬皮，再冷藏至享用的時刻。

準備時間 40分鐘
冷藏時間 2小時
份量 20串

巧克力甘那許200克(見81頁)
香蕉4根
檸檬2顆
長7公分的竹籤20根

香蕉巧克力串 *Brochettes de chocolat et de banane*

1] 製作甘那許。

2] 在慕斯圈或盤子上鋪上約1.5公分的厚度，冷藏2小時。

3] 將香蕉剝皮。在沙拉盆中將檸檬榨汁，淋在水果上，以免水果變黑。將香蕉切成厚片，並將這些厚片分成約2公分的2塊，就這樣形成半圓形。

4] 將甘那許切成邊長約1.5公分的丁。

5] 在每根竹籤上插上香蕉塊和甘那許塊。將這些串冷藏直到享用的時刻。

準備時間 30分鐘
份量 20串

甜瓜1顆500克
杏桃果膠100克
覆盆子200克
長7公分的竹籤20根

覆盆子甜瓜串 *Brochettes de melon et de framboises*

1] 將甜瓜切成兩半，去除所有的籽。用挖球器(cuillère parisienne)挖出直徑約1.5公分的球。

2] 將杏桃果膠倒入小型平底深鍋中，加入2大匙的水，煮至微溫。

3] 將甜瓜球浸入微溫的杏桃果膠中，接著在濾器中瀝乾。

4] 細心地挑選覆盆子。

5] 在每根竹籤上穿上2顆甜瓜球，接著是2個覆盆子，然後重複至竹籤叉滿為止。將果串冷藏保存至享用的時刻。

準備時間 30分鐘
份量 12串

葡萄柚1顆
麝香白葡萄或粉紅葡萄1小串
新鮮薄荷葉1/4把
長7公分的竹籤12根

葡萄和葡萄柚串 *Brochettes de pamplemousse et de raisin*

1] 剝去葡萄柚的外皮(也去除白皮部分)，切成厚約1公分的切片。在鋪了幾層吸水紙的盤子上瀝乾1小時。

2] 將葡萄摘下。仔細選擇較長的薄荷葉摘下。

3] 將葡萄籽穿在竹籤上製作果串。持續將薄荷葉插在一端，接著以縱向穿入葡萄柚片。接著將薄荷葉插在第二邊，以便將葡萄柚片包覆在薄荷葉中，接著穿上葡萄籽作為結束。

4] 將果串冷藏保存至享用的時刻。

100克的營養價值
20大卡；醣類：5克

訣竅
您可將這些果串擺盤，或是插在鳳梨或葡萄柚上更佳。

覆盆子甜瓜串 ▶
Brochettes de melon et de framboises
小串比長竹串更適合。

核桃巧克力方塊蛋糕
Carré au chocolat et aux noix

準備時間 45分鐘
烹調時間 20分鐘
份量 20個方塊蛋糕

黑巧克力150克
切碎的核桃仁80克
奶油50克
糖粉180克
蛋2顆
麵粉100克
香草糖1包(約7克)
甘那許
巧克力80克
液狀鮮奶油80毫升

1] 將巧克力隔水加熱或微波加熱至融化。

2] 用刀或食物調理機將核桃仁切碎。

3] 讓奶油軟化。

4] 烤箱預熱240°C。

5] 製作甘那許：將巧克力切碎，將奶油煮沸，然後淋在巧克力上，不停攪拌。

6] 在容器中混合糖和蛋，用攪拌器攪拌至混合物泛白，接著加入奶油、麵粉、香草糖、巧克力和切碎的核桃仁，在混入下一樣食材前將每樣材料仔細混合。

7] 為30×20公分的矩形模塗上奶油。倒入麵糊，烘烤20分鐘。

8] 將蛋糕放涼，接著蓋上一層約厚5公釐的甘那許。

9] 再度等待蛋糕冷卻，接著裁成小方塊蛋糕。

公爵夫人餅
Duchesses

準備時間 20分鐘
烹調時間 4或5分鐘
份量 20個公爵夫人餅

蛋白4個
鹽1撮
奶油60克
杏仁粉70克
細砂糖70克
麵粉30克
杏仁片30克
帕林內果仁糖(praliné)140克

1] 烤箱預熱220°C。

2] 將蛋白和鹽打成非常立角狀的蛋白霜。

3] 將30克的奶油加熱至融化。

4] 在大容器中混合杏仁粉、糖和麵粉。

5] 將泡沫狀蛋白霜加入配料中，始終以同一方向輕輕攪拌，以免破壞麵糊。加入融化的奶油並混合。

6] 將此麵糊填入裝有7號擠花嘴的擠花袋中，在兩個鋪有烤盤紙的烤盤上擠出小堆。撒上杏仁片。

7] 烘烤4或5分鐘，將烤盤從烤箱中取出，用抹刀將圓形麵餅取下。

8] 將剩餘的奶油(30克)加熱至融化，和杏仁巧克力混合。用小湯匙鋪在一片公爵夫人餅的一面，然後立即擺上另一片。將公爵夫人餅兩兩相黏，置於陰涼處，但別冷藏，保存至享用的時刻。

覆盆子小蛋糕
Framboisines

準備時間 40分鐘
烹調時間 15分鐘
份量 40個小蛋糕

蛋白100克
鹽1撮
麵粉15克
杏仁粉100克
糖粉100克
香草精1小匙
杏仁片100克
覆盆子果醬300克
半甜巧克力150克

1] 將蛋白和鹽打成泡沫狀。

2] 將麵粉、杏仁粉和糖粉過篩，加入香草精。

3] 將蛋白混入上述混合物，以稍微舀起的方式混合。填入裝有8號擠花嘴的擠花袋。

4] 烤箱預熱180°C。

5] 取2個烤盤，先各自鋪上一片瓦楞紙板，接著鋪上烤盤紙。擠出直徑1.5公分的麵糊球，彼此間隔2公分。

6] 撒上杏仁片。烘烤覆盆子蛋糕15分鐘，烤箱門微微打開。

7] 將蛋糕從烤盤上取出並放在網架上。用您的食指在蛋糕的平面上挖洞。用湯匙填入覆盆子果醬，並蓋上另一片蛋糕。

8] 將巧克力隔水加熱或微波加熱至融化，然後將覆盆子蛋糕浸入一半。

9] 讓覆盆子蛋糕在鋪有烤盤紙的烤盤上冷卻。

印度玫瑰炸奶球
Gulab jamun indien

準備時間 2小時25分鐘
靜置時間 3小時 + 30分鐘
烹調時間 30分鐘
份量 6人份

全脂奶粉185克
酥油(ghee)2大匙或新鮮奶油100克
麵粉125克
泡打粉1小匙
油炸用油

糖漿
糖310克
水450毫升
玫瑰水1.5小匙

1] 將奶粉放入沙拉盆，加入切成小塊的酥油(或新鮮奶油)。用指尖混合所有材料。

2] 接著加入麵粉和泡打粉；用一些水濕潤。揉捏麵團至結實為止。揉成團狀，用濕布巾包覆，在室溫下靜置3小時。

3] 將油炸用油加熱至180°C。

4] 用力拍打麵團，讓麵團排出氣體。為工作檯仔細撒上麵粉，接著揉捏麵團，若有必要的話，一邊加入一些水，然後搓成橢圓形的軟麵球。

5] 製作糖漿：在平底深鍋中混合水和糖。煮沸，將火調小，以文火再煮10分鐘。將糖漿倒入湯盆中。

6] 將軟麵球放入滾燙的油中。在每一面都變成金黃色時取出。在吸水紙上瀝乾。

7] 浸入糖漿，淋上幾滴玫瑰水，浸泡30分鐘後享用。

訣竅

印度酥油相等於澄清奶油(beurre clarifié)。製作程序：在平底深鍋中將1公斤的奶油以文火加熱至融化，加蓋，不要攪拌。用漏勺將表面的浮渣撈起。在呈現澄清琥珀色時，酥油便製備完成。放入玻璃罐中，讓其冷藏凝固。您可用在各種的烹飪上。

以色列哈曼的耳朵
Oreilles d'Aman israéliennes

準備時間 1小時
靜置時間 1小時
烹調時間 15分鐘
份量 40個耳朵

麵團
未經加工處理的柳橙1顆
奶油200克
麵粉300克
泡打粉1/2小匙
細砂糖100克
蛋黃2個
糖粉

填料
罌粟籽100克
牛奶120毫升
未經加工處理的柳橙1/2顆
奶油50克
糖100克
蜂蜜2大匙
葡萄蒸餾酒(eau-de-vie de vin)20毫升
麵包粉(chapelure)4大匙
葡萄乾30克
磨碎的核桃30克
肉桂粉
丁香

1] 先製作罌粟餡料：將罌粟籽切碎；在平底深鍋中加熱牛奶並加入罌粟籽。用文火煮幾分鐘，不時攪拌，接著離火。讓奶油軟化將半顆柳橙皮削成碎末。將奶油、果皮、糖、蜂蜜、蒸餾酒、麵包粉、乾果、1小匙的肉桂粉和1撮的丁香加入微溫的牛奶中。仔細混合。

2] 製作麵團：將柳橙皮削成碎末並將果肉榨汁。將奶油切得很小塊。

3] 混合麵粉、泡打粉和糖，加入奶油，用刮杓攪拌所有材料至麵團散碎。加入蛋黃、柳橙皮和柳橙汁。均勻混合至麵團均勻，揉成團狀，請勿過度揉捏。冷藏靜置1小時。

4] 烤箱預熱190°C。

5] 將麵團分成2份並擀成2或3公釐的厚度。用壓模裁成直徑7或8公分的圓。在每個中央擺上罌粟餡料。將圓形麵皮折起以形成三角形。

6] 將這些耳朵放在鋪有烤盤紙的烤盤上，烘烤15分鐘，直到變成金黃色為止。

7] 在冷卻時撒上糖粉。

變化 Variante

您也能用核桃醬及花生醬，或李子(prune)醬，或甚至是杏仁椰棗泥來裝填哈曼的耳朵。

榲桲小蛋糕
Petits-fours à la pâte de coing

準備時間 1小時
烹調時間 20分鐘
份量 8塊

麵粉300克
奶油100克
水80毫升
鹽1小匙
榲桲膏(pâte de coing) 150克(見346頁)
油炸用葵花油
糖漿
糖200克
水70毫升

1] 混合麵粉、75克的奶油、水和鹽以獲得均質的麵團。靜置5分鐘，接著擀成5公釐的厚度。

2] 用毛刷為麵皮刷上一些軟化的奶油並稍微撒上麵粉。折成2折。刷上剩餘的奶油並折成4折。將這麵塊靜置約20分鐘。

3] 擀成3公釐的厚度，然後切成邊長約6公分的方塊。

4] 將榲桲膏切成小丁，擺在一半的方塊上。

5] 濕潤榲桲膏的邊緣，然後將沒有榲桲膏的方塊擺上去，擺成對角線。將邊緣壓緊，以形成漂亮的外型。

6] 先在微溫的油中炸這些蛋糕，經常用網杓將蛋糕浸入油中。

7] 為糖蓋上水以製作糖漿，直到形成細絲(見69頁)。讓小蛋糕浸泡糖漿並在微溫時享用。

蘇瓦羅小餅
Petits-fours Souvarov

準備時間 15 + 15分鐘
靜置時間 1小時
烹調時間 15分鐘
份量 25至30個小餅

法式塔皮麵團(pâte sablée) 500克(見18頁)
杏桃果醬150克
糖粉

1] 製作法式塔皮麵團，於陰涼處靜置1小時。

2] 烤箱預熱200°C。將麵團擀成4公釐的厚度，並用圓形或橢圓形溝紋切割器裁下。將這些餅擺在鋪有烤盤紙的烤盤上，烘烤15分鐘。

3] 將酥餅放涼，接著用小湯匙塗上杏桃果醬，兩兩疊合。

4] 接著為每塊小餅撒上糖粉。

咖啡之樂
Plaisirs au café

準備時間 1小時30分鐘
烹調時間 10分鐘
冷藏時間 2小時
份量 20個咖啡之樂

小咖啡馬卡龍20個(見230頁)
法式咖啡奶油霜 100克(見49頁)
咖啡鏡面(miroir au café)
白巧克力100克
冷凍乾燥咖啡 (café lyophilisé)2小匙
鮮奶油100毫升
半顆核桃仁20個

1] 製作20個小咖啡馬卡龍或向糕餅店購買。

2] 製作法式咖啡奶油霜。

3] 將馬卡龍擺在空蛋盒的格子裡。用小湯匙或裝有10號擠花嘴的擠花袋，在每個馬卡龍上面擠出一個核桃大小的法式咖啡奶油霜。

4] 接著將蛋盒冷凍1小時或冷藏整整2小時。

5] 製作咖啡鏡面：用刀將白巧克力切成細碎。將冷凍乾燥咖啡放入大碗中。將鮮奶油煮沸，倒入咖啡中，均勻混合，接著加入巧克力，一直攪拌。若鏡面不夠軟，就加入1小匙的熱水。

6] 用刀尖插上每塊咖啡之樂，浸入咖啡鏡面中，並在刀子支撐下翻面。擺上半顆核桃仁。

7] 將咖啡之樂冷藏至享用的時刻。

加勒比迷你塔
Tarlettes caraïbes

準備時間 45分鐘
靜置時間 2小時
冷藏時間 2小時
烹調時間 15分鐘
份量 30個迷你塔

甜酥麵團250克(見19頁)
鳳梨1/2顆
綠檸檬2顆
果膠鏡面
杏桃果膠80克
檸檬1顆
柳橙1顆

1] 製作甜酥麵團，於陰涼處靜置2小時。

2] 烤箱預熱180℃。

3] 用擀麵棍將麵團擀成2公釐的厚度，並用壓模裁成55公釐的圓形麵皮。

4] 為迷你塔模(直徑約45公釐)塗上奶油，擺入圓形麵皮和豆袋(sachet de haricots)(見旁邊訣竅的說明)，烘烤15分鐘。

5] 製作果膠鏡面：將杏桃果膠、1大匙的檸檬汁(保留剩餘的檸檬汁)和柳橙汁倒入小型平底深鍋中。混合。煮沸，接著熄火。

6] 準備水果：用鋸齒刀去除鳳梨皮，切成厚4至5公釐的切片，去芯並切成薄片。放在吸水紙上瀝乾。

7] 將迷你塔脫模。將鳳梨排成拱頂，用2條細長的檸檬皮作為裝飾，並用毛刷刷上果膠。也可以用醋栗(groseille)籽裝飾。

訣竅

為避免迷你塔在烘烤過程中膨脹，將烤盤紙裁成方形，製作成小袋，並在小袋中裝入10至12個乾白豆(haricot blanc sec)。將紙揉皺，讓紙緊貼塔皮，接著擺在迷你塔中央，再送進烤箱。

百香果迷你塔
Tarlettes au fruit de la Passion

準備時間 1小時30分鐘
靜置時間 2小時
烹調時間 5分鐘
份量 40個迷你塔

甜酥麵團(pâte sucrée)300克(見19頁)
百香果奶油醬400克(見54頁)
野莓(fraise de bois)40顆
百香果果膠鏡面
百香果2顆
杏桃果膠100克

1] 製作甜酥麵團並靜置2小時。

2] 烤箱預熱180℃。

3] 將麵團擀成3公釐的厚度，用壓模裁下直徑5或6公分的圓形麵皮。

4] 為迷你塔模塗上奶油，擺入圓形麵皮。用叉子在每個模型底部戳洞，烘烤5分鐘，接著放涼。

5] 製作百香果奶油醬。

6] 將奶油醬填入半球形的小模型中。若您沒有這樣的模型，就在鋪有烤盤紙的烤盤上擺上直徑約4公分的奶油球，然後冷藏至少2小時，讓奶油變硬。

7] 製作百香果果膠鏡面：用小湯匙將果肉挖出。和杏桃果膠混合，在平底深鍋中加熱，以便將所有材料稀釋。

8] 將半球形的百香果奶油醬叉在叉子上或插在刀尖上，浸入微溫的果膠，接著擺在烤好的塔底上。

9] 在百香果奶油醬頂端擺上野莓，為迷你塔進行裝飾。

10] 將迷你塔保存於陰涼處直到享用的時刻。

番紅花杏桃馬卡龍

Macarons pêche-abricot-safran

桃子的甜味、番紅花的微苦，
和杏桃的微酸，
交織而成美麗的交響樂。

食譜見446頁

香橙迷你塔佐新鮮薄荷葉
Tarlettes à l'orange et à la menthe fraîche

準備時間 15 + 15分鐘
靜置時間 一個晚上 + 2小時
烹調時間 15分鐘
份量 30個迷你塔

甜酥麵團250克(見19頁)
未經加工處理的柳橙2顆
水300毫升
糖150克
新鮮薄荷葉1束
柳橙果醬80克

1] 前一天晚上：將柳橙盡可能地切碎，保留皮並擺在盤上。將水和糖煮沸，將糖漿淋在柳橙皮上。蓋過橙皮並於陰涼處浸漬一整晚。

2] 製作甜酥麵團，於陰涼處靜置2小時。

3] 烤箱預熱180℃。

4] 為迷你塔模(直徑約45公釐)塗上奶油。

5] 用擀麵棍將麵團擀成約2公釐的厚度，以壓模裁成55公釐的圓形麵皮，放入小模型中。

6] 擺上乾白豆袋(sachet de haricots)(見24頁訣竅的說明)，烘烤15分鐘。

7] 用剪刀將十幾片新鮮薄荷葉切碎(預留30幾片作為裝飾用)。

8] 將浸漬的柳橙片瀝乾，擺在一層吸水紙上，以盡量去除汁液，接著約略切碎，放入容器中。

9] 在容器中加入柳橙果醬和切碎的薄荷葉。攪拌所有材料至均勻混合。

10] 為迷你塔脫模。用湯匙在每個迷你塔上擺上一小堆的柳橙配料。用一片新鮮薄荷葉作裝飾。在放涼時享用。

百香巧克力迷你塔
Tarlettes passionnément chocolat

準備時間 15 + 30分鐘
靜置時間 3或4小時 + 2小時
烹調時間 15分鐘
份量 30個迷你塔

甜酥麵團(pâte sucrée)250克(見19頁)
杏桃乾(abricot sec)7或8個
檸檬1或2顆
水100毫升
黑胡椒粉
金合歡蜜(miel d'acacia)1小匙
百香果甘那許150克(見83頁)

1] 製備杏桃乾，讓杏桃乾變得柔軟：將檸檬榨汁，將杏桃乾切成大丁，和水、2大匙的檸檬汁、研磨器轉1圈的黑胡椒粉和金合歡蜜一起放入平底深鍋中。煮沸，接著將火轉小，持續以文火煮8分鐘。將混合物倒入沙拉盆中，於陰涼處浸漬3或4小時。

2] 製作甜酥麵團並靜置2小時。

3] 製作百香果甘那許，冷藏20分鐘。

4] 烤箱預熱180℃。

5] 用擀麵棍將甜酥麵團擀成2公釐的厚度，用壓模裁成55公釐的圓形麵皮。

6] 為迷你塔模(直徑約45公釐)塗上奶油，擺入圓形麵皮和1小袋的乾白豆(見241頁訣竅的說明)，烘烤15分鐘。

7] 為迷你塔脫模。

8] 將杏桃丁瀝乾並擺在一層吸水紙上。

9] 將百香果甘那許填入裝有星形擠花嘴的擠花袋中，在每個迷你塔上擠出薔薇花飾。用杏桃丁進行裝飾。在室溫下享用。

酸漿迷你塔 *Tarlettes aux physalis*

準備時間 15 + 40分鐘
靜置時間 2小時
烹調時間 15分鐘
份量 30個迷你塔

甜酥麵團(pâte sucrée) 250克(見19頁)
杏仁奶油醬150克(見54頁)
奶油25克
開心果杏仁膏120克
榅桲果膠100克
酸漿(physalis)30個

1] 製作甜酥麵團，於陰涼處保存2小時。

2] 製作杏仁奶油醬。

3] 烤箱預熱180°C。

4] 將麵團擀成2公釐的厚度，用壓模裁成55公釐的圓形麵皮。為迷你塔模(直徑約45公釐)塗上奶油，仔細按壓並用叉子在底部戳洞。用小湯匙為迷你塔填入杏仁奶油醬，烘烤15分鐘。必須烤成金黃色。

5] 在網架上脫模並放涼。在工作檯上將開心果杏仁膏擀薄，用模型裁出30個小圓，就如同壓模一樣。將杏仁膏片擺入每個迷你塔模中。

6] 以文火將榅桲果膠煮至融化，但別再加熱。將酸漿的葉摘除，取出果實後反轉，將每個酸漿浸泡在榅桲果膠中，然後擺到每個迷你塔上。在放涼時享用。

變化 Variante

其他水果迷你塔
Tarlettes aux autres fruits

您可依循同樣的原則，用各式各樣的水果來製作迷你塔：黑櫻桃、草莓和野莓、覆盆子、天然酸櫻桃(griotte)、醋栗(groseille)、挖成球狀的甜瓜、黑莓(mûre)、藍莓(myrtille)、麝香葡萄。至於紅色水果的部分，為了替代榅桲果膠，請用選擇的同一種水果來製作果膠。永遠都用毛刷極輕地刷上果膠。

覆盆子巧克力溫迷你塔 *Tarlettes tiède au chocolat et aux framboises*

準備時間 15 + 30分鐘
靜置時間 2小時
烹調時間 15 + 3分鐘
份量 30個迷你塔

甜酥麵團250克(見19頁)
覆盆子1盒
甘那許
黑巧克力135克
融化的奶油120克
蛋1顆
蛋黃3個
糖粉

1] 製作甜酥麵團，於陰涼處保存2小時。

2] 烤箱預熱180°C。

3] 將麵團擀成2公釐的厚度，並用壓模裁成55公釐的圓形麵皮。

4] 為迷你塔模(直徑約45公釐)塗上奶油，擺入圓形麵皮和1小袋的乾白豆(見241頁訣竅的說明)，烘烤15分鐘。

5] 製作甘那許：分別將巧克力和奶油隔水加熱或微波加熱至融化。在大碗中用攪拌器混合蛋和蛋黃。接著加入融化的巧克力和微溫的融化奶油。

6] 在烤盤上為迷你塔脫模，在每個塔上放2顆覆盆子。將甘那許填入裝有8號擠花嘴的擠花袋中，擠在覆盆子上。

7] 將烤盤烘烤3分鐘。為迷你塔撒上糖粉，在微溫時享用。

Les cakes et gâteaux de voyage
水果蛋糕和烘烤糕點

水果蛋糕(cake)的製作從義式海綿蛋糕(pâte à génoise)開始，
接著添加泡打粉，擺上糖漬水果、乾果等。
水果蛋糕的成功需嚴格地遵守糖和麵粉的比例，
讓水果可以均勻地散布在麵糊中。

杏仁蛋糕 *Amandin*

準備時間 20分鐘
烹調時間 50分鐘
份量 6至8人份

蛋4顆
鹽1撮
細砂糖250克
杏仁粉200克
柳橙汁200毫升
未經加工處理的柳橙1顆
奶油25克
杏仁50克
柳橙果醬2大匙

1] 將柳橙皮切碎。

2] 打蛋，將蛋白和蛋黃分開。將蛋白和鹽攪打成立角狀的蛋白霜。

3] 烤箱預熱200°C。

4] 在沙拉盆中混合蛋黃和細砂糖，用攪拌器攪打至混合物泛白，接著加入杏仁粉、柳橙汁和切碎的柳橙皮。用刮杓混入泡沫狀蛋白霜，始終以同一方向攪拌，以免破壞麵糊。

5] 用直徑24公分的模型在烤盤紙上裁出一個圓。塗上奶油並放入模型底部。

6] 倒入麵糊，先以200°C烘烤30分鐘；將烤箱溫度調低為180°C，再烘烤20分鐘。

7] 將杏仁搗碎。讓杏仁蛋糕放至微溫，脫模並刷上柳橙果醬，然後在四周擺上杏仁。

老饕論 Commentaire gourmand

這些杏仁蛋糕可在午茶時刻搭配巧克力慕斯(見60頁)、英式奶油醬(見45頁)、杏仁牛奶巴伐露奶油醬(見47頁)或香草巴伐露奶油醬(見48頁)享用。

準備時間 15分鐘
烹調時間 30～40分鐘
份量 6至8人份

奶油200克
麵粉200克
泡打粉10克
鹽1撮
細砂糖200克
杏仁粉100克
蛋2顆
牛奶100毫升

荷蘭奶油蛋糕 *Boterkoek hollandais*

1] 烤箱預熱180°C。

2] 將奶油切成小塊，讓奶油在室溫下軟化。

3] 在工作檯上將麵粉和泡打粉一起過篩，挖出一個凹槽。在中央倒入鹽、糖和杏仁粉。將所有材料均勻混合後再度做出凹槽。

4] 放入奶油塊，接著是蛋，用指尖攪拌至完全融合。加入牛奶，將麵團揉捏至平滑。

5] 為22公分的烤模塗上奶油。將麵團擀平，擺入模型中，烘烤30至40分鐘，一邊留意烘烤狀況。將刀身插入：抽出時應保持乾燥。

6] 將蛋糕從烤箱中取出，放涼。在盤上脫模並享用。

老饕論 Commentaire gourmand

您可搭配英式奶油醬(見45頁)、巧克力奶油醬(見53頁)，或甚至是巧克力慕斯(見60頁)來享用這道蛋糕。

準備時間 1小時
烹調時間 1小時10分鐘
份量 28公分的蛋糕1個

史密爾那(Smyrne)葡萄乾100克
科林斯(Corinthe)葡萄乾75克
蘭姆酒250毫升
奶油210克
糖漬杏桃65克
糖漬李子(prune)65克
糖漬甜瓜125克
麵粉300克
泡打粉1/2包
細砂糖150克
蛋4顆
杏桃果膠2大匙
糖漬櫻桃100克

糖漬水果蛋糕 *Cake aux fruits confits*

1] 前一天晚上：將史密爾那和科林斯葡萄乾洗淨並瀝乾，放入150毫升的蘭姆酒中浸漬。

2] 讓奶油軟化。將糖漬杏桃、李子和甜瓜切成1公分的丁。將麵粉和泡打粉一起過篩。

3] 烤箱預熱250°C。

4] 在沙拉盆中將200克的奶油和糖一起攪打至充分混合，接著一顆一顆地加入蛋，然後是麵粉。當混合物均勻時，這時加入葡萄乾和浸漬的蘭姆酒，接著加入一顆顆的蛋，同時用刮板(corne)或大刮杓將麵糊以稍微舀起的方式混合。

5] 為28公分的模型塗上奶油。倒入麵糊。放入烤箱，立即將溫度調低為180°C。

6] 將剩餘10克的奶油加熱至融化。在蛋糕表面形成脆皮的8至10分鐘後，用泡過融化奶油的刮刀從中央劃一刀，這讓蛋糕可以均勻地裂開。蛋糕再烘烤1小時，並用刀身檢查烘烤狀態：取出時必須保持乾燥。

7] 將蛋糕放至微溫10分鐘，接著脫模，刷上剩餘100毫升的蘭姆酒。將杏桃果膠加熱至融化。再等10分鐘後刷在蛋糕上，這時黏上糖漬櫻桃。在蛋糕冷卻時用保鮮膜包覆。

訣竅

應於品嚐前4天製作這道蛋糕。接著冷藏保存，在一至兩星期內最為可口。

變化 Variante

您可依同樣的原則，用100克的糖和2大匙的液狀蜂蜜(用以取代150克的糖)，並用125克的櫻桃來取代不同的糖漬水果，以製作糖漬櫻桃蜂蜜蛋糕。這時用歐白芷片進行裝飾。

照片見249頁。

乾果蛋糕 Cake aux fruits secs

準備時間 30分鐘
烹調時間 1小時至1小時10分鐘
份量 28公分的蛋糕1個

- 榛果60克
- 杏仁55克
- 麵粉180克
- 泡打粉滿滿1小匙
- 可可粉40克
- 黑巧克力70克
- 杏仁膏140克
- 細砂糖165克
- 蛋4顆
- 牛奶150毫升
- 奶油180克
- 開心果55克

1] 烤箱預熱170°C。

2] 將榛果和杏仁擺在烤盤上，用烤箱烘烤12至15分鐘，不時搖動，接著用磨利的刀約略切碎。

3] 將麵粉、泡打粉和可可粉一起過篩。

4] 將巧克力切成約0.5公分的小丁。

5] 將杏仁膏和糖放入沙拉盆或是槳狀食物調理機凹槽。混合至形成某種沙粒狀。加入一顆顆的蛋。若您是使用食物調理機攪拌，請改裝上網狀攪拌器。攪打8至10分鐘，直到混合物均勻為止。

6] 接著加入牛奶和麵粉、泡打粉及可可粉的混合物，持續攪拌至麵糊完全平滑。

7] 將奶油隔水加熱或微波加熱至緩緩融化。

8] 在麵糊中加入榛果和杏仁，接著是整顆的開心果、巧克力塊和融化的奶油，一邊用刮杓以稍微舀起的方式混合。

9] 將烤箱溫度調高為180°C。

10] 為28公分的長型模塗上奶油，倒入麵糊，烘烤1小時10分鐘。當烘烤過程中形成硬皮時，用浸過融化奶油的刀從中央劃一刀。烤好時，將蛋糕放至微溫10分鐘，然後在網架上脫模。

老饕論 Commentaire gourmand

配茶享用這道乾果蛋糕。食用前可冷藏保存數日。

香菜椰子蛋糕 Cake à la noix de coco et à la coriandre

準備時間 30分鐘
烹調時間 30至40分鐘
份量 1公斤的長條模 約900公克的麵糊

- 麵粉400克
- 奶油250克
- 糖粉200克
- 細砂糖100克
- 蛋6顆
- 椰子粉320克
- 香菜粉15克
- 牛奶350毫升
- 泡打粉10克

1] 在沙拉盆中將麵粉過篩。

2] 在容器中放入奶油，讓奶油軟化一會兒，加入糖粉，接著是細砂糖，並用攪拌器攪打混合物至變白且均勻為止。

3] 一邊持續攪打，一邊加入一顆顆的蛋，接著是300克的椰子粉（保留20克供模型用）、香菜粉，最後是牛奶。混合直到均勻為止。

4] 烤箱預熱180°C。

5] 將過篩的麵粉和泡打粉加入先前的混合物中，用刮杓攪拌均勻。

6] 為22×8公分的模型塗上奶油，撒上椰子粉，倒入麵糊。烘烤35至40分鐘。

7] 出爐後，將蛋糕倒扣在烤盤上脫模。就這樣倒扣著放涼，接著用保鮮膜包覆至享用的時刻。

訣竅

使用不沾模型便於脫模。

此蛋糕在享用前可保存數日。

千萬別買過多的椰子粉，因為椰子粉變質得很快。

糖漬水果蛋糕 Cake aux fruits confits ▶
這道最經典的蛋糕之一，
在午茶時刻切片享用會相當美味可口。

約克夏蛋糕
Cakes du Yorkshire

準備時間 40分鐘
麵種(levain)靜置 20分鐘
麵糊靜置時間 2小時
烹調時間 30～35分鐘
份量 8個小蛋糕

麵種
微溫牛奶300毫升
酵母粉15克
麵粉125克

麵團
奶油100克
糖漬水果125克
糖漬薑1塊
細砂糖75克
麵粉125克
蛋2顆

修飾
蛋1顆
牛奶

1] 製作麵種：將牛奶煮至微溫，摻入酵母粉。將麵粉過篩。和摻牛奶的酵母粉一起放入容器中，攪拌混合物至獲得柔軟的麵糊。揉成團狀，讓麵種在蓋上濕布巾的容器中於微溫處靜置約20分鐘，直到體積膨脹成2倍。

2] 讓奶油軟化，將糖漬水果和薑切丁。

3] 製作麵糊：將奶油和細砂糖混合至混合物泛白。加入過篩的麵粉和一顆顆的蛋，接著是糖漬水果和薑。混入麵種，揉捏並強力拉扯數次。

4] 將麵團分成8份並做成圓柱體。為這些蛋糕塗上一些與牛奶一起混合的蛋汁，間隔地擺在鋪有烤盤紙的烤盤上，再發酵2小時。

5] 烤箱預熱180°C。

6] 烘烤30至35分鐘：烤好時，蛋糕必須呈現金黃色。

傑克羅賓遜蛋糕
Cake Jack Robinson

準備時間 25分鐘
烹調時間 35分鐘
份量 4至6人份

麵糊
麵粉200克
奶油50克
細砂糖150克
蛋黃2個
泡打粉1包
鹽1撮
香草糖1包(約7克)
牛奶100毫升

填料
胡桃(noix de pecan)100克
蛋白2個
黑糖(sucre brun)100克

1] 將麵粉過篩。讓奶油軟化，接著在沙拉盆中和糖混合，用電動或手動攪拌器攪打至混合物泛白。

2] 打蛋，將蛋白和蛋黃分開。將蛋黃打碎，加入奶油和糖的混合物中，用刮杓攪拌均勻。

3] 這時逐漸倒入大量的麵粉，接著是泡打粉、鹽和香草糖，不斷地混合；最後加入牛奶。

4] 為直徑20公分的模型塗上奶油，倒入麵糊。

5] 烤箱預熱200°C。

6] 製作填料：用刀將胡桃切碎。將蛋白打成泡沫狀，一邊逐漸加入黑糖。用橡皮刮刀將此填料鋪在麵糊上並將上面抹平。撒上切碎的胡桃。

7] 烘烤35分鐘。在冷卻時脫模。

老饕論 Commentaire gourmand

您可搭配芒果或蘋果泥來享用這道蛋糕。

蒙吉蛋糕
Gâteau manqué

準備時間 15分鐘
烹調時間 40～45分鐘
份量 6至8人份

蒙吉麵糊(Pâte à manqué) 700克(見40頁)
蘭姆酒20毫升

1] 製作蒙吉麵糊並加入蘭姆酒。

2] 烤箱預熱200°C。

3] 將直徑24公分的烤模塗上奶油。

4] 將麵糊倒入模型，以200°C烘烤15分鐘，接著將烤箱溫度調低為180°C，持續烘烤25至30分鐘。用刀身檢查蛋糕是否烤好：插入模型中，抽出時必須保持乾燥。

5] 將蒙吉蛋糕放至微溫，接著脫模，在網架上放涼。

檸檬蒙吉蛋糕 *Gâteau manqué au citron*

準備時間 30分鐘
烹調時間 40～45分鐘
份量 6至8人份

蒙吉蛋糕
蒙吉麵糊(Pâte à manqué)600克(見40頁)
未經加工處理的檸檬1顆
糖漬枸櫞(cédrat)或糖漬檸檬皮100克
修飾
蛋白糖霜(Glace royale)70克(見74頁)
糖漬枸櫞(cédrat)50克

1] 製備檸檬皮：切下的檸檬皮在沸水中浸泡2分鐘，過冷水後將水分擦乾，裁成細薄片。將枸櫞或檸檬切丁。

2] 製作蒙吉麵糊，就在加入泡沫狀蛋白霜之前加入糖漬枸櫞(或檸檬)和檸檬皮。烤箱預熱200°C。

3] 將麵糊倒入直徑22公分的模型中，先以200°C烘烤15分鐘，接著以180°C烘烤25至30分鐘，用刀檢查烘烤狀況。在蛋糕微溫時脫模，接著放至完全冷卻。

4] 製作蛋白糖霜。

5] 在蛋糕冷卻時，用橡皮刮刀鋪上糖霜，並以糖漬枸櫞作為裝飾。

大理石蛋糕 *Gâteau marbré*

準備時間 15分鐘
烹調時間 50分鐘
份量 6至8人份

蛋3顆
奶油175克
鹽1撮
麵粉175克
泡打粉1/2包(約5克)
糖200克
無糖可可粉50克

1] 打蛋，將蛋黃和蛋白分開。將奶油加熱至融化。將蛋白和鹽打成非常立角狀的蛋白霜。

2] 將麵粉和泡打粉過篩。

3] 用攪拌器將融化的奶油和糖混合，接著加入蛋黃，均勻混合後大量倒入麵粉，再度混合。最後加入打發的蛋白，始終輕輕地朝同一方向攪拌。

4] 烤箱預熱200°C。

5] 將麵糊切成2等份，將可可粉混入其中一份。

6] 為直徑22公分的長型模塗上奶油。倒入第一層的可可麵糊，接著是一層沒有添加可可粉的麵糊；交替相疊，直到模型被填滿為止。

7] 烘烤50分鐘。用刀檢查烘烤狀況。

奶油烘餅 *Kouign-amann*

準備時間 20分鐘
靜置時間 5次3小時30分鐘
烹調時間 45分鐘
份量 6人份

麵粉275克
鹽6克
泡打粉5克
融化的奶油10克
水180毫升
奶油225克
細砂糖225克

1] 在沙拉盆中混合過篩的麵粉、鹽和泡打粉，並加入融化的奶油，接著是水。均勻混合至麵糊均勻。在室溫下發酵30分鐘。

2] 將225克的奶油約略捏成方形。

3] 將麵團擀平，將方形奶油擺在中央，將麵皮上緣的邊向下折起。冷藏20分鐘。

4] 橫向擀開，並像折疊派皮(見20頁)般折3次，用保鮮膜包起，再次儲存於陰涼處1小時。

5] 擀開並重複折疊的步驟，這次將整個派皮撒上糖，作個單折，再置於陰涼處30分鐘。

6] 再將派皮擀成4公釐的厚度，裁成邊長10至11公分的方形。將每個方形的4個角朝中央折起。

7] 為直徑10公分的慕斯圈和1個不沾烤盤塗上奶油並撒上糖。用掌心按壓每個疊起的方形，用慕斯圈塑形，然後擺在烤盤上。這時讓麵皮在室溫下膨脹1小時至1小時30分鐘。

8] 烤箱預熱180°C。

9] 烘烤45分鐘。在出爐後將奶油烘餅脫模。

香橙巧克力蛋糕

Cake au chocolate et à l'orange

在麵糊中加入可可粉、史密爾那葡萄乾
和糖漬橙皮丁。
烘烤過後，灑上香橙干邑甜酒糖漿，
並擺上糖漬柳橙片和杏桃果膠。

食譜見441頁

熱內亞蛋糕
Pain de Gênes

準備時間 20分鐘
烹調時間 40分鐘
份量 4至6人份

奶油125克
細砂糖150克
杏仁粉100克
蛋3顆
玉米粉40克
鹽1撮
香橙干邑甜酒
(Grand Marnier)50毫升

1] 讓奶油軟化。
2] 烤箱預熱180℃。
3] 在大碗中，用攪拌器一起攪拌奶油和細砂糖，直到混合物均勻且泛白，接著先加入杏仁粉，接著是一顆顆的蛋，不停攪拌，讓麵糊變輕。
4] 這時輕輕混入玉米粉，以免麵糊變得鬆散，最後加入鹽和酒。將配料攪拌至均勻。
5] 為熱內亞蛋糕模或直徑22公分的義式海綿蛋糕模塗上奶油，在底部填入塗上奶油的圓形烤盤紙，倒入麵糊。
6] 烘烤40分鐘。在微溫時為熱內亞蛋糕脫模並將紙抽出。

義式全蛋海綿蛋糕
Pan di Spagna

準備時間 10分鐘
烹調時間 20～25分鐘
份量 4至6人份

麵粉125克
未經加工處理的檸檬1顆
蛋4顆
鹽1撮
細砂糖125克

1] 加熱一大鍋的水。
2] 將麵粉過篩。
3] 將檸檬皮削成碎末。
4] 將蛋打在沙拉盆中，和鹽、糖混合。
5] 烤箱預熱180℃。
6] 將沙拉盆擺入裝了微滾熱水的平底深鍋，攪打蛋和糖，直到混合物的體積膨脹2倍且變得有點濃稠。將沙拉盆從熱源移開，持續用力攪打至混合物冷卻。
7] 這時逐漸倒入麵粉，同時輕輕用刮杓攪拌，接著加入果皮碎末。仔細攪動，將麵糊以稍微舀起的方式混合，直到均勻為止。
8] 為直徑18公分的烤模塗上奶油，倒入麵糊，烘烤20至25分鐘。用刀身檢查蛋糕的烘烤狀況，抽出時必須保持乾燥。

李子蛋糕
Plum-cake

準備時間 30分鐘
烹調時間 45分鐘～1小時
份量 6至8人份

奶油160克
檸檬1/2顆
糖漬柳橙、枸櫞或檸檬皮80克
麵粉160克
泡打粉2克
糖160克
蛋3顆
馬拉加(Málaga)葡萄乾70克
史密爾那葡萄乾50克
科林斯葡萄乾50克
蘭姆酒1小匙

1] 讓奶油在沙拉盆中軟化。
2] 將半顆檸檬皮削成碎末。
3] 將糖漬果皮切碎。
4] 將麵粉和泡打粉一起過篩。
5] 烤箱預熱190℃。
6] 用叉子攪拌奶油至膏狀，接著仔細攪打至呈現泛白的乳霜狀。
7] 倒入糖，再度攪打數分鐘，接著混入一顆顆的蛋，一直攪打。放入糖漬果皮碎末、馬拉加、史密爾那和科林斯葡萄乾。
8] 最後加入麵粉和泡打粉的混合物，接著是檸檬皮和蘭姆酒。
9] 為22公分的長型模裝入烤盤紙，讓烤盤紙的高超出模型4公分。倒入麵糊，只填至模型的2/3。
10] 烘烤45分鐘至1小時。用刀身檢查蛋糕的烘烤狀況，抽出時必須保持乾燥。
11] 為蛋糕脫模，在網架上放涼。

法式磅蛋糕
Quatre-quarts

準備時間 15分鐘
烹調時間 40分鐘
份量 6至8人份

蛋3顆
取和3顆蛋重量相等的細砂糖、奶油和麵粉
鹽2撮
蘭姆酒或干邑白蘭地（cognac）50毫升

1] 為蛋秤重，接著取同樣重量的細砂糖、奶油和麵粉。

2] 將麵粉過篩。將奶油加熱至融化。

3] 打蛋，將蛋白和蛋黃分開。將蛋白和1撮鹽打成非常立角狀的蛋白霜。

4] 烤箱預熱200°C。

5] 在大碗中混合蛋黃、細砂糖和1撮鹽，攪打至混合物泛白。

6] 加入融化的奶油，接著是麵粉，最後是蘭姆酒（或干邑白蘭地），在每加入一樣材料時均勻混合。

7] 這時輕輕混入打發的蛋白霜，始終以刮杓朝同一方向攪拌，以免破壞麵糊內的氣泡。

8] 為直徑22公分的模型塗上奶油。倒入麵糊，以200°C烘烤15分鐘；將烤箱溫度調低為180°C，繼續烘烤25分鐘。

9] 待磅蛋糕微溫時脫模。

乳酪餅
Tourteau fromagé

準備時間 15 + 15分鐘
靜置時間 2小時
烹調時間 10 + 50分鐘
份量 4至6人份

油酥麵團（pâte brisée）400克（見17頁）
蛋5顆
鹽2撮
新鮮山羊乳酪（fromage de chèvre frais）250克
細砂糖125克
玉米粉30克
干邑白蘭地（cognac）1小匙或橙花水1大匙

1] 製作油酥麵團，冷藏靜置2小時。

2] 烤箱預熱200°C。

3] 為直徑20公分的餅模塗上奶油。將麵團擀成3公釐的厚度並放入模型中。

4] 將烤盤紙裁成一個圓，鋪在餅模底部；蓋上豆粒或杏桃核，烘烤10分鐘，避免烘烤時餅底鼓起。

5] 接著將紙和豆類（或杏桃核）取出。

6] 打蛋，將蛋白和蛋黃分開。將蛋白和1撮鹽打成非常立角狀的蛋白霜。

7] 將新鮮山羊乳酪和細砂糖、1大撮的鹽、蛋黃和玉米粉混合。攪動，加入干邑白蘭地或橙花水，接著輕輕地混入打發蛋白，始終朝同一方向攪拌，以免破壞麵糊。

8] 將所有材料倒在烤好的餅皮上，再以180°C烘烤50分鐘。餅皮上面必須變成深褐色。在微溫或冷卻時享用。

Les recettes de dessert
甜點食譜

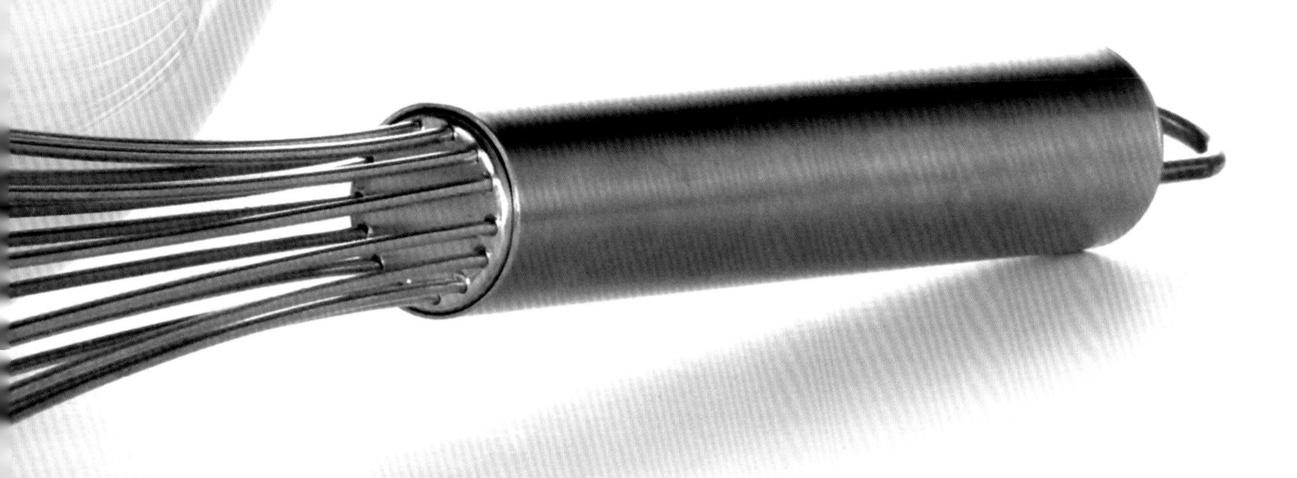

Les crèmes, flans et desserts aux œufs
法式布丁、布丁塔和雞蛋製品

點心中的奶油醬是以蛋、牛奶和糖爲基底的製品。

甜布丁塔是在塔底填入布丁麵糊(appareil),

並加入水果、葡萄乾等材料所構成。

沙巴雍(sabayons)—稀薄而滑順的奶油醬—則是以酒、

糖和蛋黃爲基底所製成。

法式布丁 Les crèmes

準備時間 40分鐘
冷藏時間 4或5小時
份量 4至6人份

杏仁牛奶400克(見57頁)
吉力丁8片
糖150克
液狀鮮奶油600毫升

杏仁牛奶凍
Blanc-manger

1] 前一天晚上,製作杏仁牛奶。

2] 讓吉力丁在裝有大量冷水的容器中軟化10至15分鐘,接著擠乾。

3] 在小型平底深鍋中,倒入1/4的杏仁牛奶,加熱。加入吉力丁,仔細攪拌,讓吉力丁完全融化,接著再將平底深鍋中的內容物倒入剩餘的杏仁牛奶中,整個混合。這時加糖,再次攪拌,讓糖溶解。

4] 將鮮奶油打發。打發後,用橡皮刮刀或木匙非常輕地加入先前的混合物中。

5] 將此配料倒入直徑18公分的夏露蕾特模中,冷藏4或5小時。

6] 將模型快速浸入熱水,在餐盤上將杏仁牛奶凍脫模。用紅水果進行裝飾。

杏仁牛奶凍 Blanc-manger ▶
如圖,搭配覆盆子醬並擺上覆盆子和草莓,也可以用香桃醬或杏桃和九層塔(basilic)汁來享用這道甜點。

草莓鳳梨杏仁牛奶凍
Blanc-manger à l'ananas et aux fraises

準備時間 30分鐘
冷藏時間 2或3小時
份量 6至8人份

吉力丁5片
杏仁牛奶500毫升(見57頁)
鳳梨50克
草莓50克
漂亮的薄荷葉5片
液狀鮮奶油500毫升

糖衣杏仁(amande glacée)
糖65克
水50毫升
杏仁片50克

修飾
杏桃醬150克
覆盆子醬150克

裝飾
薄荷葉
草莓6～8顆
鳳梨薄片6～8片

1] 前一天晚上，製作杏仁牛奶。

2] 烤箱預熱200℃。

3] 製作糖衣杏仁：先將水和糖煮沸30秒。將杏仁片浸入此糖漿中，接著在鋪有烤盤紙的烤盤上瀝乾。將烤盤放入烤箱，將杏仁烤出焦糖。

4] 讓吉力丁在裝有大量冷水的容器中軟化，接著擠乾。

5] 加熱杏仁牛奶，不要煮沸，加入吉力丁並均勻混合。放涼。

6] 將鳳梨和草莓切成小丁，將薄荷葉切碎，加入杏仁牛奶中。

7] 將鮮奶油打發，接著加入先前的混合物中。

8] 將配料倒入6或8個的個人沙弗林(savarin)模，冷藏約2或3小時。

9] 在餐盤上為杏仁牛奶凍脫模。用小湯匙將杏桃醬擺在每個牛奶凍中央，並將覆盆子醬擺在四周。

10] 用薄荷葉、草莓和鳳梨丁，以及糖杏仁進行裝飾。

老饕論 Commentaire gourmand

您也能搭配香菜汁(見107頁)、辛香汁(Jus à épicé)(見108頁)，或是新鮮薄荷汁(見109頁)來享用這道杏仁牛奶凍。

指形蛋糕布丁
Crème aux biscuits à la cuillère

準備時間 1小時
烹調時間 35至40分鐘
份量 6至8人份

指形蛋糕體200克(見33頁)
櫻桃酒50毫升
馬拉斯加酸櫻桃酒(marasquin)50毫升
牛奶1公升
糖250克
蛋6顆
蛋黃10個
奶油50克
香草莢1根
半顆杏桃16個
糖漬櫻桃50克

1] 混合櫻桃酒和馬拉斯加酸櫻桃酒，讓指形蛋糕體稍微浸泡。放入沙拉盆。

2] 將牛奶和100克的糖煮沸，倒在蛋糕體上。

3] 將這混合物用電動攪拌器攪拌1分鐘，或仔細攪打至變得非常均勻，接著在濾器中過濾。

4] 烤箱預熱190℃。

5] 在大沙拉盆中，放入全蛋、蛋黃、100克的細砂糖，用攪拌器整個一起攪打，並將這些材料倒入3，牛奶和蛋糕體的混合物中，一直持續攪打。

6] 為直徑20公分的夏露蕾特模塗上奶油，倒入上述材料。

7] 將模型放入隔水加熱的大鍋中，烘烤35至40分鐘。

8] 將布丁放至微溫後在餐盤上脫模。

9] 在享用這道布丁時，將奶油和剖開的香草莢一起在平底煎鍋中加熱至融化。微滾時加入半顆杏桃，每面煮1分鐘。加入剩餘的糖(50克)，再煮1分鐘。

10] 將杏桃和糖漬櫻桃在布丁周圍排成環狀後享用。

訣竅

冬季時，可使用糖漬杏桃來製作這道布丁。瀝乾後切成4片。

準備時間 25分鐘
靜置時間 30～40分鐘
烹調時間 45分鐘
冷藏時間 3小時
份量 8人份

牛奶500毫升
液狀鮮奶油500毫升
香草莢5根
蛋黃9個
細砂糖180克
粗粒紅糖(cassonade brune)100克

奶油布蕾
Crème brûlée

1] 將香草莢打開，刮除內部，和牛奶及鮮奶油一起放入平底深鍋中。煮沸，接著熄火，浸泡30至40分鐘。在細網目的濾器中或用漏斗型濾網過濾混合物。

2] 烤箱預熱100℃。

3] 在沙拉盆中，用木匙混合蛋黃和糖。接著逐漸倒入牛奶和鮮奶油的混合物，一邊用木匙攪和。

4] 再度過濾奶油醬，接著分裝進8個蛋形瓷烤盤中，烘烤約45分鐘。搖動盤子以檢查烘烤狀況：奶油醬中央應不再「顫動」。

5] 在室溫下放涼，接著冷藏至少3小時。

6] 享用時，用吸水紙輕輕吸去奶油醬上的水份，接著撒上粗粒紅糖。

7] 迅速地通過烤箱上的烤架，將奶油醬稍微烤出焦糖：不要再加熱。立即享用。

老饕論 Commentaire gourmand

這道奶油布蕾若裡面還很冰涼，而焦糖表面微溫，就是成功之作。

變化 Variante

開心果奶油布蕾
Crème brûlée à la pistache

在奶油中加入80克的開心果糖膏。用薄薄一層約60克的巧克力奶油醬(見53頁)來取代粗粒紅糖。

準備時間 25分鐘
靜置時間 1個晚上
烹調時間 2小時
份量 4人份

全脂牛奶1公升
蛋4顆
蛋黃3個
波本(Bourbon)香草莢3根剖開並取籽
細砂糖350克
水60克

焦糖布丁
Crème caramel

1] 前一天晚上，將香草籽和香草莢一起放入牛奶中煮沸。於陰涼處浸泡一整晚。

2] 隔天，將香草莢取出，再次將牛奶煮沸。在玻璃大碗中，攪打蛋和200克的糖30秒，加入煮沸的牛奶，不停地攪拌。用漏斗型濾網過濾，靜置15分鐘，撈去浮沫，預留備用。

3] 將剩餘的糖和水煮至獲得漂亮赤褐色的焦糖，然後立即將平底深鍋底浸入裝有冰水的隔水加熱鍋中，以停止烹煮。仔細而迅速地為模型倒上還能流動的焦糖。將香草牛奶倒入模型中。

4] 用隔水加熱的深烤盤在網架上以150℃烘烤2小時。

5] 在網架上以室溫放涼。在奶油醬完全冷卻時，加蓋冷藏保存1個晚上。

6] 用水果刀(couteau d'office)輕輕讓布丁脫離內壁以脫模。很輕地拍打模型底部，以免讓非常脆弱的焦糖裂開。將布丁倒扣在餐盤上，用蛋糕鏟(pelle à tarte)像蛋糕一樣切塊。在非常冰涼時享用。

焦糖米與開心果奶油布蕾
Crème brûlée à la pistache et riz caramélisé

在葡萄乾米布丁（riz au lait）表面
淋上以開心果糖膏為基底的奶油醬，
接著烘烤。
在享用前再在表面撒上粗粒紅糖，
然後在烤架上稍微烤出焦糖；
最後為這點心澆上一些檸檬糖漿。

食譜見443頁

紅果檸檬布丁
Crème au citron et aux fruits rouges

準備時間 1小時
靜置時間 2小時
烹調時間 20分鐘
冷藏時間 6 + 3小時
份量 6人份

法式塔皮麵團150克(見18頁)
糖漿
香草莢1根
水1公升
柳橙汁100毫升
細砂糖400克
薄荷葉12片
綜合紅水果
草莓350克
醋栗(groseille)50克
黑醋栗50克(可隨意)
覆盆子200克
黑莓50克
藍莓(myrtille)50克
滑順檸檬奶油醬
檸檬奶油醬150克(見53頁)
吉力丁1又1/2片
液狀鮮奶油150毫升
脂含量40%的白乳酪150克

1] 製作法式塔皮麵團，於陰涼處靜置2小時。

2] 製作檸檬奶油醬。

3] 製作糖漿：將香草莢打開並刮出籽，和水、柳橙汁及糖一起放入平底深鍋中煮沸。熄火後加入薄荷葉，浸泡約1小時，接著過濾糖漿。

4] 將草莓洗淨並去梗，將醋栗和黑醋栗摘下，挑選其他的水果。將糖漿再度於大型平底深鍋中煮沸，浸入每種水果份量的3/4(保留其餘的作為布丁的裝飾用)，只浸泡1分鐘。用漏勺取出，放在置於沙拉盆上的濾器中瀝乾。將1個20公分的慕斯圈擺在淺盆中，倒入水果，接著將淺盆冷藏6小時。

5] 製作滑順檸檬奶油醬：將吉力丁浸泡在裝有冷水的容器中。將液狀鮮奶油打發。瀝乾吉力丁，放入擺在隔水加熱鍋上的沙拉盆中，讓吉力丁融化。在吉力丁融化時，加入1/3的檸檬奶油醬，加以混合。

6] 將沙拉盆從隔水加熱鍋中取出，這時混入剩餘的檸檬奶油醬，接著是白乳酪，最後是打發的鮮奶油。均勻混合後將此奶油醬倒入慕斯圈中，倒在紅水果上。再度冷藏3小時。

7] 烤箱預熱180°C。

8] 用擀麵棍將法式塔皮麵團擀平，裝進24公分的慕斯圈中，烘烤20分鐘。

9] 將紅水果排出的汁液排乾。將還圈著的奶油醬放到圓形塔皮上，接著將慕斯圈移除。用預留的紅水果在上面裝飾，立即享用。

訣竅

前一天晚上，製作糖漿、水煮紅水果、製作檸檬奶油醬和法式塔皮麵團。前3小時製作檸檬奶油醬，紅水果還在冰箱冷藏。最後一刻再烘烤圓形塔皮。

巧克力布丁
Crème au chocolat

準備時間 30分鐘
冷藏時間 3小時
+ 1小時30分鐘 + 4小時
份量 6人份

滑順巧克力奶油醬
黑巧克力170克
牛奶250毫升
液狀鮮奶油250毫升
蛋黃6個
細砂糖125克
咖啡威士忌冰砂(granité)
濃縮咖啡500毫升
細砂糖50克
威士忌70毫升
未經加工處理的柳橙1/4顆
打發鮮奶油250克(見53頁)
爆米香(riz soufflé)

1] 用刀將黑巧克力切碎，放入沙拉盆。

2] 製作滑順巧克力奶油醬。在平底深鍋中將牛奶和鮮奶油一起煮沸。

3] 在容器中攪打蛋黃和糖。

4] 將1/4的牛奶和鮮奶油的混合物倒入容器中，同時攪打，接著再將這新的混合物倒入鍋中的牛奶裡，這時攪打並如同英式奶油醬般烹煮(見45頁)。

5] 將這一半的奶油醬倒在切碎的黑巧克力上，均勻混合，接著加入剩餘的奶油醬，再度混合，冷藏3小時。

6] 製作冰砂：泡咖啡，加入糖、威士忌和柳橙皮碎末。倒入製冰容器中，冷凍1小時30分鐘。

7] 將製冰容器取出，攪打材料，接著再度冷凍3或4小時。

8] 製作打發鮮奶油。用兩根湯匙製作1顆滑順的巧克力奶油醬球，並擺入雞尾酒杯中。用湯匙刮製冰容器的表面，為奶油球蓋上冰砂。淋上打發鮮奶油並撒上爆米香。

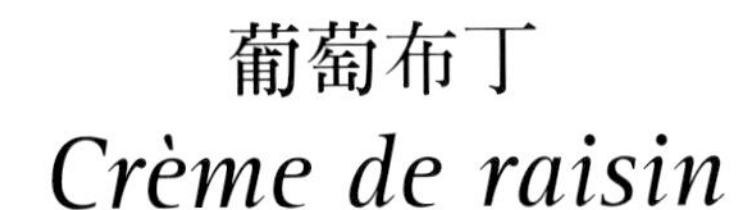

葡萄布丁 Crème de raisin

準備時間 15分鐘
烹調時間 25分鐘
冷藏時間 2或3小時
份量 4至6人份

紅葡萄或青葡萄汁1公升
核桃仁100克
玉米粉50克
冷水100毫升
焦糖液1小匙
肉桂粉1小匙

1] 將葡萄汁倒入平底深鍋中，加熱至煮沸，接著將火調小，以非常微溫的火將汁收乾，直到只剩下750毫升的液體。

2] 將核桃約略切碎。在冷水中摻入玉米粉攪和，倒入煮沸的果汁中，用攪拌器或木匙快速攪打。接著，始終開著火，加入焦糖、肉桂和一半的核桃。

3] 離火，放至微溫，然後倒入高腳玻璃杯或淺口高腳酒杯中。撒上剩餘的核桃，冷藏2或3小時後享用。

100克的營養價值

120大卡；蛋白質：1克；醣類：19克；脂肪：4克

蒙布朗 Mont-Blanc

準備時間 1小時
烹調時間 2小時45分鐘
份量 4至6人份

義式蛋白霜200克（見42頁）
奶油80克
栗子膏（pâte de marron）300克
栗子奶油醬400克（見55頁）
蘭姆酒50毫升
鮮奶油香醍400克（見51頁）
糖栗切碎

1] 烤箱預熱120°C。

2] 製作義式蛋白霜，放入裝有直徑1公分擠花嘴的擠花袋中。

3] 在烤盤鋪上烤盤紙，以幾個同心環（寬約6公分）構成直徑24公分的蛋白霜環，做為底部。

4] 將烤盤放入烤箱以120°C烘烤45分鐘，接著以100°C烘烤2小時。

5] 將奶油隔水加熱或微波加熱至軟化並形成膏狀。這時加入栗子糊，仔細拌和。在混合物均勻時，加入栗子奶油，接著是蘭姆酒，再次混合。

6] 將上述奶油醬填入裝有小洞擠花嘴的擠花袋中，在蛋白霜底上擠出麵條狀的栗子奶油醬。

7] 製作鮮奶油香醍。填入裝有星形擠花嘴的擠花袋中，在栗子奶油醬表面擠出小薔薇花飾。

8] 在每個花飾上撒上糖栗碎。

布丁塔 Les flans

克拉芙蒂 Clafoutis

準備時間 15分鐘
靜置時間 30分鐘
烹調時間 35至40分鐘
份量 6至8人份

黑櫻桃500克
細砂糖100克
麵粉125克
鹽1撮
蛋3顆
牛奶300毫升
糖粉

1] 將櫻桃洗淨，接著去梗。放入沙拉盆中，撒上一半的糖；搖動讓糖分散開來，浸漬至少30分鐘。

2] 烤箱預熱180°C。

3] 為直徑24公分的餡餅模（tourtière）或瓷製烤模塗上奶油。

4] 在容器中為麵粉過篩，加入1撮鹽和剩餘的細砂糖。將蛋打散，加入上述材料中，均勻混合。最後加入牛奶，再度均勻混合。

5] 在模型中擺上櫻桃，接著從上面倒入配料。烘烤35至40分鐘。放至微溫，撒上糖粉。在模型冷卻後享用。

100克的營養價值

145大卡；蛋白質：4克；醣類：25克；脂肪：2克

變化 Variante

您可用同樣的方式製作黃香李（mirabelle）布丁塔。在配料中加入30毫升的水果蒸餾酒。

布列塔尼布丁塔
Far Breton

準備時間 15分鐘
烹調時間 1小時
份量 6至8人份

微溫淡茶1碗
科林斯葡萄乾125克
黑李乾400克
蛋4顆
麵粉250克
鹽1撮
細砂糖20克
牛奶400毫升
糖粉

1] 泡茶，將科林斯葡萄乾和黑李乾放入，膨脹約1小時。

2] 將葡萄和黑李乾瀝乾。為黑李乾去核。

3] 烤箱預熱200°C。

4] 將蛋打散。

5] 在沙拉盆中放入麵粉、鹽和細砂糖。攪拌。倒入蛋汁，接著是牛奶，均勻混合。

6] 最後加入葡萄和黑李乾，攪拌至麵糊完全均勻。

7] 為直徑24公分的模型塗上奶油。烘烤1小時：蛋糕表面必須烤成褐色。篩上糖粉。

蘋果法布斯
Flamusse aux pommes

RECETTE LÉGÈRE

準備時間 15分鐘
烹調時間 45分鐘
份量 4至6人份

麵粉60克
細砂糖75克
鹽1撮
蛋3顆
牛奶500毫升
蘋果（reinettes品種）3或4顆
糖粉

1] 將麵粉和細砂糖、鹽一起放入沙拉盆中。將蛋打散，加入沙拉盆中，用刮杓混合成盡可能平滑的麵糊。

2] 將牛奶逐漸倒入沙拉盆中，持續混合。

3] 烤箱預熱180°C。

4] 將22公分的餡餅模塗上奶油。

5] 將蘋果削皮並切成薄片。在餡餅模中疊成環狀。倒入麵糊，烘烤45分鐘。

6] 在微溫時為奶油派脫模並撒上糖粉。在微溫或冷卻時享用。

100克的營養價值

110大卡；蛋白質：3克；醣類：16克；脂肪：3克

克里奧布丁
Flan créole

準備時間 15分鐘
烹調時間 1小時
冷藏時間 1小時
份量 6至8人份

牛奶750毫升
牛奶醬（confiture de lait）120克（見337頁）
蛋6顆
細砂糖100克
模型焦糖
細砂糖100克
水30毫升
檸檬4滴

1] 製作模型焦糖：將細砂糖、水和幾滴檸檬倒入小型平底深鍋中；煮至糖呈現深色，但非黑色；立即倒入模型中；將模型傾斜，讓焦糖覆蓋內壁，接著放涼。

2] 烤箱預熱180°C。

3] 在另一個平底深鍋中，將牛奶加熱，不要煮沸。和牛奶醬混合。

4] 在容器中攪打蛋和100克的糖，直到發泡為止。混入先前鍋中的混合物，用木匙攪拌。

5] 用配料填滿模型，在烤箱中隔水加熱約1小時，直到布丁凝固。

6] 放涼，冷藏至少4小時後脫模。

訣竅

若您沒有時間預先製作牛奶醬，就使用市售的材料。

準備時間 15 + 15分鐘
靜置時間 2小時
烹調時間 40～45分鐘
份量 6至8人份

油酥麵團(pâte brisée) 300克(見16頁)
心形櫻桃(bigarreau)250克
糖195克
肉桂粉1小匙
奶油125克
杏仁粉125克
蛋2顆
翻糖(fondant又稱風凍) 100克(見73頁)
蘭姆酒20毫升

丹麥櫻桃布丁塔
Flan de cerises à la danoise

1] 製作油酥麵團，於陰涼處靜置2小時。

2] 將心形櫻桃洗淨並去核，和70克的糖、肉桂粉一起放入大碗中，均勻混合，在室溫下浸漬約1小時。

3] 烤箱預熱210°C。

4] 為直徑24公分的餡餅模塗上奶油。

5] 將油酥麵團擀成2公釐的厚度，填入模型中。

6] 將櫻桃瀝乾並保存汁液。讓奶油軟化。

7] 將杏仁粉和125克的糖放入大沙拉盆中，將蛋打散後加進去。在均勻混合後加入軟化的奶油，接著是櫻桃汁，攪拌至完全均勻。

8] 將櫻桃擺在模型底部，用杏仁餡料完全覆蓋。

9] 將模型放入烤箱以210°C烘烤10分鐘，接著將烤箱溫度調低為190°C，再烘烤30至35分鐘。

10] 讓翻糖軟化，加入蘭姆酒。

11] 將布丁塔從烤箱中取出，放涼後淋上翻糖鏡面(見74頁)。

準備時間 30分鐘
靜置時間 2 + 2小時
烹調時間 15分鐘 + 1小時
冷藏時間 3小時
份量 6至8人份

油酥麵團(pâte brisée) 300克(見16頁)
新鮮杏桃350克
水600毫升
牛奶400毫升
蛋4顆
椰子粉100克
香菜粉1撮
玉米粉70克
細砂糖200克
裝飾
新鮮杏桃或鳳梨100克

杏桃椰子布丁塔
Flan à la noix de coco et aux abricots

1] 製作油酥麵團，於陰涼處靜置2小時。

2] 用擀麵棍擀成2公釐的厚度，裁成直徑30公分的圓形麵皮。擺在烤盤上，接著冷藏約30分鐘。

3] 為直徑22公分、高3公分的塔模塗上奶油，將麵皮填入塔模。

4] 修去超出模型的麵皮，再冷藏2小時。

5] 將杏桃去核，切成4塊。

6] 烤箱預熱180°C。

7] 製作布丁塔：在平底深鍋中，將 水和牛奶煮沸。將蛋打散。在沙拉盆中混合椰子粉、香菜粉、蛋汁、玉米粉和糖。一邊攪打，將一些煮沸的牛奶和水的混合物倒入沙拉盆中。接著再整個倒入平底深鍋中。這時煮沸並不停地攪打，以免配料黏在鍋底。

8] 將杏桃塊散落在生麵皮的塔內，立即倒入還滾燙的布丁塔。烘烤1小時。

9] 接著放涼，冷藏3小時。

10] 享用前，用鳳梨片或去核且切半的新鮮杏桃裝飾。在室溫下或放涼後享用。

訣竅

冬季時，您可用糖漬杏桃來製作這道布丁塔。瀝乾後切成4塊。

檸檬蛋白霜布丁塔 *Flan meringue au citron*

準備時間 15 + 30分鐘
靜置時間 1小時
烹調時間 10分鐘
份量 4至6人份

法式塔皮麵團(Pâte sablée)
300克(見18頁)
未經加工處理的檸檬2顆
蛋3顆
牛奶250毫升
麵粉40克
糖175克
融化的奶油40克
鹽1撮

1] 製作法式塔皮麵團，於陰涼處靜置1小時。

2] 烤箱預熱190℃。

3] 將麵團擀平，填入直徑24公分且塗上奶油的塔模，烘烤3或4分鐘。

4] 將檸檬削皮並將其中一顆榨汁。將果皮用熱水燙2分鐘，瀝乾，切成細薄片。

5] 將蛋白和蛋黃分開。加熱200毫升的牛奶。

6] 混合麵粉和100克的糖，先摻入冷牛奶拌和，接著加入煮沸的牛奶、融化的奶油、一顆一顆的蛋黃和檸檬皮。以文火煮稠15分鐘，並不停地攪拌。

7] 離火後加入檸檬汁，混合並放涼。將配料填入麵皮內。將烤箱的溫度調高為240℃。

8] 將蛋白和剩餘的糖、1撮鹽打成泡沫立角狀的蛋白霜，淋在檸檬奶油上，用橡皮刮刀抹平。烘烤3或4分鐘，烤成金黃色。放至完全冷卻後享用。

巴黎布丁塔 *Flan parisien*

準備時間 30分鐘
靜置時間 4小時30分鐘
烹調時間 15分鐘 + 1小時
冷藏時間 3小時
份量 6至8人份

油酥麵團(pâte brisée)
250克(見16頁)
牛奶400毫升
水370毫升
蛋4顆
細砂糖210克
布丁粉(poudre à flan)60克

1] 製作油酥麵團，於陰涼處靜置2小時。

2] 用擀麵棍擀成2公釐的厚度，裁成直徑30公分的圓形麵皮。放在烤盤上，接著冷藏30分鐘。

3] 為直徑22公分、高3公分的塔模塗上奶油，將麵皮擺在慕斯圈上，裝入模型中。修去超出慕斯圈的麵皮，再冷藏2小時。

4] 製作布丁塔：在平底深鍋中，將牛奶和水煮沸。在另一個平底深鍋中，攪打蛋、糖和布丁粉，以少量倒入煮沸的水和牛奶，用攪拌器不停攪拌。等到再次煮沸時，將平底深鍋離火。

5] 烤箱預熱190℃。

6] 將配料填入生塔底，烘烤1小時。接著放至完全冷卻，將布丁塔冷藏3小時：在極冰涼時享用風味更佳。

芙紐多 *Flaugnarde*

準備時間 20分鐘
浸漬時間 3至12小時
冷藏時間 30分鐘
份量 6至8人份

黑李乾(pruneaux)8顆
葡萄乾100克
杏桃乾4個
蘭姆酒100毫升
蛋4顆
細砂糖100克
麵粉100克
牛奶1公升
鹽1撮
奶油40克

1] 前一天晚上：將黑李乾去核。和葡萄乾、切塊的杏桃一起放入大碗中。澆上蘭姆酒。浸漬最少3小時，可以的話請浸漬12小時。

2] 烤箱預熱220℃。

3] 在容器中攪打全蛋和糖，直到混合物發泡。逐漸混入麵粉和1撮鹽，均勻混合。摻入牛奶拌和，始終用木匙攪拌。

4] 在容器中加入浸漬的水果和蘭姆酒。

5] 為24公分的大焗烤盤塗上大量的奶油。倒入麵糊，在上面灑些焦化奶油(noisette au beurre)。烘烤30分鐘。微溫時在烤盤上享用。

巴黎布丁塔 Flan parisien ▶
這道容易製作的糕點，
在充分冷卻時品嚐風味最佳。
最好在前一天晚上烤好。

蛋製甜點 Les desserts aux œufs

雪花蛋奶 *Œufs à la neige*

準備時間 30分鐘
烹調時間 10分鐘
份量 6至8人份

牛奶800毫升
香草莢1根
蛋8顆
鹽1撮
糖290克
焦糖100克（見71頁）

1］將牛奶和香草莢煮沸。

2］將蛋白和蛋黃分開。將蛋白和1撮鹽攪打出泡沫，同時逐漸加入40克的糖，打成立角狀的蛋白霜。取1大匙的打發蛋白，放入煮沸的牛奶中。煮2分鐘，用漏勺攪拌翻面。在餐巾上瀝乾。1匙1匙地進行，直到所有蛋白都煮熟，但若您的平底深鍋相當大，您可以就這樣一次煮5到7大匙的蛋白霜。

3］用香草牛奶、蛋黃和剩餘的糖（250克）製作英式奶油醬（見45頁）。冷藏至充分冷卻。

4］製作焦糖。將煮熟的蛋白放在奶油醬上，倒入少量熱焦糖。置於陰涼處。

100克的營養價值

170大卡；蛋白質：5克；醣類：26克；脂肪：5克

變化 Variante

將打發的蛋白倒入直徑22公分的沙弗林（savarin）模中。放入隔水加熱鍋中，以180°C烘烤30分鐘，直到上面開始變黃。讓環狀蛋完全冷卻，接著在英式奶油醬上脫模，並淋上滾燙的金黃色焦糖。

聖女德蘭「蛋」 *« Œufs » de sainte Thérèse*

準備時間 1小時
烹調時間 10分鐘
份量 40個

蛋黃10個
糖粉250克
未經加工處理的檸檬1顆
豬油（saindoux）刷烤盤用

1］將檸檬皮削成碎末並將檸檬榨汁。為烤盤擦上豬油。在碗中攪打蛋黃。加入糖粉、檸檬皮末和檸檬汁，均勻混合至獲得柔軟的麵團。

2］揉成核桃大小的小麵團，晾乾20分鐘。

3］烤箱預熱160°C。

4］烘烤10分鐘，在小紙盒中享用這些冷卻的「蛋」。

沙巴雍 *sabayon*

準備時間 15分鐘
烹調時間 2或3分鐘
份量 4至6人份

蛋黃6個
糖150克
白酒或香檳250毫升
未經加工處理的檸檬皮1顆

1］加熱一鍋的水。

2］在另一個平底深鍋中，將蛋黃、糖、酒或香檳和檸檬皮塊一起混合。擺在微滾的那鍋水上，快速攪打蛋黃、糖和酒的混合物，直到發泡且體積膨脹2倍。

3］再攪打30秒，取出檸檬皮，立即搭配餅乾糕點或新鮮水果，在淺口高腳酒杯中享用。

雪花蛋奶 Œufs à la neige ▶
雪花蛋奶和英式奶油醬先冷藏一段時間後，再以淋上少量的熱焦糖。

1001 味蘋果沙巴雍 *Sabayon à la pomme et aux 1001saveurs*

準備時間 30分鐘
烹調時間 15分鐘
份量 6人份

香煎蘋果
蘋果800克(granny smith、cox orange或calville blanc品種)
檸檬3顆
細砂糖60克
香草粉2撮
奶油60克
杏仁片20克
松子(pignon de pin)20克

蘋果沙巴雍
未經加工處理的柳橙1/2顆
檸檬3顆
細砂糖65克
蛋黃5個
蘋果汁150克
白胡椒粉
小荳蔻(cardamome)1撮
肉桂棒1/2根
薑末1/2小匙

1] 烤箱預熱180°C。

2] 將杏仁放入烤盤，放入烤箱烘烤5分鐘。

3] 製作香煎蘋果。將蘋果削皮，切成2半，去籽，接著再將半塊蘋果依大小切成3或4塊。

4] 將檸檬榨汁以獲得3大匙的檸檬汁。將這些切成4瓣的蘋果和糖、香草及檸檬汁一起放入沙拉盆中。

5] 在平底煎鍋中將奶油加熱至融化，倒入蘋果，以很旺的火煮至金黃色，不要煮成糖煮果泥。在烹煮的最後，加入杏仁和松子。將蘋果保溫。

6] 製作沙巴雍。將柳橙皮削成碎末，將檸檬榨汁以獲得3大匙的檸檬汁。在沙拉盆中攪打糖和蛋黃，直到混合物泛白。

7] 在平底深鍋中將蘋果煮沸，加入柳橙皮末、檸檬汁、研磨器轉3圈份量的白胡椒粉、小荳蔻、肉桂、薑末。

8] 將液體過濾，將其中1/4倒入蛋黃和糖的混合物，再整個倒入平底深鍋，仔細攪打。持續以中火煮，不停攪打所有的混合物至變稠、滑順且發泡。離火。

9] 將蘋果、杏仁和松子的混合物擺盤，搭配一旁裝在醬汁杯中的沙巴雍享用。

訣竅

您也可以用電動攪拌器攪打沙巴雍至冷卻，接著放上蘋果。這時將每個盤子快速略過烤架，稍微烤成表面焦黃。
為了享用醬汁杯中的沙巴雍，您可加入120毫升攪打過的液狀鮮奶油。

英式乳酒凍 *Syllabub anglais*

準備時間 20分鐘
冷藏時間 1小時
份量 4至6人份

蛋2顆
未經加工處理的檸檬1/2顆
細砂糖100克
牛奶100毫升
液狀鮮奶油500毫升
雪利酒(xérès)150毫升
肉豆蔻(noix muscade)
去皮杏仁40克

1] 打蛋，將蛋白和蛋黃分開。將檸檬皮削成碎末。

2] 混合蛋黃和糖，攪打至混合物泛白並發泡呈濃稠狀。逐漸倒入牛奶、鮮奶油和雪利酒，持續攪打至糊狀物變得平滑。加入檸檬皮，並在糊狀物上將肉豆蔻削出1撮的碎末，均勻混合。

3] 將蛋白打成立角狀的蛋白霜。用刮杓混入糊狀物中，不要破壞麵糊中的氣泡。

4] 在平底煎鍋中，不加任何油脂地乾炒杏仁並搗碎。放涼。

5] 將乳酒凍倒入個人高腳酒杯中或大酒杯中，在上面撒上烘烤過的杏仁，冷藏1小時後享用。

變化 Variante

您可加入100克番石榴（goyave）和100克的柑橘（mandarine），以及一些干邑白蘭地（cognac）來製作另一種口味的乳酒凍。

準備時間 30分鐘
烹調時間 45 + 30分鐘
份量 6至8人份

蛋6顆
細砂糖500克
杏仁粉250克
義式蛋白霜150克(見42頁)
蘭姆酒1大匙
蜂蜜1大匙
茴香(可隨意)
糖漬櫻桃50克

西班牙餡餅 *Tortada espagnole*

1] 打蛋，將蛋白和蛋黃分開。

2] 烤箱預熱180°C。

3] 將蛋白打成立角狀的蛋白霜。

4] 將蛋黃和250克的糖攪打至混合物泛白。加入杏仁粉，均勻混合。接著輕輕混入蛋白霜，以免破壞麵糊。

5] 將配料倒入直徑24公分的模中，烘烤約45分鐘。

6] 製作義式蛋白霜。

7] 將剩餘的糖摻入400毫升的水拌和，在大平底深鍋中加熱。加入蘭姆酒、蜂蜜，也可以加入茴香。以微滾燉煮，直到混合物附著於杓背。

8] 將蛋糕從烤箱中取出，用毛刷逐漸以糖漿濕潤。

9] 將蛋白霜填入裝有擠花嘴的擠花袋中，在蛋糕周圍裝飾，並在表面擠出十字網狀。

10] 將烤箱溫度調低為120°C，烘烤30分鐘。

11] 在十字形蛋白霜之間擺上糖漬櫻桃作為裝飾。放涼時享用。

準備時間 15分鐘
烹調時間 1小時15分鐘
份量 6至8人份

蛋10顆
棕櫚糖或黑糖/紅糖(vergeoise brune)500克
椰奶750毫升
肉桂粉1撮
小荳蔻(cardamome)1撮
鹽1撮
肉豆蔻(noix muscade)

錫蘭香椰糖燉蛋 *Vattalappam ceylanais*

1] 打蛋，將蛋白和蛋黃分開。

2] 烤箱預熱180°C。

3] 若您使用棕櫚糖，請把結塊打碎，並放入一些溫水中溶解。

4] 將蛋白和鹽打成泡沫狀，接著加入蛋黃、椰奶、糖、肉桂、小荳蔻、一些肉豆蔻粉。

5] 為22公分的長型模上油，倒入配料。鋪上一張烤盤紙，將模型放入隔水加熱鍋中，烘烤1小時15分鐘。趁熱或在冷卻時享用。

老饕論 Commentaire gourmand

棕櫚糖在印尼稱為「爪哇甘蔗紅糖」(gula jawa)，在馬來西亞被稱為「馬六甲椰糖」(gula melaka)，是一種壓榨過的棕色棕櫚糖，在異國食品雜貨店以塊狀販售。

變化 Variante

您可在麵糊中混入椰子粉，並加牛奶稀釋。享用時，撒上烘烤過的椰子絲。

準備時間 15分鐘
烹調時間 10分鐘
份量 4至6人份

蛋黃4個
全蛋1顆
細砂糖100克
溫水1大匙
馬沙拉葡萄酒(marsala)1/2杯
肉桂1撮(可隨意)

義式莎巴翁 *Zabaglione italien*

1] 在置於隔水加熱鍋上的大碗中，將蛋黃、全蛋、糖、水和馬沙拉葡萄酒一起攪打。攪打至混合物變得相當稠。可加入肉桂。

2] 離火後，將莎巴翁倒入個人酒杯中。

3] 搭配餅乾或義式全蛋海綿蛋糕(pan di Spagna)(見256頁)享用。

老饕論 Commentaire gourmand

您可用微甜的白酒和蘭姆酒的混合物來取代馬沙拉葡萄酒。

百香果、栗子凍、抹茶奶油口味的烤布蕾

Crème brûlée aux fruits de la Passion, gelée de marrons, crème au thé vert

味道與質地的奢華交疊：
百香果奶油醬略酸的鮮味、
栗子凍的綿密，以及抹茶的苦甜。

食譜見443頁

Entrements de riz, semoules et céréales

米甜點、粗粒小麥和穀類

圓粒米(riz à grains ronds)進入無數甜點的組合中：

米蛋糕、佈滿水果的環形蛋糕、米布丁…等。

粗粒小麥(semoule)也用於甜食點心的製作：

土耳其果仁糖(halva)、油炸麥餅(subrics)和小麥蛋糕。

最好使用研磨成中等顆粒的小麥粉(semoule moyenne)

來製作糕點。

準備時間 40分鐘

烹調時間 10分鐘

份量 6至8人份

小麥粉布丁(semoule au lait) 600克(見281頁)

杏桃醬

新鮮杏桃350克

糖50克

水200毫升

櫻桃酒50毫升

香草淡糖漿

香草莢1根

糖650克

水500毫升

大杏桃8顆

馬卡龍(macaron)2個

細砂糖1匙

布達魯杏桃
Abricots Bourdaloue

1] 製作小麥粉布丁。

2] 煮好時，將其中的2/3倒入24公分的耐高溫盤。

3] 製作杏桃醬：將杏桃去核，以電動攪拌器或磨泥器(moulin à légumes)製成泥。在平底深鍋中混合糖和水，煮沸，讓糖溶解，接著加入杏桃泥。煮沸5分鐘，一邊用刮杓攪拌。最後用網篩(或用精細濾器)過濾果泥並加入櫻桃酒。將醬汁保溫。

4] 製作香草糖漿：將香草莢打開並刮出籽，和水、糖一起放入平底深鍋中，煮沸後將火轉小。

5] 烤箱預熱230°C。

6] 將杏桃剖開成兩半，將核移除，放入糖漿中煮10分鐘。瀝乾並擦乾。

7] 將馬卡龍用刀切碎。

8] 將半顆杏桃擺在小麥粉布丁表面。蓋上剩餘的小麥粉布丁，撒上切碎的馬卡龍和糖。

9] 烘烤7至10分鐘。杏桃醬另外盛裝一起上桌享用。

老饕論 Commentaire gourmand

這道布達魯甜點也可用西洋梨或桃子製作，或甚至是香蕉。若非這些水果的季節，可使用糖漬水果。

孔戴鳳梨
Ananas Condé

準備時間 40分鐘
冷藏時間 3或4小時
份量 4至6人份

米布丁800克(見280頁)
鳳梨8片
櫻桃酒50毫升
糖30克
焦糖醬150克(見106頁)
糖漬櫻桃20克
糖漬歐白芷(當歸)25克

1] 製作米布丁，接著倒入直徑22公分的沙弗林(savarin)模型中，冷藏3或4小時。

2] 將鳳梨削皮、切片，去掉中央太硬且難以食用的部分，和糖在櫻桃酒中浸漬30分鐘。

3] 製作焦糖醬。

4] 將模型泡在裝滿沸水的盤子裡5秒，然後倒扣在餐盤上脫模。在中央擺上鳳梨片。

5] 用糖漬櫻桃和切成菱形的歐白芷裝飾，並搭配一旁用醬汁杯裝的焦糖醬享用。

杏桃皇冠米蛋糕
Couronne de riz aux abricots

準備時間 30分鐘
烹調時間 1小時
份量 6至8人份

圓粒米200克
香草莢1根
牛奶1公升
鹽1撮
蛋2顆
鮮奶油30克
細砂糖100克
糖漬杏桃1公斤
蘭姆酒1大匙
糖漬櫻桃20顆
糖漬歐白芷(當歸)50克
杏仁片20克

1] 將一鍋的水煮沸。將冷水中的米用濾器過濾，接著倒入沸水中。2分鐘後，離火並瀝乾。

2] 將香草莢打開並刮出籽。

3] 將平底深鍋清空，倒入牛奶、米、鹽和香草莢。以非常小的火煮約45分鐘，直到米吸收所有的牛奶為止。將香草莢移除。

4] 在碗中攪打蛋、鮮奶油和糖。倒入米中，加以混合。

5] 為20公分的沙弗林蛋糕模塗上奶油，倒入煮過的米，將模型放入隔水加熱鍋中，烘烤15分鐘。

6] 將糖漬杏桃瀝乾。挑選12塊最漂亮的半顆杏桃。其他的以電動攪拌器或磨泥器(moulin à légumes)製成泥。將所獲得的果泥緩緩加熱並加入蘭姆酒。

7] 在圓盤上將米蛋糕脫模。淋上熱杏桃醬，並在中央擺上12塊半顆的杏桃。用櫻桃、切成菱形的歐白芷進行裝飾，並將杏仁片插在米蛋糕上。

蛋白霜米果
Fruits meringués au riz

準備時間 45分鐘
烹調時間 15分鐘
份量 6至8人份

米布丁500克(見280頁)
糖650克
水500毫升
香草莢1根
杏桃24顆
義式蛋白霜300克(見42頁)
杏桃果醬70克
醋栗(groseille)果膠70克

1] 先製作米布丁。

2] 將水、糖和剖開並去籽的香草莢煮沸，製作香草糖漿。將杏桃去核，浸入煮沸的糖漿中5分鐘，接著瀝乾。

3] 製作義式蛋白霜。

4] 在米布丁鋪在直徑24公分的耐高溫深圓盤。蓋上半顆杏桃，緊密排列。

5] 烤箱預熱160°C。

6] 將蛋白霜填入裝有擠花嘴的擠花袋中，為杏桃覆蓋上一層蛋白霜，並用橡皮刮刀抹平。接著，用5公釐的擠花嘴，在甜點上間隔擠出蛋白霜的圓環狀。

7] 放進160°C的烤箱中10分鐘，接著將溫度增加為220°C，烤5分鐘，只是為了讓蛋白霜上色。

8] 將盤子從烤箱中取出，在蛋白霜圓形之間的間隔擺上杏桃果醬和醋栗果膠，讓顏色交錯。趁熱或在冷卻時享用。

焦糖米蛋糕
Gâteau de riz au caramel

準備時間 30分鐘
烹調時間 45分鐘
份量 4至6人份

甜點
米布丁400克（見280頁）
蛋3顆
細砂糖175克
鹽1撮

焦糖
糖100克
檸檬汁1/2顆

1] 先製作米布丁。

2] 打蛋，將蛋白和蛋黃分開。

3] 將香草莢從米布丁中移除，加入糖和蛋黃，均勻混合。

4] 將蛋白和鹽打成非常立角狀的蛋白霜，接著逐漸混入米布丁中

5] 烤箱預熱200℃。

6] 在大型平底深鍋中混合糖、檸檬汁和1大匙的水。加熱至獲得焦糖，立即將一半倒入直徑20公分的夏露蕾特（Charlotte）模中，將容器旋轉，讓焦糖均勻地散布到內壁。將另一半預留備用。

7] 將米倒入模型，壓實後放入隔水加熱鍋。開火煮沸，接著用烤箱繼續烘烤45分鐘。

8] 在餐盤上放涼並脫模。在您預留的焦糖中摻入一些熱水拌和，然後淋在米蛋糕上。

巧克力米蛋糕
Gâteau de riz au chocolat

準備時間 40分鐘
烹調時間 25分鐘
冷藏時間 3小時
份量 4至6人份

苦甜巧克力150克
米布丁800克（見280頁）
蛋白4個
鹽1撮
巧克力醬200毫升（見106頁）
打發鮮奶油120克（見53頁）

1] 將巧克力隔水加熱或微波加熱至融化。

2] 製作米布丁，並在烹煮的最後加入融化的巧克力。

3] 將蛋白和鹽打成泡沫立角狀的蛋白霜。將巧克力米布丁倒入沙拉盆中，逐漸混入打發的蛋白，始終以同一方向攪拌。

4] 烤箱預熱180℃。

5] 為直徑20公分的模型塗上奶油，倒入米布丁的配料。烘烤25分鐘。

6] 放涼並冷藏3小時。

7] 製作巧克力醬。

8] 製作打發鮮奶油，和巧克力醬混合，接著將材料置於陰涼處。

9] 將冷卻的蛋糕在餐盤上脫模。將巧克力醬淋在打發鮮奶油上，將剩餘的裝入醬汁杯中。您也能將蛋糕切片後擺盤，然後淋上巧克力醬。

大黃米蛋糕佐草莓汁
Gâteau de riz à la rhubarbe et au jus de fraise

準備時間 30分鐘
烹調時間 20分鐘
冷藏時間 3小時
份量 6人份

米布丁800克（見280頁）
蛋白4個
鹽1撮
大黃泥120克（見300頁）
草莓汁200毫升（見108頁）
草莓200克

1] 先製作米布丁。

2] 烤箱預熱180℃。

3] 將蛋白和鹽打成非常立角狀的蛋白霜。將米布丁放入大碗中，用木匙輕輕攪拌，逐漸加入打發的蛋白。隨著蛋白霜的加入，將配料以稍微舀起的方式混合。

4] 為6個個人模型塗上奶油並撒上高筋麵粉（份量外），倒入米布丁，烘烤20分鐘。

5] 放至完全冷卻，冷藏3小時。

6] 製作大黃泥和草莓汁，於陰涼處預留備用。

7] 在冷水下快速沖洗草莓，然後去梗。

8] 在餐盤上將蛋糕脫模。在每個蛋糕上用大黃泥進行裝飾，並淋上草莓汁。在蛋糕上裝飾新鮮草莓。

覆盆子小麥蛋糕
Gâteau de semoule à la framboise

準備時間 15分鐘
烹調時間 15分鐘
冷藏時間 3小時
份量 4至6人份
甜點

小麥粉布丁800克(見281頁)
未經加工處理的檸檬1顆
蛋黃4個
液狀鮮奶油100毫升
覆盆子200克
糖30克
馬拉斯加酸櫻桃酒(marasquin)1大匙

1] 將檸檬皮削成碎末，製作小麥粉布丁麵糊，在燉煮的最後加入檸檬皮。

2] 煮熟時，離火，一個一個地加入蛋黃，用木匙攪拌，以便均勻混合。

3] 加入鮮奶油，混合至配料均勻為止。

4] 將小麥粉布丁麵糊倒入芭芭蛋糕(baba)模中，冷藏3小時。

5] 挑選覆盆子，用叉子壓碎，和糖、馬拉斯加酸櫻桃酒混合。

6] 將模型浸入熱水中數秒，然後倒扣在餐盤上脫模。

7] 將蛋糕切片後擺盤，並在每片蛋糕上擺上壓碎的覆盆子。

克里奧芋頭蛋糕
Gâteau de taro créole

準備時間 20分鐘
烹調時間 25＋25分鐘
份量 4至6人份

芋頭500克
未經加工處理的大柳橙1顆
奶油100克
蛋4顆
鹽1撮
細砂糖20克
肉桂粉1小匙

1] 將芋頭削皮並切塊。放入裝冷水的平底深鍋，煮25分鐘。用刀刺入檢查烹煮狀況。瀝乾後放入蔬果榨汁機中。

2] 將柳橙皮削成碎末，並將柳橙榨汁。將奶油加熱融化。

3] 打蛋，將蛋白和蛋黃分開。將蛋白和鹽打成非常立角狀的蛋白霜。

4] 烤箱預熱180°C。

5] 在容器中將芋泥與糖、奶油混合，接著加入一個個的蛋黃、柳橙皮末和柳橙汁，最後輕輕地混入打發的蛋白。

6] 為直徑22公分的舒芙蕾模塗上奶油，撒上糖，倒入麵糊。烘烤約25分鐘。最好在微溫時享用這道蛋糕。

老饕論 Commentaire gourmand

芋頭是一種來自非洲、亞洲和安地列斯的塊莖。類似地瓜(patate douce)。可輕易在異國食品雜貨店中找到。

女皇香桃
Pêches à l'impératrice

準備時間 40分鐘
烹調時間 15＋5分鐘
份量 4至6人份

水750毫升
糖375克
香草莢1根
桃子6顆
米布丁800克(見280頁)
櫻桃酒30毫升
馬拉斯加酸櫻桃酒(marasquin)20毫升
杏桃150克
馬卡龍(macaron)100克

1] 製作水煮桃子：將水、糖和剖開並去籽的香草莢煮沸。將桃子浸泡在其中10至15分鐘。從糖漿中取出，削皮並切半。擺在一旁。

2] 製作米布丁並加入櫻桃酒和馬拉斯加酸櫻桃酒。

3] 製作杏桃泥：將杏桃切塊，以電動攪拌器或果汁機打成泥。

4] 用刀將馬卡龍切碎。

5] 烤箱預熱180°C。

6] 在直徑24公分的模型底部鋪上一層米布丁。蓋上切半的水煮桃子，接著再鋪上一層最薄的米布丁，淋上杏桃泥。撒上切碎的馬卡龍。將模型放入烤箱烘烤5分鐘，注意別讓表面烤焦。

訣竅

使用糖漬桃子和杏桃，您也能在冬季製作這道甜點。

女皇米糕
Riz à l'impératrice

準備時間 1小時
烹調時間 25分鐘
冷藏時間 3或4小時
份量 4至6人份

切丁的糖漬水果125克
蘭姆酒50毫升
牛奶1公升
香草莢1根
鹽1撮
圓粒米250克
奶油25克
細砂糖150克
英式奶油醬500克(見45頁)
吉力丁1片
蘭姆酒1大匙
鮮奶油香醍250克(見51頁)
香草糖1包(約7克)
糖漬櫻桃3顆

1] 將切丁的糖漬水果放入蘭姆酒中浸漬。

2] 將牛奶、香草莢、鹽和奶油加熱。

3] 將1公升的水煮沸。將米大量倒入沸水中，煮2分鐘，接著瀝乾，再倒入煮沸的牛奶中。將火轉小，以文火煮約20分鐘，直到米煮爛為止。

4] 這時放入糖，再煮5分鐘。加入糖漬水果和浸漬的蘭姆酒，均勻混合，同時將米離火。接著放涼。

5] 將吉力丁浸泡在一些冷水中。製作英式奶油醬，並在烹煮的最後加入脫水的吉力丁和蘭姆酒。將奶油醬放入精細的網篩，放涼。

6] 用香草糖製作鮮奶油香醍。

7] 當米和英式奶油醬冷卻時，均勻混合。接著加入鮮奶油香醍，輕輕地攪拌。將所有材料倒入直徑22公分的沙弗林蛋糕模，冷藏3或4小時。

8] 為了脫模，將模型泡入裝滿沸水的盤子中數秒，然後倒扣在餐盤上。用切丁的糖漬櫻桃進行裝飾。

米布丁
Riz au lait

準備時間 15分鐘
烹調時間 30至40分鐘
份量 4至6人份

牛奶900毫升
糖70克
鹽1撮
香草莢1根(或肉桂粉1撮)
圓粒米200克
奶油50克
蛋黃2～3個

1] 在大型平底深鍋中，將牛奶和香草莢(或肉桂粉)、糖加熱。

2] 將1公升的水煮沸。將米洗淨，然後倒入沸水中。2分鐘後，將米瀝乾，泡入煮沸的牛奶中。

3] 將火轉小，加蓋，以非常小的火煮米30至40分鐘。

4] 煮好時，加入奶油和一顆顆的蛋黃，均勻混合。在微溫或冷卻時，搭配英式奶油醬(見45頁)、覆盆子醬(見102頁)，或蘋果泥(見294頁)享用。

杏仁米布丁佐柑橘凍
Riz au lait d'amande et à la gelée d'agrumes

準備時間 30分鐘
烹調時間 15 + 15分鐘
份量 4人份

杏仁牛奶100毫升(見57頁)
圓粒米80克
牛奶250毫升
糖25克
鮮奶油200克
全蛋1顆
蛋黃1個
柳橙4顆
粉紅葡萄柚(pamplemousse)3顆
吉力丁2片

1] 前一天晚上，製作杏仁牛奶。

2] 將米洗淨，在沸水中煮2分鐘。將牛奶和糖煮沸，將米浸入。將火轉小，煮至牛奶被完全吸收為止。

3] 烤箱預熱120°C。

4] 將煮好的米和鮮奶油、全蛋、蛋黃及杏仁牛奶均勻混合，接著分裝進4個耐高溫盤中，烘烤15分鐘。將盤子放涼後冷藏。

5] 在沙拉盆上將4塊柑橘的外皮削去，取出4塊柑橘片其餘擠出汁液。將吉力丁放入大量冷水中，泡軟後擠乾。

6] 在小型平底深鍋中將柑橘煮至微溫，加入吉力丁攪拌至溶化。

7] 在米中插入4塊柑橘和葡萄柚，淋上柑橘凍。趁冰涼時享用。

小麥粉布丁 *Semoule au lait*

準備時間 10分鐘
烹調時間 30分鐘
份量 4至6人份

牛奶1公升
糖150克
鹽1撮
香草莢1根
小麥粉(semoule)250克
奶油75～100克

1] 烤箱預熱180°C。
2] 將香草莢剖開並去籽。將牛奶和糖、鹽、香草莢加熱。
3] 煮沸時，大量倒入小麥粉，攪拌，接著加入奶油，再均勻混合。
4] 將混合物倒入耐高溫盤中，蓋上塗有奶油的鋁箔紙或烤盤紙，烘烤30分鐘。

訣竅

您可以隨興地加入葡萄乾、切丁的糖漬水果、杏桃乾或黑李乾，但要預先以茶泡軟。

油炸甜米餅 *Subrics d'entremets de riz*

準備時間 30分鐘
烹調時間 10分鐘
份量 4至6人份

米布丁500克(見280頁)
切丁的糖漬水果100克
香橙干邑甜酒(Grand Marnier)50毫升
奶油100克
醋栗凍、覆盆子凍或杏桃果醬

1] 將糖漬水果浸漬在香橙干邑甜酒中。
2] 製作米布丁。接著仔細地與糖漬水果混合。
3] 將50克的奶油加熱至融化。在工作檯上鋪上一張烤盤紙。用橡皮刮刀將糖漬水果米布丁鋪成4至6公釐的厚度。用毛刷在表面刷上奶油。將米布丁餅片冷藏30分鐘，凝固。
4] 用壓模或刀，將糖漬水果米布丁片裁成圓形或方形的餅狀。
5] 在平煎鍋中加熱剩餘的奶油，並將油炸餅的兩面都煎成金黃色。
6] 陸續排在餐盤上，並擺上1匙的果凍或果醬。

變化 Variante

您可依同樣的食譜製作油炸麥餅，用小麥粉來取代米，糖漬水果則可有可無。

Les desserts aux fruits

水果甜點

在豐盛大餐的最後、或是夏季，水果甜點由於清爽，

而且通常含有極少的熱量，經常獲得高度好評。

水果甜點很容易製作，選擇充分成熟且完好無缺的水果

是特別需要注意的地方。

準備時間 30分鐘
烹調時間 1小時
份量 6人份

鳳梨1.5公斤
香草莢5根
糖漿
香草莢2根
細砂糖125克
香蕉1/2根
新鮮薑片6片
牙買加辣椒
(piment de la Jamaïque)3粒
水220毫升
蘭姆酒1大匙

焦糖香草烤鳳梨
Ananas rôti à la vanille caramélisée

1] 將香蕉剝皮，將一半放在容器中壓碎，以獲得30克的果泥。

2] 製作糖漿：將2根香草莢剖半取籽，接著切成兩半。將糖放入平底深鍋中，以文火煮成焦糖，不加水。糖必須變成深琥珀色。在焦糖中加入香草莢、薑片和辣椒粒。接著立即倒水，用木匙混合並將糖漿煮沸。將3大匙的糖漿倒入香蕉泥中，混合後再將果泥和蘭姆酒倒進糖漿的平底深鍋中。再次混合，預留備用。

3] 烤箱預熱230℃。

4] 用鋒利的刀為鳳梨削皮，保留一整顆。將5根香草莢切半(不要剖開)，插在鳳梨四周。將鳳梨擺入深烤盤(plat à rôtir)。過濾糖漿，淋在鳳梨上。

5] 將鳳梨烘烤1小時，經常為鳳梨淋上糖漿並翻面。

6] 讓鳳梨冷卻。切片後擺盤，淋上熱或冷的果汁(烤盤內烤出的鳳梨汁)。

烤鳳梨 Ananas rôti ▶
將整顆的烤鳳梨擺盤，
接著切成薄片。

驚喜鳳梨
Ananas en surprise

準備時間 40分鐘
浸漬時間 2小時
冷藏時間 2小時
份量 4至6人份

鳳梨1顆
細砂糖100克
蘭姆酒50毫升
卡士達奶油醬950克(見58頁)
鮮奶油100毫升
草莓6～8顆

1] 將鳳梨從頂部切成兩半。輕巧地切開，注意別讓皮裂開。挖出果肉，預留幾片薄片作為裝飾。

2] 將果肉切成丁，浸漬在100克的糖和蘭姆酒中約2小時。

3] 製作卡士達奶油醬，並把3個蛋黃擱在一旁。

4] 將鳳梨丁瀝乾，將浸漬液加入奶油醬中。均勻混合，冷藏2小時。

5] 將草莓快速洗淨。

6] 將蛋白攪打成非常立角狀的蛋白霜。逐漸且輕巧地混入奶油醬中，接著加入鳳梨丁和鮮奶油。

7] 將每半顆鳳梨填入大量配料。用預留的鳳梨片和草莓進行裝飾，冷藏直到享用的時刻。

安地列斯香蕉
Bananes antillaises

準備時間 10分鐘
烹調時間 15分鐘
份量 6人份

香蕉6根
柳橙2顆
葡萄乾50克
奶油50克
細砂糖50克
香草糖1包(約7克)
蘭姆酒100毫升

1] 將香蕉剝皮。將柳橙榨汁。將葡萄乾快速沖洗，不要浸泡。

2] 將餐盤以烤箱或微波加熱。

3] 在不沾平煎鍋中將奶油加熱至融化，擺上縱切成兩半的香蕉。煎至金黃色。接著加入糖、柳橙汁和葡萄乾。在煮沸時倒入一半的蘭姆酒。以文火燉2或3分鐘。

4] 將煮好的香蕉和醬汁裝入溫熱的餐盤中，端上餐桌。

5] 在小型平底深鍋中將剩餘的蘭姆酒快速加熱，立刻淋在香蕉上，點燃蘭姆酒。

變化 Variante

您可以更簡單的方式製作火燒香蕉。依同樣的食譜，但不使用柳橙醬。煎香蕉，淋上蘭姆酒，然後點火燃燒。也可搭配一些鮮奶油享用。

博阿爾內香蕉
Bananes Beauharnais

準備時間 15分鐘
烹調時間 10～12分鐘
份量 6人份

香蕉6根
細砂糖30克
白蘭姆酒4大匙
馬卡龍(macaron)100克
高脂濃鮮奶油150克

1] 烤箱預熱220°C。

2] 將香蕉剝皮。

3] 將大的耐高溫盤稍微塗上奶油。仔細地擺上香蕉。撒上細砂糖並淋上蘭姆酒。將盤子放入烤箱烘烤6至8分鐘。

4] 用刀將馬卡龍切碎。

5] 將盤子從烤箱中取出，在香蕉上淋上鮮奶油，撒上切碎的馬卡龍，再烤3或4分鐘，讓上面形成鏡面。立即享用。

準備時間 30分鐘
烹調時間 15分鐘
份量 4至6人份

櫻桃600克
水200毫升
細砂糖260克
醋栗凍2或3大匙
渣釀白蘭地
(Marc de Bourgogne) 50毫升

勃艮地火燒櫻桃
Cerises flambées à la bourguignonne

1] 將櫻桃去梗並去核。

2] 將水和糖放入小型平底深鍋中，加熱至煮沸。

3] 將櫻桃泡入糖漿中，將火轉小，煮約10分鐘。

4] 加入2或3匙的醋栗凍，以文火將汁收乾5或6分鐘。

5] 將櫻桃倒入餐盤。在小型平底深鍋中加熱渣釀白蘭地，然後淋在櫻桃上，點火燃燒，即刻享用。

準備時間 40分鐘
冷藏時間 1小時
份量 6人份

薰衣草蜜冰淇淋
液狀鮮奶油100毫升
鮮奶400毫升
薰衣草蜜150克
蛋黃6個
牛軋軟糖(nougat tendre) 50克
薰衣草蜜香煎香桃
桃子1公斤
奶油50克
薰衣草蜜70克
白胡椒粉
鹽1撮
檸檬1顆
牛軋糖(nougat) 60克

蜂蜜牛軋香桃凍
Chaud-froid de pêches au miel et au nougat

1] 製作薰衣草蜜冰淇淋：在大沙拉盆中裝滿水和冰塊。在平底深鍋中將牛奶、鮮奶油和一半的花蜜煮沸。在容器中攪打蛋黃和剩餘的花蜜。倒在1/3煮沸的液體上，同時用力攪打。再將所有材料倒入平底深鍋中，以文火燉煮，如同英式奶油醬(見45頁)，用攪拌器輕輕混合。

2] 當奶油醬煮好時，立刻倒入沙拉盆中，並將沙拉盆擺在裝滿冰塊的沙拉盆上。讓配料冷卻，接著冷藏。

3] 將牛軋軟糖切塊。

4] 將奶油醬放入雪酪機中攪拌1小時。在機器停止前2分鐘加入牛軋軟糖。

5] 準備桃子：削皮、去核，並切成8塊。在平底煎鍋中，以中火將奶油加熱至融化，然後加入花蜜。接著將火轉到最大，倒入桃子煎炒，並不時搖動平底深鍋：應讓桃子均勻上色且稍微烤成焦糖。將檸檬榨汁，和1撮鹽一起加入，加入研磨器轉3圈份量的白胡椒粉，搖動並離火。

6] 將桃子分裝至盤上，將牛軋糖弄碎，在水果上擺上1大球的薰衣草蜜冰淇淋，即刻享用。

訣竅

您可在前一天晚上製作冰淇淋，在享用這道甜點之前，只要用雪酪機攪拌1小時。

準備時間 15分鐘
烹調時間 30～35分鐘
份量 4人份

充分成熟的榲桲4個
鮮奶油100毫升
細砂糖195克
杏桃果漿(nectar d'abricot) 100毫升

烤榲桲
Coings au four

1] 烤箱預熱220°C。

2] 將耐高溫盤塗上奶油。

3] 將榲桲削皮，用蘋果去核器(vide-pomme)去核，但別刺穿。

4] 混合鮮奶油和65克的細砂糖，然後用小湯匙填入榲桲中。

5] 為水果撒上剩餘的糖，擺盤，放入烤箱烘烤約30分鐘，並經常為榲桲淋上杏桃果漿和榲桲流出來的汁。

6] 趁熱享用。

準備時間 10分鐘
烹調時間 2分鐘
份量 4至6人份

杏桃700克
細砂糖75克
吉力丁3片
杏桃蒸餾酒20毫升

杏桃泥 *Compote d'abricot*

1] 將杏桃去核，以電動攪拌器或磨泥器(moulin à légumes)製成泥。在泥中加入糖並加以混合。

2] 浸泡吉力丁，讓吉力丁軟化，接著瀝乾。將1/4的果泥放入平底深鍋中，加入杏桃蒸餾酒和吉力丁，稍微加熱，讓吉力丁融化。將此混合物倒入剩餘的杏桃果泥中，一邊用力地攪打。置於陰涼處。

100克的營養價值

85大卡；蛋白質：1克；醣類：18克

老饕論 Commentaire gourmand

您可用洋梨或黃香李(mirabelle)蒸餾酒來取代杏桃蒸餾酒。這道果泥和水果蛋糕(cake)(見248和249頁)是絕妙的搭配。

準備時間 10分鐘
烹調時間 20分鐘
份量 4至6人份

杏桃600克
糖80克

烤杏桃泥 *Compote d'abricot rôtis*

1] 烤箱預熱190°C。

2] 將杏桃洗淨、去核並切半。

3] 排在深烤盤(plat à rôtir)裡。撒上糖，烘烤20分鐘。

4] 擺在高腳盤(compotier)中放涼，在微溫或冷卻時享用這道果泥。

老饕論 Commentaire gourmand

您可搭配英式奶油醬(見45頁)或香草冰淇淋(見92頁)和醋栗凍來享用這道果泥，並搭配小酥餅或布列塔尼地方餅乾（Galettes bretonnes)食用(見229頁)。

準備時間 15分鐘
烹調時間 15分鐘
冷藏時間 1小時
份量 8至10人份

越桔(airelle)1公斤
檸檬1/2顆
細砂糖500克
水200毫升

越桔泥 *Compote d'airelle*

1] 將越桔摘下並洗淨。

2] 將檸檬削成碎末。

3] 混合細砂糖、檸檬皮和水，煮沸5分鐘。倒入越桔，以旺火煮10分鐘。

4] 用漏勺將水果取出，放入高腳盤中。

5] 將糖漿收乾約1/3。接著將糖漿淋在水果上，冷藏至少1小時。

訣竅

若您在前一天晚上，或前二天晚上提前製作這道果泥，那麼請將糖漿收得更乾(約一半左右)，因為水果會釋放出汁液。

變化 Variante

您可使用新鮮或快速冷凍水果，以同樣方法製作藍莓(myrtille)或黑醋栗(cassis)泥。

黑醋栗泥 *Compote de cassis*

準備時間 15分鐘
冷藏時間 3小時
份量 6至8人份

罐裝黑醋栗(cassis)150克
醋栗100克
細砂糖150克
吉力丁5片
黑醋栗1公斤

1] 將罐裝黑醋栗放入塑膠濾器中，瀝乾數小時。

2] 將黑醋栗和醋栗各自用電動攪拌器或附有精細濾網的蔬果榨汁機打成泥。在大沙拉盆中混合兩種果泥和糖。

3] 將吉力丁浸泡在裝了冷水的大碗中15分鐘。泡軟後擠乾水並將碗放入隔水加熱的鍋中，讓吉力丁融化。加入2匙的果泥，均勻混合後再將碗中的內容物倒入沙拉盆中。再度混合並加入黑醋栗籽。

4] 放涼後將果泥倒入個人高腳杯或大碗中。冷藏3小時。趁冰涼時享用。

變化 Variante

用同樣的方式，以500克的快速冷凍覆盆子泥、70克的細砂糖、1/2顆的檸檬汁和6片吉力丁來製作覆盆子泥。

櫻桃泥 *Compote de cerise*

準備時間 30分鐘
烹調時間 8分鐘
份量 6至8人份

櫻桃1公斤
細砂糖300克
水100毫升
櫻桃利口酒1杯

1] 將櫻桃快速沖洗、去梗並去核。

2] 將細砂糖放入厚底平底深鍋中，倒入水，煮至硬球(grand boulé)階段(見69頁)。將櫻桃倒進糖漿中，以極小的火煮8分鐘。

3] 將水果瀝乾，倒入高腳盆中。

4] 在糖漿中加入櫻桃酒，加以混合。淋在櫻桃上，放涼。趁涼享用。

變化 Variantes

黃香李泥
Compote de mirabelle

1公斤的黃香李，用200克的糖和80毫升的水，以同樣方式進行。搭配裝在醬汁杯中的鮮奶油享用這道糖煮果泥。

香桃泥
Compote de pêche

將1根香草莢放進糖漿(200克的糖和80毫升的水)中。快速水煮桃子，以便輕易地剝皮。接著以同樣方式煮水果。

無花果泥 *Compote de figue séchée*

準備時間 10分鐘
浸漬時間 3或4小時
烹調時間 20～30分鐘
份量 4至6人份

無花果乾300克
未經加工處理的檸檬1顆
細砂糖300克
紅酒300毫升

1] 將無花果乾浸泡在裝冷水的容器中3或4小時，直到將無花果乾泡開。

2] 將檸檬皮削成碎末。將糖放入平底深鍋中，加入酒和檸檬皮，煮沸。

3] 將無花果瀝乾，泡入煮沸的液體中，以文火煮20至30分鐘。在微溫時享用這道糖煮果泥。

老饕論 Commentaire gourmand

您可搭配所選擇的餅乾和香草冰淇淋(見92頁)來享用這道糖煮果泥。

柑橘蓋瑞嘉特草莓佐紅甜菜汁

Fraises gariguettes aux agrumes et au jus de betterave rouge

在草莓、柳橙瓣和紅甜菜丁上，
淋上略撒了白胡椒的草莓和甜菜汁。
水果搭配裝有星形擠花嘴的擠花袋
擠出的打發鮮奶油。
再用乾燥的甜菜薄片作為最後的裝飾。

食譜見444頁

草莓泥
Compote de fraise

準備時間 15分鐘
份量 4至6人份

草莓700克
細砂糖140克
水100毫升
香草莢1根

1〕將草莓放入濾器中，快速洗淨並去梗。製作糖漿：將香草莢打開並去籽，和糖、水一起放入平底深鍋中，煮沸5分鐘。

2〕草莓不用煮，擺到高腳盤上，淋上煮沸的糖漿。

100克的營養價值

100大卡；蛋白質：0克；醣類：25克

芒果泥
Compote de mangue

準備時間 15分鐘
烹調時間 30分鐘
冷藏時間 1小時
份量 4人份

芒果2公斤
未經加工處理的檸檬2顆
細砂糖50克
肉桂2撮

1〕將檸檬皮削成碎末，並將兩種水果榨成汁。

2〕將芒果切成兩半，去核，用小湯匙提取果肉，放入平底深鍋中。加入檸檬汁、檸檬皮、糖和2撮的肉桂。用水蓋過。煮沸，撈去浮沫，將水轉小，煮約30分鐘。

3〕將糖煮果泥放入高腳酒杯中，放涼後冷藏至少1小時。

栗子泥
Compote de marron

準備時間 45分鐘
烹調時間 45分鐘
份量 4至6人份

栗子700克
香草莢2根
糖700克
水700毫升

1〕將香草莢剖開，刮出籽，然後和水、糖一起放入平底深鍋中。煮沸。

2〕加熱一鍋的水。用磨得很利的小刀將栗子從周圍切開，要切得很深，以便將兩層膜割開。泡入沸水中5分鐘，取出並趁熱剝皮。

3〕將栗子放入香草糖漿中，以文火煮約45分鐘。

4〕將栗子和糖漿倒入高腳盃中，放涼，然後冷藏1小時後享用。

訣竅

為了進行得更快速，您可用罐裝的水煮栗子來製作這道糖煮果泥。可將烹調時間縮短：需時約30分鐘。

啤酒洋梨泥
Compote de poire à la bière

準備時間 10分鐘
烹調時間 20分鐘
份量 4至6人份

洋梨500克
啤酒500毫升
糖漬柳橙50克
糖漬檸檬50克
糖100克
科林斯葡萄乾100克
肉桂粉1大匙

1〕將洋梨剝皮，切成邊長約2公分的塊。陸續放入平底深鍋中，並用啤酒蓋滿。

2〕將糖漬柳橙和檸檬切得很小塊。和糖、葡萄乾及肉桂一起加進鍋裡的洋梨中。

3〕以極小的火煮20分鐘，經常搖動。

4〕在室溫下放涼，接著將這糖煮果泥倒入個人高腳酒杯或大碗中。搭配水果蛋糕或餅乾享用。

蘋果或洋梨泥 *Compote de pomme ou de poire*

準備時間 15分鐘
烹調時間 15～20分鐘
份量 4至6人份

蘋果或洋梨800克
水100毫升
糖150克
香草莢2根（或肉桂棒3根）
檸檬1顆

1] 混合水、糖和香草莢，剖開並刮出籽（或肉桂棒）以製作糖漿。煮沸。

2] 將檸檬榨汁，並將檸檬汁倒入沙拉盆中。

3] 將蘋果（或洋梨）削皮，切成4塊，去籽，接著陸續放入沙拉盆中。搖動讓所有的蘋果（或洋梨）都均勻地蓋上檸檬汁。

4] 泡入煮沸的糖漿中，浸泡至水果塊都煮熟，但別煮爛。在微溫或冷卻時享用。

100克的營養價值

65大卡；**醣類**：16克

變化 Variante

直接將蘋果（或洋梨）瓣放入平底深鍋。加入半杯水，撒上糖和肉桂粉。加蓋，以文火燉煮，不時搖動，以免黏鍋。

黑李乾泥 *Compote de pruneau*

準備時間 10分鐘
烹調時間 40分鐘
份量 4至6人份

新鮮洋李或黑李乾500克
微溫的淡茶300毫升
白酒或紅酒100毫升
結晶糖（sucre cristallisé）80克
檸檬1顆
香草糖1包（約7克）

1] 若您使用黑李乾，請浸泡在微溫的淡茶中，將黑李乾泡開。

2] 在充分膨脹後，瀝乾、去核，放入平底深鍋中。將檸檬榨汁。將黑李乾蓋滿酒，加入糖、檸檬汁和香草糖。

3] 煮沸，並煮約40分鐘。在微溫或冷卻時享用這道糖煮果泥。

老饕論 Commentaire gourmand

我們可不將黑李乾去核，並增加水或酒的量，然後享用黑李乾和其汁液。

薄荷紅毛丹泥 *Compote de ramboutan à la menthe*

準備時間 20分鐘
浸漬時間 12小時
冷藏時間 1小時
份量 4人份

紅毛丹500克
桃子2顆
細砂糖50克
麝香葡萄酒（muscat）2杯
新鮮薄荷8片
漂亮的草莓8顆

1] 前一天晚上，準備要浸漬的水果：加熱一鍋水。用叉子插桃子，一個個地浸入沸水，接著立即放入裝冷水的碗中，將桃子剝皮。切成4塊，去核，將水果放入大碗中。

2] 將紅毛丹去皮，打開成兩半，去核後加入大碗中。撒上糖並淋上麝香葡萄酒。混合後浸漬一整晚。

3] 將水果和麝香葡萄酒放入平底深鍋中至少1小時30分鐘。以文火煮沸，離火後放涼。接著冷藏保存至少1小時。

4] 將薄荷葉剪碎。將草莓快速洗淨，去梗，然後切成薄片。

5] 將糖煮果泥分裝進個人高腳酒杯中，用草莓和薄荷進行裝飾。在充分冷卻後享用這道糖煮果泥。

酒釀葡萄泥
Compote du vieux vigneron

準備時間 40分鐘
烹調時間 15分鐘
份量 6至8人份

微酸的蘋果350克
糖250克
紅酒250毫升
丁香(clou de girofle)1粒
肉桂粉1撮
洋梨250克
桃子250克
奶油20克
新鮮葡萄籽90克

1] 將蘋果削皮、切成4塊、去籽，和100克的糖一起放入厚底平底深鍋中。加蓋，以小火煮至水果鬆散。

2] 製作糖漿：將剩餘的糖(150克)和紅酒、丁香、肉桂一起煮沸。

3] 將洋梨和桃子剝皮，將洋梨切成4塊並去籽，將桃子切半並去核。回收汁液並和切塊的水果一起放入煮沸的糖漿中。煮15分鐘。

4] 在還溫熱的蘋果泥中加入奶油，放在高腳盆中。在桃子和洋梨煮熟時，用漏勺瀝乾，並擺在蘋果醬上。

5] 將葡萄籽丟入煮沸的糖漿中，煮3分鐘，接著瀝乾，加入其他的水果中。

6] 將丁香從糖漿中取出，將糖漿收乾至變得濃稠。

7] 為糖煮果泥淋上糖漿。在室溫下放至完全冷卻。

脆皮巧克香蕉
Croustillant choco-banane

準備時間 30分鐘
烹調時間 8分鐘
份量 8人份

香草冰淇淋750毫升(見92頁)
奶油200克
可可粉60克
糖粉40克
薄餅或春捲皮
(feuilles de brik)8片
香蕉4根
檸檬1顆
可可粉

1] 若不使用販售的冰淇淋，就先製作香草冰淇淋。

2] 烤箱預熱200°C。

3] 在平底深鍋中，將奶油加熱至至緩緩融化，加入可可粉和糖粉。

4] 將每片春捲皮切成4片。刷上上述混合物，擺在鋪有烤盤紙的烤盤上，烘烤8分鐘。

5] 將香蕉去皮並淋上檸檬汁，接著用叉子壓碎。

6] 接著疊上1/4片薄餅、一層壓碎的香蕉、1片薄餅和一層香草冰淇淋。最後疊上一片薄餅，撒上可可粉。

尚皮耶．維加托(Jean-Pierre Vigato)，
阿比修斯餐廳

傑內特草莓
Fraises Ginette

準備時間 20分鐘
浸漬時間 30分鐘
份量 4人份

檸檬雪酪750毫升(見94頁)
草莓500克
細砂糖100克
柑香酒(curaçao)100毫升
香檳1杯
冰糖紫羅蘭
(violette en sucre candi)80克
糖漬橙皮100克
液狀鮮奶油(crème fleurette)
200毫升
香草糖1包(約7克)

1] 製作檸檬雪酪，或是使用販售的冰淇淋，從冷凍庫中將冰淇淋取出。

2] 將4個空酒杯放入冷凍庫中。

3] 在濾器中將草莓洗淨並去梗。放入沙拉盆中，將較大顆的草莓切成兩半，撒上40克的糖，倒入柑香酒和香檳，攪拌均勻，接著將所有材料浸漬30分鐘。

4] 用擀麵棍將60克的冰糖紫羅蘭約略擀碎。

5] 將糖漬橙皮裁成丁或切成薄片。

6] 用剩餘的糖(60克)和香草糖打發鮮奶油。

7] 將草莓瀝乾。在包有紗布(mousseline)濾器中過濾草莓上的糖漿。

8] 將檸檬雪酪鋪在冰酒杯中。

9] 加入草莓，接著是糖漬橙皮塊和搗碎的紫羅蘭。淋上糖漿及鮮奶油。用剩餘的紫羅蘭(20克)進行裝飾。

馬爾他草莓
Fraises à la maltaise

準備時間 15分鐘
份量 6人份

馬爾他血橙(orange maltaise)3顆
蓋瑞嘉特(gariguette)草莓600克
糖70克
君度橙酒(Cointreau)30毫升
刨冰(glace pilée)

1] 用小鋸齒刀(couteau-scie)或葡萄柚匙(cuillère à pamplemousse)將柳橙切成兩半，將果肉挖出後放入沙拉盆中。

2] 將半顆柳橙底部的皮切去一小塊，形成穩固的底，接著擺盤冷藏。

3] 將果肉壓碎並榨汁。

4] 將草莓放入濾器中，用水快速沖洗，接著去梗。

5] 在柳橙汁中加入糖和君度橙酒。淋在草莓上，然後冷藏。

6] 享用時，在半顆柳橙中填入草莓。將刨冰分裝在酒杯中，將柳橙固定在上面。立即享用。

100克的營養價值

65大卡；醣類：14克

焗烤蘋果佐乾果
Gratin de pommes aux fruits secs

準備時間 15分鐘
浸漬時間 1小時
烹調時間 10分鐘
份量 4人份

無花果乾4顆
開心果30克
葡萄乾50克
蘭姆酒70毫升
蘋果3顆
檸檬1顆
麵包粉40克
肉桂粉1/2小匙
杏仁粉40克

RECETTE LÉGÈRE

1] 將無花果和開心果約略切碎，和葡萄乾一起放入大碗中，倒入蘭姆酒，浸漬1小時。

2] 將檸檬榨汁，倒入另一個大碗中。將蘋果削皮，在這個碗中削成碎末，和檸檬汁混合，以免蘋果變黑。

3] 烤箱預熱200°C。

4] 將兩個碗中的內容物匯集在一起，加入麵包粉並加以混合。

5] 為4個蛋形瓷盤塗上奶油，裝入水果，撒上肉桂粉和杏仁粉。烘烤10分鐘，以烤成金黃色。在微溫或冷卻時享用。

100克的營養價值

180大卡；蛋白質：3克；醣類：20克；脂肪：6克

異國水果蛋白霜
Meringue aux fruits exotiques

準備時間 45分鐘
烹調時間 8至10分鐘
份量 8人份

卡士達奶油醬200克(見58頁)
鮮奶油香醍250克(見51頁)
充分成熟的芒果1顆
奇異果1顆
小鳳梨1顆
百香果8顆
香草莢1根
石榴1/4顆
蛋白霜90克(見42頁)

1] 先製作卡士達奶油醬和鮮奶油香醍，然後冷藏。

2] 將芒果、奇異果和鳳梨去皮，切塊後放入沙拉盆中。將百香果切開，挖出果肉後加入沙拉盆中。

3] 將香草莢剖開並刮出籽，取下石榴果肉，加入沙拉盆中。混合後倒入卡士達奶油醬，再度均勻混合，最後輕輕地混入鮮奶油香醍。

4] 製作義式蛋白霜，放入裝有圓口擠花嘴的擠花袋中。

5] 烤箱預熱250°C。

6] 將異國水果奶油醬分裝進耐高溫的個人小杯中。在水果奶油醬的整個表面擺上緊密排列的蛋白霜薔薇花飾。

7] 將杯子放進烤箱烘烤8至10分鐘，立即享用。

絲滑感受

sensation satine

三種不同滋味的交疊：
百香果凍的酸、柳橙多汁的苦甜、
優格的柔滑口感。

食譜見448頁

舒芙蕾香橙
Orange soufflées

準備時間 45分鐘
烹調時間 30分鐘
份量 6人份

未經加工處理的大柳橙6顆
蛋3顆
細砂糖60克
玉米粉滿滿2大匙
香橙干邑甜酒50毫升

1] 將每顆柳橙的圓頂切下，也切掉下面的一小塊，讓水果可以穩穩地立著。

2] 用葡萄柚匙挖出柳橙內的果肉，注意別損壞果皮。在小型濾器中將果肉榨汁，並過濾所獲得的果汁。

3] 打蛋，將蛋黃和蛋白分開。在大碗中將蛋黃和糖、玉米粉一起攪打，接著摻入柳橙汁拌和。

4] 將上述配料倒入平底深鍋中，以文火加熱，用木匙不停攪拌。

5] 在混合物變得夠濃稠時離火。加入香橙干邑甜酒後放涼。

6] 烤箱預熱220°C。

7] 將蛋白打成立角狀的蛋白霜，輕輕加入柳橙奶油醬。將此慕斯分裝至果皮中。

8] 排在耐高溫盤上，烘烤30分鐘。趁熱享用。

波爾多香桃
Pêches à la bordelaise

準備時間 30分鐘
浸漬時間 1小時
烹調時間 10～12分鐘
份量 4人份

桃子4顆
糖70克
波爾多紅葡萄酒300毫升
方糖8顆
肉桂棒1根

1] 將一大鍋水煮沸，將桃子泡入30秒，接著放入冷水，剝皮，切半後去核。放入沙拉盆中，撒上糖，浸漬1小時。

2] 在另一個平底深鍋中倒入酒和糖塊、肉桂棒，煮沸。

3] 在糖漿中以文火煮桃子10～12分鐘。

4] 將桃子瀝乾，擺在玻璃杯中。將烹煮的糖漿收乾至附著於匙上，然後淋在桃子上。放涼。

薰衣草香煎蜜桃
Pêches poêlées à la lavande

準備時間 10分鐘
份量 4人份

漂亮的桃子4顆
乾燥的薰衣草0.5克
檸檬1顆
奶油30克
細砂糖30克

1] 用小刀將乾燥的薰衣草切碎。

2] 將桃子剝皮，切成兩半，去核，接著再將半顆桃子切成兩半。

3] 在平煎鍋中將奶油加熱至融化，加入水果，撒上糖，以旺火快速烘烤。

4] 在最後一刻加入切碎的薰衣草，分裝在每半顆桃子上。接著將水果擺在餐盤上，放涼。趁涼時享用。

老饕論 Commentaire gourmand

這些香煎蜜桃搭配皮力歐許(見214頁)切片會相當美味。

波爾多香桃 Pêches à la bordelaise ▶
以酒和糖為基底的糖漿，
趁熱淋在桃子上。

香煎蘋果佐香料麵包
Poêlée de pommes au pain d'épice

準備時間 25分鐘
烹調時間 10分鐘
份量 6人份

香煎蘋果
蘋果(granny smith或calville blanc品種)1.2公斤
檸檬4顆
未經加工處理的柳橙1/2顆
奶油80克
細砂糖100克
松子80克

香料麵包
香料麵包(pain d'épice)250克(見29頁)
奶油40克
糖漬黑醋栗100克

1] 準備蘋果：削皮、切半、去籽。接著再將半顆蘋果依大小切成3或4塊。

2] 將檸檬榨汁。將半顆柳橙皮削成碎末。

3] 在沙拉盆中放入蘋果瓣、4大匙的檸檬汁、柳橙皮和細砂糖，加以混合。

4] 在平底煎鍋中以相當旺的火將奶油加熱至融化。加入蘋果煮，不時用木匙攪拌。蘋果中心必須保持脆度。在烹煮最後加入松子。將所有材料保溫。

5] 製作香料麵包：切成小丁。在另一個平底煎鍋中，以中火將奶油加熱至融化。加入香料麵包，讓麵包上色幾分鐘，直到麵包變得相當酥脆。離火後將奶油瀝乾。擺在一張吸水紙上。

6] 將黑醋栗瀝乾。在盤上將微溫的蘋果排成花冠狀，撒上黑醋栗漿果和酥脆的香料麵包，立即享用。

夏皮尼洋梨
Poires Charpini

準備時間 40分鐘
冷藏時間 2小時
烹調時間 20分鐘
份量 6人份

卡士達奶油醬700克(見58頁)
鮮奶油香醍1/2公升(見51頁)
洋梨6顆
結晶糖(sucre cristallisé)

香草糖漿
細砂糖750克
水750毫升
香草莢1根

1] 製作卡士達奶油醬，冷藏2小時。

2] 製作鮮奶油香醍，輕輕地和卡士達奶油醬混合，保存於陰涼處。

3] 製作糖漿：在平底深鍋中，將水、糖和剖開並刮出籽的香草莢煮沸。

4] 將洋梨去皮，切成兩半，去籽，在糖漿中煮15至20分鐘。

5] 在深底餐盤中鋪上一半的奶油醬，擺上切半的糖漬洋梨。蓋上剩餘的材料。

6] 撒上結晶糖，將盤子放入烤箱的烤架上，烘烤1分鐘，烤成焦糖。冷卻後享用。

銀塔(La Tour d'Argent)

索甸烤洋梨
Poires rôties au sauternes

準備時間 1小時
烹調時間 20分鐘
份量 8人份

洋梨
(doyennés du Comice品種)8顆
奶油200克
細砂糖300克
索甸酒(sauterne)1瓶

核桃冰淇淋
牛奶1公升　細砂糖150克
蛋黃6個　核桃泥150克

1] 製作核桃冰淇淋：加熱牛奶和一半的糖。將蛋黃和另一半的糖一起攪打，將煮沸的牛奶倒入這混合物中，不停地攪打。接著以文火煮至奶油醬附著於刮杓上。這時加入核桃泥。放涼，接著冷凍。

2] 製作烤洋梨。將水果剝皮，去籽，然後切成兩半。將奶油和糖放入平底煎鍋中。一形成焦糖就加入洋梨，接著是索甸酒，煮至水果軟化為止。

3] 在每個盤子上擺上洋梨，淋上一些烹煮的汁液，然後加上一球的核桃冰淇淋。

米歇爾．侯斯登(Michel Rostang)

酒香梨
Poires au vin

準備時間 20分鐘
烹調時間 10 + 20分鐘
冷藏時間 24小時
份量 8人份

洋梨(williams或passe-crassane品種)8顆
未經加工處理的檸檬1顆
富含丹寧酸的紅酒(Rhône或madiran產區)1公升
蜂蜜100克
粗粒紅糖150克
白胡椒
香菜籽
肉荳蔻(muscade)粉
香草莢3根

RECETTE LÉGÈRE

1] 用削皮刀(couteau économe)刮取檸檬皮，在沸水中浸泡2分鐘。

2] 將洋梨去皮並淋上檸檬汁，保留梗。將皮放入平底深鍋中。淋上紅酒、蜂蜜、粗粒紅糖、泛白的檸檬皮、一些白胡椒、幾粒香菜籽、少量肉荳蔻和剖成兩半的香草莢。煮沸並將火轉小。煮10分鐘後，加入洋梨，讓梗懸空。加蓋，以文火煮20分鐘。

3] 將洋梨取出，放入高腳盆中。將烹煮的汁液過濾，然後倒在洋梨上。

4] 放涼，冷藏24小時：汁液因而在享用時會呈現膠狀。

艾維須蒙(Hervé Rumen)

100克的營養價值

60大卡；醣類：15克

巧婦蘋果
Pommes bonne femme

準備時間 10分鐘
烹調時間 35至40分鐘
份量 4人份

硬肉蘋果4顆
奶油40克
細砂糖40克

RECETTE LÉGÈRE

1] 烤箱預熱220°C。

2] 將蘋果環狀削皮至一半的高度。去核後放入塗上奶油的大焗烤盤中。

3] 在每個蘋果的中空部分填入添加細砂糖的奶油。將幾匙的水倒入盤中。

4] 烘烤35至40分鐘。連焗烤盤一起上桌享用。

100克的營養價值

125大卡；醣類：17克；脂肪：6克

變化 Variante

白蘭地火燒蘋果
Pommes flambées au calvados

在小型平底深鍋中加熱80毫升的蘋果白蘭地(calvados)，享用時淋在蘋果上並點火燃燒。

香檳利口酒生蘋果
Pommes crues à la liqueur de champagne

準備時間 10分鐘
份量 4至6人份

漂亮的蘋果4顆
檸檬2顆
金黃葡萄乾(raisin sec blond)750克
香檳利口酒60毫升
脂含量40%的白乳酪300克

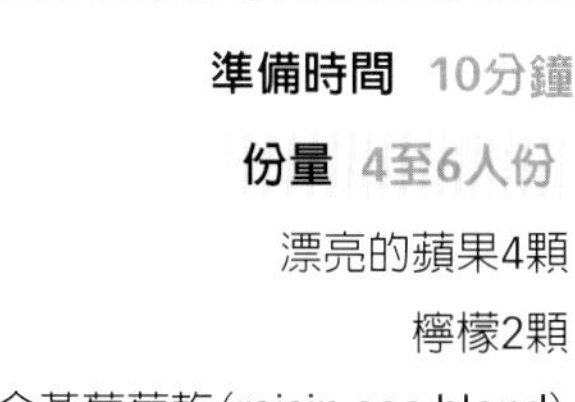

1] 將檸檬榨汁，並將果汁倒入沙拉盆中。

2] 將蘋果削皮，仔細地去籽，然後切成丁。陸續放入沙拉盆中，立刻混合，讓檸檬汁防止蘋果變黑。

3] 在濾器中快速沖洗葡萄乾。

4] 將蘋果瀝乾，放入高腳盆中；加入葡萄乾，接著倒入香檳利口酒，均勻混合。保存於陰涼處，直到享用的時刻。

5] 在每個盤中擺上1匙的白乳酪，撒上蘋果丁。

老饕論 Commentaire gourmand

義式全蛋海綿蛋糕(pan di Spagna)(見254頁)或法式磅蛋糕(Quatre-quarts)(見255頁)和這道製作快速的甜點是天作之合。

準備時間 15分鐘
烹調時間 10分鐘
份量 6至8人份

蘋果(reinettes 品種)8顆
液狀金合歡蜜250克
含鹽奶油(beurre salé)70克

含鹽奶油蜂蜜蘋果
Pommes au miel et au beurre salé

1] 烤箱預熱220°C。

2] 將蘋果削皮,切成兩半,去心。

3] 將花蜜倒入烤盤上,均勻地攤開。將烤盤用旺火烘烤,讓花蜜呈現金黃色並變成焦糖,就像焦糖醬。

4] 離火,將半顆蘋果擺在烤盤上(或擺入盤中),凸出的部分朝下,並在每塊蘋果上擺上核桃大小的含鹽奶油。

5] 烘烤10分鐘。趁熱或在微溫時淋上焦糖蘋果汁享用。

克麗絲提安娜瑪希亞(Christiane Massia)

準備時間 15分鐘
烹調時間 15分鐘
浸漬時間 3天
份量 6人份

黑李乾(pruneaux sec)36個
波爾多淡紅酒(bordeaux rouge léger)500毫升
拉斯多酒(rasteau Rhône區甜酒)500毫升
檸檬1顆
柳橙1顆
濃縮鮮奶油(crème double)180克

拉斯多奶油黑李乾
Pruneaux au rasteau et à la crème

1] 前一天晚上:將黑李乾浸泡在兩種酒的混合液中。

2] 隔天:將柳橙和檸檬切成厚片。和黑李乾並連同浸泡液一起放入平底深鍋中,以文火微滾15分鐘。

3] 將上述材料連同烹煮液在高腳盆中冷藏保存3天。

4] 將柑橘片移除,在湯盆中,搭配些許烹煮液並淋上濃縮鮮奶油來享用黑李乾。

涂華高兄弟(Jean et Pierre Troisgros)

準備時間 30分鐘
浸漬時間 3小時
烹調時間 20至30分鐘
份量 6至8人份

大黃1公斤
糖250克
充分成熟的草莓300克
香草冰淇淋750毫升(見92頁)

草莓大黃
Rhubarbe aux fraises

1] 將大黃削皮,仔細去除所有的纖維,然後切成4或5公分勻稱塊狀。放入沙拉盆中,撒上大量的糖,用木匙均勻混合。浸漬3小時,不時用刮杓攪拌。

2] 將沙拉盆中的內容物倒入平底深鍋中,以文火煮20至30分鐘。

3] 將草莓洗淨、去梗並切成兩半。加入平底深鍋中煮,但請勿超過5分鐘。

4] 整個倒入高腳盆中,放涼。

5] 在小杯子中享用這清燉甜點,或搭配一球的香草冰淇淋。

變化 Variante

您也能不用草莓來製作這道大黃泥,並在微溫時享用。淋上草莓奶油醬。

草莓大黃 Rhubarbe aux fraises ►
這道剛煮好的大黃與草莓的搭配,應在非常清涼的狀態下享用最為美味。

丹麥水果鮮奶油 *Rødgrød danois*

準備時間 30分鐘
烹調時間 25分鐘
冷藏時間 2小時
份量 6人份

草莓300克
覆盆子300克
細砂糖150克
檸檬2顆
打發鮮奶油500毫升(見53頁)
糖漬橙皮或檸檬皮50克

1] 將草莓快速洗淨並去梗。挑選覆盆子。放入平底深鍋中，以文火煮10分鐘。將一半倒入沙拉盆中，然後擺在一旁。

2] 將剩餘的用附有精細濾網的蔬果榨汁機或電動攪拌器打成泥，再將這些果泥放入平底深鍋中，煮沸。這時加入糖和檸檬汁，加以混合。燉約10分鐘，始終都開小火。

3] 將這水果醬汁倒入容器中，冷藏2小時。

4] 將鮮奶油打發。

5] 將預留的水果倒入醬汁中，輕輕地混合，不要壓碎。將這些水果分裝至6個個人酒杯中。用一些打發鮮奶油進行裝飾。將柳橙皮或檸檬皮切成細碎，撒在酒杯上。

6] 搭配一旁用醬汁杯裝的鮮奶油享用。

檸檬馬鞭草柳橙沙拉 *Salade d'orange à la verveine citronnelle*

準備時間 25分鐘
靜置時間 20分鐘
份量 6人份

柳橙1.5公斤
未經加工處理的檸檬1/2顆
新鮮薑粉1小匙
礦泉水500毫升
檸檬馬鞭草(verveine citronnelle)1束
細砂糖250克
黑胡椒5～6粒

1] 製作果汁：將半顆檸檬皮和薑削成碎末。摘下檸檬馬鞭草的葉片。在平底深鍋中，倒水，加入糖、果皮碎末、白胡椒和薑。煮沸。將一半的馬鞭草約略切碎。將平底深鍋離火，加入切碎的馬鞭草。加蓋，浸泡20分鐘。將所獲得的浸泡液過濾，冷藏保存。

2] 準備柳橙：用鋒利的刀去除兩端，接著削去水果的外面部分，意即整個外皮，包含白色的中果皮部分。切片，放入沙拉盆中，保存於陰涼處。

3] 將薑汁和馬鞭草汁倒在水果上。將剩餘的馬鞭草葉切成細碎，同時保留兩片完整的葉片。撒上柳橙片和切碎的馬鞭草，用兩片葉片進行裝飾。在充分冷卻時享用。

水果沙拉 *Salade de fruits*

準備時間 30分鐘
份量 8人份

未經加工處理的柳橙3顆
未經加工處理的檸檬2顆
糖100克
香草莢1根
薄荷葉14片
芒果3顆
木瓜(papaye)3個
杏桃6顆
桃子6個
鳳梨1個
葡萄柚1個
紅色和黑色水果(黑醋栗、草莓和野莓、覆盆子、醋栗、黑莓(mûre))共300克

1] 製作糖漿：切下取3條6公分的柳橙皮和2條同樣大小的檸檬皮，和糖、500毫升的水、剖成兩半並刮出籽的香草莢一起放入平底深鍋中。煮沸，接著離火。這時加入10片的薄荷葉，浸泡15分鐘。將糖漿過濾，放涼，接著冷藏。

2] 剝去柳橙和葡萄柚的外皮，並仔細去掉白色中果皮。切成4塊。

3] 將鳳梨削皮並垂直切成兩半。將芒果和木瓜去皮，去籽。將桃子和杏桃洗淨，切成兩半並去核。

4] 用極鋒利的刀將鳳梨切成薄片，形成半圓。

5] 將所有其他的水果盡可能從長邊切薄。

6] 將草莓快速洗淨，去梗，並在濾器中瀝乾。挑選其他的紅色水果。

7] 將水果分裝進湯盆中，撒上紅色和黑色的漿果，並淋上糖漿。將剩餘的4片薄荷葉剪碎，撒在水果沙拉上。即刻享用。

Les soufflés
舒芙蕾

舒芙蕾是由牛奶麵糊，或是果泥與糖漿(sucre cuit)組合而成。

爲了前者，我們製作調味的卡士達奶油醬。

爲了後者，我們使用加入果泥的糖漿。

一些酒精或利口酒更可增添水果的風味。

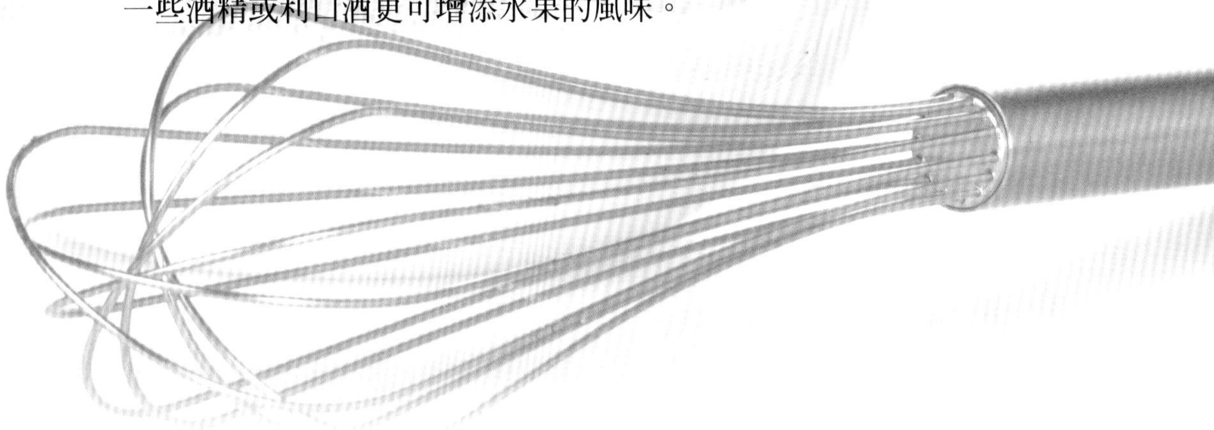

準備時間 45分鐘
烹調時間 5 + 8分鐘
份量 4至6人份

檸檬1顆
成熟但結實的香蕉6根
牛奶200毫升
液狀鮮奶油50毫升
細砂糖60克
蛋6顆
麵粉10克
玉米粉10克

舒芙蕾香蕉
Bananes soufflés

1] 將檸檬榨汁，放入沙拉盆中。

2] 用磨得很利的刀，每根香蕉剖開外皮，留下船型的外皮，摘下果肉。放入沙拉盆中，用檸檬汁防止果肉變黑。

3] 製作舒芙蕾麵糊：在平底深鍋中將牛奶、鮮奶油和20克的糖一起煮沸。打蛋，將蛋白與蛋黃分開。在大容器中攪打蛋黃和20克的糖，直到混合物泛白。將麵粉和玉米粉一起過篩，逐漸加入混合物中，一邊持續攪拌。將煮沸的牛奶倒入混合物中，不停攪拌。將所有材料再放入平底深鍋，接著在煮沸後煮30秒。將平底深鍋離火。將蛋白打成泡沫狀，並逐漸加入剩餘20克的糖，打發成立角狀的蛋白霜，然後將這些蛋白混入奶油醬中。

4] 烤箱預熱200°C。

5] 將香蕉從沙拉盆中取出，用叉子壓碎。將果泥加入舒芙蕾麵糊中。

6] 將此配料裝入船型香蕉皮中。將表面抹平。

7] 將所有材料擺入耐高溫盤，以200°C烘烤5分鐘，接著以180°C烘烤8分鐘。

100克的營養價值

115大卡；蛋白質：1克；醣類：21克；脂肪：2克

蘋果美味 *Délicieux aux pommes*

準備時間 40分鐘
烹調時間 20至30分鐘 + 35分鐘
份量 4至6人份

蘋果650克
蛋5顆
細砂糖100克
烤成金黃色的麵包粉(chapelure blonde)70克

1] 烤箱預熱190°C。

2] 將蘋果削皮並去芯。在耐高溫盤中烘烤20至30分鐘。用叉子將果肉壓碎成泥，放涼。

3] 打蛋，將蛋白與蛋黃分開。將蛋白打成非常立角狀的蛋白霜。在沙拉盆中混合蛋黃和細砂糖，攪打至泛白。接著依次混入一些蘋果泥、一些麵包粉和一些打發蛋白，直到使用完這所有的食材。

4] 將烤箱溫度調高為200°C。

5] 為直徑20公分的舒芙蕾模塗上奶油並撒上麵粉。倒入配料。以200°C烘烤5分鐘，接著以180°C烘烤30分鐘。

6] 為舒芙蕾撒上結晶糖並趁熱享用。

100克的營養價值

132大卡；蛋白質：1克；醣類：21克；脂肪：3克

使節夫人舒芙蕾 *Soufflé ambassadrice*

準備時間 40分鐘
烹調時間 30分鐘
份量 6至8人份

杏仁片80克
蘭姆酒30毫升
馬卡龍(macaron)8個
卡士達奶油醬800克(見58頁)
香草精1小匙
蛋白12個

1] 將杏仁放入蘭姆酒中浸漬15分鐘。

2] 用刀將馬卡龍切碎。

3] 製作卡士達奶油醬，並加入1小匙的香草精、壓碎的馬卡龍、杏仁和浸漬的蘭姆酒。

4] 烤箱預熱200°C。

5] 將蛋白打成非常立角狀的蛋白霜，輕輕地混入先前的材料中。

6] 以200°C烘烤5分鐘，接著以180°C烘烤25分鐘。

香蕉舒芙蕾 *Soufflé aux bananes*

準備時間 40分鐘
烹調時間 30分鐘
份量 6至8人份

香草莢1根
牛奶200毫升
細砂糖70克
奶油40克
檸檬1顆
充分成熟的香蕉8根
過篩的麵粉20克
蛋黃4個
櫻桃酒或蘭姆酒50毫升(可隨意)
蛋白6個
鹽1撮

1] 將香草莢剖開並刮出籽，和細砂糖一起放入牛奶中。加熱至煮沸，接著浸泡至完全冷卻。

2] 讓奶油軟化。

3] 將檸檬榨汁。將香蕉剝皮，放入檸檬汁中，以免果肉變黑。接著用網篩、電動攪拌器，或附有最精細濾網的蔬果榨汁機打成很細的果泥。

4] 將麵粉放入平底深鍋中，逐漸倒入煮沸的香草牛奶，一邊均勻混合。煮2分鐘，一邊攪打，然後離火，接著加入香蕉泥、蛋黃和軟化的奶油。可用櫻桃酒或蘭姆酒調味。

5] 烤箱預熱200°C。

6] 將蛋白和1撮鹽打成非常立角狀的蛋白霜。加入先前的配料中，始終以同一方向攪拌，以免破壞麵糊。

7] 為直徑20公分的舒芙蕾模塗上奶油並撒上糖，然後倒進配料。於烤箱中烘烤30分鐘。

100克的營養價值

195大卡；蛋白質：6克；醣類：17克；脂肪：11克

準備時間 15分鐘
烹調時間 30分鐘
份量 6人份

牛奶250毫升
細砂糖20克
蛋3顆
指形蛋糕體2個（見33頁）
沙特勒茲綠色香甜酒（Chartreuse verte）60毫升
奶油30克
澱粉15克
麵粉40克
香草糖1包（約7克）

修道院舒芙蕾 *Soufflé à la Chartreuse*

1] 在平底深鍋中加熱牛奶和糖。
2] 打蛋，將蛋白與蛋黃分開。
3] 用毛刷為指形蛋糕體刷上香甜酒濕潤。
4] 在另一個平底深鍋中將奶油加熱至融化。在開始發泡時離火，在平底深鍋中倒入澱粉和麵粉。均勻混合，接著加入香草糖。再度開火。
5] 倒入煮沸的牛奶，煮沸並不停攪拌。接著，離火後，混入蛋黃，均勻混合。加入剩餘的香甜酒。
6] 將蛋白打成立角狀的蛋白霜，混入麵糊中，請勿過度攪拌，以免破壞麵糊內的氣泡。
7] 烤箱預熱200°C。
8] 為直徑16～18公分的舒芙蕾模塗上奶油並撒上糖。
9] 填入一半的麵糊，加入濕潤到快裂開的指形蛋糕體，接著為模型填滿麵糊。
10] 放入烤箱中，以200°C烘烤5分鐘，接著將溫度調低為180°C，繼續烘烤25分鐘，不要將門打開。烤好即刻享用。

老饕論 Commentaire gourmand

您可用60毫升的香橙干邑甜酒來取代沙特勒茲綠色香甜酒，依同樣的食譜製作橙干邑舒芙蕾。

準備時間 30分鐘
烹調時間 12分鐘
份量 6人份

奶油50克
苦甜巧克力180克
細砂糖70克
牛奶60毫升
無糖可可粉50克
蛋5顆
糖粉

巧克力舒芙蕾 *Soufflé au chocolat*

1] 在容器中讓奶油軟化並拌和成膏狀。
2] 為6個直徑8～10公分的小瓷模塗上奶油。在裡面撒上一些細砂糖後冷藏。
3] 烤箱預熱200°C。
4] 在容器中將巧克力和60克的細砂糖以隔水加熱或微波加熱至融化；接著加入牛奶和可可粉。
5] 將蛋白與蛋黃分開。在巧克力的混合物中加入一顆顆的蛋黃，用刮杓攪拌。
6] 將蛋白攪打成非常立角狀的蛋白霜，並在最後一刻加入10克的糖，接著將這些蛋白逐漸倒入巧克力的配料中，輕輕地混合，始終以同一方向攪拌，以免破壞麵糊的氣泡。
7] 為冷藏小模型填入上述配料。用刮杓將表面抹平，接著於烤箱中烘烤12分鐘。
8] 篩上糖粉後即刻享用。

訣竅

巧克力是脆弱而精緻的食材。若遵守一些規則，就會很容易使用。因此，當您使用前要將巧克力融化時，應知道只要達30°C的溫度就夠了。因此，絕對不要直接置於火焰或熱源上；用隔水加熱或以600瓦的強度微波加熱，讓巧克力緩緩融化。

肉桂蘋果葡萄咖哩舒芙蕾

Soufflé à la cannelle, aux pommes, aux raisins et au curry

我們在模型底部放入酥頂碎麵屑(streusel)，
接著是由卡士達奶油醬、
檸檬和肉桂所組成的舒芙蕾麵糊。
一出爐，便為舒芙蕾淋上以酸蘋果、
葡萄乾、蜂蜜、薑、白胡椒和咖哩為基底
所製作的醬汁。

食譜見448頁

檸檬舒芙蕾
Soufflé au citron

準備時間 40分鐘
烹調時間 40分鐘
份量 6人份

未經加工處理的檸檬6顆
牛奶300毫升
奶油100克
細砂糖100克
麵粉40克
蛋黃5個
蛋白6個

1] 取4顆檸檬的果皮，切成細碎：您應獲得相當於2大匙的量。

2] 將另2顆檸檬榨汁

3] 將牛奶加熱。將麵粉過篩。

4] 在另一個平底深鍋中，將奶油攪拌至呈現膏狀。加入60克的細砂糖和過篩的麵粉，接著倒入煮沸的牛奶，用力攪拌。煮沸1分鐘，持續攪拌，並讓混合物如同泡芙麵糊般乾燥。

5] 烤箱預熱200°C。

6] 將蛋白陸續加入40克的細砂糖，攪打成立角狀的蛋白霜。

7] 離火後，在麵糊中加入：檸檬汁、5個蛋黃，接著是打成立角狀的蛋白霜和切碎的檸檬皮，在加入每樣食材之間仔細攪拌，以便充分混合。

8] 為6個小舒芙蕾模塗上奶油，倒入麵糊用隔水加熱深烤盤在烤箱中烘烤40分鐘。

牛奶醬舒芙蕾
Soufflé à la confiture de lait

準備時間 30分鐘
烹調時間 40至50分鐘
份量 4至6人份

牛奶500毫升
糖120克
玉米粉80克
牛奶醬4大匙(見337頁)
蛋6顆
擦在模型上的奶油10克
鹽1撮

1] 將牛奶煮沸。在平底深鍋中放入100克的糖、牛奶醬、蛋黃，接著是玉米粉。逐漸加入牛奶，以文火燉煮，用攪拌器不停攪拌，直到獲得平滑且濃稠的奶油醬。放涼約15分鐘。

2] 在這段時間裡，將蛋白和鹽打成泡沫立角狀的蛋白霜。

3] 為舒芙蕾模塗上奶油並撒上剩餘的糖(20克)。

4] 烤箱預熱170°C。

5] 用攪拌器先混合一些泡沫狀蛋白和牛奶等材料；接著加入剩餘的蛋白，輕輕地攪拌，以免破壞麵糊，然後倒入模型。

6] 烘烤約40至50分鐘，直到表面呈現金黃色。即刻享用。

訣竅

您可使用販售的牛奶醬。

草莓或覆盆子舒芙蕾
Soufflé aux fraises ou aux framboises

準備時間 30分鐘
烹調時間 25分鐘
份量 6至8人份

卡士達奶油醬350克(見58頁)
草莓300克
蛋白12個
鹽2撮

1] 先製作卡士達奶油醬。

2] 將草莓快速洗淨並去梗，然後用電動攪拌器或搗泥器(presse-purée)打成泥。

3] 將這草莓加入卡士達奶油醬中，均勻混合。

4] 將蛋白和鹽攪打成非常立角狀的蛋白霜。接著一點一點地，非常輕地攪拌，而且始終以同一方向攪拌，以免破壞麵糊，然後加入草莓卡士達奶油醬中。

5] 烤箱預熱200°C。

6] 為直徑18公分的舒芙蕾模塗上奶油並撒上糖。進烤箱以200°C烘烤5分鐘，接著以180°C烘烤20分鐘。

水果舒芙蕾
Soufflé aux fruits

準備時間 20分鐘
烹調時間 15 + 20分鐘
份量 4人份

檸檬1顆
洋梨600克
覆盆子150克
粉狀甜味劑(edulcorant)1大匙
蛋白4個
鹽1撮
奶油10克

1] 將檸檬榨汁。將洋梨削皮並挖去果核，切成小塊，澆上檸檬汁，和100毫升的水煮15分鐘。接著放入電動攪拌器或附有精細濾網的蔬果榨汁機(moulin à légumes)，讓所獲得的果泥冷卻。

2] 在平底深鍋中或用微波爐，將覆盆子和1小匙的水、甜味劑粉微波至微溫。

3] 用叉子壓碎，接著混入洋梨果泥中。

4] 烤箱預熱190°C。

5] 將蛋白和鹽攪打成非常立角狀的蛋白霜，接著一點一點地混入果泥，始終以同一方向攪拌，以免破壞麵糊。

6] 將奶油加熱至融化，用毛刷刷在直徑16公分的舒芙蕾模上。

7] 倒入配料，以190°C烘烤5分鐘，接著繼續以180°C烘烤25分鐘。

100克的營養價值

60大卡；蛋白質：2克；醣類：9克；脂肪：1克

拉佩魯斯舒芙蕾
Soufflé Lapérouse

準備時間 30分鐘
烹調時間 20分鐘
份量 4人份

切丁的糖漬水果50克
蘭姆酒100毫升
卡士達奶油醬300克(見58頁)
糖杏仁粉(pralin en poudre)70克
蛋白5個
鹽1撮
糖粉

1] 將糖漬水果浸漬在蘭姆酒中15分鐘。

2] 製作卡士達奶油醬。加入糖杏仁、糖漬水果和蘭姆酒。

3] 烤箱預熱200°C。

4] 將蛋白和鹽攪打成立角狀的蛋白霜，然後輕輕地混入卡士達奶油醬中，始終以同一方向攪拌，以免破壞麵糊。

5] 為直徑16公分的舒芙蕾模塗上奶油，接著撒上糖。

6] 將奶油醬麵糊倒入模型中，以200°C烘烤5分鐘，接著將烤箱溫度調低為180°C，繼續烘烤10分鐘。

7] 撒上糖粉，再烘烤5分鐘，讓舒芙蕾表面烤成焦糖。

巴黎拉佩魯斯(Lapérouse)餐廳

栗子舒芙蕾
Soufflé au marrons

準備時間 30分鐘
烹調時間 25分鐘
份量 4至6人份

卡士達奶油醬300克
(見58頁)
香草糖栗泥4大匙
糖栗70克
蛋白5個
鹽1撮

1] 先製作卡士達奶油醬。

2] 將栗子泥混入奶油醬中，均勻混合。

3] 將蛋白和鹽攪打成泡沫狀。將1/4混入卡士達奶油醬和栗子泥的混合物中。將一半的糖栗弄碎後加入。最後用刮杓輕輕地混入剩餘的蛋白。

4] 烤箱預熱190°C。

5] 為直徑18公分的舒芙蕾模塗上奶油並撒上麵粉。

6] 將栗子等材料倒入模型，將表面抹平；最後將剩餘的糖栗弄碎，撒在舒芙蕾上。

7] 將模型放入烤箱中，將溫度調低為170°C，烘烤20至25分鐘。

椰香舒芙蕾
Soufflé à la noix de coco

準備時間 20分鐘
烹調時間 10 + 20分鐘
份量 4人份

椰子粉100克
牛奶700毫升
米125克
糖100克
奶油50克
蛋4顆
鹽2撮
肉荳蔻(noix muscade)

1] 將椰子粉和牛奶放入平底深鍋中。煮沸，加以混合，煮10分鐘。

2] 在濾器上鋪上紗布，在平底深鍋下過濾混合物，用力擠壓紗布，以便盡可能收集最多的液體。

3] 將平底深鍋置於火上，再次煮沸，加入米和糖，將火轉小，以小滾煮20分鐘，直到液體蒸發。加入奶油並混合。

4] 烤箱預熱200°C。

5] 打蛋，將蛋白與蛋黃分開；在先前的混合物中加入一顆一顆的蛋黃，攪拌均勻。加鹽並加入少量肉荳蔻調味。

6] 將蛋白和鹽攪打成立角狀的蛋白霜。輕輕地混入。

7] 為直徑16公分的舒芙蕾模塗上奶油，倒入麵糊。以200°C烘烤5分鐘，接著再以180°C烘烤15分鐘，不要把門打開。烤好後即刻享用。

100克的營養價值

276大卡；**蛋白質**：7克；**醣類**：20克；**脂肪**：18克

羅斯柴爾德舒芙蕾
Soufflé Rothschild

準備時間 30分鐘
浸漬時間 30分鐘
烹調時間 30分鐘
份量 8至10人份

切丁的糖漬水果150克
丹茨格蒸餾酒(eau-de-vie Dantzig)100毫升
卡士達奶油醬1100克(見58頁)
蛋黃2個
鹽
糖粉

1] 將糖漬水果浸漬在丹茨格蒸餾酒中30分鐘。

2] 接著製作卡士達奶油醬，並加入2顆生蛋黃、糖漬水果和浸漬的利口酒。將此混合物保存於陰涼處備用。

3] 烤箱預熱200°C。

4] 為2個直徑18公分的舒芙蕾模塗上奶油並撒上糖。

5] 將6個蛋白(製作卡士達奶油醬剩下來的)和1撮鹽攪打成非常立角狀的蛋白霜，然後輕輕地混入奶油醬中。

6] 將此麵糊分裝進2個塗上奶油的模型中。

7] 以200°C烘烤5分鐘，接著將溫度調低為180°C，繼續烘烤20分鐘。這時迅速地在舒芙蕾上撒上糖粉，再烤5分鐘，溫度始終為180°C。

紫羅蘭舒芙蕾
Soufflé aux violettes

準備時間 40分鐘
烹調時間 30分鐘
份量 4至6人份

卡士達奶油醬700克(見58頁)
紫羅蘭精5或6滴
冰糖紫羅蘭(violettes candies)30克

1] 先製作卡士達奶油醬(為之後保留未使用的蛋白)，然後加入幾滴的紫羅蘭精。

2] 將預留的蛋白攪打成立角狀的蛋白霜，接著非常輕地混入卡士達奶油醬中。然後加入冰糖紫羅蘭，輕輕地混合。

3] 烤箱預熱200°C。

4] 為直徑18公分的舒芙蕾模塗上奶油並撒上糖。

5] 倒入配料。以200°C烘烤5分鐘，接著繼續以180°C烘烤25分鐘。

Les desserts glacés
冰品

冰品的製作，展現了味道與稠度的巧妙搭配：

冰淇淋或雪酪、新鮮或煮熟的水果、

庫利(coulis)、利口酒、蒸餾酒等。

某些果皮的使用讓呈現的方式顯得風格獨具；

冰淇淋酒杯的裝飾也值得特別欣賞。

巴伐露冰鳳梨
Ananas glacé à la bavaroise

準備時間 45分鐘
冷藏時間 2小時
份量 6人份

巴伐露奶油醬500克(見46頁)
大鳳梨1顆
白蘭姆酒100毫升
椰子粉70克

1] 先製作巴伐露奶油醬，在進行後續食譜的製作時，將奶油醬保存於陰涼處。

2] 將鳳梨從冠下1.5公分處切下，然後保存備用。將果肉取出，在周圍留下約1公分的厚度。將其中200克切成丁，在50毫升的蘭姆酒中浸漬1小時。將剩餘的果肉(約150克)放入蔬果榨汁機或食物調理機中打成泥，同樣以剩餘的蘭姆酒浸漬。

3] 將果肉和鳳梨丁、巴伐露奶油醬混合。

4] 接著加入椰子粉。

5] 將混合物倒入鳳梨殼中。將所有材料冷藏冰鎮約2小時。

6] 享用時再蓋上鳳梨蓋。

訣竅

為了能夠漂亮地呈現，請盡量選擇形狀規則、葉片色彩鮮豔的鳳梨。

老饕論 Commentaire gourmand

您可使用肉桂(見46頁)或香草(見48頁)口味的巴伐露奶油醬。

克里奧冰鳳梨
Ananas glacé à la créole

準備時間 35分鐘
份量 6人份

鳳梨1顆
切丁的糖漬水果200克
蘭姆酒50毫升
鳳梨雪酪1公升(見93頁)
刨冰

1] 將鳳梨的頂端切下，將上面的部分保存於陰涼處，仔細包好，以免葉片枯萎。將糖漬水果泡入蘭姆酒中浸漬。

2] 仔細將鳳梨的果核挖出；將外殼冷凍。

3] 若您不使用販售的材料，就製作鳳梨雪酪。

4] 將糖漬水果瀝乾。在鳳梨底部放上一層雪酪。接著加入一些糖漬水果，再放上一層冰淇淋，接著是糖漬水果，就這樣持續下去，直到鳳梨頂端。再放上蓋子。將鳳梨冷凍。

5] 享用前1小時取出，然後擺在1杯的刨冰上。

香蕉船
Banana split

準備時間 20分鐘
份量 4人份

香蕉4根
檸檬1顆
香草冰淇淋1/2公升(見92頁)
鮮奶油香醍300克(見51頁)
杏仁片50克
黑巧克力醬250毫升(見106頁)

1] 將檸檬榨汁。將香蕉剝皮並縱切成兩半。放入檸檬汁中，以防止香蕉變黑。

2] 製作鮮奶油香醍。放入裝有星形擠花嘴的擠花袋中。

3] 在平煎鍋中烘烤杏仁片。

4] 在每個酒杯中擺入兩個半根香蕉，並在中央放上2球香草冰淇淋。淋上冷卻的巧克力醬並撒上杏仁片。用鮮奶油香醍為每個酒杯進行裝飾。

馬拉斯加雪餅
Biscuit glacé au marasquin

準備時間 40分鐘
提前24小時製作
份量 6人份

義式海綿蛋糕麵糊400克(見39頁)
奶油250克
未經加工處理的柳橙1顆
未經加工處理的檸檬1顆
蛋3顆
細砂糖250克
馬拉斯加酸櫻桃酒(marasquin)50毫升

1] 先製作義式海綿蛋糕麵糊。

2] 烤箱預熱200°C。

3] 將麵糊倒入鋪有烤盤紙的烤盤中，烘烤5或6分鐘。從烤箱中取出，放涼。

4] 讓奶油軟化。將柳橙和檸檬皮削成碎末並榨汁。

5] 打蛋，將蛋白與蛋黃分開。

6] 在容器中將奶油和糖一起攪拌，直到混合物呈現乳霜狀。加入一顆一顆的蛋黃，均勻混合，接著加入果皮碎末和3/4的果汁。

7] 將蛋白攪打成立角狀的蛋白霜，一點一點地加入奶油醬中。

8] 將海綿蛋糕裁成約8×4公分的等份，用馬拉斯加酸櫻桃酒濕潤。

9] 在長24公分的蛋糕模型底部鋪上海綿蛋糕塊，再蓋上一層奶油醬，再放上海綿蛋糕矩形，接著是奶油醬，就這樣持續至模型填滿為止。

10] 冷藏至少12小時。

11] 將模型在水龍頭下快速浸過熱水後，倒扣在餐盤上脫模。

香蕉船 Banana split ▶
這道甜點應在最後一分鐘擺盤，以免即使已淋上檸檬汁的香蕉因周圍的空氣而氧化。

準備時間 45分鐘
冷凍時間 5或6小時
份量 6至8人份

香草冰淇淋1公升（見92頁）
炸彈麵糊400克（見86頁）
草莓200克
裝飾
漂亮草莓8顆
櫻桃酒50毫升

阿罕布拉炸彈 *Bombe Alhambra*

1] 若不使用販售的冰淇淋，就製作香草冰淇淋。冷藏1小時，讓冰淇淋可以輕易地攪動。

2] 將草莓快速洗淨並去梗。用電動攪拌器或附有精細濾網的蔬果榨汁機打成泥。

3] 製作炸彈麵糊並加入草莓泥。

4] 為直徑20公分的模型鋪上香草冰淇淋（見87頁）。接著倒入炸彈麵糊，冷凍5或6小時。

5] 將裝飾用草莓洗淨並去梗，用櫻桃酒浸漬。脫模：讓模型在水龍頭下沖熱水數秒，接著倒扣在餐盤上。用浸漬的草莓進行裝飾。

變化 Variante

水果麵包布丁炸彈
Bombe Diplomate

同樣用香草冰淇淋裝填模型。將150克切丁的糖漬水果用50毫升的馬拉斯加酸櫻桃酒（marasquin）浸漬。製作炸彈麵糊，同時加入70毫升的馬拉斯加酸櫻桃酒，並加入浸漬的糖漬水果。用鮮奶油香醍和覆盆子進行裝飾。

準備時間 1小時
冷凍時間 5或6小時
份量 6至8人份

草莓冰淇淋1公升（見89頁）
炸彈麵糊350克（見86頁）
帕林內果仁糖（praliné）70克

大公炸彈 *Bombe Archiduc*

1] 若不使用販售的冰淇淋，就製作草莓冰淇淋。冷藏1小時，讓冰淇淋之後可以輕易地攪動。

2] 製作炸彈麵糊並加入杏仁巧克力。

3] 為直徑20公分的模型鋪上草莓冰淇淋（見87頁）。接著倒入炸彈麵糊，冷凍5或6小時。

4] 讓模型在水龍頭下沖熱水數秒，接著倒扣在餐盤上，為炸彈脫模。

老饕論 Commentaire gourmand

用鮮奶油香醍或烘烤過的碎榛果為此炸彈進行裝飾。

準備時間 1小時
冷凍時間 5或6小時
份量 6至8人份

開心果冰淇淋1公升（見91頁）
糖栗碎屑150克
蘭姆酒50毫升
炸彈麵糊400克（見86頁）
液狀鮮奶油200毫升
帕林內果仁糖（praliné）50克
半顆糖栗4個

朵莉亞炸彈 *Bombe Doria*

1] 若不使用販售的冰淇淋，就製作開心果冰淇淋。冷藏1小時，讓冰淇淋接下來可以輕易地攪動。

2] 將糖栗碎屑浸泡在蘭姆酒中。

3] 製作炸彈麵糊，在糖漿中加入剖開並刮出籽的香草莢。加入糖栗碎屑和蘭姆酒。

4] 為直徑20公分的模型鋪上開心果冰淇淋（見87頁）。

5] 接著將炸彈麵糊倒入模型中，冷凍5或6小時。

6] 將鮮奶油打發，加入杏仁巧克力。將打發鮮奶油放入裝有擠花嘴的擠花袋。

7] 讓模型在水龍頭下快速沖熱水數秒，接著倒扣在餐盤上，為炸彈脫模。用4個半顆的糖栗和打發鮮奶油進行裝飾。

公爵夫人炸彈 *Bombe Duchesse*

準備時間 1小時
冷凍時間 5或6小時
份量 6至8人份

鳳梨雪酪1公升(見93頁)
新鮮洋梨2或3顆
細砂糖400克
水500毫升
蜂蜜100克
炸彈麵糊400克(見86頁)
洋梨酒30毫升
裝飾
鮮奶油香醍200克(見51頁)
洋梨酒20毫升

1] 若您不使用販售的雪酪，就製作鳳梨雪酪。冷藏1小時，以便之後可以輕易地攪動。

2] 將洋梨削皮並切成小丁。在平底深鍋中放入糖、水和蜂蜜，在這糖漿中烹煮洋梨塊。

3] 製作炸彈麵糊。加入洋梨酒，接著是煮熟的洋梨塊。

4] 為直徑20公分的模型鋪上鳳梨雪酪(見87頁)。

5] 接著倒入炸彈麵糊，冷凍5或6小時。

6] 打發鮮奶油香醍，加進洋梨酒中。

7] 讓模型在水龍頭下沖熱水數秒，接著倒扣在餐盤上，為炸彈脫模。

8] 將鮮奶油香醍放入裝有星形擠花嘴的擠花袋中，在享用前為炸彈進行裝飾。

蒙特模蘭西櫻桃炸彈 *Bombe Montmorency*

準備時間 45分鐘
冷凍時間 5或6小時
份量 6至8人份

牛奶150毫升
液狀鮮奶油500毫升
蛋黃7個
糖150克
櫻桃酒70毫升
炸彈麵糊400克(見86頁)
櫻桃白蘭地(cherry brandy)40毫升

1] 製作櫻桃酒冰淇淋：如同英式奶油醬(見45頁)般的製作方式，讓配料完全冷卻，不時攪拌。

2] 加入櫻桃酒後冷凍。

3] 製作炸彈麵糊並加入櫻桃白蘭地。為直徑20公分的模型鋪上櫻桃酒冰淇淋(見87頁)。

4] 加入炸彈麵糊，冷凍5或6小時。

5] 讓模型在水龍頭下沖熱水數秒，接著倒扣在餐盤上，為炸彈脫模。

老饕論 Commentaire gourmand

可搭配紅果庫利(見103頁)來享用這道冰品。

什錦水果炸彈 *Bombe tutti frutti*

準備時間 30分鐘
提前24小時準備
冷凍時間 5或6小時
份量 6至8人份

香草冰淇淋1/2公升(見92頁)
草莓冰淇淋1/2公升(見89頁)
切丁的糖漬水果150克
草莓奶油醬1大匙
草莓、覆盆子或醋栗100克

1] 若不使用販售的冰淇淋，就製作草莓冰淇淋。在繼續準備其他食材期間冷凍保存。

2] 將切丁的糖漬水果放入草莓奶油醬中浸漬約1小時。

3] 為直徑20公分的夏露蕾特模鋪上香草冰淇淋(見87頁)。冷凍硬化10分鐘。

4] 混合浸漬的糖漬水果和草莓冰淇淋，倒入剩餘的洞中。壓實後將模型冷凍6小時。

5] 享用前30分鐘，將炸彈從冷凍庫中取出。讓模型在水龍頭下快速過熱水，為炸彈脫模。擺上草莓覆盆子或醋栗。

老饕論 Commentaire gourmand

可用黑醋栗奶油醬來取代草莓奶油醬。

列日咖啡
Café liégeois

準備時間 30分鐘
份量 4人份

咖啡冰淇淋4球（見88頁）
非常濃的冷咖啡2杯
鮮奶油香醍200克（見51頁）
巧克力咖啡豆24粒

1］若不使用販售的冰淇淋，就製作咖啡冰淇淋。

2］製作鮮奶油香醍，放入裝有星形擠花嘴的擠花袋中。

3］將咖啡冰淇淋和杯裝的冷咖啡放入電動攪拌機（mixeur）的碗中，若您使用的是手提式電動攪拌器（fouet électrique）或手動攪拌器（fouet à main），就放入沙拉盆中。用機器或手動攪打數秒，直到冰淇淋和咖啡形成均勻的乳霜。

4］將這乳霜倒入大玻璃杯中。蓋上鮮奶油香醍，用裝有擠花嘴的擠花袋漂亮地擺放。用咖啡豆進行裝飾。

訣竅

若沒有咖啡豆，就用巧克力米裝飾。

草莓夾心冰淇淋
Cassate à la fraise

準備時間 40分鐘
冷凍時間 1＋5小時
份量 4人份

草莓冰淇淋1/2公升（見89頁）
香草冰淇淋1/2公升（見92頁）
切丁的糖漬水果150克
君度橙酒50毫升
鮮奶油350毫升
蜂蜜30克

1］若不使用販售的冰淇淋，就製作草莓冰淇淋。

2］將糖漬水果放入30毫升的君度橙酒中浸漬1小時。

3］將鮮奶油打成非常凝固，加入蜂蜜和剩餘的君度橙酒，同時極輕地混合，接著非常緩慢地加入浸漬的糖漬水果。

4］將香草冰淇淋鋪在半球形的模型（或沙拉盆）中，淋上奶油，冷凍1小時，讓奶油凝固。

5］再蓋上草莓冰淇淋，仔細壓實、抹平，再整個冷凍5小時。

6］將模型快速在水龍頭下過熱水後，倒扣在餐盤上脫模。

老饕論 Commentaire gourmand

您可用新鮮草莓或野莓來為這道夾心冰淇淋進行裝飾；也能搭配草莓庫利（coulis de fraise）享用。

義式水果夾心冰淇淋
Cassate italienne

準備時間 30分鐘
烹調時間 15分鐘
冷凍時間 4小時
份量 8人份

香草冰淇淋1公升（見92頁）
杏仁片60克
切丁的糖漬水果60克
櫻桃利口酒1杯
炸彈麵糊400克（見86頁）

1］製作香草冰淇淋。若您使用販售的冰淇淋，就在冷凍前1小時取出。

2］在平底煎鍋中快速乾煮杏仁：應剛好呈現金黃色。

3］將糖漬水果浸漬在櫻桃酒中。瀝乾。

4］製作炸彈麵糊並加入杏仁和糖漬水果。

5］為直徑18公分的夏露蕾特模鋪上香草冰淇淋（見87頁）。在中央倒入炸彈麵糊，冷凍4小時。

6］為了享用夾心冰淇淋，將模型在水龍頭下快速過熱水數秒後，倒扣在餐盤上。

老饕論 Commentaire gourmand

您可用2球不同口味的冰淇淋來製作其他的夾心冰淇淋，或是為炸彈麵糊填入其他的糖漬水果（如櫻桃、歐白芷(當歸)、甜瓜），或甚至是用草莓、榛果、開心果、葡萄乾。

冰杯紅果鳳梨
Coupe à l'ananas et aux fruits rouges

準備時間 40分鐘
冷凍時間 30分鐘
冷藏時間 1小時
份量 6人份

鳳梨雪酪3/4公升(見93頁)
鮮奶油香醍300克(見51頁)
覆盆子庫利
(coulis à la framboise)
100克(見102頁)
野莓(fraises des bois)300克
櫻桃酒70毫升

1] 若您不使用販售的雪酪，就製作鳳梨雪酪。在繼續準備其他食材期間冷凍保存。

2] 將冰淇淋杯冷凍30分鐘。

3] 製作鮮奶油香醍，務必要讓奶油變得非常凝固。

4] 製作覆盆子庫利。

5] 和鮮奶油香醍混合並輕輕攪拌。

6] 將所有材料冷藏1小時。

7] 揀選野莓。

8] 將鮮奶油香醍和覆盆子庫利的混合物放入裝有星形擠花嘴的擠花袋中。

9] 將鳳梨雪酪分裝至冰淇淋杯中，在雪酪球周圍擺上野莓，澆上櫻桃酒，接著在每個杯子中央用覆盆子口味的鮮奶油香醍進行裝飾。

老饕論 Commentaire gourmand

您可用紅果庫利(見103頁)來取代覆盆子庫利。

冰杯酒香櫻桃
Coupe glacées aux cerises à l'alcool

準備時間 20分鐘
冷凍時間 30分鐘
份量 6人份

香草冰淇淋1公升(見92頁)
鮮奶油香醍200克(見51頁)
酒漬櫻桃
(cerise à l'eau-de-vie)36顆
細砂糖100克

1] 若不使用販售的冰淇淋，就製作香草冰淇淋。在繼續準備其他食材期間冷凍保存。

2] 將冰淇淋杯冷凍30分鐘。

3] 在這段時間裡，製作鮮奶油香醍，接著放入裝有星形擠花嘴的擠花袋中。

4] 將酒漬櫻桃瀝乾。將細砂糖倒入大盤中，在盤中滾動櫻桃，直到櫻桃均勻地裹上細砂糖。

5] 將香草冰淇淋分裝進冰淇淋杯中。擺上6顆裹上細砂糖的櫻桃，接著在每個杯子頂端擠出漂亮的鮮奶油香醍玫瑰花飾。

冰杯酸櫻桃
Coupe glacées aux griottes

準備時間 30分鐘
浸漬時間 1小時
冷藏時間 1小時
份量 6人份

酒漬酸櫻桃
(griotte à l'eau-de-vie)24顆
櫻桃酒50毫升
酸櫻桃雪酪1/2公升(見96頁)
糖漬水果冰淇淋
(Glace plombières)
1/2公升(見91頁)
鮮奶油香醍300克(見51頁)
杏桃柑橘醬80克
巧克力米
(vermicelle au chocolat)

1] 將去核的酸櫻桃在櫻桃酒中浸漬1小時。

2] 同時間將6個冰淇淋杯冷藏或冷凍10分鐘。

3] 若您不使用販售的櫻桃雪酪，就製作酸櫻桃雪酪。

4] 若您不使用販售的材料，就製作糖漬水果冰淇淋。

5] 製作鮮奶油香醍。

6] 將杏桃柑橘醬分裝進杯子底部。在上面加入2球的酸櫻桃或櫻桃雪酪，和1球或1丸的糖漬水果冰淇淋。

7] 將酸櫻桃分裝進杯子裡。隨興地用鮮奶油香醍進行裝飾，並撒上巧克力米。

巧克力雪酪與薰衣草馬卡龍

Macarons glacés, sorbet au chocolat et fleurs de lavande

新鮮的薰衣草，為填入小馬卡龍中的
巧克力雪酪增添芳香。
巧克力和薰衣草的搭配，
帶來了非常微妙而獨特的味道。
2撮的薰衣草便足以為這道甜點增添風味。

食譜見446頁

冰杯香桃馬卡龍
Coupe aux macarons et aux pêches

準備時間 30分鐘
冷凍時間 30分鐘
份量 6人份

香草冰淇淋(Glace plombières) 3/4公升(見92頁)
半顆糖漬桃子6個
醋栗200克
鮮奶油香醍200克(見51頁)
小馬卡龍(macaron)18個
櫻桃酒50毫升

1] 若您不使用販售的冰淇淋，就製作香草冰淇淋。

2] 將杯子冷凍30分鐘。將糖漬桃子瀝乾。揀選醋栗。

3] 製作鮮奶油香醍並放入裝有星形擠花嘴的擠花袋中。

4] 將香草冰淇淋做成球狀或橢圓狀，分裝進杯子裡。

5] 將櫻桃酒倒進小盤子中，用來浸潤馬卡龍。

6] 將3個馬卡龍擺在每個杯子的香草冰淇淋上，接著放上半顆桃子，凹面朝上。將這凹處填入醋栗。

7] 在馬卡龍底部用鮮奶油香醍的細帶環繞，並在醋栗上放上少量的鮮奶油。

冰杯糖栗
Coupe glacées aux marrons glacés

準備時間 30分鐘
冷凍時間 30分鐘
份量 6人份

香草冰淇淋(Glace plombières) 3/4公升(見92頁)
糖栗碎片150克
鮮奶油香醍400克(見51頁)
巧克力米

1] 製作香草冰淇淋，但請維持相當的柔軟度。若您提前製作的話(或如果您使用販售的冰淇淋)，需要時，在製作冰杯的前30分鐘從冷凍庫中取出。

2] 將杯子冷凍30分鐘。

3] 製作鮮奶油香醍。

4] 混合糖栗碎片和香草冰淇淋，小心別壓碎，接著將這冰淇淋以球狀或橢圓狀分裝至每個杯中。

5] 蓋上鮮奶油香醍，用裝有星形擠花嘴的擠花袋，或是用湯匙形成小圓頂。撒上巧克力米。

變化 Variante

為了取代糖栗碎片，您可使用販售的栗子冰淇淋。然後混合1公升的冰淇淋和同樣比例的香草冰淇淋。

冰杯水果雪酪
Coupe de sorbets et de fruits

準備時間 45分鐘
冷凍時間 30分鐘
浸漬時間 15分鐘
份量 6人份

檸檬雪酪1/2公升(見94頁)
草莓雪酪1/2公升(見95頁)
水750毫升
糖375克
杏桃4顆
洋梨2顆
鳳梨2片
奇異果2顆
草莓100克
櫻桃酒70毫升

1] 若您不使用販售的雪酪，就製作檸檬和草莓雪酪。將杯子冷凍30分鐘。

2] 製作糖漿，在平底深鍋中將水和糖煮沸。

3] 將杏桃去核，將洋梨削皮，將鳳梨切片，接著再將所有水果切成小丁，泡入糖漿中1分鐘。在糖漿中放涼。

4] 將奇異果削皮，將草莓快速洗淨並去梗；同樣切成丁。

5] 當糖漿中的水果冷卻時，瀝乾，加入奇異果和草莓丁，接著是櫻桃酒，混合後浸漬15分鐘。

6] 在每個杯中擺上1球或1湯匙漂亮的檸檬雪酪，在杯子的一側壓實，以便垂直地填滿杯子的一半。另一側，用草莓雪酪進行同樣的步驟。在中央擺上什錦水果。

莎拉貝恩哈特草莓 *Fraises Sarah Bernhardt*

準備時間 1小時
冷凍時間 2小時
份量 6人份

牛奶500毫升
糖200克
蛋黃12個
柑香酒(curaçao)100毫升
液狀鮮奶油500毫升
鳳梨雪酪1/2公升(見93頁)
漂亮的草莓200克

1] 製作柑香酒冰淇淋慕斯：將牛奶和100克的糖煮沸。在沙拉盆中放入蛋黃和糖，攪打至混合物泛白。一點一點地將煮沸的牛奶倒入蛋黃和糖的混合物中，不停攪打。再放入平底深鍋中，如同英式奶油醬(見45頁)般以文火燉煮，用木匙不停攪拌30幾秒，直到奶油醬附著於湯匙上。將奶油醬倒入沙拉盆中，冷藏。

2] 在奶油醬冷卻時，加入70毫升的柑香酒和鮮奶油，用力攪打至發泡。分裝進6個小舒芙蕾模(ramequin)中，冷凍2小時。

3] 若您不使用販售的雪酪，就製作鳳梨雪酪。

4] 將草莓快速洗淨並去梗。切成4塊，放入沙拉盆中。撒上糖，倒入剩餘的柑香酒(30毫升)，均勻混合。

5] 在每個杯中擺上1丸鳳梨雪酪。在上面加上草莓。

6] 將6個模型快速過熱水後，為柑香酒冰淇淋慕斯脫模。

7] 在每個杯中放上慕斯，然後擺上草莓。即刻享用。

開心果酸櫻桃冰淇淋 *Glace à la pistache et aux griottes*

準備時間 40分鐘
份量 6人份

烤麵屑100克(見29頁)
開心果冰淇淋
(Glace plombières)
800毫升(見91頁)
歐洲酸櫻桃(griotte)500克
奶油20克
橄欖油20克
細砂糖50克
白醋15毫升
白胡椒粉

1] 烤箱預熱170°C。

2] 製作烤麵屑，烘烤20分鐘。

3] 製作開心果冰淇淋，冷凍保存。

4] 將酸櫻桃去核。

5] 在平底煎鍋中用油以文火將奶油融化，加入水果和糖，以旺火煮3或4分鐘。灑上白醋，撒入研磨器轉2圈份量的白胡椒粉後離火。

6] 在盤子中央擺上烤麵屑和2湯匙或3球的開心果冰淇淋，在上面放上熱櫻桃。即刻享用。

草莓威士忌冰砂 *Granité au whisky et aux fraises*

準備時間 15分鐘
冷凍時間 4小時30分鐘
份量 4人份

礦泉水500毫升
細砂糖100克
威士忌70毫升
草莓800克
檸檬1/2顆
白胡椒粉

1] 製作威士忌冰砂：混合水、50克的糖和威士忌，倒入製冰容器中，冷凍1個半小時。將冰砂取出，攪打後再度冷凍3小時。

2] 將草莓快速洗淨並去梗，切成兩半。

3] 在每個盤子中排成花冠狀。將檸檬榨汁，將果汁淋在草莓上，撒上1大匙的糖和研磨器轉1圈份量的白胡椒粉。

4] 為草莓蓋上冰砂：用湯匙刮製冰容器的表面，並將內容物擺在草莓上。立即享用。

柑橘霜 *Mandarines givrées*

準備時間 30分鐘
份量 8人份
柑橘8顆
柑橘雪酪1公升(見97頁)

1] 用鋸齒刀切去柑橘的圓頂蓋，接著用邊緣銳利的湯匙將果肉挖出，但別刺穿果皮。將果皮和圓頂蓋冷凍。

2] 在濾器中將移出的果肉充分榨汁，用橡皮刮刀在上面按壓。過濾所收集的果汁，製作柑橘雪酪。

3] 將雪酪放入裝有星形擠花嘴的擠花袋中，填入果皮至超出頂端。為每顆柑橘蓋上圓頂蓋，接著冷凍至享用的時刻。

變化 Variante

檸檬、柳橙和葡萄柚霜
Citrons,oranges et pamplemousses givrés

您可用檸檬、柳橙和葡萄柚汁製作雪酪，然後以同樣的方式製作檸檬、柳橙和葡萄柚霜。用一小塊例如切成菱形的糖漬歐白芷(當歸)，或製作葉片形狀的綠杏仁來進行裝飾。

冰鎮甜瓜 *Melon frappé*

準備時間 10分鐘
冷藏時間 2小時
份量 6人份
甜瓜雪酪1公升(見97頁)
甜瓜6顆
波特酒(porto)200毫升
刨冰

1] 若不使用販售的雪酪，就製作甜瓜雪酪。

2] 從柄的一側切去一大片的圓頂蓋。先用小湯匙去籽並丟棄，接著輕輕地用挖球器挖出一球球的果肉，然後放入大碗中。

3] 加入波特酒，冷藏浸漬2小時。也將果皮和圓頂蓋冷凍同樣的時間。

4] 為空的果皮輪流填入一層層的雪酪和甜瓜球。澆上浸漬的波特酒。再將圓頂蓋放回原位。用填入刨冰的個人酒杯來呈現甜瓜，立即享用。

蛋白霜冰 *Meringues glacées*

準備時間 30分鐘
烹調時間 45分鐘＋ 4或5小時
份量 6人份
法式蛋白霜300克(見42頁)
香草冰淇淋1/2公升(見92頁)
草莓或覆盆子雪酪
1/2公升(見95頁)
鮮奶油香醍200克(見51頁)

1] 製作蛋白霜，放入裝有星形擠花嘴的擠花袋。

2] 烤箱預熱120℃。

3] 在烤盤上鋪上烤盤紙。擺上12個蛋白霜螺旋形流蘇，每個約長8公分，寬4公分。將烤盤放進烤箱，以120℃烘烤45分鐘，接著以100℃烘烤4或5小時。

4] 若不使用販售的產品，就製作香草冰淇淋和草莓或覆盆子雪酪。

5] 將6個盤子冷凍30分鐘。

6] 製作鮮奶油香醍，放入裝有星形擠花嘴的擠花袋。

7] 在每個盤子上擺上1球的香草冰淇淋和1球的草莓或覆盆子雪酪。每一邊黏上一塊蛋白霜，稍微按壓，注意不要壓碎。在上面擠出一條鮮奶油香醍螺旋形流蘇，即刻享用。

准備時間 20分鐘
冷凍時間 5或6小時
份量 8至10人份

歐白芷(當歸)(d'angélique) 25克
心形紅櫻桃或綠櫻桃(bigarreaux) 50克
糖漬橙皮25克
科林斯葡萄乾75克
香橙干邑甜酒50毫升
打發鮮奶油700克(見53頁)
覆盆子庫利400克(見102頁)

奴軋汀(nougatine)
細砂糖75克
去皮杏仁100克

白色蛋白霜(blanc meringué)
細砂糖120克
水30毫升
蛋白6個
液狀蜂蜜250克

蜂蜜牛軋糖雪糕
Nougat glacé au miel

1] 將所有的糖漬水果切碎，和葡萄乾一起放入香橙干邑甜酒中浸漬15至20分鐘。

2] 製作奴軋汀：在平底煎鍋中混合糖和去皮杏仁，以旺火煮至配料呈現焦糖的顏色。

3] 將混合物倒入上油的盤子裡，放涼。接著用大刀將奴軋汀搗碎。

4] 製作白色蛋白霜。在平底深鍋中混合糖和水，煮至硬球(見59頁)階段。在這段期間，將蛋白打成泡沫狀，在糖達到121°C時，以少量倒入蛋白中，攪打至配料完全冷卻。這時加入蜂蜜並加以混合。

5] 製作打發鮮奶油。

6] 製作覆盆子庫利。

7] 混合奴軋汀、糖漬水果、白色蛋白霜和打發鮮奶油。

8] 倒入1.5升的烤模中。冷凍5或6小時。

9] 將牛軋糖雪糕切片，在盤中享用，並淋上覆盆子庫利。

皮耶餐廳(Restaurant Pierre)

老饕論 Commentaire gourmand

您可用其他的糖漬水果(甜瓜、枸櫞cédrat或什錦糖漬柑橘)來製作牛軋糖雪糕。

杏桃或其他水果的庫利可充分取代覆盆子庫利。

準備時間 1小時30分鐘
蛋糕體烘烤時間 15至20分鐘
份量 6人份

香草冰淇淋1公升(見92頁)
義式海綿蛋糕麵糊500克(見39頁)
法式蛋白霜300克(見42頁)
水200毫升
糖260克
香橙干邑甜酒200毫升
糖粉

挪威蛋捲
Omelette norvégienne

1] 若您不使用販售的冰淇淋，就製作香草冰淇淋。在您進行接下來的程序時，將冰淇淋冷凍保存。

2] 烤箱預熱200°C。

3] 製作義式海綿蛋糕麵糊。

4] 填入裝有直徑1公分圓口擠花嘴的擠花袋中。在鋪有烤盤紙的烤盤上擠出橢圓形(蛋捲形)的麵糊，烘烤15分鐘。用刀尖檢查烘烤狀況，接著放涼。

5] 將烤箱溫度增加為250°C。

6] 製作法式蛋白霜，放入裝有1公分星形擠花嘴的大擠花袋中。

7] 製作糖漿，將糖和水煮沸。放涼後加入100毫升的香橙干邑甜酒。將蛋糕體擺在橢圓形的耐高溫盤上。用毛刷為蛋糕體刷上香橙干邑甜酒。

8] 將香草冰淇淋脫模，鋪在蛋糕體底部。為蛋糕體整體蓋上香草冰淇淋和一半的蛋白霜，用抹刀將上面抹平。

9] 用剩餘的蛋白霜在蛋捲上畫出格狀編織紋。撒上糖粉。

10] 將烤盤放進熱烤箱中，將蛋白霜烤成金黃色。

11] 在最後一刻，在小型平底深鍋中加熱香橙干邑甜酒(100毫升)。點燃，倒入蛋捲，讓挪威蛋捲在賓客面前燃燒，即刻享用。

開心果冰淇淋芭菲
Parfait glacé à la pistache

準備時間 30分鐘
冷凍時間 6小時
份量 6人份

整顆的開心果40克
細砂糖200克
水80毫升
蛋黃8顆
開心果糖膏80克
打發鮮奶油300毫升(見53頁)

1] 將開心果稍微烘烤並搗碎。

2] 混合水和細砂糖，煮至硬球，即達118℃(見69頁)。

3] 將蛋黃放入沙拉盆中，加入開心果糖膏並加以混合。

4] 一點一點地淋上煮沸的糖，一邊攪打。持續攪打至混合物冷卻。

5] 製作打發鮮奶油，加入開心果等配料中，均勻混合，但請輕輕地攪拌。最後，混入搗碎的開心果。

6] 倒入芭菲模(或直徑16公分的夏露蕾特或舒芙蕾模)中，冷凍6小時。

7] 將模型浸過熱水後，倒扣在餐盤上脫模。

變化 Variante

您可在蛋黃中加入200克以隔水加熱或微波加熱融化的即食板狀巧克力(chocolat à croquer)來製作巧克力冰淇淋芭菲，或是將5克的冷凍乾燥咖啡與1大匙的熱水拌和，再摻入蛋黃中，接著是50毫升的咖啡精來製作咖啡冰淇淋芭菲。

白夫人香桃
Pêches dame blanche

準備時間 45分鐘
浸漬時間 1小時
份量 4人份

香草冰淇淋1/2公升(見92頁)
鳳梨4片
櫻桃酒1大匙
馬拉斯加酸櫻桃酒(marasquin)1大匙
大桃子2顆
細砂糖250克
水2500毫升
香草莢1/2根
鮮奶油香醍200克(見51頁)

1] 若不使用販售的冰淇淋，就製作香草冰淇淋。在您進行接下來的程序時，將冰淇淋冷凍保存。

2] 將鳳梨片在裝有櫻桃酒和馬拉斯加酸櫻桃酒的湯盆中浸漬1小時。

3] 在大平底深鍋中將水煮沸，將桃子泡入約30秒，接著立即過冷水，去皮但不切。

4] 製作糖漿，將水和糖、剖成兩半的半根香草莢煮沸。

5] 將整顆桃子泡入微滾的糖漿中約10分鐘，不時攪拌，接著將糖漿離火。將桃子瀝乾，切成兩半並去核。

6] 製作鮮奶油香醍，放入裝有直徑1公分星形擠花嘴的大擠花袋中。

7] 在4個酒杯底部填入香草冰淇淋，蓋上鳳梨片，接著是半顆桃子。

8] 為每塊桃子加上鮮奶油香醍的環狀裝飾，並在奶油頂飾上插上鳳梨片。

老饕論 Commentaire gourmand

最好使用新鮮鳳梨來製作這道甜點。若您使用罐裝鳳梨，那就在用酒精浸漬前將鳳梨片仔細瀝乾。冬季時，您也能用糖漬桃子來製作這道甜點。香草汁(見109頁)和這道桃子甜點是絕妙的搭配。

白夫人香桃 ▶
Pêches dame blanche
鳳梨、桃子和香草之間的巧妙結盟。

蜜桃梅爾芭
Pêche Melba

準備時間 30分鐘
烹調時間 12或13分鐘
份量 4人份

香草冰淇淋1/2公升（見92頁）
覆盆子500克
桃子（最好為白桃）4顆
糖漿
糖500克
水1公升
香草莢1根

1] 若不使用販售的冰淇淋，就製作香草冰淇淋。

2] 製作覆盆子泥，將覆盆子以電動攪拌器或果汁機打成泥。

3] 將桃子泡入沸水中30秒，接著立即過冷水，削皮。

4] 製作糖漿：將水和糖、打開並刮出籽的香草莢煮沸。將桃子泡入7或8分鐘並翻面。

5] 將桃子瀝乾，放至完全冷卻。接著切成兩半後去核。

6] 將冰淇淋放入大酒杯或每個個人酒杯的底部。擺上桃子，淋上覆盆子泥。

老饕論 Commentaire gourmand

您可用香草糖漿煮洋梨，然後以同樣的方式製作洋梨梅爾芭。

潘尼羅佩香桃
Pêche Pénélope

準備時間 45分鐘
份量 8人份

草莓500克
糖400克
檸檬1/2顆
香草糖1/2包（約3至4克）
義式蛋白霜100克（見43頁）
打發鮮奶油400克
水500毫升
桃子4顆
覆盆子200克
線狀糖漿（sucre filé）（見76頁）
沙巴雍（sabayon）200克（見270頁）

1] 將草莓洗淨並去梗，用電動攪拌器或蔬果榨汁機打成泥。加入150克的糖、檸檬汁和香草糖，加以混合。

2] 製作義式蛋白霜，接著是打發鮮奶油。

3] 為8個直徑10公分的個人舒芙蕾模填入這草莓慕斯，然後冷凍。

4] 製作糖漿，將水和250克的糖煮沸。

5] 將桃子泡入沸水中30秒，接著立即過冷水並剝皮。切成兩半並去核。在糖漿中煮這些半顆的桃子6或7分鐘。瀝乾，放涼後冷藏。

6] 製作您所選擇的沙巴雍。

7] 將慕斯在杯中脫模，在每個杯中擺上半顆桃子，並在周圍放上覆盆子。

8] 蓋上薄薄一層線狀糖，搭配沙巴雍享用。

糖漬蜜梨
Poire Hélène

準備時間 45分鐘
烹調時間 20至30分鐘
份量 6人份

香草冰淇淋1公升（見92頁）
細砂糖250克
水500毫升
洋梨（williams品種）6顆
水60毫升
黑巧克力125克
濃縮鮮奶油（crème double）60克

1] 若不使用販售的冰淇淋，就製作香草冰淇淋。

2] 製作糖漿，將糖和水煮沸。

3] 將梨子剝皮，保持完整並保留梗。在糖漿中煮20至30分鐘。

4] 在梨子變軟時，瀝乾，然後冷藏。

5] 將60毫升的水煮沸。將巧克力弄成塊狀，切碎，並放入平底深鍋中。倒入沸水，均勻混合，讓巧克力融化，然後加入濃縮鮮奶油。

6] 在每個酒杯底部填入冰淇淋，放上洋梨，然後淋上熱騰騰的巧克力醬。

準備時間 45分鐘
冷凍時間 1小時
份量 6至8人份

糖漬橙皮和櫻桃70克
馬拉加麝香葡萄酒(malaga)50毫升
科林斯和史密爾那(Corinthe,Smyrne品種)葡萄乾60克
英式奶油醬1/2公升(見45頁)
栗子泥125克
打發鮮奶油500克(見53頁)
馬拉斯加酸櫻桃酒(marasquin)70毫升
糖栗12顆

果實蜜餞布丁 *Pudding Nesselrode*

1] 將糖漬橙皮和櫻桃切成小丁，放入馬拉加麝香葡萄酒中浸漬1小時。

2] 將科林斯和史密爾那葡萄乾泡入溫水中，讓葡萄膨脹。

3] 製作英式奶油醬，接著和栗子泥混合。

4] 製作打發鮮奶油，然後加入馬拉加麝香葡萄酒。

5] 混合栗子奶油醬、糖漬水果、葡萄乾和打發鮮奶油。

6] 將這組合倒入直徑18公分的夏露蕾特模中。再蓋上保鮮膜，將模型冷凍1小時。

7] 在將模型快速過熱水後，在餐盤上脫模，然後用糖栗排成環狀作為裝飾。

準備時間 40分鐘
冷藏時間 1小時
烹調時間 10分鐘
份量 4至6人份

巧克力230克
蛋4顆
糖100克
麵粉100克
香草冰淇淋1/2公升(見92頁)
干邑白蘭地(cognac)1大匙

香草凍捲 *Rouleau glacé à la vanille*

1] 將50克的巧克力和1大匙的水、干邑白蘭地隔水加熱至融化。

2] 將蛋和糖打發至獲得濃稠且發泡的乳霜。

3] 加入融化的巧克力，均勻混合。混入麵粉，並透過網篩倒入，以旋轉的動作非常輕地攪拌，以免混合物散開。

4] 烤箱預熱200°C。

5] 在鋪有烤盤紙的烤盤上將麵糊攤開，烘烤7分鐘。

6] 在預先撒上糖的布巾上脫模。立刻捲起後放涼。

7] 攤開並填入香草冰淇淋。再次捲起，冷凍保存。

8] 在最後一刻，將剩餘的巧克力和3大匙的水隔水加熱至融化。

9] 搭配融化的巧克力享用這道切片的甜點。

準備時間 40分鐘
烹調時間 30分鐘
冷藏時間 2小時
份量 6人份

草莓汁500毫升(見108頁)
大黃莖6條
高脂濃鮮奶油100克
威士忌冰淇淋
牛奶500毫升
白胡椒籽6～7粒
液狀鮮奶油100毫升
蛋黃6個
細砂糖125克
威士忌50毫升

大黃威士忌冰淇淋 *Rhubarbe à la glace au whisky*

1] 製作草莓汁。

2] 將大黃莖仔細去皮，切成約15公分的小段，和草莓汁一起放入平底深鍋中。以文火煮30分鐘，但不要煮沸，直到大黃變軟，而且可輕易用刀子插入。冷藏2小時。

3] 製作威士忌冰淇淋：將白胡椒籽浸泡在牛奶中，然後如同英式奶油醬(見45頁)般烹煮。在烹煮結束時，倒入沙拉盆中，然後泡入裝有冰塊的隔水加熱鍋中，以便快速冷卻。這時加入威士忌，加以混合。取出白胡椒籽，倒入雪酪機中製冰。

4] 將草莓洗淨並去梗，分裝進盤子裡。將煮熟的大黃斜切成長2公分的塊狀，擺在草莓周圍。蓋上冰涼的草莓汁。加入1湯匙的威士忌冰淇淋和1湯匙的高脂濃鮮奶油。

冰淇淋維切林
Vacherin glacé

準備時間 1小時
冷凍時間 2小時30分鐘
烹調時間 1 + 3小時
份量 6至8人份

香草冰淇淋1公升(見92頁)
法式蛋白霜300克(見42頁)
鮮奶油香醍200克(見51頁)
裝飾
草莓250克
覆盆子300克

1] 若不使用販售的冰淇淋，就製作香草冰淇淋。

2] 烤箱預熱120°C。

3] 製作蛋白霜圓餅和麵殼：製作蛋白霜，填入裝有1公分擠花嘴的擠花袋中。在一個(或2個)鋪有烤盤紙的烤盤上，以螺旋形擠出2個直徑20公分的麵殼和16個長8公分、寬3公分的麵殼。

4] 以120°C烘烤1小時，接著再以100°C烘烤3小時。放至完全冷卻。

5] 在直徑22公分、高6公分的慕斯圈中放入第一塊蛋白霜圓餅。蓋上所有的香草冰淇淋。擺上第二塊蛋白霜圓餅，冷凍2小時。

6] 製作鮮奶油香醍，接著填入裝有星形擠花嘴的擠花袋中。

7] 將維切林取出，等待3至5分鐘。

8] 在維切林周邊擠上環形的鮮奶油香醍，並黏上蛋白霜殼。在上面擠出環形的鮮奶油香醍薔薇花飾，冷凍30分鐘。

9] 將草莓快速洗淨並瀝乾；揀選覆盆子。享用時，在維切林中央擺上這些水果。

老饕論 Commentaire gourmand

您可選擇的另一種口味的冰淇淋或雪酪來製作這道維切林，並用巧克力刨花或糖漬水果進行裝飾。

栗子維切林
Vacherin au marron

準備時間 20分鐘
烹調時間 1小時30分鐘
提前24小時準備
份量 6至8人份

香草冰淇淋1公升(見92頁)
栗子糊150克
栗子泥150克
勝利麵糊700克(見41頁)
糖粉
漂亮的糖栗4顆

1] 先製作栗子冰淇淋：製作1公升的香草冰淇淋，並在冷凍之前，在達煮熟的英式奶油醬階段時，加入栗子糊和栗子泥。放涼後冷凍。

2] 製作勝利麵糊，放入裝有直徑1.5公分擠花嘴的擠花袋中。

3] 烤箱預熱160°C。

4] 在鋪有烤盤紙的烤盤上擺上2個直徑22公分的圓形麵糊，從中央開始擠出螺旋形。

5] 將烤盤放入烤箱中，以160°C烘烤30分鐘，接著將溫度調低為140°C，再烘烤1小時。若您的烤箱不夠大，就將2塊圓形麵糊分開烘烤。

6] 將麵餅放至完全冷卻，然後從紙上剝離，放置鋪在工作檯上的濕潤布巾上。

7] 隔天，享用前將冰淇淋從冷凍庫中取出，以便讓冰淇淋夠柔軟。用橡皮刮刀在第一塊圓形麵皮上鋪上厚厚一層冰淇淋。再擺上第二塊圓形麵皮。撒上糖粉，用糖栗進行裝飾。

◀ 冰淇淋維切林
Vacherin glacé
這道出色的經典冰點是由蛋白霜圓餅所組成，
擺上香草冰淇淋，並蓋上鮮奶油香醍。

冰杯玫瑰馬卡龍

Coupe glacée Ispahan

荔枝果肉的香甜、玫瑰醉人的風味，
以及覆盆子雪酪微妙的酸
三者之間美味的冰涼感受。

食譜見442頁

Confiseries, sirops de fruits et chocolat

糖果、水果糖漿和巧克力

Confitures, marmelades et pâtes de fruits

果醬、柑橘果醬和水果軟糖

這些製品都以水果(完整的果實、果汁、果泥或果肉)和糖漿(sucre cuit)爲基底。

加入的糖量依水果的性質而有所不同。

在果醬中，水果仍清晰可辨，但在柑橘果醬(marmelade)裡，水果已徹底散開。

果醬和果凍 Les confitures et les gelées

在烹調果醬和果凍時，永遠都要選擇銅製或不鏽鋼製器具。其他的金屬可能會讓您的水果產生不好的味道。

長柄刮杓(或木匙)為混合材料所不可或缺，而過濾果汁則必須用到精細網目的濾器。

最好使用有獨立螺旋蓋的強化玻璃罐，或有新橡膠密封圈的玻璃罐。後者保證能帶來較佳的密封性，而且在冰箱中能夠良好地保存開啓過的果醬及果凍罐。使用石蠟(paraffine)、圓形紙片(rondelle de papier)，或玻璃紙(cellophane)，並無法為保存提供同樣的保證。

罐子永遠都必須在烹調果醬前殺菌；連同蓋子或橡膠密封圈一起浸泡沸水3分鐘。用漏勺一個個取出，務必戴上手套保護您的手。倒扣在潔淨的布巾或吸水紙上。

在裝罐部分，請用手套保護您的手；在果醬煮好時，將罐子擺在大盆上，用小湯勺將果醬填滿至與邊齊平。擺在布巾上，立刻密封。

接著倒扣：空氣就這樣從整團果醬中溢出，因而自動真空殺菌。在為接下來的罐子填入果醬之前，先將果醬仔細攪動。

讓罐子就這樣放涼至少24小時。

擺在遠離所有熱源的櫥櫃裡。果醬可保存約12個月；低糖果醬較難以長久保存。

為了製作果醬，應遵從幾項基本原則。

— 缺乏果膠的水果，建議用糖來製作果醬。因此，檸檬、榲桲(coing)、醋栗、黑莓、柳橙和蘋果是不需要的。

— 在沙拉盆中，用1.2公斤的糖和1.5公斤的檸檬果肉、檸檬汁，將水果(依水果類型去皮、去核或切塊)浸漬24小時。在這段時間裡，水果被糖所浸透，並形成糖漿。

— 用置於大盆或平底深鍋上的濾器瀝乾15至20分鐘。烹煮糖漿，並在煮沸前攪拌2次，接著烹煮約5分鐘，以達109°C的粗線階段。若水果不夠成熟，或是水份過多，就必須延長糖漿的烹煮時間，直到硬球階段，即118°C。

— 立刻將水果浸入這糖漿中。再次煮沸。依水果的質量而定，烹煮歷時5至15分鐘，以達106～107°C。不時攪拌，因為混合物可能會黏鍋。在烹煮的最後撈去浮沫，因為當中含有雜質。

在所有的食譜中，會明確指出烹煮的溫度。更多的細節請參考煮糖的專欄(見69頁)。

— 烹煮一結束，就裝入罐中，將罐口緊閉，然後倒著儲存(蓋子朝下)至少24小時。

— 裝罐後，果醬經過數日而變得越來越濃稠。若您做出的果醬太稀，可再煮第二次。為此，請將罐中的內容物倒入置於大盆上的濾器中，用大盆盛接糖漿。再煮至109°C(烹煮時間會比第一次長，因為糖漿更多)，加入水果，並像第一次般結束烹煮。

杏桃果醬
Confiture d'abricot

準備時間 1小時
浸漬時間 24小時
烹調時間 約18分鐘
份量 1公斤的果醬

去核杏桃500克
細砂糖450克
檸檬1顆
香草莢1根
去殼杏桃仁(amande d'abricot)6個

1] 將檸檬榨汁：您應獲得1/2大匙的果汁。

2] 將杏桃打開，去核；將半顆桃子切成兩半，放入罐中。撒上糖，加入檸檬汁，均勻混合。浸漬24小時。

3] 將杏桃倒入置於大平底深鍋或大銅盆上的濾器中。

4] 將香草莢剖開，用小刀將內部籽刮出，在浸漬的糖漿中加入香草莢和籽，接著是杏桃仁。將糖漿以文火煮至118°C。這時將杏桃瓣泡入此糖漿中。將火稍微轉小，煮至106°C，以拔絲的火候煮約18分鐘。

5] 若您想立即使用的話，將果醬放至完全冷卻。否則就放入罐中；立即密封，倒扣24小時。

老饕論 Commentaire gourmand

您可用同樣的方式完成桃子果醬，將水果以2倍多的檸檬浸漬，即3大匙。

檸檬、西瓜和柳橙果醬
Confiture de citron, pastèque et orange

準備時間 1小時
烹調時間 1小時20分鐘
份量 2.5公斤的果醬

未經加工處理的檸檬3顆
未經加工處理的柳橙5顆
西瓜2公斤
水150毫升
細砂糖

1] 將一鍋的水煮沸。取下3顆檸檬和3顆柳橙的果皮，泡入沸水中汆燙。接著切成細長條。將柑橘類水果榨汁，以收集果汁和果肉。

2] 將西瓜削皮。果肉切成大丁，放入果醬盆中，然後放入水中煮約20分鐘。

3] 加入收集的柑橘類果汁、果肉和果皮，繼續再煮5分鐘。

4] 將所有材料秤重，每1公斤加入75克的糖。再以中火煮約1小時，讓水緩慢地蒸發，並讓果醬變稠：西瓜塊必須變成半透明。

5] 裝罐；立刻將罐口密封。倒扣24小時。

草莓果醬
Confiture de fraise

準備時間 20分鐘
浸漬時間 24小時
烹調時間 15分鐘
份量 1.5公斤的果醬

充分成熟的草莓1公斤
果醬用糖1公斤
檸檬1顆

1] 前一天晚上。在水龍頭下，將草莓在濾器中快速洗淨。去梗後放入罐中。撒上糖，均勻混合。浸漬一整晚。

2] 將檸檬榨汁。將草莓倒入果醬盆中，加入檸檬汁，並用木匙混合。煮沸，並維持5分鐘。用漏勺將草莓撈出，擺入沙拉盆中。

3] 將糖漿煮沸5分鐘以便收乾。再放入草莓5分鐘，撈出。再重複同樣的程序2次，然後在烹煮的最後將浮沫撈去。草莓就這樣歷經了每次5分鐘，撈出，共3次烹煮階段。

4] 離火，裝罐。倒扣24小時。

「覆盆子」果醬
Confiture de « framboises-pépins »

準備時間 20分鐘
烹調時間 10分鐘
份量 1.5公斤的果醬

充分成熟的覆盆子1公斤
細砂糖650克
檸檬3顆

1] 將覆盆子放入附有不鏽鋼刀身的食物調理機的碗中。讓機器以高速轉動5分鐘，將籽搗碎。加入糖，持續攪動30秒。

2] 將覆盆子泥倒入鋼盆或平底深鍋中。煮沸後再持續沸騰3分鐘。

3] 將檸檬榨汁，以獲取3大匙的果汁。

4] 將鋼盆離火，加入檸檬汁。混合。立刻裝罐。倒扣24小時。這稍微加糖的果醬冷藏可保存兩個月。

100克的營養價值

190大卡；醣類：46克

紅果醬
Confiture aux fruits rouges

準備時間 20分鐘
烹調時間 40分鐘
份量 10～12罐 500克的果醬

酸櫻桃(cerise acide)500克
草莓500克
醋栗500克
水500毫升
結晶糖(sucre cristallisé)1.7公斤

1] 將所有水果洗淨並去梗。將酸櫻桃去核，並小心地取下醋栗的果粒。

2] 在果醬盆中，將水和結晶糖煮沸。將糖煮至硬球階段，達116℃。

3] 這時將櫻桃泡入這糖漿中，以旺火煮20分鐘。經常撈去浮沫，以去除所有的雜質。

4] 接著加入草莓燉煮，一直撈去浮沫，煮15分鐘。最後加入醋栗和覆盆子，再煮5分鐘，始終經常地撈去浮沫。

5] 裝罐，立即密封，倒扣24小時。

牛奶醬
Confiture de lait

準備時間 1小時
烹調時間 2小時30分鐘
份量 1公斤的牛奶醬

全脂鮮奶1公升
細砂糖500克
香草莢1根

1] 將牛奶倒入平底深鍋中。將香草莢剖開並刮出籽，然後加進平底深鍋中。倒入糖，將所有材料均勻混合。

2] 以文火燉煮，並以木匙輕輕攪拌。當混合物開始煮沸時，將火轉小，以維持微滾的狀態。將燉煮延長約2小時，並不時攪拌。

3] 在混合物變得濃稠時，越來越頻繁地攪拌。將香草莢移除。當牛奶醬開始形成醬汁的濃稠度時，不停地攪拌。

4] 在牛奶醬變得像白醬(sauce Béchamel)並呈現金黃的焦糖色時，就表示煮好了。立即倒入罐中，等待8天後再享用。

柳橙和檸檬果醬
Confiture d'orange et de citron

準備時間 25分鐘
冷卻時間 15分鐘
烹調時間 1小時
份量 2.5公斤的果醬

未經加工處理的柳橙1.5公斤
未經加工處理的檸檬2顆
新鮮的薑3克
結晶糖(sucre cristallisé)1.2公斤
水300毫升
荳蔻(cardamome)粉1撮

1] 將水果洗淨，整顆放入鍋中，蓋上水，從煮沸開始，維持沸騰的狀態煮30分鐘。

2] 瀝乾，再放入鍋中或大沙拉盆中，擺在有水龍頭的水池內，在流動的水中約15分鐘，讓水果冷卻。

3] 在盤中將水果切成圓形厚片，將第一片和籽丟掉，並將果汁倒入沙拉盆中。

4] 取出1/4的圓片，切成兩半。

5] 將其他的圓片切成小塊。在裝有果汁的沙拉盆上瀝乾。

6] 將薑切碎。

7] 將水和糖放入平底深鍋中，煮沸。煮5分鐘，讓糖漿達115℃。這時倒入果汁，再度將糖漿煮沸，並再煮5分鐘，以達到112℃(小珠階段，請見69頁)。

8] 這時加入柳橙、檸檬、荳蔻和薑，煮至106℃(粗線階段)。

9] 裝罐，立即密封，倒扣24小時。

「塔丁蘋果」醬
Confiture de «pomme-tatin»

準備時間 30分鐘
烹調時間 25至35分鐘
份量 2.5公斤的果醬

微酸蘋果2公斤
檸檬汁1/2顆
水300毫升
結晶糖(sucre cristallisé)700克
半鹽奶油50克
香草莢1根

1] 將蘋果洗淨、削皮，去籽，但請連皮一起保留。您應有1.5公斤的果肉。

2] 將蘋果切成4塊，放入大平底深鍋中，加入檸檬汁，混合。將香草莢打開並刮出籽，然後加入鍋中。

3] 在另一個平底深鍋中放水、果皮殘渣和籽，煮5分鐘。接著用置於平底深鍋上的濾器過濾，用橡皮刮刀在皮和籽上按壓，以便盡可能地榨出最多的烹煮液。

4] 在這果汁中加糖。煮沸，接著以旺火煮至深色焦糖。加入奶油並加以混合，再度以旺火燉煮。

5] 5分鐘後，將火調小，以中火煮15至25分鐘依蘋果的質量而定：若很快就爛，就別煮太久，如果流出很多水份，就煮久一點。輕輕地攪拌，以免把蘋果弄碎。

6] 裝罐，密封，倒扣24小時。

蜜李果醬
Confiture de quetsche

準備時間 40分鐘
浸漬時間 40小時
份量 2公斤的果醬

蜜李(quetsche)1.2公斤
細砂糖1公斤
肉桂棒1根
水200毫升

1] 將李子洗淨，去核。

2] 在盆中放入水、糖和肉桂棒。以中火加熱。當糖漿變得清澄而透明時，將火稍微調大，煮至116°C。

3] 加入蜜李。再度以中火煮沸。經常撈去表面形成的浮沫。再度煮沸後，繼續煮20分鐘。

4] 將肉桂棒移除。撈取幾滴果醬，倒入冷的盤子裡：若立刻凝結，就表示果醬煮好了。

5] 立即倒入罐中，密封，倒扣24小時。

大黃果醬
Confiture de rhubarbe

準備時間 40分鐘
浸漬時間 8小時
烹調時間 15分鐘
份量 1.5公斤的果醬

大黃800克
未經加工處理的大柳橙1顆
蘋果(pomme granny smith品種)600克
檸檬2顆
香草莢1根
丁香粉1撮
細砂糖800克

1] 用200克的糖和100毫升的水製作糖漿。

2] 取頭尾切下的橙皮，剩餘的切片，泡入糖漿中。以文火燉煮，直到水果片變成半透明為止。讓糖漿浸透8小時。

3] 將大黃莖的兩端切下，將大黃切成大丁。

4] 將蘋果削皮，同樣切成大丁。將檸檬榨汁。

5] 在果醬盆中，倒入柳橙片和烹煮的汁液、蘋果、大黃、香草、丁香粉、檸檬汁，以及剩餘的細砂糖。將所有材料煮沸，煮10分鐘，並輕輕地攪拌。

6] 用漏勺撈去表面的浮沫。將烹煮的時間額外延長4分鐘。

7] 裝罐，立即密封，倒扣24小時。

克莉絲汀．費貝(Christine Ferber)
涅德摩許．爾(Niedermorschwihr)的女糕點師

「塔丁蘋果」醬 和草莓凍
Confiture de «pomme-tatin» et gelée de fraise
我們仍然可從這使用果皮的果醬中，
辨認出美麗的焦糖蘋果塊。
而這道草莓凍很經典，也更容易製作。

榲桲凍
Gelée de coing

準備時間 20分鐘
靜置時間 12小時
烹調時間 約1小時
份量 1公斤的果凍

充分成熟的榲桲(coing)1.5公斤
白胡椒5粒
細砂糖
檸檬汁
水500毫升

1] 前一天晚上：將榲桲削皮、切片，和500毫升的水和白胡椒粒一起放入平底深鍋中。煮沸，以小火煮45分鐘，直到水果變軟。

2] 加熱一鍋的水，將布巾泡入，汆燙後瀝乾並脫水。放入置於沙拉盆上的濾器內，倒入榲桲果肉，就這樣瀝乾至少12小時。

3] 將果肉丟掉。確定流下的榲桲汁的量，然後倒入果醬盆中，而且每1/2公升就加入350克的糖和1大匙的檸檬汁。

4] 混合並以文火加熱至糖漿均勻。煮沸並維持10分鐘，不要攪拌。撈去浮沫數次：不應殘留任何雜質。

5] 裝罐，密封，倒扣24小時。

草莓凍
Gelée de fraise

準備時間 30分鐘
烹調時間 5分鐘
份量 600克的果凍

草莓500克
細砂糖400克
袋裝凝膠劑(gélifiant)20克
檸檬1顆

1] 將草莓快速洗淨並去梗。用食物調理機或蔬果榨汁機打成泥。在濾器中過濾果泥，用橡皮刮刀按壓，以便讓果泥通過。

2] 將這果泥倒入平底深鍋中加熱。加入細砂糖和凝膠劑，均勻混合並煮沸。煮沸3或4分鐘，並小心地撈去浮沫。

3] 將平底深鍋離火，加入檸檬汁。立刻裝罐，密封，倒扣24小時。

番石榴凍
Gelée de goyave

準備時間 30分鐘
靜置時間 5或6小時
烹調時間 25分鐘
份量 2.5公斤的果凍

番石榴2公斤
香草莢1根
細砂糖

1] 將番石榴洗淨、削皮，然後切塊。將香草莢縱切剖開，並刮出籽。將所有材料放入鍋中，將水淹至3/4處，以小滾燉煮10至15分鐘，直到水果變色。

2] 離火，靜置約10分鐘。

3] 為大濾器鋪上紗布。將平底深鍋或果醬盆擺在上面，倒入番石榴；靜置5或6小時，讓所有的汁液流下。

4] 將果肉和籽丟棄。將果汁秤重，加入果汁兩倍重量的糖。混合並煮沸，經常撈去浮沫。煮5分鐘。

5] 立即裝罐，密封，倒扣24小時。

柑橘果醬 Les marmelades

杏桃柑橘醬 *Marmelade d'abricot*

準備時間 30分鐘
浸漬時間 24小時
烹調時間 15至30分鐘
份量 500克的柑橘果醬

杏桃500克
香草莢1根
細砂糖150克
檸檬5或6顆
奶油50克

1] 將杏桃切成兩半並去核。

2] 將香草莢剖開，並刮出籽。將檸檬榨汁：您應有50克。

3] 將一半的杏桃、糖、香草莢和檸檬汁倒入沙拉盆中，混合後浸漬約24小時。

4] 讓奶油在盆中或平底深鍋中融化。倒入沙拉盆中的內容物，以文火煮15至20分鐘，直到水果完全煮成醬狀。

5] 將配料倒入大高腳盤中，放涼後冷藏。

薄荷草莓柑橘醬 *Marmelade de fraise à la menthe*

準備時間 30分鐘
浸漬時間 24小時
烹調時間 20分鐘
份量 800克的柑橘醬

草莓(gariguette品種)或
馬哈野莓(mara des bois)600克
細砂糖150克
檸檬5或6顆
黑胡椒粉
新鮮薄荷1/4束

1] 將草莓快速洗淨、去梗，然後切成兩半。將檸檬榨汁，以獲得50克的果汁。

2] 將水果、糖、檸檬汁和研磨器轉4圈份量的黑胡椒粉放入沙拉盆中，混合後浸漬約24小時。

3] 在平底深鍋中，以中火煮20分鐘，直到水果完全煮成醬狀。

4] 將新鮮薄荷葉剪碎加入混合。

5] 將配料倒入大高腳盤中，放涼。您可將這果醬冷藏數日。

香橙柑橘醬 *Marmelade d'orange*

準備時間 30分鐘
浸漬時間 24小時
烹調時間 15至30分鐘
份量 1.5公斤的柑橘果醬

未經加工處理的大柳橙8顆
未經加工處理的檸檬1顆
結晶糖(sucre cristallisé)

1] 前一天晚上：將柳橙和檸檬削皮，分成4瓣，並仔細地去除白色的纖維部分。完全去掉白色的部分後，將一半的果皮切成很薄的薄片。

2] 將水和和切好的果皮秤重，接著倒入罐中，加入和柑橘重量相等的水。浸漬24小時。

3] 將水果瀝乾並秤重。再將水果和相等重量的糖一起放入果醬盆中，煮沸，煮15至30分鐘，直到水果可輕易壓碎。

4] 立即裝罐，密封，倒扣24小時。

越桔洋梨柑橘醬 *Marmelade de poire et d'airelle*

準備時間 30分鐘

烹調時間 10分鐘

份量 1.2公斤的柑橘果醬

充分成熟的洋梨2個
杏桃乾80克
核桃30克
越桔(airelle)340克
科林斯葡萄乾160克
柳橙汁120克
細砂糖165克
肉桂粉1小匙
香橙干邑甜酒1大匙

1] 將洋梨削皮、去籽並切丁。同樣將杏桃切丁。

2] 將核桃切碎。

3] 仔細地揀選越桔。

4] 將所有材料，除了核桃和香橙干邑甜酒以外，放入平底深鍋中。煮沸，並以中火煮6分鐘，別忘了不時用木匙攪拌。

5] 加入切碎的核桃和利口酒，將烹煮時間額外延長3或4分鐘。

6] 離火，倒入沙拉盆中。放涼。

訣竅

這道柑橘果醬，像果醬一樣裝入玻璃罐中，可良好保存，冷藏保存可達1個月。

蘋果柑橘醬 *Marmelade de pomme*

準備時間 30分鐘

烹調時間 1小時

份量 2公斤的柑橘果醬

蘋果(reinettes 品種)2公斤
細砂糖1公斤
檸檬2顆
香草莢1根

1] 將蘋果洗淨，並用蘋果去核器(vide-pomme)去梗、果核和籽，但不要削皮。在果醬盆或平底深鍋中削成碎末，一點一點地加入糖和1顆的檸檬汁。

2] 將香草莢剖開，並刮出籽。加入鍋中，以文火煮1小時，並不時用木匙攪拌。

3] 在烹煮的最後加入第二顆檸檬的檸檬汁。均勻混合。

4] 裝罐，密封，倒扣並放涼24小時。

老饕論 Commentaire gourmand

您可用洋梨製作同樣的柑橘果醬。請選擇綠一點的。

黑李乾柑橘醬 *Marmelade de pruneau*

準備時間 30分鐘

浸漬時間 12小時

烹調時間 20至25分鐘

份量 約1公斤的柑橘果醬

黑李乾500克
葡萄乾80克
未經加工處理的小柳橙2顆
未經加工處理的檸檬1顆
糖50克
水1公升
丁香粉1/4小匙
肉桂粉1/2小匙
薑粉1/4小匙
去殼核桃80克

1] 將葡萄和黑李乾在兩個不同的容器中浸泡12小時。

2] 將黑李乾瀝乾並去核。

3] 去掉柳橙和檸檬切下的第一塊(蒂的部份)，然後將水果切成薄片，在去籽後約略地切碎。

4] 將黑李乾、水、柳橙和檸檬碎末放入大平底深鍋或果醬盆中。混合後以文火煮10分鐘。

5] 加入瀝乾的葡萄乾、糖、丁香粉和肉桂粉，以及薑粉，用木匙混合，然後將烹煮時間延長為10至15分鐘，直到柑橘果醬變稠。

6] 將核桃切碎後加入。均勻混合。立刻裝罐，即刻密封，倒扣，然後就這樣放涼24小時。

訣竅

您可將黑李乾和葡萄乾泡在溫水或淡茶中。

老饕論 Commentaire gourmand

柑橘和核桃碎末為這道柑橘果醬提供了非常獨特的色調。

水果軟糖 Les pâtes de fruits

水果軟糖並非最容易製作的糖果。但若使用市面上常見的以蘋果果膠為基底的凝膠混合物，可輕易地獲得良好的凝膠作用。

建議使用長柄刮杓和厚底不鏽鋼材質的大平底深鍋。

煮糖溫度計可隨時監控溫度。最後，為了鑄模，若您沒有這類用途的方形中空模，請使用圓形中空模。

為了製作水果軟糖，應遵從幾項基本原則。

— 為獲得1公斤的水果軟糖，請將500克的水果煮成泥。

— 將水果的果肉放入平底深鍋中。煮沸並加以攪拌。加入凝膠劑和糖的混合物，再次煮沸。

— 經1分鐘的烹煮後，加入225克的細砂糖。再次煮沸，加入剩餘的糖(即225克)。用刮杓不停攪拌，並記得刮平底深鍋的鍋底。

— 最後用旺火煮至產生大球狀(見69頁)，依所選擇的水果煮5至10分鐘。共煮15分鐘

— 在工作檯上鋪上1張烤盤紙。若您沒有專用的方形中空模，就擺上中空的圓形模。倒入糊狀物，讓其凝固並冷卻至少3小時。

— 用潤濕的毛刷濕潤糊狀物表面，然後切開。切成2×2公分的方形或矩形。陸續在250克的結晶糖中滾動。接著擺盤，若您想保存一段時間，就放入密封盒中。

馬斯棒杏仁糖 *Massepains*

準備時間 15分鐘

烹調時間 5或6分鐘

份量 24個杏仁糖

杏仁膏500克(見346頁)

橙花水1小匙

香草精1小匙

苦杏仁精2或3滴

糖粉

蛋白糖霜(Glace royale)250克(見74頁)

1] 將杏仁膏和橙花水、香草、苦杏仁精混合。

2] 烤箱預熱120°C。

3] 製作蛋白糖霜。

4] 在工作檯撒上糖粉，將杏仁膏擀成1公分的厚度。鋪上約1公釐的蛋白糖霜薄膜。

5] 依您選擇的花樣壓模來切割糖膏：方形、圓形等等。將杏仁糖擺在鋪有烤盤紙的烤盤上，烘乾5或6分鐘。

訣竅

為了更快速地製作這些杏仁糖，可使用不同顏色的市售杏仁膏。

老饕史 Histoire gourmande

杏仁糖是由伊蘇登(Issoudun)聖於爾絮勒會的修女所創。在法國大革命期間，被驅離的修女在城裡開了一家糕餅店。十九世紀中葉，杏仁糖的名聲傳到了俄國、杜樂麗的宮庭，甚至是梵蒂岡。由於以杏仁膏為基底，並以水果、蔬菜等上色和塑形，人們也將這些小糖果稱為「杏仁糖massepains」。

榛果香蕉水果軟糖

Pâte de fruits à la banane et aux noisettes

這軟糖是以香蕉和蘋果(pomme granny smith品種)為基底，混合蘋果和檸檬汁，並和凝膠劑一起烹煮。
烹煮的最後，我們加入預先烤好並搗碎的榛果和1撮的肉荳蔻粉。

食譜見447頁

杏仁糖
Pâte d'amande

準備時間 25分鐘
烹調時間 15分鐘
份量 500克的杏仁糖

杏仁粉250克
細砂糖500克
葡萄糖(又稱水飴)(glucose) 50克
食用色素(colorant)5滴
糖粉

1] 在150毫升的水中煮糖和葡萄糖至軟球階段(見69頁)。將平底深鍋離火，倒入杏仁粉，用木匙用力攪拌，直到混合物變成顆粒狀。

2] 這時按照每100克糖膏：1滴的比例加入食用色素。

3] 放涼。在工作檯撒上糖粉。用手以少量搓揉糖膏，直到糖膏變的柔軟為止。

4] 揉成不同的形狀：永遠都從揉成直徑3或4公分的小捲開始，然後切成大小相等的小段。用您的手掌揉成球狀，接著，如果您使用的是粉紅色食用色素的話，就做成像是櫻桃或草莓的形狀；如果您使用的是黃色食用色素，就做成香蕉等外型。

榲桲軟糖
Pâte de coing

準備時間 40分鐘
烹調時間 15分鐘＋ 5～7分鐘
份量 40～50顆方形軟糖

榲桲1公斤
水200毫升
細砂糖600～700克
未經加工處理的檸檬2顆
結晶糖(sucre cristallisé)

1] 將榲桲洗淨並去皮，在去芯和籽後，切成2或3公分的塊狀。

2] 放入平底深鍋或果醬盆中，加入水和檸檬皮。以文火煮至變成果泥。

3] 將果泥秤重，每500克的果泥加入600克的糖。用木匙均勻混合，再煮5或6分鐘，不時撈去浮沫。檢查烹煮狀況：取1小匙的糖膏，倒入冷盤中。若不夠堅硬，還有點稀，就將烹煮延長1或2分鐘。

4] 將糖膏倒入凸邊烤盤或鋪有厚1.5至2公分烤盤紙的盤子，讓糖膏在陰涼處(但不是在冰箱)硬化3或4小時。

5] 接著將這些糖膏裁成邊長約2公分的方塊，在結晶糖裡滾動。接著擺入密封盒中，可保存5至8天。

草莓軟糖
Pâte de fraise

準備時間 20分鐘
烹調時間 12分鐘
份量 24顆方形軟糖

草莓1.2公斤
果醬用糖1公斤
吉力丁2片
結晶糖(sucre cristallisé)

1] 將草莓快速洗淨並去梗，然後放入蔬果榨汁機中打成泥。將果肉秤重：應有1公斤。1公斤的果肉必須使用1公斤的果醬用糖。

2] 將這果肉倒入果醬盆或平底深鍋中，煮沸。加入一半的糖，再次煮沸，並用刮杓攪拌。再次煮沸時，加入另一半的糖，一直攪拌。維持以大滾煮6或7分鐘。

3] 將吉力丁泡入一碗冷水中，泡軟後擠乾。在碗中摻入一些熱的果肉，讓吉力丁溶化，接著再將碗中的內容物倒入盆中，均勻混合。

4] 在工作檯上放上一張烤盤紙，擺上圓形中空模。讓糖膏流入，整平並放涼。接著裁成方形，並在結晶糖中滾動。

Sirops, fruits au sirop, confits et à l'alcool
糖漿、糖漿水果、糖漬水果和酒漬水果

水果可參與無數的甜點製作：

在水中加進糖漿、含糖溶液，便成了解渴且經濟的飲料。

它們也能煮成糖煮果泥，或是在蒸餾酒中浸漬，

用以延長保存的時間。

糖漿 Les sirops

準備時間 20分鐘
瀝乾時間 3或4小時
烹調時間 10分鐘
份量 750毫升的糖漿2瓶

黑醋栗4公斤
細砂糖

黑醋栗糖漿 *Sirop de cassis*

1] 摘下黑醋栗，放入蔬果榨汁機中壓碎。

2] 在濾器底部放上一條潔淨的細紗布，擺在沙拉盆上，倒入壓碎的黑醋栗，讓果汁自然流下3或4小時。不要擠壓：富含果膠的果肉可讓糖漿凝結成膠。

3] 將果汁秤重，估算每500克的果汁就用750克的細砂糖。將果汁倒入果醬盆中，加入糖，混合並加熱，一邊仔細攪拌，直到糖完全溶解。

4] 將2個750毫升的瓶子用沸水燙過。

5] 在溫度達到103°C時(見69頁，細絲糖漿)，撈去浮沫，接著將糖漿倒入瓶中。立刻密封，保存在免於光照的陰涼處。

訣竅

您可在裝水的大雙耳蓋鍋中將瓶子煮沸，或是清洗後放入烤箱中以110°C烘烤5分鐘來燙瓶子。

櫻桃糖漿 *Sirop de cerise*

準備時間 20分鐘
發酵時間 24小時
烹調時間 5分鐘
份量 750毫升的糖漿2瓶

甜櫻桃2公斤
細砂糖

1] 將櫻桃去核，以電動攪拌器或果汁機打成泥。將果泥放入細網目的網篩或濾器，接著讓果汁在室溫下發酵24小時。

2] 將2個750毫升的瓶子燙過。

3] 為櫻桃汁秤重，放入果醬盆中，每公斤的果汁加入1.5公斤的糖，煮沸至103°C（見69頁，細絲糖漿）。就這樣煮5分鐘。

4] 將這櫻桃糖漿倒入瓶中，立即密封，保存在不受光照的陰涼處。

杏仁糖漿 *Sirop d'orgeat*

準備時間 30分鐘
浸漬時間 12小時
烹調時間 3或4分鐘
份量 750毫升的糖漿2瓶

杏仁300克
水20毫升
細砂糖
杏仁粉100克
橙花水20毫升
苦杏仁精5滴

1] 前一天晚上：用刀將杏仁約略切碎。

2] 在平底深鍋中，將水和400克的糖、杏仁粉煮沸。在第一次沸騰時熄火，均勻混合後，浸漬約12小時。

3] 隔天，將平底深鍋重新開火，再次煮沸1分鐘。在沙拉盆上放上一塊布巾，倒入配料過濾。

4] 將這配料秤重，每500克的果汁，就加入700克的糖。均勻混合後將所有材料倒入平底深鍋中，重新開火，煮沸，讓材料沸騰3或4分鐘。

5] 將2個750毫升的瓶子燙過。

6] 將糖漿放涼。加入橙花水和苦杏仁精。

7] 將糖漿倒入瓶中。密封並保存於陰涼處。

訣竅

應在糖漿冷卻時加入橙花水和苦杏仁精，否則熱度會使其香氣散失。

石榴糖漿 *Sirop de grenadine*

準備時間 30分鐘
浸漬時間 2或3小時
烹調時間 5分鐘
份量 1公升的糖漿

石榴2公斤
細砂糖
橙花水20毫升
苦杏仁精2滴

1] 將石榴打開，取出所有的籽。將水果和300克的糖放入沙拉盆中，浸漬2或2小時。

2] 以電動攪拌器或果汁機攪碎。

3] 在濾器底部鋪上一塊潔淨的細紗布，倒入石榴籽和壓碎的果肉，讓果汁自然地流下3或4小時。

4] 將果汁秤重，每500克的果汁，就加入500克的糖。加熱並煮沸2或3分鐘，撈去浮沫數次。再繼續沸騰2分鐘。

5] 將1公升的瓶子燙過。

6] 將糖漿放涼。加入橙花水和苦杏仁精。

7] 將糖漿倒入瓶中。密封並保存於免受光照的陰涼處。

準備時間 1小時
浸漬時間 12小時
烹調時間 4分鐘
份量 1.5升的糖漿

未經加工處理的柑橘4公斤
細砂糖
水300毫升
肉桂棒4根
茴香2顆
香菜籽6粒
丁香1粒
薑粉2撮
肉荳蔻粉1撮
蜂蜜200克

聖誕香料柑橘糖漿
Sirop de mandarine aux épices de Noël

1] 前一天晚上：將柑橘切成兩半，不要削皮，接著再將每半顆的柑橘切成4塊。放入果醬盆或大平底深鍋中，加入600克的糖、水、肉桂棒、茴香、搗碎的香菜籽、丁香、薑粉。將肉荳蔻削出1撮的碎末，也加進去。用大木匙攪拌，讓所有食材充分混合。接著讓配料浸漬12小時。

2] 隔天。將果醬盆置於火上，加熱至煮沸。這時熄火，用研杵或大木匙將水果仔細壓碎。

3] 在沙拉盆上放上一塊布巾，倒入果醬盆中的內容物，戴上手套來抵禦材料的熱度，用手擰布巾的兩端，越擰越緊，以榨出全部的果汁。

4] 將所收集的果汁秤重，倒入平底深鍋或盆中，然後每500克的果汁就加入650克的糖。

5] 再次混合，將糖漿煮沸3或4分鐘，經常撈去浮沫以去除雜質。

6] 將2個750毫升的瓶子燙過。

7] 將糖漿放涼。倒入瓶中。立即密封並保存於陰涼處。

訣竅

請人幫忙製作這道糖漿。事實上兩人合力扭布巾會容易得多，而且也較不容易被燙傷。無論如何都要戴上手套。

準備時間 1小時
浸漬時間 2或3小時
烹調時間 5分鐘
份量 1公升的糖漿

小鳳梨1顆
未經加工處理的柳橙500克
綠檸檬2顆
奇異果500克
百香果500克
水1公升
細砂糖
椰子粉150克

異國糖漿
Sirop exotique

1] 將1公升的瓶子燙過。

2] 將鳳梨削皮，切成邊長約2公分的丁。

3] 將柳橙和檸檬切成兩半，接著將每半顆水果切成6塊。

4] 將奇異果去皮，切成約2公分的丁。

5] 將百香果切成兩半，用小湯匙挖取果肉。和所有其他切好的水果一起放入沙拉盆中。

6] 在平底深鍋中將水和100克的糖、椰子粉煮沸1分鐘。

7] 加入所有的水果，再煮沸約1分鐘。熄火，就這樣浸漬2或3小時。

8] 接著將平底深鍋中所有的內容物放入蔬果榨汁機中攪拌。

9] 在濾器底部鋪上一塊布巾，擺在沙拉盆上，就這樣過濾。讓所有的糖漿自然流下數小時。

10] 將所收集的液體秤重，然後加入等量的細砂糖。接著將糖漿煮沸，均勻混合，讓糖完全溶解，接著經常撈去浮沫以去除所有的雜質。

11] 將糖漿倒入瓶中。密封並保存於陰涼處。

準備時間 15分鐘
浸漬時間 12小時
烹調時間 10分鐘
份量 750毫升的糖漿

充分成熟的草莓1公斤
(gariguette品種或馬哈野莓
mara des bois)
細砂糖500克
檸檬1顆
薄荷1/4束

新鮮薄荷草莓糖漿
Sirop de fraise à la menthe fraîche

1] 前一天晚上：將草莓洗淨、去梗，然後放入蔬果榨汁機或電動攪拌器中打成泥。將草莓泥放入沙拉盆中，蓋上保鮮膜，冷藏一整晚。

2] 在精細的濾器中，倒入果泥，讓果汁流下。

3] 將檸檬榨汁。將草莓泥和糖、檸檬汁一起放入平底深鍋中，以旺火煮沸，然後用文火煮約10分鐘。經常用漏勺撈去表面形成的浮沫，直到完全沒有浮沫為止。

4] 將薄荷切碎。

5] 將平底深鍋離火。

6] 將750毫升的瓶子燙過。

7] 在配料中加入切碎的薄荷。在濾器中過濾果汁，然後倒入瓶中。保存於陰涼處。

老饕論 Commentaire gourmand

亦可不用薄荷來製作這道草莓糖漿。

準備時間 25分鐘
浸漬時間 12小時
烹調時間 15分鐘
份量 750毫升的糖漿2瓶

黑莓(mûre)3公斤
細砂糖

黑莓糖漿
Sirop de mûre

1] 前一天晚上：揀選黑莓並去梗、秤重，每1公斤的洗淨水果和1杯的水一起放入容器中，就這樣浸漬至少12小時。

2] 將水果放入蔬果榨汁機或電動攪拌器中，然後將所獲得的果泥放入布巾中。擰布巾的兩端，形成某種袋狀，然後擺在沙拉盆上，繼續將兩端擰得越來越緊：果汁透過布巾流下，果肉還留在裡面。

3] 將所收集的果汁秤重。倒入果醬盆，每500克的果汁就加入800克的糖。

4] 加熱至煮沸。煮十幾分鐘。將糖漿倒入燙過的瓶中，立刻密封並保存於免受光照的陰涼處。

老饕論 Commentaire gourmand

您可用同樣的方式製作醋栗或覆盆子糖漿。

準備時間 40分鐘
烹調時間 10分鐘
份量 750毫升的糖漿2瓶

未經加工處理的柳橙4公斤
細砂糖

柳橙糖漿
Sirop d'orange

1] 選擇充分成熟的柳橙。仔細去除幾顆的果皮，接著將全部的柳橙削皮。

2] 在蔬果榨汁機中將果肉壓碎，放入非常細的網篩或濕潤的布巾中。

3] 將所收集的果汁秤重。每500克的果汁就加入800克的糖。將全部材料放入果醬盆中，煮2或3分鐘；經常撈去表面形成的浮沫。

4] 在濾器內鋪上一塊紗布；擺在大沙拉盆上。將柳橙皮放入濾器中。糖漿一沸騰，就倒在果皮上，讓糖漿充滿果香。

5] 將2個750毫升的瓶子燙過。

將糖漿放涼，倒入瓶中，密封並保存於免受光照的陰涼處。

糖漿水果 Les fruits au sirop

糖漿杏桃 *Abricots au sirop*

準備時間 30分鐘
浸漬時間 3小時
烹調時間 15至20分鐘
份量 2公斤的糖漿杏桃

杏桃1公斤
細砂糖500克
水1公升

1] 選擇完好且正好成熟的杏桃。去核後放入大沙拉盆中。

2] 將細砂糖和水倒入平底深鍋。加熱至煮沸。用此糖漿將杏桃蓋過，浸漬3小時。

3] 將杏桃瀝乾，放入金屬容器(bocal à conserve)中。

4] 再將糖漿煮沸1或2分鐘，接著倒在杏桃上。立刻將罐蓋栓緊。

5] 浸入一鍋的沸水中殺菌10分鐘。

茶漬黃香李 *Mirabelle au thé*

準備時間 30分鐘
烹調時間 10分鐘
殺菌時間 1小時10分鐘
份量 2公升的罐子1個

黃香李(mirabelle)1.3公斤
水1.2公升
伯爵茶5小匙
檸檬1顆
柳橙1/2顆
白胡椒粉

1] 將金屬罐燙過。

2] 將黃香李洗淨並去梗，去核後放入罐中。

3] 將600毫升的水加熱至微滾，然後加入茶並加蓋。只要浸泡3或4分鐘。

4] 將此配料過濾，然後倒在黃香李上。

5] 將檸檬和半顆柳橙榨汁。取下1/4的檸檬皮。將剩餘的水(600毫升)和糖、柑橘類果皮、果汁一起煮沸，接著加入研磨器轉2圈份量的白胡椒粉。配料一煮沸，就倒在水果上。將罐子密封。

6] 浸入一大鍋的沸水中殺菌1小時30分鐘。

老饕論 Commentaire gourmand

搭配檸檬雪酪(見94頁)，或幾匙稍微攪打的高脂濃鮮奶油(crème épaisse)和小酥餅，或是瓦片餅(見234頁)，來享用這些充分冷卻的黃香李。

香草糖漿威廉洋梨 *Poires williams au sirop vanillé*

準備時間 30分鐘
烹調時間 5～10分鐘
份量 4至6人份

洋梨(williams品種)1公斤
檸檬2顆
水1公升
細砂糖500克
香草莢1根

1] 將檸檬榨汁，然後倒入沙拉盆中。將洋梨削皮，擺入沙拉盆中：檸檬可防止果肉變黑。

2] 在平底深鍋中放入水、糖、剖開並刮出籽的香草莢、洋梨和檸檬汁。煮沸。微滾5至10分鐘。在離火前，用刀刺穿以檢查洋梨烹煮的狀況：應該能夠毫無阻力地刺入。

3] 將所有材料倒入沙拉盆中。蓋上小盤子，讓洋梨充分浸泡在糖漿中，然後冷藏。

照片見352頁

糖漿李子
Prunes au sirop

準備時間 15分鐘
烹調時間 20分鐘
份量 3公斤的李子

中型李子(prune)3公斤
香菜籽1大匙
丁香2粒
甜蘋果酒(cidre doux)1公升
細砂糖1公斤
肉桂棒3根

1] 將李子洗淨，在大沙拉盆中瀝乾。

2] 在紗布中放入香菜和丁香。將紗布口打結。將蘋果酒倒入大平底深鍋中，加入糖，攪拌至溶解。泡入布袋和肉桂。

3] 煮沸，讓這糖漿煮20分鐘。將平底深鍋離火，放涼。去掉肉桂和布袋。

4] 將玻璃罐燙過，裝入李子。從上面倒入糖漿並密封。讓李子在陰涼處浸漬約1個月後使用，讓糖逐漸將水果浸透而「熟成」。

糖漬水果 Les fruits confits

肉桂糖櫻桃
Cerises au sucre cuit à la cannelle

準備時間 30分鐘
烹調時間 10分鐘
靜置時間 30分鐘
份量 40顆的櫻桃

酒漬櫻桃40顆(見356頁)
檸檬1顆
水100毫升
糖300克
肉桂粉1小匙
胭脂紅色著色劑(colorant)30滴
玉米粉1小匙

1] 在吸水紙上將櫻桃瀝乾。將檸檬榨汁，以獲得1大匙的果汁。

2] 將水和糖煮沸。3分鐘後，加入檸檬汁、肉桂和著色劑。煮至大破碎(155°C)(見69頁)。

3] 為櫻桃撒上玉米粉，滾動，並將吸水紙的每一邊以稍微舀起的方式混合，讓櫻桃充分乾燥。拿著梗的部分，將每顆櫻桃浸入糖漿中。接著將水果擺在鋪有烤盤紙的烤盤上，讓水果硬化30分鐘。

4] 趕快食用這些櫻桃，因為它們只能保存5小時，酒精會將糖漿薄膜快速溶解。

糖漬橙皮
Écorces d'orange confites

準備時間 2小時
烹調時間 1小時30分鐘
份量 400克的糖漬橙皮

未經加工處理的厚皮柳橙6顆
水1公升
糖500克
柳橙汁100毫升

1] 將一鍋水煮沸。

2] 切去柳橙的兩端。用小刀將皮切成4個部分，共取下4個1/4等分。泡入沸水中，煮沸1分鐘，在濾器中瀝乾，並用冷水沖洗。

3] 將另一鍋水煮沸，然後重複同樣的程序。

4] 在另一大鍋水中放入糖和柳橙汁，煮沸。加入橙皮，在平底深鍋上蓋上蓋子，以文火煮1小時30分鐘。接著讓橙皮在糖漿中冷卻。

5] 讓橙皮在濾器中瀝乾，接著擺在吸水紙上。讓橙皮乾燥一會兒後，放入密封罐中，置於陰涼處。

◀ 香草糖漿威廉洋梨
Poires williams au sirop vanillé
這道食譜也能以帕斯卡桑梨(passe-crassane)或科米思洋梨(poire doyennée du Comice)製作。

巧克力糖漬葡萄柚皮 *Zestes de pamplemousse confits enrobés au chocolat*

準備時間 40分鐘
烹調時間 1小時30分鐘
浸漬時間 12小時
份量 40至50條果皮

未經加工處理的葡萄柚(最好是紅寶石red ruby品種)4顆
水1公升
細砂糖500克
八角茴香(étoile de badiane)1個
黑胡椒10粒
香草莢1根
檸檬1又1/2顆
糖衣
覆蓋巧克力(chocolat de couverture)300克
可可粉200克

1] 前一天晚上：切去葡萄柚的兩端，預留備用，接著將皮從上往下裁成寬條狀。將一鍋的水煮沸，將這些果皮泡入，煮沸2分鐘，接著立刻用冷水沖洗。再重複同樣的程序2次，接著瀝乾。

2] 製作糖漿：在一鍋水中放入糖、茴香、壓碎的黑胡椒粒、剖開並刮出籽的香草莢。將這混合物煮沸。

3] 加入果皮，以文火加蓋煮約1小時30分鐘，以免軟化。就這樣浸漬一整晚。

4] 隔天：在濾器或網篩中瀝乾1小時。接著冷藏。

5] 將巧克力隔水加熱或微波加熱至融化，然後調溫(見79頁)。

6] 將每條橙皮浸入調溫巧克力(35～40°C)中，接著在可可粉中滾動。然後將果皮放在濾器中瀝乾，以去除多餘的可可粉。

7] 在當天品嚐，因為這些果皮在新鮮時非常美味可口，不過您可將剩餘的在密封罐中冷藏保存2或3天。

訣竅

您可將這些糖漬果皮切成小丁，並用來為：水果蛋糕或蘋果泥...等甜點調味。它們在罐裝糖漿中，冷藏可保存數星期。

變化 Variante

亦可不用巧克力來製作這些葡萄柚皮。這時裁成1公分厚的粗長條。以同樣的方式糖漬。接著在結晶糖中滾動。

酒漬水果 Les fruits à l'alcool

八角茴香杏桃 *Abricots à la badiane*

準備時間 15分鐘
靜置時間 15 + 30天
份量 2公升的罐子1個

新鮮杏桃1公斤
八角茴香(étoile de badiane)4個
蒸餾酒750毫升
細砂糖200克

1] 將水煮沸，倒入罐中。倒扣在潔淨的布巾上。

2] 將所有杏桃切成兩半，去核。一層層地疊在罐中。

3] 在罐中加入八角茴香，倒入蒸餾酒，將蓋子緊閉。

4] 兩星期過後，加入細砂糖。再將罐子密封，接著搖一搖，倒扣讓糖可以均勻混合。接下來的日子都重複同樣的程序。

5] 等至少30天後再食用這些水果。可以如此保存數個月。

巧克力糖漬葡萄柚皮 ▶
Zestes de pamplemousse confits enrobés au chocolat
黑巧克力為柑橘皮的微苦賦予高雅與多變的口感。

橙皮肉桂黑醋栗
Cassis à la cannelle et aux écorces d'orange

準備時間 15分鐘
靜置時間 15至20天
份量 2公升的罐子1個

黑醋栗1公斤
未經加工處理的柳橙1顆
水150毫升
細砂糖400克
肉桂棒4根
蒸餾酒500毫升

1] 將水煮沸，倒入罐中。倒扣在潔淨的布巾上。

2] 用削皮刀（couteau économe）刮取薄而寬的帶狀橙皮，不要有白色的中果皮部分：會帶來苦味。

3] 在小平底深鍋中混合水和細砂糖。將混合物煮沸。加入橙皮和肉桂棒。浸泡5至6分鐘。將布巾擺在沙拉盆上。用布巾過濾糖漿。接著再重複一次，然後放涼。

4] 將黑醋栗漿果快速洗淨，不要浸泡。擺在布巾上，仔細揀選。再放在另一條乾布巾上，讓漿果乾燥。

5] 將充分乾燥的漿果倒入罐中。加入冷糖漿，接著是蒸餾酒。將蓋子緊閉。

6] 倒扣一次或兩次，讓黑醋栗、糖漿和酒混合。

7] 靜置15至20天後品嚐這些黑醋栗。

酒漬櫻桃
Cerises à l'eau-de-vie

準備時間 30分鐘
烹調時間 2或3分鐘
份量 2.5公斤的罐子1個

極酸的櫻桃2公斤
丁香2或3粒
肉桂棒1/2根
45% Vol的蒸餾酒2公升
細砂糖500克
水150克

1] 仔細揀選水果，選擇完好無損，但又不要太熟的櫻桃。快速洗淨，晾乾，保留一半的櫻桃梗。

2] 將水煮沸，倒入罐中。倒扣在潔淨的布巾上。

3] 在罐子冷卻時，放入所有的櫻桃和丁香、肉桂。

4] 在平底深鍋中放入水和糖，煮沸至糖漿微微上色。離火後倒入蒸餾酒。

5] 將平底深鍋中的內容物倒在櫻桃上，立刻將罐子封好。

6] 靜置30天後品嚐這些櫻桃。

酒漬草莓和覆盆子
Fraises et framboises à l'eau-de-vie

準備時間 30分鐘
靜置時間 30天
份量 2公升的罐子1個

草莓600克
覆盆子400克
糖400克
覆盆子蒸餾酒400毫升

1] 將水煮沸，倒入罐中。倒扣在潔淨的布巾上。

2] 在濾器中將草莓快速洗淨並去梗。放在潔淨的布巾上，讓草莓充分乾燥。

3] 揀選覆盆子。

4] 將所有的草莓直切成4塊。

5] 在罐子底部鋪上一層草莓，撒上糖。

6] 放上一層覆盆子，然後撒上糖。就這樣持續至用完所有的水果，交替鋪上草莓、糖、覆盆子、糖等。接著倒入覆盆子蒸餾酒：必須蓋過水果。

7] 將罐子封好，但不要倒扣，特別要避免將水果層混在一起。靜置30天後品嚐這些水果。

老饕論 Commentaire gourmand

搭配1球香草冰淇淋（見92頁）來品嚐這些水果。

酒漬水果
Fruits à l'eau-de-vie

準備時間 30分鐘
靜置時間 40天
份量 1公斤的水果

覆盆子、草莓、櫻桃、洋梨、蘋果、李子、桃子共1公斤
細砂糖500克
蒸餾酒500毫升

1] 揀選草莓與覆盆子並去梗。至於櫻桃，您應留下一小段的梗。

2] 將洋梨和蘋果削皮、去籽，然後切成小丁。

3] 將李子洗淨並晾乾。

4] 將桃子浸入一鍋的沸水中，接著放入裝有冰水的沙拉盆中，剝皮，切成小丁。

5] 將罐子燙過，並在一大鍋水中煮沸5分鐘。倒扣在潔淨的布巾上，放涼。

6] 在罐中裝入水果和糖，接著倒入蒸餾酒。將罐子密封。

7] 浸漬6星期後食用這些水果。

訣竅

這些水果若裝入大陶罐中風味更佳。若無法在第一次填滿，就以同樣比例加入水果和糖，每次都非常謹慎地搖動，以免傷到覆盆子。

蜂蜜索甸黃香李
Mirabelles au sauternes et au miel

準備時間 30分鐘
殺菌時間 1小時10分鐘
份量 2公升的罐子1個

黃香李(mirabelle)1.2公斤
檸檬1/2顆
香草莢1/2根
水500毫升
金合歡蜜200克
細砂糖200克
索甸酒(sauterne)500毫升

1] 將罐子用沸水殺菌。

2] 將黃香李洗淨並晾乾，然後放入罐中。

3] 將1/2顆檸檬榨汁。將香草莢打開並刮出籽。在一鍋的水中，將花蜜、香草、糖和檸檬汁一起煮沸。接著將這混合物倒入黃香李中。

4] 加入索甸酒。

5] 將罐子密封。在裝了沸水的大平底深鍋或雙耳蓋鍋(faitout)中殺菌1小時10分鐘。放涼。

訣竅

這些黃香李在陰涼處可保存數個月。在享用前，先冷藏幾小時。請搭配香草冰淇淋(見92頁)享用。

阿爾馬涅克黑李乾和栗子
Pruneaux et marrons à l'armagnac

準備時間 10分鐘
靜置時間 30天
份量 2公升的罐子1個

黑李乾600克
糖栗300克
阿爾馬涅克酒(armagnac)500毫升

1] 加熱一鍋的水，煮沸時淋在罐上殺菌。將罐子倒扣在潔淨的布巾上。

2] 在充分冷卻時，擺入一層的黑李乾，接著是一層栗子，就這樣持續至擺上所有水果為止。最後擺上一層黑李乾。

3] 將阿爾馬涅克酒倒入容器中。必須蓋過黑李乾。

4] 將罐子封好，不要搖動，以免改變水果的排列。保存於陰涼處30天後品嚐。

訣竅

搭配香草(見92頁)、焦糖，或甚至是栗子冰淇淋來享用這些黃香李和栗子。

Fruits séchés, déguisés, bonbons, caramels
乾燥水果、糖衣水果、水果糖和水果焦糖

這些是以新鮮水果爲基底，烘乾或裹上一層發亮的糖衣保護而製成的糖果。

糖果是硬或軟的糖漿(sucre cuit)；

焦糖，由糖、葡萄糖、奶油醬、奶油所組成，有各式各樣的口味。

水果乾 Les fruits séchés

準備時間 30分鐘
乾燥時間 至少1小時30分鐘
份量 150克的草莓片

充分成熟的草莓500克
糖粉30克

草莓片
Chips de fraise

1] 烤箱預熱100°C。

2] 將草莓快速洗淨，去梗並瀝乾。用非常利的小刀切成薄片。在烤盤上鋪上烤盤紙。擺上一片片的草莓片，緊密地排在一起，不要重疊。

3] 撒上糖粉，烘烤1小時。

4] 將薄片翻面，撒上糖粉。再烘烤30分鐘。檢查是否烘乾：應該一點也不軟，而且相反地變得相當易碎。

5] 放涼，接著，因為相當易碎，請輕輕地擺在密封罐中。

老饕論 Commentaire gourmand

這些草莓片可用來裝飾1杯的草莓冰淇淋：插在冰淇淋球上。

準備時間 15分鐘
浸漬時間 12小時
乾燥時間 至少2小時
份量 180克的蘋果片

青蘋果(granny smith品種) 3顆
檸檬1顆
細砂糖200克
水500毫升

蘋果片
Chips de pomme

1] 前一天晚上，將檸檬榨汁並倒入沙拉盆中。

2] 用很利的大刀將蘋果切成很薄的薄片，放入沙拉盆中，檸檬可防止果肉變黑，然後搖動，但請小心別將蘋果弄碎。

3] 在平底深鍋中將水和細砂糖煮沸，然後將蘋果泡入糖漿中。浸漬一整晚。

4] 隔天，烤箱預熱100°C。

5] 將蘋果片擺在吸水紙上瀝乾。在烤盤上鋪上烤盤紙。擺上一片片的蘋果片，緊密地排在一起。

6] 蓋上另一張烤盤紙，接著壓上另一個烤盤，整個放入烤箱烘烤1小時。

7] 將烤盤連同上面的烤盤紙一起從烤箱中取出，再將蘋果放入烤箱，始終用100°C再烤至少1小時。接著放涼，輕輕地擺在密封罐中。

老饕論 Commentaire gourmand

搭配冰淇淋或開胃酒來享用這些蘋果片。它們就像糖果一樣酥脆。

準備時間 40分鐘
乾燥時間 50分鐘至1小時
份量 30至40的鳳梨片

鳳梨1顆
糖粉20克

乾燥鳳梨片
Tranches d'ananas séchées

1] 將鳳梨削皮，接著用很利的長刀切成1或2公釐厚的薄片。仔細地挖出芯。讓鳳梨片在鋪有吸水紙的盤子上瀝乾10至15分鐘。

2] 烤箱預熱100°C。

3] 在一個或數個不沾烤盤上稍微撒上糖粉，擺上所有瀝乾的鳳梨片，壓上另一個烤盤，烘烤30分鐘。

4] 將壓著的烤盤抽出，讓鳳梨片再乾燥20至30分鐘。鳳梨片不應變成棕色。

5] 以密封容器保存，以免受潮。

準備時間 5分鐘
乾燥時間 至少2小時
份量 80片的洋梨蘋果片

蘋果2顆
成熟洋梨2個
檸檬1顆

洋梨蘋果片
Tranches de pomme et de poire séchées

1] 將檸檬榨汁並倒入沙拉盆中。

2] 烤箱預熱100°C。

3] 將每顆水果用很利的刀切成很薄的薄片，然後去籽。立即將薄片放入沙拉盆中，檸檬汁可防止果肉變黑；很輕地搖動，以免將水果弄碎。

4] 在烤盤上鋪上烤盤紙。擺上蘋果和洋梨片，緊密地排在一起；不應重疊在一起。將烤盤放入烤箱，烘烤1小時。

5] 將烤盤取出，將所有的薄片翻面。再放入烤箱，始終以同樣的溫度，繼續再烘乾至少1小時。在薄片幾乎透明時就烘烤完成了。

6] 輕輕地擺入密封罐。

糖衣水果 Les fruits déguisés

糖衣草莓
Les fruits déguisés

準備時間 30分鐘
烹調時間 3分鐘
份量 50顆糖衣草莓

草莓500克
糖粉
翻糖250克(見73頁)
紅色食用色素5滴
櫻桃酒30毫升

1] 在水龍頭下，在濾器中將草莓快速洗淨，接著用潔淨的布巾擦乾。不要去梗。

2] 為一張烤盤紙撒上糖粉。

3] 將翻糖又稱風凍放入小平底深鍋中，以中火加熱，不時攪拌。加入食用色素和櫻桃酒，均勻混合。

4] 將每顆草莓浸入翻糖中，並陸續擺在糖粉上。接著將草莓放入密封罐，保持原狀，或是裝在皺褶小紙盒中更佳。

糖衣水果
Fruits déguisés au sucre candi

準備時間 15分鐘
浸漬時間 15小時
乾燥時間 3或4小時
份量 1.2公斤的糖衣水果

細砂糖1公斤
水400毫升
黑李乾或其他的冰糖水果300克(見下述)

1] 將糖和水放入平底深鍋，煮沸2分鐘，一邊用蘸了冷水的毛刷擦拭平底深鍋內壁，以免糖結晶。將糖漿放涼。

2] 將水果擺盤。將糖漿淋在水果上：必須一直浸泡在糖漿裡。為盤子蓋上烤盤紙，以免形成大破碎和糖結晶，就這樣浸漬15小時。

3] 將水果擺在網架上瀝乾，就這樣晾乾3或4小時。這時您能立即品嚐，或是保存兩星期。

冰糖水果
Fruits déguisés au sucre cuit

準備時間 40分鐘
烹調時間 10分鐘
份量 1.4公斤的糖衣水果

水果(去殼核桃、金桔kumquat、酸漿、綠或黑葡萄籽、柑橘片)1公斤
糖漿(sucre cuit)
細砂糖500克
葡萄糖(glucose)150克
水150毫升

1] 製作糖漿(sucre cuit)：將糖、葡萄糖和水放入大平底深鍋中，以適中的火候煮至155°C，到大破碎階段(見69頁)，並從煮沸開始，經常小心地用毛刷蘸冷水擦拭平底深鍋內壁(一丁點兒飛濺來的糖就可能會結塊)。

2] 立刻將平底深鍋浸入冷水中，以中止煮糖的階段。擺在折成四折的布巾上。

3] 將每顆水果一個個極為快速地浸入煮好的糖漿中，從莖或葉片處插在小棒上。每次當糖因冷卻而變濃稠時，就稍微以文火加熱。

4] 陸續將浸過糖漿的水果擺在鋪有烤盤紙的盤子上。在兩天內食用這些糖衣水果

◀ 冰糖水果拼盤 Assortiment de fruits déguisés

草莓、核桃、黃香李(mirabelle)、葡萄、金桔(kumquat)、酸漿、柑橘瓣，幾乎所有的水果都可以裹上糖衣。

糖衣醋栗
Groseilles déguisés

準備時間 15分鐘
份量 25個糖衣醋栗

醋栗250克
檸檬糖漿100克
結晶糖(sucre cristallisé)150克

1] 將檸檬糖漿倒入碗中，然後將結晶糖倒入另一個碗。

2] 仔細揀選醋栗並快速洗淨。留著整串。在布巾上晾乾。

3] 將每串的醋栗先浸入檸檬糖漿中，在碗上稍微瀝乾，然後在結晶糖的碗中滾一滾。

4] 將醋栗陸續擺入皺紋小紙盒中。

變化 Variante

柳橙糖衣醋栗
Groseilles déguisés à l'orange

將一顆未經加工處理的柳橙皮削成碎末，和150克的結晶糖混合，將醋栗洗淨，在還濕潤時，在上述混合物中滾動。

糖衣栗子
Marrons déguisés

準備時間 35分鐘
冷藏時間 45分鐘
冷凍時間 1小時30分鐘
烹調時間 15分鐘
份量 20顆糖衣栗子

奶油50克
罐裝甜栗糊200克
糖栗碎屑60克
玉米粉15克
糖衣
細砂糖250克
水100毫升
即食板狀巧克力(chocolat à croquer)50克
檸檬1/2顆
奶油5克

1] 讓奶油放入容器中，在室溫下軟化。

2] 用橡皮刮刀將奶油攪軟成膏狀，接著加入栗子糊。均勻混合，冷藏45分鐘，讓配料變硬。

3] 在工作檯上撒玉米粉(或糖粉)，擺上栗子奶油糊，切成兩半，然後將每一塊揉成長條狀。

4] 將每個長條切成相等的10塊。將每一塊揉成球狀，用拇指和食指捏每顆球的頂端，形成栗子的形狀。

5] 將這20顆「栗子」的每一顆斜叉在叉子上。將這20根叉子擺在大盤子上，整個冷凍1小時30分鐘或冷藏3小時。

6] 將半顆檸檬榨汁。將水和糖煮沸。

7] 將巧克力隔水加熱或微波加熱。

8] 將糖漿緩緩地淋在巧克力上，用力攪拌，再將所有材料放入平底深鍋中，加入奶油，煮沸，同時不斷攪拌。

9] 煮1分鐘後，加入檸檬汁。混合物這時煮至大滾。再煮10分鐘；混合物開始冒煙並變稠。在附著於湯匙上時，持續攪拌並煮至150°C。

10] 離火，將平底深鍋擺在折成四折的布巾上。

11] 用叉子快速將每顆「栗子」浸入巧克力糖中至4/5的高度，在底部預留一圈：糖衣不應碰到叉子。浸泡後，栗子尖端形成一條糖的細線。將叉子跨放在盤子邊緣，讓栗子在外面。

12] 讓栗子硬化幾分鐘後，將細線切去。將栗子放入小皺紋紙盒。冷藏保存，並在24小時內品嚐。

訣竅

巧克力糖硬化得很快，若有必要的話，在沾裹的過程當中可將平底深鍋再加熱。

糖果 Les bonbons

南錫佛手柑糖 *Bergamote de Nancy*

準備時間 30分鐘
烹調時間 5分鐘
靜置時間 30分鐘
份量 50至60顆佛手柑糖

水300毫升
糖1公斤
葡萄糖又稱水飴(glucose)150克
檸檬汁10毫升
佛手柑精油5滴

1] 在平底深鍋中放入水、糖和葡萄糖，加熱並將糖煮至大破碎階段，即155°C（見69頁）。

2] 準備一個裝了冷水和冰塊的隔水加熱鍋。

3] 在烤盤上鋪上烤盤紙。

4] 將平底深鍋離火，在糖液中加入檸檬汁，接著再煮沸30秒。

5] 這時加入佛手柑精油，輕輕混合，然後將平底深鍋放入冰涼的隔水加熱鍋中15秒。

6] 讓糖流入烤盤，形成8至10公釐的厚度。將刀身浸入油中，並在糖上劃出深3或4公釐的溝，形成一個方格。讓糖硬化30分鐘。

7] 將烤盤紙抽離。用您的手指將方格糖打碎。將佛手柑糖放入密封罐中。佛手柑糖在乾燥處可以就這樣保存5至10天。

愛之蘋 *Pommes d'amour*

準備時間 30分鐘
烹調時間 10分鐘
靜置時間 30分鐘
份量 10顆愛之蘋

小蘋果(gala品種)10顆
水300毫升
糖1公斤
葡萄糖200克
紅色食用色素10滴
椰子粉
長20公分的牙籤10根

1] 準備一個裝入冷水和冰塊的隔水加熱鍋。

2] 將水、糖和葡萄糖加熱，將糖煮至大破碎，即155°C（見69頁）。

3] 加入紅色食用色素，用木匙均勻混合。

4] 將平底深鍋放入隔水加熱鍋中以中止烹煮。

5] 將椰子粉倒入小盤中。將蘋果插在牙籤，並將每塊蘋果浸入染色的糖中；將多餘的糖瀝去，接著在椰子粉中滾動蘋果。

6] 接著將蘋果擺入盤中，讓糖硬化30分鐘。

乾果糖杏仁 *Praline de fruits secs*

準備時間 30分鐘
份量 60克的糖杏仁

水50克
糖200克
杏仁、核桃、榛果或胡桃300克

1] 在工作檯上準備一大張的烤盤紙。

2] 在大平底深鍋中，將水、糖加熱，將糖煮至硬球，即135°C（見69頁）。

3] 將您選擇的全部乾果一次倒入。立刻和糖漿混合。它們會先混合，接著會分開，而外層用來包裹的糖會漸漸形成沙狀糖粒。

4] 持續用木匙攪拌。糖會逐漸上色，形成輕微的焦糖色。

5] 這時將這些糖杏仁倒在您準備的烤盤紙上。鋪平，放涼。

6] 放入密封金屬罐中；可保存15至20天。

焦糖 Les caramels

焦糖巧克力軟糖
Caramels mous au chocolat

準備時間 15分鐘
烹調時間 15分鐘
份量 70顆焦糖軟糖

苦甜黑巧克力120克
液狀鮮奶油440毫升
葡萄糖(又稱水飴glucose)280克
半鹽奶油(beurre demi-sel)40克
細砂糖280克

1] 將巧克力切碎。在小平底深鍋中將鮮奶油煮沸。

2] 在另一個平底深鍋中，以文火將葡萄糖煮至融化，加入糖。煮至焦糖，直到形成深琥珀色。

3] 這時加入奶油，混合，接著倒入煮沸的奶油，混合，最後混入切碎的巧克力。

4] 混合並再次煮至115～116℃。

5] 將焦糖倒入擺在烤盤紙上的矩形框或22公分的慕斯圈，放涼。

6] 切成矩形，包在玻璃紙(Cellophane)中，擺入密封罐裡。

焦糖檸檬軟糖
Caramels mous au citron

準備時間 30分鐘
烹調時間 10分鐘
乾燥時間 5或6小時
份量 65顆焦糖軟糖

未經加工處理的檸檬3顆
細砂糖500克
奶油60克
半鹽奶油65克
白巧克力250克
牛奶巧克力100克

1] 取下檸檬皮並切成細碎。和糖一起擺在烤盤紙上，用您的手摩擦混合，讓糖充滿檸檬皮香。

2] 將檸檬榨汁。將糖、果皮、檸檬汁和兩種奶油一起放入平底深鍋中，煮至118～119℃。

3] 將巧克力切成細碎，將糖漿淋在上面，用木匙均勻混合。

4] 讓配料流入15×18公分的框或中空模裡，形成2公分的厚度。

5] 就這樣放涼並結晶5或6小時。

6] 將焦糖裁成邊長2公分的方形。包在玻璃紙(Cellophane)中，以容器保存。

香草杏仁焦糖
Caramels à la vanilla et aux amandes

準備時間 30分鐘
烹調時間 10分鐘
靜置時間 30分鐘
份量 80顆焦糖

切碎的杏仁50克
香草莢2根
鮮奶油500毫升
葡萄糖350克
糖380克
奶油30克

1] 烤箱預熱170℃。

2] 將杏仁擺在鋪有烤盤紙的烤盤上，烘烤15至18分鐘，不時攪動。

3] 在碗上將香草莢剖開並刮出籽，以收集香草籽。

4] 將鮮奶油煮沸。

5] 在另一個平底深鍋中，以文火將葡萄糖加熱至融化，加入糖和香草籽，煮至焦糖。這時加入奶油，接著是煮沸的鮮奶油，不停攪拌。煮至116～117℃，接著加入還溫熱的杏仁。

6] 將配料倒入擺在烤盤紙上的矩形框或慕斯圈裡，放涼。

7] 將焦糖切成方形(或棍形)，包在玻璃紙(Cellophane)中。用密封罐保存。

◀ 焦糖巧克力軟糖
Caramels mous au chocolat
應該將焦糖包在玻璃紙中，以維持糖的柔軟度。

覆盆子焦糖

Caramels à la framboise

入口即化的焦糖，
摻有覆盆子微酸的風味，
讓甜食有了更多樂趣。

食譜見441頁

Les truffles et les friandises au chocolat
松露巧克力和巧克力糖

出於對巧克力的熱愛，

方形牛軋糖(carrés de nougat)、杏仁、酒漬水果、

做成球狀的甘那許(ganache)，都裹上了巧克力。

以甘那許爲基底的松露巧克力最常滾上巧克力刨花或可可粉。

松露巧克力 Les truffes

準備時間 30分鐘
烹調與製作時間 20分鐘
冷藏時間 2小時
份量 45顆松露巧克力

奶油50克
苦甜黑巧克力330克
液狀鮮奶油250毫升
糖衣
可可粉100克

松露巧克力
Truffes au chocolat

1] 將奶油切成小塊，在室溫下軟化。

2] 將巧克力切成細碎。

3] 將鮮奶油煮沸，接著一點一點地加入切碎的巧克力，不停地輕輕攪拌。

4] 在巧克力融化時，加入奶油塊，用木匙攪拌至混合物均勻。

5] 將甘那許倒入鋪有烤盤紙的盤中，冷藏2小時。

6] 在盤中裝入可可。將甘那許脫模，切成10×30公分的矩形，在可可粉中滾動。

7] 將松露擺在盒中冷藏。

杏桃乾松露巧克力 ▶
Truffes au chocolat
et aux abricots secs
松露的入口即化，伴隨著芳香杏桃
所帶來的溫和香醇。

杏桃乾松露巧克力
Truffes au chocolat et aux abricots secs

準備時間 45分鐘
烹調時間 15分鐘
冷藏時間 2小時
份量 35顆松露巧克力

杏桃乾50克
水1大匙
杏桃蒸餾酒15毫升
奶油30克
黑巧克力240克
液狀鮮奶油80毫升
杏桃泥120克
可可粉150克

1] 將杏桃乾切成3公釐的小丁。和水、蒸餾酒一起放入平底深鍋中，以極小的火煮6至8分鐘，直到水果充分軟化成泥。

2] 將奶油切成小塊，讓奶油軟化。

3] 將巧克力切成細碎。

4] 將鮮奶油和杏桃泥一起煮沸，一點一點地加入切碎的巧克力，不停攪拌，接著放入杏桃丁，最後是奶油塊。均勻混合。

5] 在28×20公分的矩形盤中鋪上烤盤紙，倒入鮮奶油、巧克力和杏桃的混合物。冷藏2小時。

6] 在盤中鋪上可可粉。將甘那許脫模，切成10×30公分的矩形，然後在可可粉中滾動。

照片見369頁

焦糖松露巧克力
Truffes au chocolat et au caramel

準備時間 30分鐘
冷藏時間 2小時 + 30分鐘
份量 80顆松露巧克力

黑巧克力300克
牛奶巧克力180克
液狀鮮奶油260毫升
糖190克
半鹽奶油(beurre demi-sel) 40克
糖粉
可可粉150克

1] 將巧克力切成細碎。

2] 將鮮奶油煮沸。

3] 在平底深鍋中將糖緩緩加熱，直到充分上色為止。加入奶油，接著是鮮奶油，一邊均勻混合。加入巧克力，並攪拌至融化。

4] 在盤子底部鋪上烤盤紙。讓甘那許流入，將盤子冷藏2小時。

5] 用刀身劃過盤子周圍，然後倒扣在烤盤紙上脫模。裁成邊長3公分的方形。為您的手撒上糖粉，用您的掌心將每塊方形揉成球狀。

6] 將所有的甘那許球擺盤，再次冷藏30分鐘。

7] 將可可粉倒入大盤子或烤盤上。擺上球狀松露巧克力，並在可可粉中滾動。接著放入濾器中，搖動以去除多餘的可可粉。

松露覆盆子
Truffes aux framboises

準備時間 30分鐘
冷藏時間 2小時
份量 40顆松露巧克力

奶油30克
黑巧克力320克
覆盆子160克
細砂糖15克
奶油90毫升
覆盆子利口酒1大匙
覆盆子蒸餾酒1/2大匙
可可粉100克

1] 讓奶油在室溫下軟化。

2] 將巧克力切成細碎。

3] 仔細揀選覆盆子，接著放入蔬果榨汁機或電動攪拌器中打成泥(您應有120克果泥)。加入細砂糖，均勻混合。接著將果泥混入鮮奶油中，將所有材料煮沸，接著將平底深鍋離火。

4] 一點一點地倒入切碎的巧克力，一邊不停地攪拌。加入軟化的奶油、覆盆子利口酒和蒸餾酒；加以混合。

5] 讓甘那許流入鋪有28×20公分烤盤紙的盤中。

6] 冷藏2小時。脫模，將甘那許切成10×30公分的矩形。在盤中鋪上可可粉，讓矩形甘那許在當中滾動。放入密封罐中冷藏。

松露開心果
Truffes à la pistache

準備時間 30分鐘
烹調時間 20分鐘
冷藏時間 3小時
份量 40顆松露巧克力

開心果150克
奶油75克
液狀鮮奶油160克
開心果糖膏(pâte de pistache) 50克
白巧克力340克

1] 烤箱預熱170°C。

2] 將開心果擺在烤盤上，烘烤20分鐘，並不時攪動。放涼。

3] 將切塊的奶油放入沙拉盆中，讓奶油軟化。

4] 將鮮奶油和開心果糖膏煮沸。浸泡20分鐘。將巧克力切碎。

5] 在精細的濾器中將開心果混合物過濾，再次加熱，並刮平底深鍋的鍋底，以免黏鍋。煮沸時，一點一點地加入巧克力，一直用木匙攪拌。接著加入奶油。在沙拉盆中倒入甘那許，加以冷藏，讓甘那許凝固。

6] 接著放入裝有圓口擠花嘴的擠花袋中。在鋪有烤盤紙的烤盤上擠出甘那許球，接著冷藏2小時。

7] 將烘烤的開心果切得很碎。將松露從紙上剝離，在開心果中滾動。放入密封罐中冷藏。

巧克力糖 Les friandises au chocolat

巧克力酒漬覆盆子
Framboises à l'eau-de-vie et au chocolat

準備時間 40分鐘
烹調時間 15分鐘
靜置時間 45分鐘 ＋ 2小時
份量 45個覆盆子巧克力

酒漬覆盆子45～50克
苦甜黑巧克力400克
翻糖又稱風凍(fondant) 125克(見73頁)
覆盆子蒸餾酒50毫升

1] 將酒漬覆盆子擺在吸水紙上瀝乾。

2] 將300克的巧克力切碎，隔水加熱或微波加熱至融化。放涼至幾乎凝固，接著再稍微加熱至31°C。

3] 在小方格的連模上，用毛刷在格內塗上大量的融化巧克力。檢驗巧克力薄膜中沒有洞。

4] 有必要的話，在烤盤冷藏後再塗上第二層巧克力。就這樣置於陰涼處30分鐘，讓巧克力充分硬化。

5] 在每格模型中放入一顆覆盆子。

6] 在隔水加熱的鍋中或微波爐中，將翻糖緩緩加熱，並加入蒸餾酒，讓翻糖軟化。在充分柔軟時，用小湯匙放入格中。不要完全填滿。再置於陰涼處15分鐘。

7] 將剩餘的100克巧克力加熱至融化，始終用小湯匙分裝進模型中。接著冷藏2小時。

8] 跟著脫模，將巧克力覆盆子放入盒中冷藏。

巧克力糖薑 *Gingembre confit au chocolat*

準備時間 30分鐘
冷藏時間 30分鐘
份量 550克的糖漬薑巧克力

糖漬薑250克
苦甜黑巧克力300克
杏仁片40克

1] 前一天晚上：用熱水沖洗薑，以去除包裹的糖，接著瀝乾24小時，以去除所有的糖漿。

2] 將薑切成厚4公釐的塊狀。

3] 烤箱預熱180℃。

4] 將杏仁擺在烤盤上烘烤。經常翻攪，直到烤成金黃色。

5] 將巧克力緩緩加熱至融化，接著調溫(見79頁)，然後將每塊薑片插在叉子上浸入巧克力中。

6] 用杏仁片裝飾，讓這些巧克力在烤盤紙上乾燥。冷藏30分鐘。以密封盒冷藏儲存。

老饕論 Commentaire gourmand

您可用同樣方式為糖漬橙皮(見353頁)裹上巧克力糖衣。

普羅旺斯乾果拼盤 *Mendiants provençaux*

準備時間 30分鐘
烹調時間 15分鐘
冷藏時間 15分鐘
份量 400克的乾果拼盤

整顆去皮杏仁50克
整顆去皮榛果50克
糖漬橙皮50克(見353頁)
黑巧克力300克
開心果50克

1] 烤箱預熱180℃。

2] 將杏仁和榛果擺在烤盤上，烘烤4或5分鐘。放涼。

3] 將糖漬橙皮切成邊長5或6公釐的小丁。

4] 在隔水加熱鍋中或微波爐中，將巧克力緩緩加熱至融化；調溫(見79頁)後填入裝有直徑5公釐圓口擠花嘴的擠花袋中。

5] 在烤盤紙上擠出直徑4公分的圓形巧克力。

6] 立刻撒上杏仁、榛果、糖漬橙皮丁和開心果。置於陰涼處15分鐘。

7] 在完全凝固時，從紙上剝離，然後擺好。

干邑巧克力杏仁糖 *Pâte d'amande au chocolat et au cognac*

準備時間 40分鐘
冷藏時間 15分鐘
份量 400克的杏仁糖

杏仁膏(pâte d'amande) 200克
冷凍乾燥咖啡2小匙
干邑白蘭地(cognac)40毫升
糖粉
黑巧克力200克
核桃仁30克

1] 讓冷凍乾燥咖啡在2小匙的熱水中溶解。

2] 將杏仁膏切成小塊，和咖啡、干邑白蘭地一起充分拌和。

3] 為工作檯和擀麵棍撒上糖粉。

4] 將杏仁膏擀成約8公釐的厚度。裁成長4公分的菱形。用毛刷去除多餘的糖粉。

5] 將巧克力緩緩加熱至融化，然後調溫(見79頁)。

6] 將每塊菱形杏仁膏插在叉子上，浸入巧克力中，然後瀝乾。將這些糖果擺在烤盤紙上，並在每顆糖上面放上半顆核桃仁。

7] 將杏仁糖冷藏15分鐘。

8] 從紙上剝離後擺盤或放入罐中。

準備時間 40分鐘

冷藏時間 10分鐘

份量 400克的杏仁糖

杏仁膏(pâte d'amande) 200克(見346頁)

格里奧汀酒漬櫻桃(griottine) 100克

糖粉

黑巧克力200克

巧克力米70克

巧克力格里奧汀杏仁糖 *Pâte d'amande aux griottines et au chocolat*

1] 若您不使用販售的材料，就製作杏仁膏。切得很小塊。

2] 將酸櫻桃瀝乾，約略切碎。和杏仁膏塊一起放入沙拉盆中，用手混合並搓揉。

3] 在工作檯上撒上糖粉。將酸櫻桃杏仁膏切成兩塊，將每塊揉成直徑2或3公分的長條。將每條切成2公分的圓柱體。

4] 在盤子裡鋪上烤盤紙。

5] 用您的掌心將每個長條揉成櫻桃大小的球狀，然後擺在紙上。

6] 在隔水加熱鍋中或微波爐中，將巧克力緩緩加熱至融化，然後調溫(見79頁)。

7] 將巧克力米放入碗中。

8] 將每顆球插在叉子上，泡入融化的巧克力中。在沙拉盆邊緣輕拍叉子，以去除多餘的巧克力。

9] 接著將浸泡過的球擺入裝有巧克力米的碗中，用另一個叉子將球轉動，讓球可以均勻地裹上巧克力米。將這球擺盤。

10] 在所有的球都裹上巧克力米後，將盤子冷藏十幾分鐘。接著將杏仁糖放入小皺紋紙盒中，然後擺盤，是您想保存的話，就放進盒子裡。

老饕論 Commentaire gourmand

格里奧汀酒漬櫻桃(griottine)是比一般的酒漬櫻桃更甜、更可口的種類。

準備時間 40分鐘

烹調時間 1小時40分鐘

靜置時間 1小時

份量 400克的杏仁球

杏仁勝利麵糊300克(見41頁)

杏仁片50克

黑巧克力300克

巧克力杏仁球 *Rochers aux amandes et au chocolat*

1] 烤箱預熱180°C。

2] 製作杏仁勝利麵糊。

3] 將杏仁擺在烤盤上，烘烤4或5分鐘，並不時翻攪，直到變成金黃色為止。

4] 將烤箱溫度調低為120°C。

5] 在杏仁冷卻時，加入杏仁勝利麵糊中，輕輕混合。

6] 在烤盤上鋪上烤盤紙。用小湯匙經常蘸冷水，在烤盤上擺上一小堆一小堆的麵糊。

7] 將烤盤以120°C烘烤10分鐘，接著將溫度調低為90°C，再烘烤1小時30分鐘。將烤盤取出，將杏仁球放涼。

8] 在隔水加熱鍋中或微波爐中，將巧克力緩緩加熱至融化，然後調溫(見79頁)。

9] 為烤盤鋪上烤盤紙。

10] 將每顆球插在叉子上，泡入融化的巧克力中。在沙拉盆邊緣輕拍叉子，以去除多餘的巧克力。

11] 全都裹上巧克力後，置於陰涼處凝固1小時，但不要冷藏。

12] 從紙上剝離，然後擺盤或放入密封罐中；可保存兩星期。

Sugar
Suiker
SUCRE
Zucchero
PYREX
500g
400g
300g
200g
100g

Pratique de la pâtisserie
糕點實作

容積重量代換表 CAPACITÉS ET CONTENANCES

若您手邊沒有精準的測量器具，此表格可讓您估算所需要食材的容積與重量，讓您得以完成各種食譜的操作。
您可在底下找到加拿大等量表的提醒，以及本著作中所使用的縮寫提醒。

	容積 capacités	重量 poids
1小匙(咖啡匙)	5毫升	5克(咖啡、鹽、糖、木薯粉)、3克(澱粉)
1點心匙	10毫升	
1大匙(湯匙)	15毫升	5克(乳酪絲)、8克(可可粉、咖啡粉、麵包粉)、12克(麵粉、米、小麥粉、鮮奶油)、15克(細砂糖、奶油)
1摩卡杯	80～90毫升	
1咖啡杯	100毫升	
1茶杯	120～150毫升	
1餐杯	200～250毫升	
1碗	350毫升	225克的麵粉、320克的細砂糖、300克的米、260克的葡萄乾、260克的可可粉
1湯盤	250～300毫升	
1利口酒杯	25～30毫升	
1馬德拉酒杯	50～60毫升	
1波爾多酒杯	100～150毫升	
1大水杯	250毫升	150克的麵粉、220克的細砂糖、200克的米、190克的小麥粉、170克的可可粉
1芥末杯	150毫升	100克的麵粉、140克的細砂糖、125克的米、110克的小麥粉、120克的可可粉、120克的葡萄乾
1瓶酒	750毫升	

法國－加拿大等量表

重量 poids	
55克	2盎司
100克	3盎司
150克	5盎司
200克	7盎司
250克	9盎司
300克	10盎司
500克	17盎司
750克	26盎司
1公斤	35盎司

此等量表可計算將近幾克的重量(事實上，1盎司＝28克)

容積 capacités	
250毫升	1杯
500毫升	2杯
750毫升	3杯
1公升	4杯

為了方便容量的測量，在這裡使用相當於250毫升的量杯(事實上，1杯＝8盎司＝230毫升)

使用的縮寫

g	=	克
kg	=	公斤
cl	=	克升
Min	=	分鐘
H	=	小時
Kcal	=	大卡
℃	=	攝氏溫度

Le matériel et les ustensiles de base

基礎器具

糕點的製作一定要遵守比例、烹調的溫度和時間。

但在開始製作一道甜點之前，擁有優良的器材是不可或缺的。

不論您是新手還是專家，

使用適當的器具才能獲得成功糕點。

器具、配件和測量儀器 Les ustensiles, accessoires et instruments de mesure

製作糕點，我們使用一整套金屬製基本的廚房用具，
以及具特殊用途的器具。
糕點也需要食材份量的極度精準，
因而某些測量儀器是不可或缺的。

基本小用具
Le petits ustensiles de base

攪拌盆 Bol mélangeur 必須具有廣口和深底，才能用攪拌器攪拌、揉捏麵糊，或是在麵團發酵時用以保存麵團。

鋼盆 Cul-de-poule 基本上為不鏽鋼或銅製的深碗狀，特別適合用來將蛋白打發成泡沫狀。銅有利於操作，可獲得結實的濃稠度，而蛋白也能達到最大體積。

木匙和刮杓 Cuillère et spatule en bois 一個是用來攪拌和混合，另一個是用來脫模和刮鍋底。木頭不導熱，讓我們在使用時不會燙傷手。

橡皮刮刀 spatule en caoutchouc（法文又稱 **maryse**）。用來抹平、混合或刮麵糊。

抹刀 Palette métalique 軟而平的刀身用來塗蛋汁或製作鏡面。

攪拌器 Fouet（數種尺寸）。用來將蛋白打發成泡沫狀。還有用來將鮮奶油打成凝固濃稠狀的鋼絲攪拌器(fouet à fils rigides）。

漏斗型濾器 Chinois 可擋住醬汁、糖漿中雜質的圓椎形濾器。

網篩 Tamis 用來將麵粉過篩並去除硬塊。

各種紙類
Papiers divers

烤盤紙 Papier sulfurisé 兩面鋪有防水膜的薄紙。用來鋪在模型上，但在蓋上配料之前必須塗上奶油。

矽膠墊 Papier siliconé 在糕點中常用來鋪在烤盤上，以防止麵糊沾黏。耐高溫。

鋁箔紙 Papier d'aluminium 用來包裹某些要烹煮的食材(亮面應朝向要烹煮的菜餚)。讓配料保溫。

彈性保鮮膜 Film plastique étirable 超薄，特別用於保護食品。也有較厚，可用於微波的彈性保鮮膜。

糕點用品
Les articles pour pâtisserie

壓模 Emporte-pièce ou découpoirs 形狀和大小非常千變萬化（冷杉、動物、心形等），可為餅乾做各式各樣的切割。

烤箱網架 Grille à pâtisserie 將蛋糕擺在上面冷卻，讓蛋糕不會在脫模後軟化。

大理石烤板 Marbre à pâtisserie 大理石或花崗石板，平滑而冰冷，最適合用來進行麵團的加工。

平刷 pinceau plat（以豬鬃為佳）。用來為模型塗上奶油、為麵糊塗上蛋汁、黏合修頌（chausson）的邊緣。

烤盤 Plaque à pâtisserie 烘烤用。建議使用某些不沾烤盤，較利於保養。

擠花袋與擠花嘴 Poches et douilles 在為泡芙填餡、裝飾蛋糕，並在烤盤上擠出某些麵糊時是不可或缺的。多種口徑與形狀的擠花嘴（douille）（塑膠或不鏽金屬）讓裝飾千變萬化。

擀麵棍 Rouleau à pâtisserie 傳統上為木製，擀麵團用。

花鉗 Pince à tarte 為麵團邊做個漂亮的修飾。

輪刀 Roulette cannelée 可裁出相當規則的麵團。

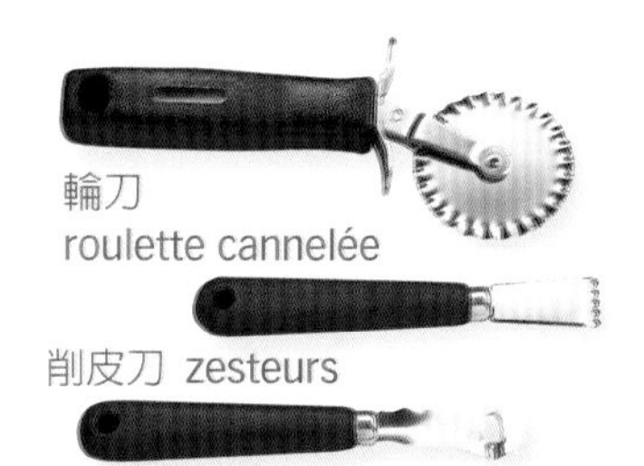

輪刀
roulette cannelée

削皮刀 zesteurs

蘋果去核器 vide-pomme

攪拌器
fouets

水果削切工具
Les outils de coupe

果子去核器 Dénoyauteur 用來為櫻桃、李子去核的鉗子。

蘋果去核器 vide-pomme 邊緣鋒利的短圓柱體，可去除蘋果的果核，同時保留完整的蘋果。

削皮刀 Zesteur 有刀身的器具，可將柑橘皮削成細長條。

橡皮刮刀
spatule en caoutchouc

測量儀器
Les instruments de mesure

磅秤 Balance 有三種料理秤：機械、自動和電子。對糕點來說，磅秤必須要秤出少於30克和大於2公斤的量。雙盤的羅伯威爾秤（balance Roberval）是傳統的機械型式。在實作中，我們最好使用自動秤—鐘面上的指針會標示出重量—也能秤液體的重量。數位顯示電子秤代表一種進步：體積縮小，更可精準到「克」。

刻度容器或定量器 Récipient gradué doseur 硬塑膠、玻璃或不鏽金屬材質，有時具有把手和倒水口。0、10至2公升的容積，用來測量液體體積，或在無磅秤時測量某些流動食材（麵粉、細砂糖、小麥粉、可可粉），刻度顯示體積與重量的對應。但有時利用日常用品（芥末杯、茶匙、甜點匙等。見378頁的表）會更為實用。

溫度計 Thermomètre 在糕點中，我們擁有好幾種專用的溫度計。烹飪溫度計（thermomètre de cuisson）（玻璃身，紅色液體）的刻度從0至120°C，用來檢驗隔水加熱鍋的溫度，例如奶油醬的烹煮。煮糖或糖果溫度計（thermomètre à sucre ou de confiseur）的刻度從80到200°C。圓形鐘面的烤箱溫度計（thermomètre de four），刻度從50到300°C。還有電子數位溫度計，具有探測器，精準度很高。

糖漿密度計或比重計 Densimètre à sirop ou pèse-sirop 用來測量糖的濃度，特別用於果醬和糖果的製造。是有刻度柄的浮標，會依密度而沉入液體中。

雪酪濃度計 Sorbetomètre 非常精準的光學儀器，專業人士用來在攪拌製冰前檢驗冰淇淋和雪酪的濃度。

定時器 Minuteur 可規劃材料的烹煮時間。

電子或機械小儀器
Les petits appareils électriques et robots

攪拌器 Batteur 用來攪拌少量，並在火上進行混合。

電動攪拌器 Mixeur 最簡單的樣式可浸入平底深鍋中，其他的具有深底的玻璃容器，底部備有用來搗碎並拌勻的銳利刀身。建議用來製作湯、果泥、醬汁。

多功能攪拌機 Robot multifonction 一般由底座和固定在上面的碗所組成。除了機器必須附上的基本三項配件（乳化攪拌器fouet pour émulsionner、麵團勾crochet pour pétrir、混合用攪拌器batteur pour mélanger）外，其他是依需求而定的建議選項（絞肉機hachoir、切菜機tranchoir、濾器等）。成本高，但堅固儀器的選擇和操作上的便利保證可長久使用。專業人士使用的某些型號具出色的性能。

雪酪機 Sorbetières 製作冰淇淋和雪酪的機器，必須在明顯低於0°C的冷藏狀態下拌和混合物。過去手動的雪酪機實際上已不再使用。在電動雪酪機中，凹槽備有由馬達發動的攪拌機。冷由凹槽內壁裡或圓盤（預先冷藏十幾分鐘）所提供。價格高，又稱「冰淇淋攪拌機」的自動雪酪機，是專業人士使用攪拌機容量再縮小的複製版。攪拌雪酪和冷藏的機械完全自動化。

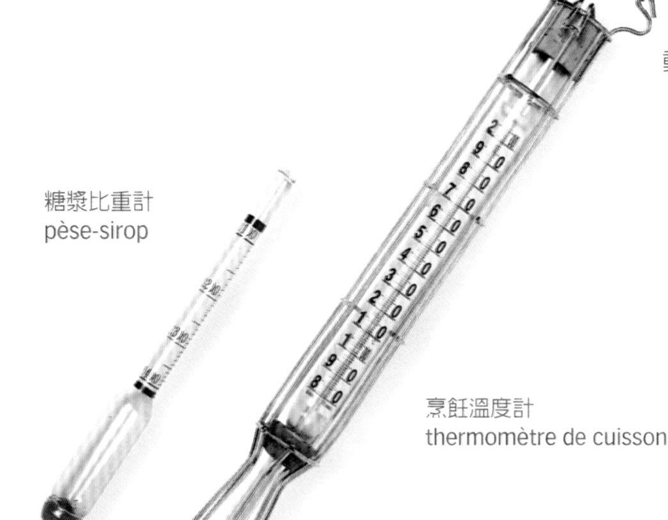

糖漿比重計
pèse-sirop

烹飪溫度計
thermomètre de cuisson

模型 Les moules

形狀、材料和品質的選擇多不勝數。

有各種用途的蛋糕模、烤盤(plat à feu)、巧克力或冰淇淋模、「多孔」模或一人份蛋糕模。

常見模型 *Les moules classiques*

皮力歐許模 Moule à brioche 金屬製，可能鋪有不沾材質，內壁為溝紋廣口。圓形或矩形，可為皮力歐許和其他點心塑形。

磅蛋糕模 Moule à cake 矩形，可能筆直或略呈廣口。有不同的大小。最好選擇不沾材質以利脫模。

夏露蕾特模 Moule à charlotte 桶形，略呈廣口，具有握柄，在脫模時可輕易倒扣。我們也用在布丁塔和布丁上。

蒙吉烤模 Moule à manqué 可以是溝紋或平口，圓形或方形。適用於海綿蛋糕或蛋糕體麵糊。

沙弗林模 Moule à savarin 平滑或溝紋，特色是中空，讓蛋糕呈現環狀。

舒芙蕾模 Moule à soufflé 圓形，以高直褶邊的白色耐高溫瓷模最為常見。我們也可找到玻璃材質的。有不同的容量。

布丁模 Ramequin 這是一種小型的舒芙蕾模，用來烘烤焦糖布丁。通常為耐高溫瓷模，可在烘烤後放入冰箱，接著上桌。

餡餅模 tourtière 這是塔模的名稱。邊緣平滑或有溝紋，以不同的材質製造。直徑在16至32公分(22公分：4位賓客；24公分：6位賓客；28公分：8位賓客等)之間變化。水果塔建議使用底可拆卸的圓形餡餅模。

一人份蛋糕模 *Les moules individuels*

奶油小圈餅模 Dariole 適用於米蛋糕或芭芭蛋糕(一人份蛋糕比例)的圓形小模。

圓錐形模型 Cornet 用來製作甜筒的金屬錐體。

法式小點心和迷你塔模 Moules à petits fours et à tartelettes 形狀和大小非常千變萬化的小模型。底部有時可拆卸。我們也用在糖果(friandise)上。

巧克力模 Moule à chocolat (塑膠)。花樣重複(動物、蛋、鐘等等)的個別模型或模型板。

6至24孔模型板 moule en plaque 有餅乾或小蛋糕形狀的蜂窩板，可同時烘烤24塊糕點。其中以貝殼形狀的瑪德蓮蛋糕模型板（plaque à madeleines）最為著名。

皮力歐許模 Moule à brioche

沙弗林模 moule à savarin

夏露蕾特模 moule à charlotte

蒙吉烤模 moule à manqué

磅蛋糕模 moule à cake

特殊模型 *Les moules spécifiques*

海綿蛋糕模 Moule à biscuit 矩形，用來烘烤之後再填餡並捲起的蛋糕體麵糊。

鉸鏈式模型 Moule à charnière 金屬製，橢圓或矩形，底部可拆卸。鉸鏈可將內壁移去，在脫模上非常實用。

冰淇淋模 Moule à glace 金屬模特別適合。具有密封蓋，可防止結晶形成。平滑的內壁便於脫模。底部經常是懸浮的。我們也可找到小雪糕模（moule à Esquimaux）。

庫克洛夫模 Moule à kouglof 為有斜棱紋的環狀。傳統上，我們會發現它是上釉的陶土材質，然而為了方便脫模，最好還是選擇不沾材質的。

方形或圓形中空模 Cercles et cadres 這些是專業人士使用的無底形狀(以烤盤作底)。解決了脫模的難題。還可找到塔用圓形中空模，以及甜點、維切林(vacherin)用的較深圓形中空模。直徑從10至34公分之間不等。方形中空模為正方形或矩形。

海綿蛋糕烤盤 Caisse à génoise 這是一種凸邊的矩形金屬模，垂直或廣口，用於海綿蛋糕、布丁塔、米蛋糕等。

泡芙塔圓錐模 Cône à croquembouche 用於堆起的泡芙塊，便於泡芙的堆疊。

木柴蛋糕模 Gouttière à bûche 用以製作聖誕木柴蛋糕的模型。

鬆餅模 Gaufrier 兩片板子接合的模型，經常為鑄鐵材質，用來製作鬆餅和小鬆餅。有兩種類型，一種是放在烤盤上，或是用爐烤，另一種是是電熱的。

泡芙塔圓錐模
cône à croquembouche

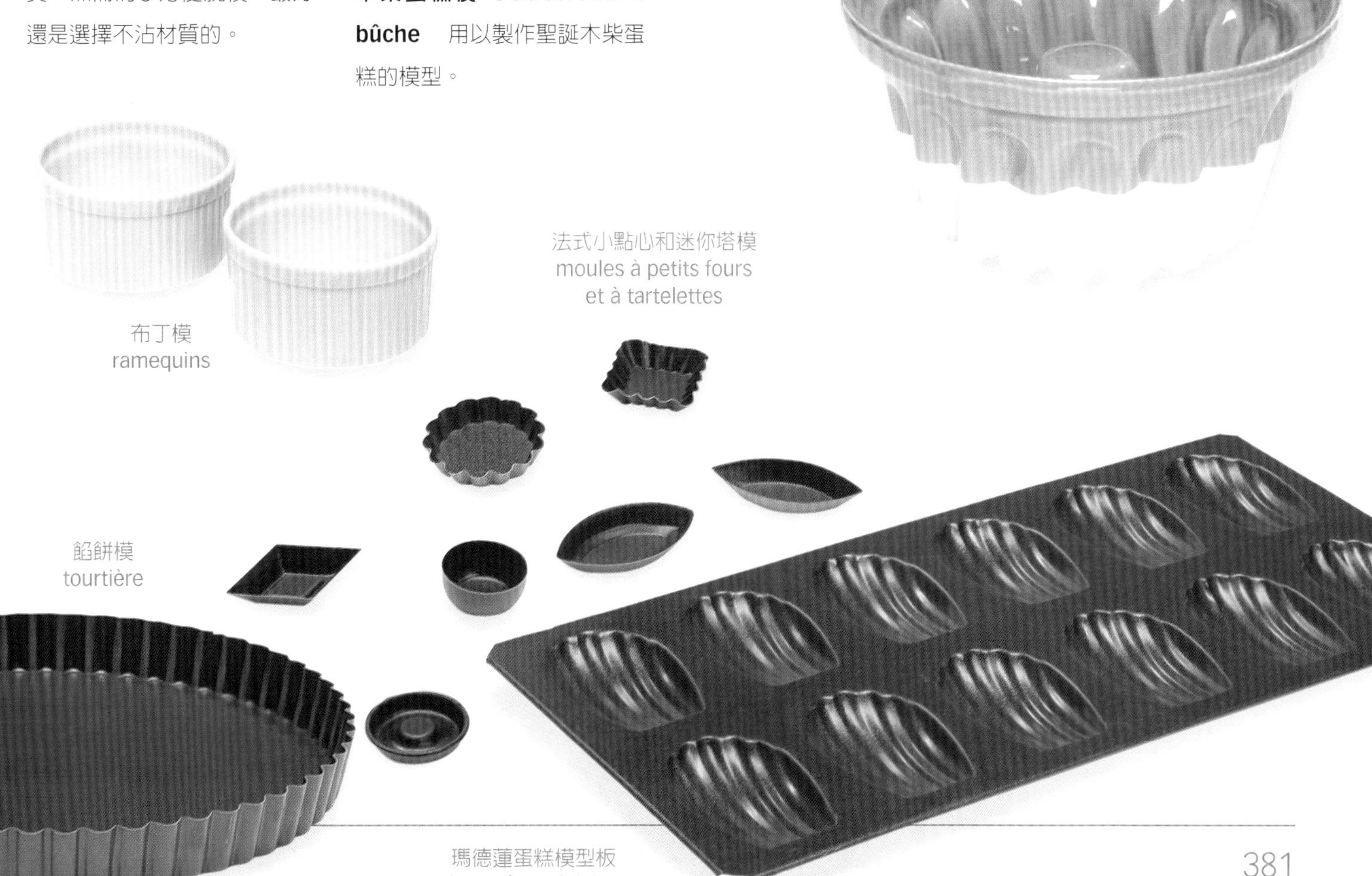

庫克洛夫模
moule à kouglof

法式小點心和迷你塔模
moules à petits fours
et à tartelettes

布丁模
ramequins

餡餅模
tourtière

瑪德蓮蛋糕模型板
plaque à madeleines

烹飪用具 Les appareils de cuisson

煮一樣食物，就是經由加熱的動作，來改變它的物理狀態、化學成份和味道，以便烘托出它美味的性質。唯有經驗能夠掌握烹調的技術，並獲得真正的技能。要使用電還是瓦斯？能源的選擇其實是個人偏好和烹飪習慣的問題，這也可能依居住條件而定。使用瓦斯的好處眾所皆知─溫度的快速升降─但電力，多虧了設備的改善，現在同樣也能提供優質的烹調。

烹調面板
Les tables de cuisson

瓦斯爐 Brûleurs à gaz 數種功率(和不同半徑)的爐頭，可同時使用不同大小的容器。間歇性開關火的超小火爐頭(brûleur maxi-mijoteur)和序列式爐頭(brûleur séquentiel)可以用小火燉一道菜而不必看管。

電子爐 Plaques électriques 熱惰性相對較大。調溫旋鈕可在到達想要的熱度時將電流切斷，並在熱度降低時恢復電流。

電陶瓷爐 Table en vitro-céramique 鋪有極耐碰撞平滑表面的電子爐。

好處：我們可輕易將容器放到面板上，保養也較為容易。大部分的電陶瓷爐具有一至兩個鹵素爐，升溫非常快速。

電磁爐 Table à induction 涉及較新的電子烹調技術。磁場帶動金屬容器的加熱。升溫快，控溫精準。

注意：某些材質(銅、鋁、玻璃)不能放在電磁爐上煮。

微波爐
Les four à micro-ondes

在微波爐中，磁控管放射出非常高頻率的微波，直接或反射到隔板內壁，穿透到食物裡，藉由分子的振盪將食物加熱或煮熟。

微波爐的好處是可大量減少烹煮的時間，但別以為它可取代一般的爐。甚至不該用來製作糕點。實際上，它將麵糊煮熟了，但卻不會發酵，尤其無法上色。

儘管如此，只要採取某些預防措施，這項設備可以提供無數的服務。

例如：

— 將水果、麵糊快速解凍；

— 讓從冰箱取出的奶油軟化；

— 在沒有隔水加熱鍋的狀況下將巧克力融化；

— 讓牛奶變溫而不黏鍋或溢出。

很重要的是，要仔細研讀製造商所提供的產品使用注意事項。電子程序設計可以精準地標出解凍、加熱、保溫和烹煮的時間，而這會依設備的功率而有明顯的不同。為了加熱或烹煮食物，必須使用「透明」容器，也就是能讓微波通過，而不會反射或加以吸收。材質的選擇相當廣泛：玻璃、耐高溫玻璃、彩釉陶器或無裝飾(金、銀或白金飾)瓷器...我們可找到一整個專為微波爐設計的塑膠餐具系列。

禁止：金屬容器和蓋子、鋁盒和鋁箔紙。要注意的是，我們可使用烤盤紙。可用開了洞的伸縮保鮮膜覆蓋在食物上，以免乾燥。還有微波爐專用膜，較厚且有洞。

烤箱 *Les fours*

在糕點的製作中，用烤箱烘烤是最後一道程序，這就是為何對這樣設備有充分的認識，可大大決定一道糕點的成功與否。

烤箱一向具備控溫的調溫器。一般而言，調溫器的溫度從50或100°C到250或300°C之間變化。調整鈕的刻度有時從1到10。

在瓦斯烤箱中，燃燒維持了熱氣的大量流動。

在電子烤箱中，熱空氣透過自然流動的移動較少。高處和低處之間存有溫度上的差異。

這就是為何製造商建議這些設備設有強制對流系統，又稱「轉動熱 à chaleur tournante」、「輸送熱 à chaleur pulsée」或「造熱 à chaleur brasée」。多虧了風扇或渦輪，加速了空氣的流動和熱的交流。可更快速地達到想要的溫度，尤其是烤箱各處受熱均勻，可同時烘烤數種食材。

專業糕點師和麵包師傅需用到電子烤箱的一項額外功能：多虧了小蒸氣鍋爐，流動的空氣非常潮濕，這有利於烘烤並可避免乾燥。烤箱一般還具有可自動中斷烘烤的定時器。

其中大多數烤箱也具備可設定開始及結束烘烤時間的行程規劃。

許多糕點食譜需在熱烤箱中烘烤。一般而言，我們估算10至15分鐘以達到想要的溫度。在蛋糕烤成漂亮的顏色之前，應避免在烘烤過程中將門打開。

烤箱的清潔 Nettoyage du four

在烘烤過程中，食物可能會溢出或濺出油脂。烤箱的清潔因而不可或缺。依型號而定，建議使用兩道會導致不同結果的程序。

- 催化作用讓清潔簡化，但卻無法完全省略。烤箱內壁覆蓋著一層特殊的多孔琺瑯，會破壞油脂，但卻無法消除其他的污垢。

注意：這層琺瑯非常脆弱，無法忍受任何磨料或除垢產品。

- 只有電子烤箱存有熱解功能。非常有效，具完整的清潔效果。在空烤箱中，以極高溫將所有的污垢烤焦，然後化為灰燼。

清潔時間依烤箱髒污的程度，以及設備使用的頻率而定。

烘烤指示表 TABLEAU INDICATIF DE CUISSON

調溫鈕	溫度	熱度
1	100～120°C	剛好微溫
2	120～140°C	微溫
3	140～160°C	非常溫和
4	160～180°C	溫和
5	180～200°C	適中
6	200～220°C	中火
7	220～240°C	夠熱
8	240～260°C	熱
9	260～280°C	非常熱
10	280～300°C	旺火

這些指示適用於傳統的電子烤箱。
至於瓦斯烤箱和轉動式電子烤箱，請參考製造商的注意事項。

材料 Les matériaux

為了製作糕點和甜點，我們使用特殊用途的容器。
這些容器必須順手、堅固，而且容易保養。
認識不同組成材質的特性，尤其是其快速傳熱或保存的容量會很有幫助。

幾種用於糕點製作的器材
quelques types de matériaux utilisés en pâtisserie

材質
Les matériaux

鋼 Acier 非常堅固，但很容易氧化。尤其用於可麗餅鍋和俄式煎餅鍋(poêle à blinis)的製造。

不鏽鋼 Acier inoxydable 亦稱為「inox」，成本稍高，但它無數的優點可大大地作為補償。這種材質不會變質、耐撞、不會吸收味道，而且容易保養。
無數器具都屬不鏽鋼材質：模型、平底煎鍋(poêle)、煎炒鍋(sauteuse)、平底深鍋(casserole)、攪拌盆(bassine)、壓模(découpoir)和各式各樣的手動器具。

鋁 Aluminium 這項金屬同樣價格合理，但其品質依厚度而定。太薄，會容易變形。特別用於平底深鍋和鑄鐵鍋(marmite)。

銅 Cuivre 銅的價格高，而且不易保養，因為我們必須不時重新焊補。但銅的導熱性絕佳，而且受熱均勻，這就是為何專業人士堅持使用銅的原因。用於平底深鍋、煎炒鍋、攪拌盆、平底煎鍋和煮糖鍋(poêlon à sucre)(用來製作焦糖和糖漿)。

白鐵 Fer-blanc 在糕點中很常用(模型、烤盤、壓模)，價格也很划算，但應小心地擦拭模型和器具，以免生鏽；絕不要泡在水中太久。

鑄鐵 Fonte 黑色，非常重、堅固，但有可能摔破。最適合用於緩慢的烹調。

琺瑯 Fonte émaillée 也用於緩慢的烹調，而且常用來製造燉鍋(cocotte)、有柄小平底深鍋(poêlon)、焗烤盤(plat à gratin)。

耐高溫瓷 Porcelaine à feu 散熱差，不過一旦加熱，就可長時間保溫。耐高溫瓷盤和瓷杯的好處在於能直接從烤箱取出後上桌。

塑料 Plastique 包含不同名稱(三聚氰胺mélamine、聚碳酸酯 Polycarbonate、聚丙烯 polypropylène等)的合成材質。塑膠製的碗、巧克力模、橡皮刮刀，極容易保養。

耐高溫玻璃 Verre à feu 通常相當厚且透明，這項材質具有非常良好的抗熱衝擊性。

P.T.F.E. polytétrafluoéthylène 這是種不沾材質。當以鋁為基底時，它以「鐵氟龍」的名稱更廣為人知。由於保養容易，用於我們在不同註冊商標下可找到的平底煎鍋、煎炒鍋。儘管如此，還是要注意別用金屬器具或磨料產品將它刮傷。在Exopan(以鐵為基礎的P.T.F.E.不沾塗料)的註冊商標下，有適用於蛋糕、皮力歐許、迷你塔、沙弗林、海綿蛋糕、蒙吉蛋糕等模型的完整系列。

矽膠模 Flexipan 由玻璃和矽膠組成的材料Silocone(註冊商標)，獲得專業人士的高度評價。非常適合用於麵糊、慕斯、奶油醬和液體。
好處：任何需要用油和柔軟的麵糊都有利於脫模。
注意：絕不要將這類模型直接用於火焰或烹調面板上。也絕不要在模型裡切割材料。

Le marché et les ingrédients

食材選購

即使是最精緻的糕點和甜點，

所需的也不過是我們最簡單的食品：

麵粉、蛋、奶油、糖、水果和具豐富香味的農產品。

此外，還應選擇優質的產品並謹慎地使用。

巧克力、咖啡、香草、肉桂，

形成了這些總是隨手可得的美味香氣。

穀類和小麥粉 Les céréales et les semoules

禾本植物的果實——穀類，在某些國家中，還構成了人類的主食。

穀粒的組成包括：果皮，又稱麩皮，富含纖維素、蛋白質、維他命B1和B2，以及礦物鹽；種仁，由蛋白質網中聚集的澱粉粒(醣類)所形成；胚芽，富含脂類和維他命E。

穀類在僅是脫去第一層殼時，被稱為全穀。穀類以片狀、爆裂、膨脹等形式，進入了早餐產品的組成行列。經過磨碎、搗碎、磨粉和精製，它們形成了小麥粉、麵粉和澱粉(見389頁)。

燕麥 *Avoine*

羅馬人早就開始栽種的燕麥，日耳曼人和高盧人煮成粥食用，直到本世紀初仍是北歐國家的主食。

使用 Emplois

加工成麵粉(見389頁)或麥片的形式，這種穀物可製成餅乾、烘餅(galette)和無數盎格魯撒克遜的特產，其中包括麥片粥(porridge)。

100克(片狀)＝367大卡
蛋白質：14克
醣類：67克
脂肪：5克

小麥 *Blé*

小麥主要以麵粉或小麥粉semoule的形式使用，但也有加工改良的穀粒。

軟粒小麥 Le blé tendre 又稱「優良小麥 froment」，已轉化成可製成麵包的麵粉，略白或全白，依精製的量而定。

硬粒小麥 Le blé dur 含有較豐富的麵筋(gluten)，用來製作小麥粉，作為食用麵糊或某些特殊麵粉。

全麥 Le blé complet 屬於不同早餐類穀物的成份。預先煮熟後就成了Pilpil(註冊商標)，用於不同的料理製作和素食糕點中。

小麥胚芽 Le blé germé 乾燥並搗碎，用於某些中東糕點食譜中。

黑麥 Le blé noir 也就是蕎麥(sarrasin)，因穀粒深色而得名。儘管無法製成麵包，但所製的麵粉直到十九世紀末都是布列塔尼和諾曼地的主食。

薏仁 Le blé soufflé 用於甜食。

100克(粒狀)＝334大卡
蛋白質：11克
醣類：67克
脂肪：2克

使用 Emplois

從小麥開始，人們製造麵粉(見389頁)和粗粒小麥粉semoules。後者是經過不如麵粉那麼深入的研磨而得。其中略細的穀粒，就是小麥的穀仁，但可能包含皮屑。這是常見小麥粉的情形，其中的營養價值(礦物質和維他命)略高於較精製的優質小麥粉。精製的小麥粉用於食用麵團的製造。

「中粒moyennes」和「粗粒grosses」小麥粉semoules可製作不同的甜點：皇冠麵包(couronne)、奶油醬、布丁、舒芙蕾、油炸麥餅(subrics)。

100克＝355大卡
蛋白質：12克
醣類：73克
脂肪：1克

燕麥片
flocons d'avoine

薏仁
blé soufflé

黑蕎麥
blé noir sarrasin

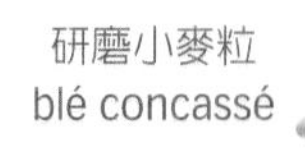

研磨小麥粒
blé concassé

研磨精製
小麥粒
blé concassé fin

玉米 *Maïs*

原產於美洲，由科提茲(Cortès)引進歐洲。法國食用玉米—主要在西南部和布烈斯(Bresse)—產量受到整個美洲大陸的支配。

甜玉米 Le maïs doux 固定在大穗上的淺色粒。在未成熟時採收，購買後趁新鮮食用，可以沸水煮熟或烤熟。也以罐裝販售。

100克(熟)＝128大卡
蛋白質：4克
醣類：22克
脂肪：2克

爆米花玉米 Le maïs pop-corn 用來製作爆米花；受熱後，穀粒會膨脹並爆開。

100克＝534大卡
蛋白質：8克
醣類：57克
脂肪：30克

玉米粒 Le maïs à grains 深黃色的硬小穗，可轉化為小麥粉semoule(用於玉米粥(gaude)和玉米餅(polenta))、麵粉和澱粉(見389頁)。

加工成片狀，就成了玉米片。

100克＝365大卡
蛋白質：10克
醣類：78克
脂肪：1克

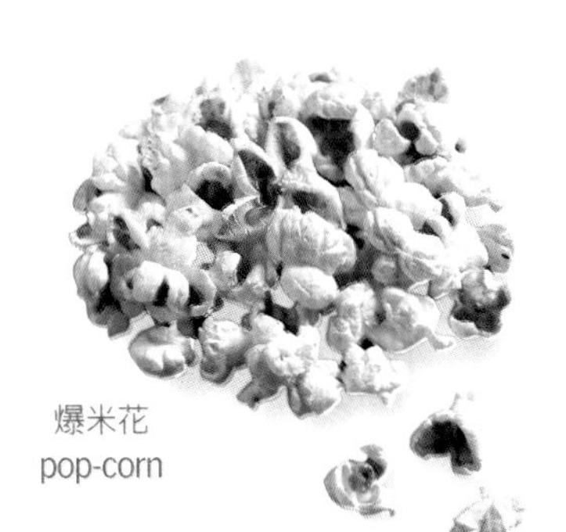

爆米花
pop-corn

精磨大麥
orge perlé

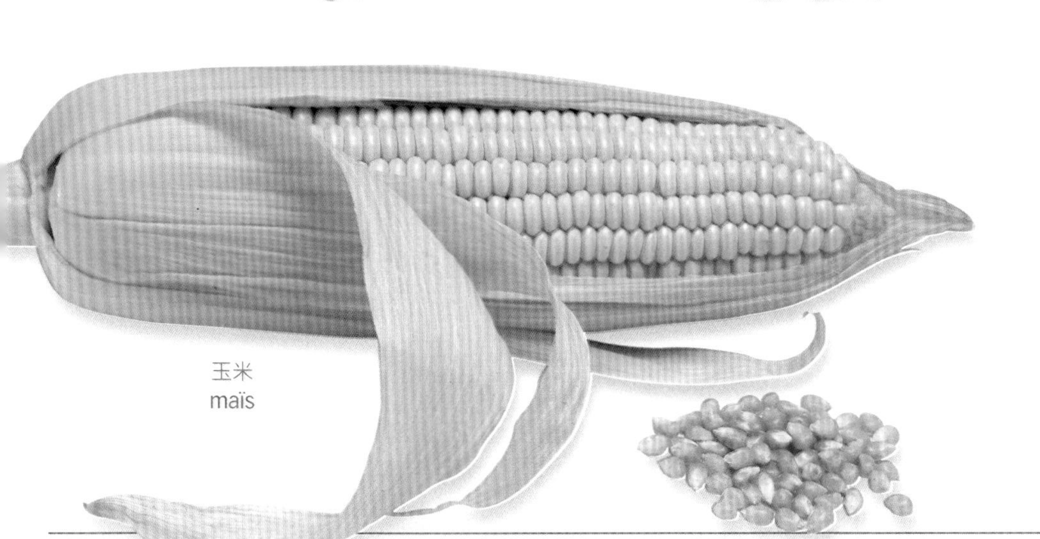

玉米
maïs

大麥 *Orge*

因缺乏麵筋(gluten)，大麥麵粉很難用來製作麵包。在大麥發芽後加熱，以阻止繼續發芽，然後磨成粉，形成麥芽，作為製造啤酒、威士忌和某些即時早餐麥粉的原料。去皮的穀粒經過兩次石磨，轉化成小圓珠，便形成了精磨大麥(orge perlé)，尤其是在德國，可用來製造濃湯(potage)、粥和點心。

100克＝365大卡
蛋白質：8.5克
醣類：78克
脂肪：1.1克

黍 *Millet*

有好幾種黍，亦稱為「小黍」(petits mils)。非洲和亞洲常用，但黍在歐洲美食學中無足輕重，可製成鹹或甜的菜餚。用法同米。

黍
millet

麵筋 gluten

麵筋意指穀物的蛋白質，在遇到水時會形成網狀。小麥的麵筋攔住發酵時所產生的二氧化碳，讓麵糊膨脹，並讓麵包呈現蜂窩狀。其他穀物的麵筋較缺乏這樣的可塑性。因此，黑麥麵包和五穀麵包較不如小麥麵包來得膨鬆。

黑麥 *Seigle*

和優良小麥(froment)相近的穀物，黑麥特別種植於北部地區的山上和貧瘠的土壤中。

使用 Emplois

黑麥以麵粉(見389頁)和片狀的形式使用，是麥果泥(birchermuësli)的成份之一。

100克（片狀）＝338大卡
蛋白質：11克
醣類：69克
脂肪：2克

米 *Riz*

在小麥之後，米是世上各大洲最多人種植的穀物。有8000種品種，並分為兩大類：粒粒分明的長米（riz à grains longs），以及烹煮時會黏在一起的圓粒米（grains ronds）。依其特性廣泛應用在不同的地方。

稻穀 Le riz paddy 由脫粒後收集的穀粒所組成。

糙米 Le riz cargo (ou complet ou brun)去殼，即去除第一層皮的顆粒米。

白米 Le riz blanc 沒有胚芽，也沒有穀粒的硬皮層(果皮)。

精白米 Le riz poli 是一種去除附著於穀粒上麵粉的白米。

加光米 Le riz glacé 裹上一些滑石粉的精白米。

蒸米或**預先處理米 Le riz étuvé** ou prétraité 是洗淨、加熱、去穀並燙煮的米。

半熟米 Le riz précuit 是經過去殼和燙煮後，煮沸，接著以200℃乾燥；這在法國最常見。

卡莫里洛米 Le riz camolino 是稍微上油的精白米。

爆米香 Le riz gonflé 經高壓加熱處理下製成。

米片 Les riceflakes 經蒸煮、去殼、壓扁，變成一種早餐穀片。

爆米香 Le popped rice 是像爆米花一樣加熱的米。也依米的來源而有所區別。

阿爾波里歐米 Le riz arborio 義大利的一種米，最上等米的其中一種。

印度香米 Le riz basmati 源自印度的一個品種，顆粒很小而長。

卡羅萊納米 Le riz caroline 美國進口的一種米。現在不再只是一個品種，但品質優良。

糯米 Le riz gluant 長粒，含有特別豐富的澱粉(amidon)，用於中式料理和糕點。

香米 Le riz parfumé 亦為長粒：種植於越南和泰國，在這些國家中被保留作為節慶菜餚。

蘇利南米 Le riz surinam 來自過去的荷屬圭亞那：顆粒長而細。

菰米或稱野米 Le riz sauvage 禾本科植物，水性雜草，原產於美國北部：顆粒細、黑而小。

使用 Emplois

長米較適用於料理，而圓粒米適用於糕點。後者有很強的吸水力，可加水或牛奶烹煮。是無數點心和蛋糕食譜的基本材料。

100克（熟米）＝120大卡
蛋白質：2克
醣類：20克
脂肪：0克

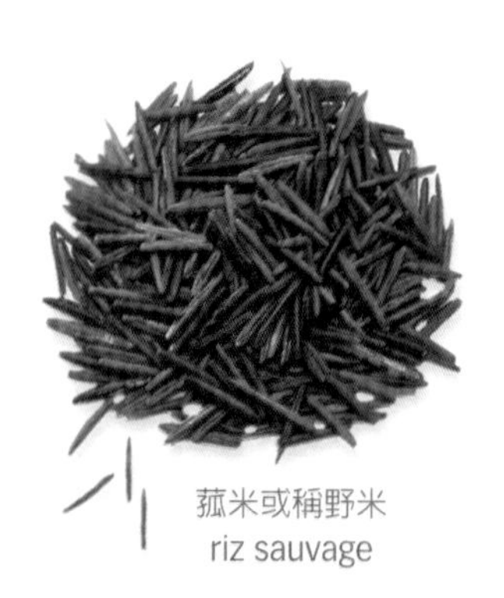

菰米或稱野米
riz sauvage

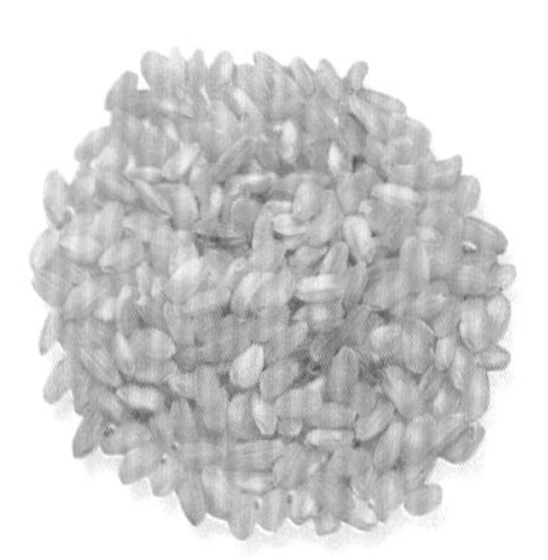

糙米
riz complet

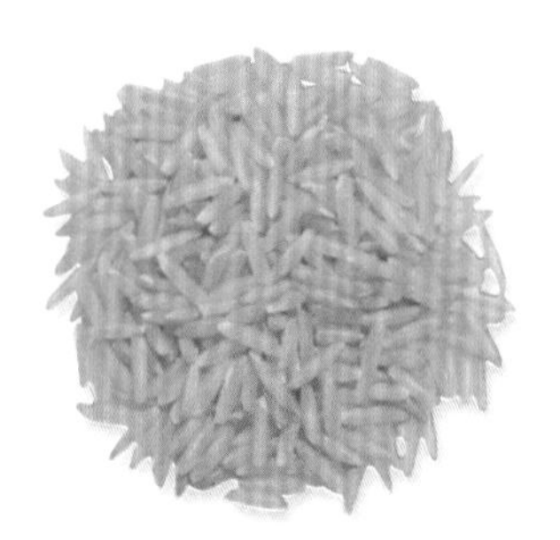

印度香米
riz basmati

長米
riz à grains longs

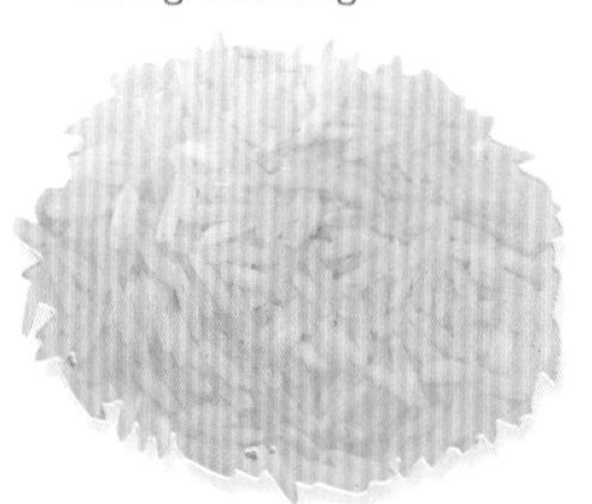

糯米
riz gluant

阿爾波里歐米
riz arborio

麵粉與澱粉 Les farines et les fécules

麵粉是由穀粒(小麥、玉米、米、蕎麥、黑麥)，
或某些含澱粉類的植物，如栗子(見420頁)等研磨而來。
麵粉越是精製，所含的礦物質及維生素的量就越少。
小麥澱粉(fécule)是極為精製的麵粉，
只剩下穀物的澱粉(amidon)、醣類。

小麥麵粉 *Farine de blé*

小麥麵粉參與了所有麵糊(團)的製造。乾燥時的顆粒為圓形，在手上留下薄薄一層較滑膩的精白粉末，則呈扁平狀並會散發出小麥香氣。

使用 Emplois

依精製的程度，以及來源的小麥而定，區分成好幾種麵粉。

普通麵粉 La farine ordinaire 為淡灰色。麵筋較少，不太會膨脹，而且只參與簡單的製作（餡餅麵糊、麵皮）。

糕點用麵粉 La farine pâtissière 含有最豐富的麵筋。較易膨脹，適用於水果蛋糕、海綿蛋糕和磅蛋糕。

特級麵粉 farine supérieure 非常純。如果是上等麵粉(gruau)或精白麵粉(fine fleur)，其發酵性能相當高。不論是稀薄或過篩的麵粉，可在醬汁(sauce)裡芶芡，並用來製作鬆餅和可麗餅。

全麥麵粉 La farine complète 是加了麩的白麵粉。用來製作某些麵包。

不同種類的麵粉 Les différents types de farine

特級麵粉(farine supérieure)的特色在於其灰分含量和殘留的礦物質。麵粉中所含的灰分毫克量決定了其種類。過篩最精細，也就是低筋麵粉，含有0.45%的灰分；較不白的110號麵粉，含有1.1%。超過type 55號的麵粉，因味道太重而無法用於糕點的製作。

其他麵粉 *Autres farines*

燕麥粉 La farine d'avoine 在斯堪地那維亞及布列塔尼地區，用來製作鹹或甜的粥、餅乾和烘餅。

玉米粉 La farine de maïs 用來製作餅乾、可麗餅、烘餅和蛋糕。

在來米粉 La farine de riz 從研磨非常白的碎片中獲得。用來製作日式和中式糕點。

蕎麥(或黑麥)粉 La farine de sarrasin 和牛奶混合，就構成了諾曼地香煎料理。布列塔尼地區始終用來製作稱為「烘餅」的可麗餅、粥和奶油蛋糕。

黑麥粉 La farine de seigle 為某些香料麵包，以及法蘭德斯尼勒麵包(nieules des Flandres)和林茨(Linz)麵包食譜的成份之一。

小麥澱粉 *Fécules*

小麥澱粉是澱粉含量極為豐富的粉(80～90%)，從穀物(米、玉米)或富含澱粉的根莖食物(馬鈴薯、木薯)中提取。用來為醬汁、奶油醬、肉餡、濃湯勾芡，用於煮粥或製作某些蛋糕。總是必須在未加熱前和冷液體拌和。

使用 Emplois

玉米粉 La fécule de maïs (Maïzena)，在無數的料理和糕點製作中作為增稠劑。

米醬 La crème de riz 幾乎是純澱粉，用法同上。

竹芋粉 L'arrow-root 是熱帶植物根莖的萃取。細亮且易消化，用法同玉米粉。

馬鈴薯澱粉 La fécule de pomme de terre 用來為粥和奶油醬勾芡。

木薯粉 tapioca 是從木薯的根中提取的澱粉。非常容易消化，用來製作點心。

脂質 Les matières grasses

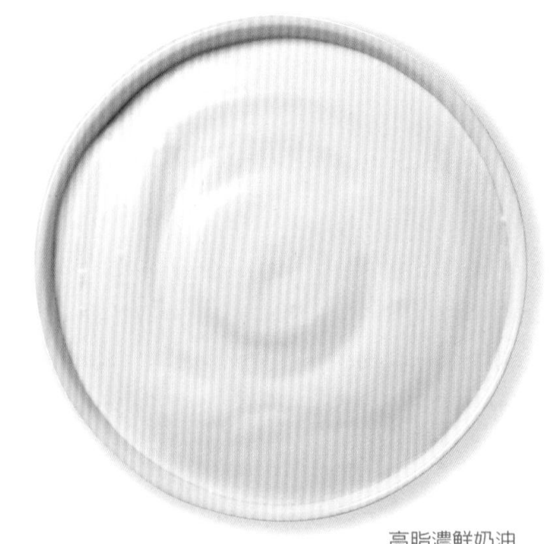
高脂濃鮮奶油
crème fraîche épaisse

脂質是固體或液體的食用油脂：
油和植物油、鮮奶油、奶油、乳瑪琳(margarine)、
豬油(saindoux)、鵝油。
以上所有油脂都可用在料理上，但卻不能用在糕點上，
因為糕點必須有精緻或中性的味道，並有香味作為支撐。

鮮奶油 *Crème fraîche*

這是經由離心的奶油分離器從乳製品中收集到的牛奶脂質。有好幾種鮮奶油，味道依加工方式而有所不同。除了濃縮鮮奶油（La crème double）和淡鮮奶油（crème légère）以外，所有的鮮奶油都包含30至40%之間的脂質。

生奶油 La crème crue 很罕見，沒有經過任何的熱處理。味道和香味沒有受到破壞。

高脂鮮奶油 La crème fraîche épaisse 經過殺菌（從65°C加熱到85°C）並熟成，且撒上乳酸菌以形成其味道和稠度。

依日尼鮮奶油 La crème d'Isigny 享有AOC產地命名認證，而且含有至少35%脂肪的鮮奶油。

濃縮鮮奶油 La crème double 熟成，但未經殺菌。有40%的脂質。

液狀鮮奶油 La crème fraîche liquide（fleurette）只經過殺菌。

淡鮮奶油 La crème légère 稠狀或液狀。只含有12～15%的脂質。

液狀殺菌鮮奶油 La crème liquide stérilisée 加熱至超過115°C，然後冷卻。脂質率為30至35%。

超高溫液狀鮮奶油 La crème liquide U.H.T.（ultra-haute température） 以150°C加熱2秒，接著快速冷卻。

牛奶奶油 La crème de lait（或乳皮peau de lait）由煮沸的生牛奶表面所形成的。市面上沒有販售，但我們可以在家自行製作。

使用 Emplois

液狀或超高溫鮮奶油用手動或電動攪拌器攪打而膨脹，並由於空氣的引入而形成打發鮮奶油，而當我們加入糖時，就是鮮奶油香醍。高脂濃鮮奶油經得起烹煮；用於不同的糕點中，有時也加入麵糊中。為了打發成鮮奶油(crème fouetté)，應加入10至20%的冷牛奶。我們也用來製作冰淇林。

100克＝320大卡
蛋白質：2克
醣類：2克
脂肪：330克

永遠冷藏保鮮 Toujours au frais

所有的鮮奶油都有保存期限(D.L.C)，從生的鮮奶油的7天到殺菌鮮奶油的數個月。必須冷藏保存(4°C)，而且在開罐後，基本上只能保存48小時。超過期限就會開始變質。

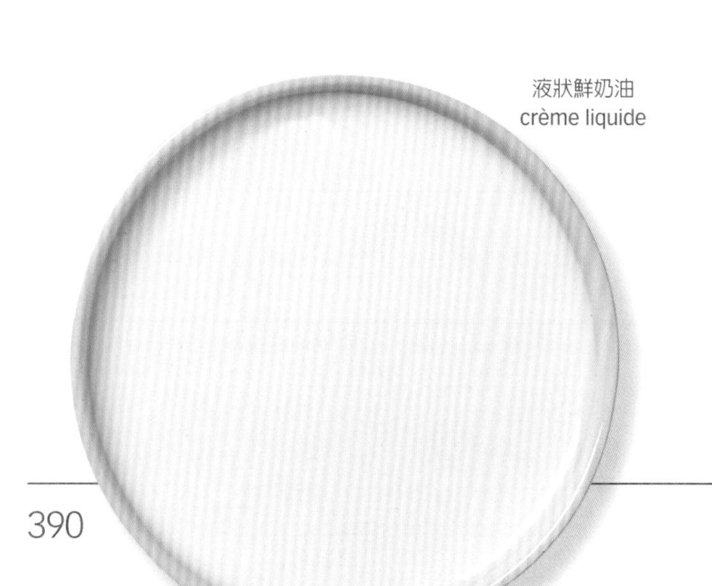
液狀鮮奶油
crème liquide

油 *Huiles*

油全都來自植物、種籽或水果的萃取。在15℃時是流質的，但經不起同樣溫度的烹煮。被稱為「植物提煉」的油，是不同來源的混合物。其他的油很純，而且來源精確。不論其來源和外形如何，所有的油都含有100%的脂類。

性質 Qualités

除了所謂的「初榨冷壓」橄欖油以外，油一直都是精煉的。種籽或水果被搗碎、磨成糊，接著加熱並壓榨以提煉出脂質。然後經過數次的加工處理(過濾或離心、中和、脫色)，讓油穩定，並改善其香味和味道。

使用 Emplois

尤其東方和中東會將油用於糕點中。此外，油主要用於油炸(多拿滋beignet)。但也包含在某些麵糊(團)的食譜中。

100克＝900大卡
蛋白質：0
醣類：0
脂肪：100克

乳瑪琳 *Margarines*

這些是外觀和使用方式很接近奶油的油脂。在上個世紀由法國一位藥劑師所發明，乳瑪琳長久以來都以動物性油脂、水和牛奶所製造。現在則受到植物性油脂所改變成份。乳瑪琳的成份總是標示在包裝上，按照法令規定，除了輕乳瑪琳(41%)以外，其脂質率和奶油(83%)一樣。

性質 Qualités

有數種類型的乳瑪琳：塗抹用、料理用和糕點用。塗抹用乳瑪琳添加了丁二酮，以形成相當接近奶油的味道。

使用 Emplois

塗抹用乳瑪琳可取代糕點用奶油，尤其是在製作折疊派皮上，但並不總是帶來同樣的好味道。

100克＝753大卡
蛋白質：0
醣類：0
脂肪：83克

黃橄欖油
huile d'olive jaune

綠橄欖油
huile d'olive verte

花生油
huile d'arachide

油的保存 Conservation des huiles

油怕光照的熱度和氧化。因而必須保存在遠離所有熱源的密閉櫥櫃中。

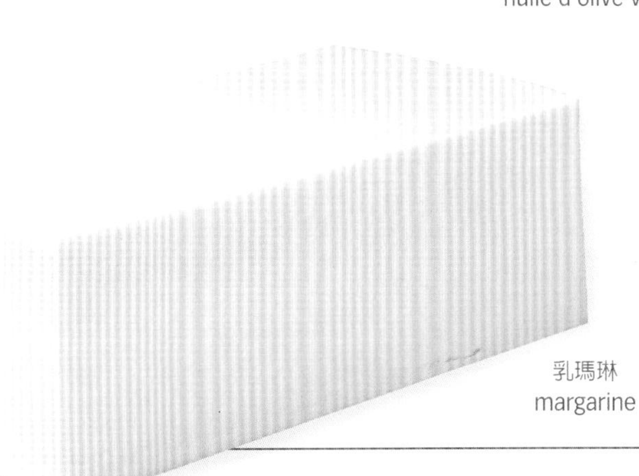

乳瑪琳
margarine

奶油 *Beurre*

冰而不凍
Au frais mais pas trop au froid

奶油很容易吸收味道並充滿該味道。這就是為何奶油總是必須密封地擺在冰箱中特定的隔層，並須以適當的溫度保存。

脂質比率
Taux de matières grasses

奶油是個受保護的名稱(1998年12月30日的法令)。依歐洲規章，奶油必須包含至少82%的奶油脂質、約16%的水(這是最大值)和無脂的乾燥物質(乳糖、蛋白質、礦物鹽等)。

由牛乳製成的鮮奶油，通常經過殺菌，接著撒上乳酸菌，經過十幾個小時的熟成，然後經過乳油分離(butyrification)，轉化為奶油。

奶油的味道依乳牛的飲食而定。乳牛提供牛乳，尤其是當鮮奶油熟成時，經乳酸菌發酵而製成的產品。奶油風味的主要成份是丁二酮，為奶油帶來榛果的味道。更區分成好幾種奶油。

生奶油 Le beurre cru ou crème crue 從未經殺菌的鮮奶油開始製造。D.L.C.(保存期限)：3～4°C，30天。

細、極細奶油 Les beurres fin et extra-fin 依鮮奶油的性質而定。為了製作極細奶油，在收集尚未凝結和脫酸的牛奶後，鮮奶油最多必須加工處理72小時。但這些奶油通常會在之後凝結。D.L.C.：14°C—24個月；3～4°C—60天。

乳製奶油 Le beurre laitier 來自乳品工業、農夫、農場。

淡奶油 Le beurre allégé 含有41～65%的脂質；由乳化的殺菌鮮奶油、澱粉、吉力丁或澱粉和大量的水所製成；經得起烹煮。

含鹽奶油 Le beurre salé 含3%以上的鹽，半鹽奶油beurre demi-sel A.O.C.則含0.5～3%的鹽分。

塗抹專用乳製奶油 Les spécialités laitières à tartiner 也經常被稱為「淡奶油」，成份依商標而定，但必然來自乳品工業。含有20～41%的脂類，而且經不起烹煮。

性質 Qualités

好的奶油不能易碎，也不會在室溫下結硬塊。和刻板印象相反的是，經過適度烹煮的奶油是無害的（只是在還生的時候或以100°C以下溫度加熱時較容易消化）。在120～130°C時，奶油會分解，這時會含有難消化的成份，而其中丙烯醛刺鼻、苦澀的味道會刺激腸胃。

奶油提供脂類、富含飽和脂肪酸，而且也包括維生素A(每100克含708毫克)和胡蘿蔔素(505毫克)。

使用 Emplois

一道不加奶油的糕點，我們難以想像它的口味。奶油是製作所有麵糊麵團(除了麵包以外)、各式奶油醬，其中包括法式奶油霜(crème au beurre)，還有糖果等所不可或缺的。

100克（正常奶油）=751大卡
蛋白質：0
醣類：0
脂肪：83克

頂級產地（grand cru）與A.O.C.（產區管制標籤appellation d'origine contrôlée）

法國有兩大奶油產區：夏朗德(Charentes)和諾曼地(Normandie)。這些地區都擁有頂級產地：聖瓦洪(Saint-Varent)、艾許(Échiré)和敘傑(Surgères)為頂級，依日尼(Isigny)、古奈(Gournay)、奴夏戴昂伯(Neufchâtel-en-Bray)、聖母教堂(Sainte-Mère-Église)和瓦洛涅(Valognes)為次級。若夏朗德的奶油擁有全球的A.O.C.，那麼唯有諾曼地的依日尼擁有這樣的稱號。

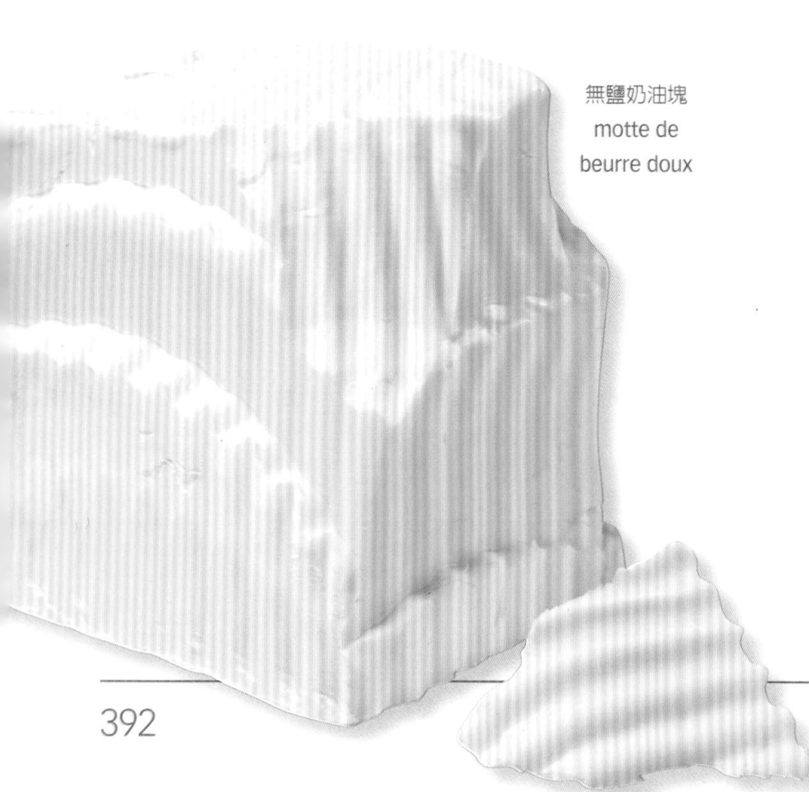

無鹽奶油塊
motte de beurre doux

乳製品 Les produits laitiers

這個詞包含牛乳和源自其發酵的產品：很少用於糕點的發酵乳酪、新鮮乳酪和優格。
乳製品含有蛋白質、脂類和醣類、維生素B群和礦物鹽。此外，它們也是唯一能為飲食提供足夠鈣質的食品。

新鮮乳酪 *Fromage frais*

又稱「白乳酪」，新鮮乳酪是因乳酸菌而凝結的殺菌牛奶，而且極少，或是完全不滴水。種類繁多，光滑或凝結，而且脂質率(M.G.)為0至40%。

使用 Emplois

新鮮乳酪經常用於烘餅、塔、冰淇淋、奶油醬和舒芙蕾。其脂質越少，甜點就越清淡。

100克，不論脂質率為多少：
蛋白質：7克
醣類：3克
脂質率40%的新鮮乳酪100克＝116大卡
脂肪：8克
脂質率0%的新鮮乳酪100克＝47大卡
脂肪：0克

優格 *Yaourt*

也稱「yoghourt」或「yogourt」，優格是從全脂、半脂或脫脂牛奶，經由「保加利亞乳酸桿菌(Lactobacillus bulgaricus)」和「嗜熱鏈球菌(Streptococcus thermophilus)」兩種菌發酵而來。所有的優格都有食用保存期限，而且必須冷藏保存。種類繁多，脂質率也有所不同。所有的發酵牛奶對消化系統和健康都能帶來好的影響。

使用 Emplois

優格用於清涼或冰涼的點心、冰淇淋、皮力歐許、蛋糕等。烹煮使優格快速分解：因此應加入一點玉米粉來加以穩定。

原味優格100克＝49大卡
蛋白質：4克
醣類：5克　脂肪：1克
全脂牛奶優格100克＝85大卡
蛋白質：4克　醣類：4克
脂肪：3克

奶類 *Lait*

牛乳是唯一用於糕點的奶類。依保存的方式和脂質的含量可分為幾種。

生乳 Le lait cru　相當罕見：應煮沸殺菌。都屬全脂。

殺菌乳 Le lait pasteurisé
也稱為「新鮮牛奶」，在72和90°C之間加熱15至20秒。沒有必要煮沸。其味道相當接近生乳。

全脂牛奶　Lait entier 100克＝64大卡
蛋白質：3克
醣類：4克
脂肪：3克
半脂牛奶　Lait demi-écrémé 100克＝45大卡
蛋白質：3克
醣類：4克
脂肪：1克
脫脂牛奶　Lait écrémé 100克＝33大卡
蛋白質：3克
醣類：4克
脂肪：0克

高溫殺菌乳 Le lait stérilisé
加熱以殺光所有的細菌，並確保能長久保存。常見的程序是U.H.T.(極高溫)，可盡量保留其風味。這牛奶是均質的，煮至140°C / 150°C　2～5分鐘，然後立刻採無菌包裝。營養成份和殺菌乳相同。

無糖濃縮乳 Le lait concentré non sucré　含不超過45%的水份；經過高溫殺菌。

100克＝130大卡
蛋白質：6克
醣類：9克
脂肪：7克

煉乳 Le lait concentré sucré
只含25%的水份，但加入40至45%的糖。

100克＝338大卡
蛋白質：8克
醣類：55克
脂肪：9克

奶粉 Le lait en poudre　徹底除去水份，但可以是全脂、半脂或脫脂。

使用 Emplois

牛奶是製作所有的奶油醬、冰淇淋、布丁塔和無數點心及液狀麵糊(多拿滋beignet、可麗餅、鬆餅)所必需。我們從使用半脂或甚至脫脂牛奶當中，可獲得營養學上較清淡的效果。

蛋 Les œufs

沒有其他附註的「蛋」一詞，永遠都是指雞蛋。
在薄薄的蛋殼保護下，蛋由一個蛋白和一顆蛋黃，
(重量佔33%)所組成。
蛋白為半透明水團和蛋白質(3克)；
蛋黃則聚集了剩餘所有的蛋白質(3.5克)和
所有的脂類(6克)，以及具乳化劑性質的卵磷脂。
蛋殼裡面還有一層膜，在較圓的一端留有一個叫「氣室」的空間，而隨著蛋的老化，氣室的體積會增加；
蛋在平底深鍋中越是浮起，就越不新鮮。

天然保護 Une protection naturelle

蛋從來都不需要洗，因為其蛋殼已經鋪上了天然的保護層。因而可被微生物或味道所穿透。在蛋殼破裂時就應該丟棄，而且絕不要購買蛋殼髒污的蛋：可能會存有有害健康的細菌，尤其是沙門氏桿菌。

泡沫狀蛋白和「冷藏殺菌蛋白液」blanc cassé

打成立角狀的蛋白霜，和預備用來生吃，製成慕斯的蛋白，必須非常新鮮才行。若是要用在準備煮熟的配料中，最好提前二或三天將蛋白和蛋黃分開，並以密封罐冷藏保存。就這樣冷藏的蛋白會形成平滑的泡沫，無法在烹煮時展開。加入1撮的鹽將有助於操作的進行。

性質與種類 *Qualités et catégories*

所有的蛋，不論是白或紅，蛋黃的顏色淡或濃，營養性質皆相同。
飼養的蛋沒有細菌，保證可保存得更良好。農場的蛋，當母雞經過良好的餵食時，可能會有獨特的風味。

特鮮蛋 Les œufs extra-frais
在盒上會以紅色和白色的帶子作為標示。包裝日期—約符合產卵日—以及食用期限註明在包裝上。特鮮蛋於陰涼處(8～10℃)可保存三星期，尖端向下，以免壓壞氣室。蛋越老，蛋白就越呈液態。

新鮮蛋 Pour les œufs frais
盒上沒有帶子，但同樣會標出上述日期，以及種類：A。
種類B的蛋是已經經過冷藏保存的蛋。

重量與分類 *Poids et classement*

蛋依直徑分類，並對應其重量：從7號(少於45克)至1號(70克以上)。最常使用的直徑是4號(55～60克)和3號(60～65克)。以上兩種蛋的蛋黃重約20克，蛋白34克。

使用 Emplois

如果沒有蛋，就不會有糕點的存在。蛋是大部分奶油醬(英式、卡士達等)、慕斯和沙巴雍的主要成份。它們為麵糊提供了質地、深度、香味、滑順和味道。它們可用來稠化、勾芡、乳化。蛋黃可用來塗上蛋汁。蛋白則打成泡沫狀。

55克的蛋1顆(4號)＝76大卡
蛋白質：6.5克
醣類：0.6克
脂肪：6克

紅殼蛋
œuf roux

白殼蛋
œuf blanc

蜂蜜 Le miel

蜂蜜是由蜜蜂所製造的含糖產物，
先從收集植物的花蜜開始，在蜂箱的蜂巢中轉化並儲存。
蜂蜜便是後者經過離心，接著過濾和淨化的萃取物。
在古代為神的糧食，一直是唯一的含糖食品，
直到被砂糖所取代。
剛提煉出的蜂蜜為液狀，但很容易結晶，
因為這是葡萄糖、果糖和蔗糖的飽和溶液。
但在加熱時會再度變為透明液體。

蜂蜜與健康 Miel et santé

由於蜂蜜為天然產物，人們很容易將數種療效歸功於它，然而並沒有獲得科學上的證實。不過它對喉嚨疾病的功效—因含有少量的甲酸—早已獲得證明。

糕點用蜂蜜 *Les miels utilisés en pâtisserie*

蜜源植物的性質，依種類和地區而有所不同，賦予蜂蜜其香味和顏色。蜂蜜常用於糖果和糕點上，不只是用來製作香料麵包，也能用來製作餅乾、杏仁香脆片(croquet)、東方折疊派皮、蛋糕、冰淇淋、司康餅(scone)。幾乎都可以用來取代糖。

金合歡蜜 Miel d'acacia 澄清且優質，來自幾個法國地區，以及匈牙利、波蘭和加拿大。適合作為餐用蜂蜜，並為飲料增加甜度。

歐石南花蜜 Miel de bruyère 紅色，而且相當厚，來自朗德(Landes)、索洛涅(Sologne)和奧弗涅(Auvergne)。非常適合用來做水果蛋糕、餅乾和香料麵包。

苜蓿蜜 Miel de luzerne 厚而黃，法國各地皆有生產，適合用來製作各式糕點。

橙花蜜 Miel d'oranger 澄清、金黃色，而且非常香，採集自阿爾及利亞和西班牙，但非常罕見。

冷杉蜜 Miel de sapin 來自浮日(Vosges)和亞爾薩斯(Alsace)，顏色非常深，有麥芽的甜味。適合餐用，並用於亞爾薩斯的糕點上。

蕎麥蜜 Miel de sarrasin 深紅色，味道非常強烈，產自索洛涅(Sologne)、布列塔尼和加拿大。非常適合用來製作香料麵包。

菩提樹蜂蜜 Miel de tilleul 法國、波蘭、羅馬尼亞和遠東到處都可採集，黃色，很厚，香味非常濃郁。適合餐用，並用於某些料理的烹調。

綜合花蜜 Miel toutes fleurs 不同蜂蜜的混合，最多人食用且不貴。可能產自山區或平原。

100克＝397大卡
蛋白質：0
醣類：76克
脂肪：0

橙花蜜
miel d'oranger

歐石南花蜜
miel de bruyère

菩提樹蜂蜜
miel de tilleul

金合歡蜜
miel d'acacia

冷杉蜜
miel de sapin

糖與甜味劑 Le sucre et les édulcorants

糖自最遠古時代便已存在。不論是甘蔗還是甜菜，飲食價值和甜度皆相同。這是一種被稱為「蔗糖」的純糖。甜味劑是不同於糖的產物，但具有相當的甜度。當中有些用於糕點的製作。

純糖（蔗糖）是測量甜度的標準。數值為1。果糖為1.1至1.3，葡萄糖為0.7，蜂蜜為1.2至1.35。多元醇的甜度小於1。合成甜味劑中的環磺酸鹽為25至30，糖精則是300或400。這說明了它們為何以細小的丸藥狀呈現。

常用的糖 *Sucres courants*

白糖為精製糖。紅糖，不論是來自甜菜或甘蔗，都非精製糖。保有的雜質形成其顏色和特有的味道。和白糖具有相同的飲食價值。

100克＝400大卡
蛋白質：0
醣類：100克
脂肪：0

方糖 Le sucre en morceaux 基本上來自法國，直到1874年才問世。趁糖漿還熱的時候進行澆鑄，以丁或平行六面體的形狀呈現。可加在熱飲中，也能用來製作糖漿或焦糖。

結晶糖 Le sucre cristallisé 來自糖漿的結晶，可用於製作果醬、水果軟糖和糕點的裝飾。這是較便宜的一種糖。

細砂糖 Le sucre en poudre ou sucre semoule 磨成很細的顆粒，可快速溶解，即使是在冷水中。用途很廣：糕點、甜點、點心、冰淇淋。

果醬專用糖 Le sucre spécial confitures 或**凝膠糖 Le sucre gélifiant** 是一種添加了0.4%的果膠和0.6至0.7%檸檬酸的細砂糖。有助於果醬的凝固。

糖粉 Le sucre glace 磨得很細，並添加了3%的澱粉。用來撒在烤好的糕點和糖果上、作為裝飾或用以包覆。

香草糖 Le sucre vanillé 是一種添加了至少10%天然香草精的細砂糖。7克一包，可為點心或麵糊增加風味。

香味糖 Le sucre vanilliné 是一種添加了合成香草的細砂糖。用法同香草糖。

冰糖
sucre candi

珍珠糖
sucre en grains

粗粒紅糖
cassonade

其他醣類 *Autres sucres*

冰糖 Le sucre candi 白色或棕色，來自糖漿附著在麻布或棉布上的結晶。結晶塊很大，不易溶解。實在不適合用在糕點上。

珍珠糖 sucre en grains 擁有從研磨極純方糖中所獲得的透明圓粒。用於裝飾糕點。

粗粒紅糖 cassonade 紅色的蔗糖結晶，有淡淡的蘭姆酒味。為皮力歐許蛋糕和塔賦予特殊的風味。

黑糖／紅糖 La vergeoise 紅色的甜菜糖結晶。這是第一道糖漿壓榨後的固體殘留物Vergeoise brune（黑糖／紅糖）或第二道糖漿精製後的產物 Vergeoise blonde（二砂／金細砂糖）。黑糖和粗粒紅糖很像，尤其用於法國北部和比利時的某些糕點中。

液體糖 Le sucre liquide 或 **糖漿 sirop de sucre** 是無色的糖溶液，經常用於食品工業中。以瓶裝販售，用來製作潘趣酒（punch）和某些甜點。

糖蜜 mélasse 是一種很厚的棕色糖漿，來自蔗糖的無結晶部分。魁北克長期用來取代糖，也用在某些糕點中。

翻糖又稱風凍 Le fondant 是一種添加葡萄糖的糖漿，煮至「硬球」（見69頁和73頁），然後攪拌至變成厚而不透光的糊狀物，經常加以染色並調味。在隔水加熱鍋中融化，可包裹酒漬櫻桃、新鮮水果或果乾和馬斯棒杏仁糖（massepain），並用來為泡芙、閃電泡芙、海綿蛋糕、千層派等上鏡面。

轉化糖 Le sucre inverti 糕點師傅經常使用，但在市面上找不到；可用易從藥房中取得的葡萄糖glucose代替。

天然甜味劑 *Les édulcorants naturels*

楓糖漿 Le sirop d'érable 來自糖楓樹的汁液，只能在加拿大西北部於一月至四月期間，從樹幹的切口採集而得。為了獲得1公升的糖漿，必須要有30至40升的汁液，其中必然含有65%的醣類；楓糖漿因而為珍貴的產物。在糕點上用來淋在可麗餅、冰淇淋和司康餅上，並用來為舒芙蕾、慕斯和乾果派調味。

葡萄糖 Le glucose 從玉米粉製造的純糖。可取代轉化糖。甜度較不如糖來得高。

果糖 Le fructose 為水果的萃取物。在健康商店中以粉末的形式販售。

多元醇 Les polyols 從澱粉或蔗糖的加工中獲得，經常用於糖果業（糖果、口香糖），因為帶來的卡洛里比糖少，特別是不會引起蛀牙。

合成甜味劑 *Les édulcorants de synthèse*

合成甜味劑又稱「強效增甜劑」：阿斯巴甜（aspartame）（E951）、安賽蜜（acésulfame K）（E950）、糖精（saccharine）（E954）和環磺酸鹽（cyclamates）（E952）。這些擁有非常強的甜度（直達糖的400倍），而且不會帶來任何的卡洛里。在法國，只有前三項被允許加入加工食品中。人們因此可在所謂「低熱量 light」的產品中發現它們的蹤跡。在粉末或壓縮的形式下，這些合成甜味劑像糖一般地使用，而且對於確實想減少糖攝取量的人來說很有用。粉狀的阿斯巴甜可用於糕點的製作上。

黑糖／紅糖
vergeoise brune

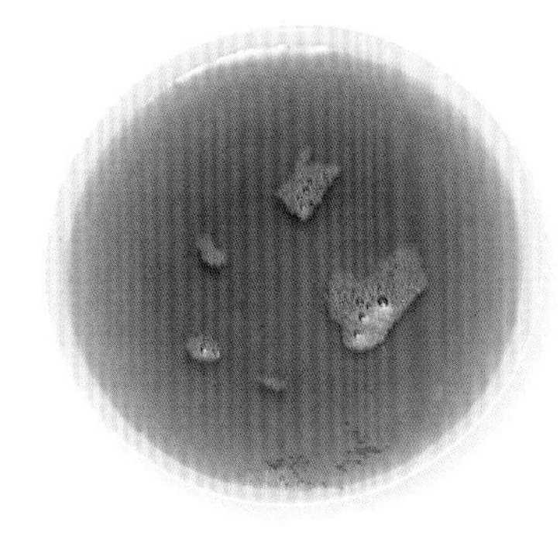

楓糖漿
Le sirop d'érable

可可與巧克力 Le cacao et le chocolat

可可來自可可樹的果實，即可可豆。
將開採出來的豆子放在太陽下曬，揀選、洗淨並乾燥；接著烘烤。
可可樹有幾種：克里奧羅(les criollos)(10%的產量，來自墨西哥、尼加拉瓜、瓜地馬拉、哥倫比亞和馬達加斯加)，很脆弱，生產的豆子非常香；佛拉斯特羅(les forasteros)，較結實，肯定有70%的產量(巴西和東非)；特立尼達(trinitario)的產量大，但品質多變，供應了剩餘的產量。

可可奶油 *Le beurre de cacao*

堅實、乳黃色，從可可液塊中壓榨而得。部分會再用於巧克力的製造。在糕點上的使用相當有限。

可可塊 *La pâte de cacao*

一旦經過烘烤，便加以磨碎：殼、胚芽和果仁分離。果仁在加熱至70℃的研磨器中搗碎，就這樣轉化成滑順而苦澀的可可塊，脂含量45至60%。糕點師和糖果商用這可可塊來加強巧克力的味道，但在市面上找不到。

可可粉 *La poudre de cacao*

可可粉是1828年由荷蘭人Van Houten所發明。將除去部分脂質的可可液塊磨成粉，形成苦甜的低脂可可粉(脂含量8%)或一般的可可粉(脂含量20%)。摻水拌和後，可可粉可用來製作巧克力雪酪和各式點心及甜點，也可以用來製作巧克力飲品。我們可以依想保留的苦澀度加入少量的糖。

100克＝325大卡
蛋白質：20克
醣類：43克
脂肪：20克

含糖或甜可可粉 cacao sucré en poudre ou **cacao sucré**、**巧克力粉 chocolat en poudre**、**去脂甜可可粉 cacao maigre sucré** 可可的混合物，以及100克中含糖量最低32克限度的可可粉…等使用，都和可可粉相同。

100克的巧克力粉＝376大卡
蛋白質：6.4克
醣類：80克
脂肪：7克

巧克力粉和**巧克力粒 Les poudres** et **granulés de chocolat** 是可可粉(最少20%)、卵磷脂(2%)和糖的混合物，以聚合粒的形狀呈現。用來製作巧克力飲品。

100克＝385大卡
蛋白質：4克
醣類：88克
脂肪：7克

巧克力與**可可早餐 Les petits déjeuners chocolatés** ou **cacaotés** 在不同比例的可可、糖，以及不同麵粉的混合物中摻入牛奶攪拌而成。

100克＝約400大卡
蛋白質：6克
醣類：83克
脂肪：5克

可可豆
cabosses

可可塊
pâte de cacao

可可粉
poudre de cacao

巧克力 *Le chocolat*

巧克力是可可塊和糖依規定比例形成的混合物。可添加可可奶油、牛奶、水果或份量同樣合乎規定的香料。將可可塊和糖混合、搗碎，接著精煉24至72小時。精煉是在貝殼形狀的機器中，以80℃不停地攪拌。可可塊脫水並去酸。大部分的可可奶油會在精煉的最後加入。巧克力的品質不只依可可豆的品質而定，也依精煉的品質和時間而定。巧克力因其可可的含量、性質和外形而有所不同。

覆蓋巧克力 Le chocolat de couverture 必然含有至少16%的可可，但優質的覆蓋巧克力可可奶油含量遠不僅於此，可達70.5%。這種巧克力含有豐富的可可奶油，會降低融點。種類有幾種，稍微加糖的、黑巧克力和牛奶巧克力。以1公斤的塊狀賣給專業人士，在市面上可找到100或200克的巧克力磚。覆蓋巧克力用於糕點和糖果。

所謂的「嚼食」或即食巧克力 chocolat à croquer 含有至少35%的可可。以100、200或500克的巧克力磚販售，用途很廣。

100克＝550大卡
蛋白質：5克
醣類：65克
脂肪：30克

苦甜巧克力 Le chocolat amer、苦味巧克力 bitter、黑巧克力 noir、糕點用或特級巧克力 pâtissier ou supérieur 含有至少43%的可可。事實上，以濃黑巧克力的形式，這些巧克力大部分含有更高的可可奶油含量，直達75%。製成100、200或520克的巧克力磚，可用來製作蛋糕、甜點、慕斯、奶油醬、冰淇淋等等。

牛奶巧克力 Le chocolat au lait 含有至少25%的可可，特級或特精緻牛奶巧克力含有至少30%的可可。在可可塊中添加奶粉或濃縮牛乳，而且經常加入香草。適合嚼食，這種巧克力也能用來製作甜點。

100克＝557大卡
蛋白質：8克
醣類：59克
脂肪：32克

白巧克力 Le chocolat blanc 由可可奶油（至少20%）、牛奶、糖所組成，並以香草精調味。不含可可塊。適合嚼食，這種巧克力可用來製作點心或「多種巧克力」糕點，並用在裝飾上。

100克＝532大卡
蛋白質：6.2克
醣類：62克
脂肪：28.5克

巧克力的功效
Les vertus du chocolat

巧克力會在腦中促進稱為「腦內啡」的分子或快樂分子，以及血清素和神經介質的分泌。腦內啡為人帶來愉悅的感受，神經介質則協調這其中的心理平衡。巧克力並不因此而特別具備刺激性慾的功能。不過可可中所含有的可可鹼、咖啡因、苯乙胺（化學結構類似於安非他命）對人體有振奮的效果。

白巧克力
chocolat blanc

覆蓋巧克力
chocolat de couverture

咖啡與茶 Le café et le thé

咖啡和茶都具有咖啡因，其興奮的功效眾所皆知，
可轉化為令人愉悅的飲料，廣泛為人所飲用。
兩者也經常用來為甜點和糕點增加風味。

咖啡 *Café*

咖啡樹為一種源自蘇丹(Soudan)的小灌木，果實為紅色的小漿果。這些種籽經過洗淨、加工，變成綠色的咖啡，接著再以200～250°C烘焙。烘焙，伴隨著攪拌的緩慢加熱，是一道讓咖啡變成褐色、形成味道、香味，以及咖啡因含量的關鍵程序。美國為淺焙，義大利為深焙，而法國則介於兩者之間。

阿拉比卡 L'arabica 風味細緻，咖啡因含量較少：1杯平均60毫克。品質不一，某些「產區(cru)」相當稀少。

羅巴司塔 Le robusta 味道較為強烈，富含咖啡因：1杯約250毫克。我們在市面上可找到不同的阿拉比卡、羅巴司塔或兩者混合的咖啡豆或粉。

但亦存有以下咖啡：**無咖啡因咖啡 décaféinés** 含有最多0.1%的咖啡因；**即溶咖啡粉或粒 solubles,en poudre ou en granulés** 這些是阿拉比卡、羅巴司塔，或兩者的混合。

使用 Emplois

以上所有的咖啡都用來製作同一種名稱的飲料。除了無咖啡因咖啡以外，所有的都廣泛地用於糖果業和糕點業，作為香料用。此外也有僅用於糕點的咖啡精。

茶與健康 Thé et santé

1杯茶平均含有75毫克的咖啡因、可可鹼(讓咖啡變得有點利尿)和氟。茶含有相當豐富的草酸和丹寧酸(綠茶的具有可變瘦的性質)。

茶 *Thé*

茶液的製作，是從一種山茶屬的嫩葉開始。茶樹生長在氣候濕熱的高海跋地區。我們採摘嫩葉的芽(白毫)和一片葉子(頂級採摘)、兩片葉子(優質採摘)或三片葉子(次級採摘)。有兩個品種：小葉片的中國茶和大葉片的阿薩姆。這兩種是依葉片大小和白毫數量展現出的類型和等級來分類。

紅茶 Les thés noirs 佔有世界上95%的產量。經過五道程序：萎凋、揉捻、發酵、乾燥和揀選，將茶葉依等級分類。

中國紅茶 Les thés noirs de Chine 經過烘焙，用手揉捻，而且有時還會加以煙燻。

綠茶 Les thés verts 沒有經過發酵，來自台灣和日本。沒有等級之分。

薰香茶 Les thés parfumés 範圍很廣，香味來源從花(茉莉、玫瑰)到香料(香草)，再到水果(蘋果、黑莓等)。

使用 Emplois

泡茶的習俗依國家而有所不同。泡茶應持續3至5分鐘之間，以免釋放出丹寧的苦澀味。茶，不論是原味還是經過調味，都可為奶油醬、冰點和慕斯增添風味。人們也用來浸漬乾果。

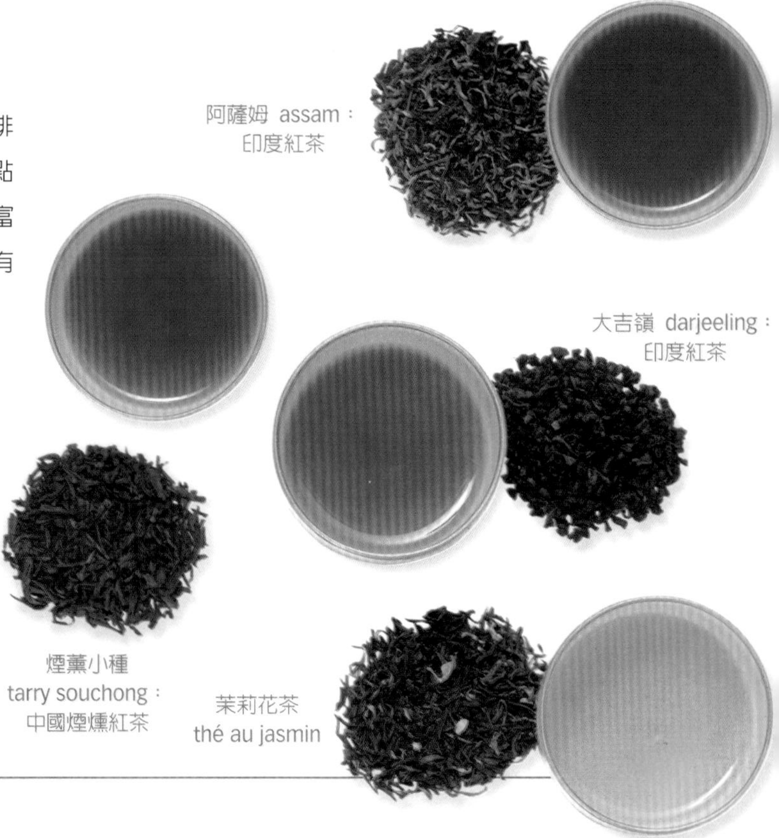

阿薩姆 assam：印度紅茶

大吉嶺 darjeeling：印度紅茶

伯爵茶 earl grey：佛手柑紅茶

煙薰小種 tarry souchong：中國煙燻紅茶

茉莉花茶 thé au jasmin

核果 Les fruits à noyau

核果基本上是夏季的水果。
含有豐富的水份(一般為90%)，趁新鮮時食用非常解渴，而且是果醬和夏季甜點的基礎。
它們豐富的維生素和味道，大大取決於其成熟度。

杏桃 *Abricot*

從三月中起，我們便可發現來自突尼西亞、西班牙、希臘、義大利的杏桃；法國的杏桃則成熟得較晚。杏桃是一種脆弱的水果，無法保存太久。其橙色的果肉相當綿密，而且想必非常香甜。但在成熟之前摘採，並擺放在冷房中，經常大大削減了其味道，更糟的是，一旦採收後，果實將不再成熟。杏桃富含維生素A。

法國品種 Variétés françaises

貝杰宏 Le bergeron 大而長，又以其一面紅色，一面橙色聞名。

卡尼諾 Le canino 相當大顆，橙色。味道普通。

尚波可或金富 Le jumbocot ou goldrich 很大而硬，略酸。

盧傑 Le luizet 大顆，相當橢圓，果肉柔軟，很香。

波蘭或**普羅旺斯橙 Le polonais** ou **orangé de Provence** 具紅色的斑駁外皮，果肉堅硬，略酸。

塞納紅 Le rouget de Sernac 大小中等。

胡希雍紅 Le rouge du Roussillon 帶紅色條紋的橙色，果肉硬，但較甜。

季節 Saison

六月到八月。

使用 Emplois

杏桃可直接食用或做成水果沙拉。人們用於不同的點心和蛋糕上，但特別常用於塔上。人們將杏桃煮熟以製成糖煮果泥、柑橘果醬和果醬。我們也能將它快速冷凍。打成果泥或醬汁，融入冰淇淋和雪酪中。用其果仁為酒精、果醬和柑橘果醬調味。不論是罐裝、原味或糖漿水果，都可以如同新鮮水果般使用。

100克(1顆杏桃約40克重)＝44大卡
蛋白質：0
醣類：10克
脂肪：0

卡尼諾 canino

尚波可 jumbocot

波蘭 polonais

櫻桃 *Cerise*

櫻桃樹屬於兩種小亞細亞品種——歐洲甜櫻桃樹(merisier)或甜櫻桃樹(cerisier doux)，以及歐洲酸櫻桃樹(griottier)或酸櫻桃樹(ceriser acide)。小而紅的櫻桃含有豐富的醣類。

品種 Variétés

甜櫻桃 Les cerises douces 來自歐洲甜櫻桃樹(merisier)，聚集了長柄黑櫻桃和心形櫻桃(bigarreau)。最常食用的是布萊特(burlat)，果肉入口即化；歐坦絲皇后(reine hortense)，汁多；何維尚(reverchon)，肉質堅硬清脆。

酸櫻桃 Les cerises acides 來自歐洲酸櫻桃樹，包括小而酸的蒙特模蘭西(montmorency)，還有紅到發黑且入口即化的歐洲酸櫻桃(griotte)。

英國櫻桃 Les cerises anglaises 來自雜交的櫻桃，小而亮紅，味道略酸。儘管有這樣的名稱，但它在法國的各地生長。

季節 Saison

五月中到七月中。

使用 Emplois

充分洗淨後，所有的甜櫻桃都是一道出色的甜點。也用來製作糖煮果泥、水果沙拉、舒芙蕾、多拿滋、塔，特別是克拉芙蒂(clafoutis)。去核並磨成泥後，就是一道出色的糖漿。製成糖煮果泥後，可為水果蛋糕和布丁增添風味，並作為無數甜點的裝飾。酸櫻桃經過酒漬後可保存良好。各個品種都能製成果凍、果醬、雪酪和冰淇淋。櫻桃也能以清燉保存，而且是無數利口酒，包括亞爾薩斯的櫻桃酒、英國櫻桃酒(cherry anglais)、和安茹的櫻桃酒(guignolet)等的源頭。

100克(1顆櫻桃約重5克)＝77大卡
蛋白質：1克
醣類：17克
脂肪：0

杜洪尼 duroni

拿破崙 napoléon

凡 van

歐坦絲皇后 reine hortense

歐洲酸櫻桃 griottes

布萊特 burlat

歐楂 *Nèfle*

歐楂樹屬薔薇科家族。歐楂含有幾個果核和少少的果肉，但汁液非常多。在市場上很少見，幾乎不用於糕點，但卻能製成出色的糖煮果泥。

100克＝46大卡
蛋白質：0
醣類：10克
脂肪：0

歐楂
Nèfle

桃子、油桃 *Pêche, nectarine et brugnon*

這些水果都來自同一個薔薇科家族。桃子的皮細緻，有絨毛；油桃的果皮光滑。brugnon油桃的果肉和果核黏在一起，這是和nectarine油桃的不同之處。這些水果有無數種品種，其中大部分為了經得起運輸而加以改良，經常因而損害到它們的味道。

品種與季節 Variétés et saisons

白肉桃 Les pêches à chair blanche（alexandra, aline, anita, daisy, dorothée, manon, primrose, redrobin, redwing, tendresse et white lady...等品種），相當脆弱，但極香。從六月開始上市，而且會一直待到八月中。

黃肉桃 Les pêches à chair jaune 較結實，但汁較少，而且經常不是那麼可口，這是因為在成熟前採收的緣故。Elegant lady、flavor-crest、maycrest、melody、o'henry, redtop、royal moon、springcrest、springlady、summer rich、symphonie、toplady品種在七月至九月採收。

血桃或**葡萄桃 Les pêches sanguines** ou **pêches de vigne** 有著極香的紫紅色果肉。原有的品種幾乎已找不到，新品種口感很粉。

油桃 Nectarines et brugnons 都具有白色果肉（11個品種，從七月中到八月底）或黃色果肉（同樣11個品種，從六月底到九月中）。

使用 Emplois

桃子、油桃以原味、水煮或糖煮果泥的方式食用。桃子用來製作無數的糕點，其中最有名的就是由奧古斯特．埃科菲(Auguste Escoffier)於1894年創造的蜜桃梅爾芭（pêche Melba），也能用來製作塔和點心。

我們可以將桃子糖漬、保存在蒸餾酒中，或是轉化為冰淇淋、雪酪，或是果醬。果汁可用來製作利口酒和蒸餾酒。

油桃的使用和桃子相同。

100克（1顆水果）＝50大卡
蛋白質：0
醣類：12克
脂肪：0

果皮問題 Problèmes de peau

油桃必須洗淨。至於桃子，最好剝皮，因為桃子總是經過加工處理，而所使用的產品可能會引起過敏反應。

若果實不夠成熟，就難以剝皮。因此應該再度浸入沸水中：果皮可輕易剝離。

黃肉的貴夫人桃
pêche elegant lady
à chair jaune

白肉軟桃
pêche tendresse
à chair blanche

黃肉的鐘頂油桃
nectarine bel top
à chair jaune

李子 *Prune*

李子有無數種品種，大小、顏色和味道都不同。然而它們都有光滑的果皮和多汁的果肉，最常見的是黃色，有時是綠色。紫色李子一旦乾燥，就被稱為「黑李乾 pruneaux」(見418頁)。

品種與季節 Variétés et saisons

克勞德皇后 Les reines-claudes 大部分產自西南部，大而圓(有時和杏桃一樣大)，而且很香。巴韋(Bavay)的果皮和果肉為淡黃色；綠色的品種閃耀著金黃色的光澤；福來(friar)，非常大顆，淡紫色的外皮和黃色的果肉是最大特色。我們可在七月中到九月中找到這些品種。

美日 Les américano-japonaises 是肉最肥厚，但較不香的品種。日本金李(Golden Japan)，大而黃，是其中最出色的。南非品種從六月底開始出現在市場上，一直到冬天都還有。

洛林黃香李 Les mirabelles de Lorraine 小顆，都很圓，橙黃色，而且相當甜美。收穫期很短：從八月中至九月。

蜜李 Les quetsches 橢圓形，外面為黑藍和紫色。淡黃色的果肉酸酸甜甜。我們可在九月初找到。

使用 Emplois

所有的李子都可在洗淨後以原味食用。可用來製作塔、克拉芙蒂(clafoutis)、布丁塔，並製成出色的糖煮果泥和果醬。可保存在蒸餾酒中，也能用來釀酒(黃香季和蜜李)。

100克(1顆李子約重30克)＝52大卡
蛋白質：0
醣類：12克
脂肪：0

購買與保存 Achat et conservation

這些水果都只能保存幾天。我們可在它們很成熟時存放在冰箱，但這總是會破壞它們的味道。因此最好每天或每兩天購買，而且盡可能選擇充分成熟的水果。

富含纖維質 Richesse en fibres

這些有核水果，尤其是櫻桃，都富含纖維質。纖維主要存於果皮中。在我們大量食用這些水果時(150克以上)，最好別再喝水，因為它們的果肉會因液體而膨脹，尤其是在飲料含有氣體時，這可能會引起令人不悅的脹氣。

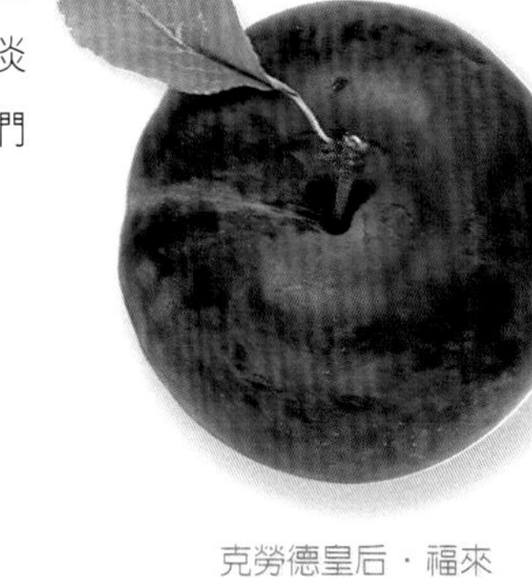

克勞德皇后．福來
reine-claude friar

總統品種
prune président

日本金李
prune golden Japan

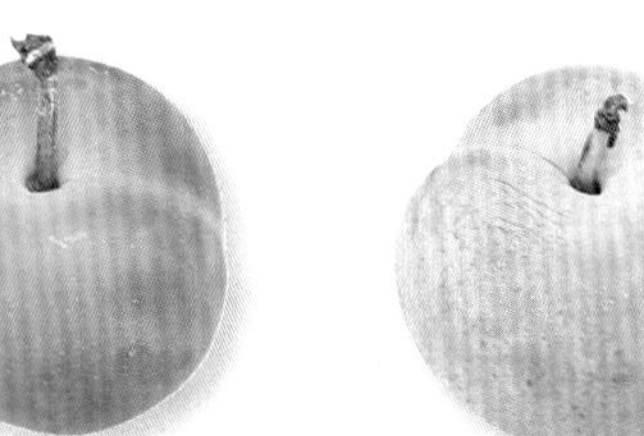

綠色的克勞德皇后
reine-claude verte

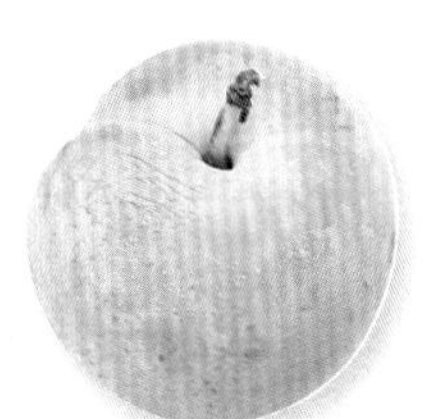

克勞德皇后．巴韋
reine-claude de Bavay

洛林黃香李
mirabelles de Lorraine

蜜李
quetsches

柑橘類水果 Les agrumes

柑橘屬柑橘類水果的特點在於略酸的味道。
原產於亞洲，種植於所有地中海國家、佛羅里達和加州，而且一整年都可在市場上見到。
由於受到厚果皮的保護，可長時間保存，富含維生素C，醣類較不足(6～12%)。

佛手柑 *Bergamote*

佛手柑樹種植於科西嘉(Corse)、中國和加勒比海。其果實類似小黃橙，而且非常酸。佛手柑皮含有用於糖果業的精油。果皮可用來為某些糕點調味。

酸橙 *Bigarade*

酸橙為苦橙，果皮粗糙，綠色或黃色。果肉的汁不多而苦，用來製作柑橘果醬和果醬。但其非常香的果皮為某些利口酒(君度橙酒、香橙干邑甜酒)的成份之一。酸橙花用來製造橙花水，經常用在糕點上。

枸櫞
cédrat

枸櫞 *Cédrat*

枸櫞類似很大顆的檸檬。科西嘉和蔚藍海岸於冬季收成。用來製作果醬和柑橘果醬。糖漬果皮可用在餅乾、水果蛋糕和布丁上。在科西嘉，人們用來製作一種叫「枸櫞酒cédratine」的利口酒，非常香。

黃檸檬
citron jaunes

檸檬與綠檸檬 *Citron et citron vert*

這些是最酸的柑橘類水果，也因此不像一般水果般食用(除了糖漬以外)，而是以果汁的形式。又稱「萊姆」的綠檸檬，較圓而小，比黃色的更酸。

綠檸檬 Le citron vert 汁液豐沛，而且顯然最酸，採收自安地列斯和南美。Kumbava，特別精緻的綠檸檬，從泰國進口。

品種與季節 Variétés et saisons

尤力克 L'eureka 暗綠色的果皮，美國全年均生產。

因泰多納托 L'interdonato 果肉細緻而無籽。這來自西西里和南義大利的檸檬於九月和十月時採收。

波密法爾 Le primofiore 凸頂為其特色。汁非常多，十月至十二月產自義大利和西班牙。

韋爾代 Le verdelli 深綠色，汁不多，較不香，五月至九月產自義大利和西班牙。

貝爾納 Le verna 鮮黃色，無籽，汁非常多，也產自義大利和西班牙，出現於二月至七月。

使用 Emplois

整顆的水果用來製作霜淇淋或冰淇淋。以圓形薄片或切成四瓣的形式，可製作印度甜酸醬(chutney)、果醬、柑橘果醬、塔...等。

果汁廣泛被用於冰淇淋、冰砂和雪酪。其酸度抵消了氧化作用：這就是為何人們用這果汁來防止削皮後的蘋果和洋梨變黑的原因。瓶製果汁和新鮮現榨的味道截然不同。削成碎末或切成細條的果皮可為奶油醬、布丁塔、慕斯、舒芙蕾或塔增添風味。萃取物在糖果業和利口酒業中被用作天然的香料。

100克＝32大卡
蛋白質：1克
醣類：8克
脂肪：0

安地列斯綠檸檬
citron vert des Antilles

巴西綠檸檬
citrons verts du Brésil

金桔
Kumquat

原產自中國，種植於遠東、澳洲和美洲。金桔是一種果皮黃色或橙色，有時苦澀，但經常柔軟而甜的小橙。果肉微酸。可在十二月至三月找到。

使用 Emplois

可直接連果皮一起食用，但最常製成糖漬水果。也用來製作果醬、柑橘果醬和某些蛋糕。

100克＝40大卡
蛋白質：0
醣類：10克
脂肪：0

金桔
kumquats

柑橘與克萊門氏小柑橘
Mandarine et clémentine

柑橘樹原產於中國，並在熱帶國家生長。在法國，克萊門氏小柑橘已逐漸被柑橘所取代，越來越少出現在市面上。這些是冬季的水果。它們的味道非常接近，但柑橘的籽很多，而克萊門氏小柑橘幾乎沒有。

品種與季節 Variétés et saisons

有無數種柑橘品種和雜種的柑橘，並分為三類。

柑橘 La mandarine　產自西班牙、佛羅里達、義大利、摩洛哥、突尼西亞，以及南美洲，產季從九月中到四月底。

桔柚 La tangelo　是柑橘和葡萄柚改良品種而來，產自西班牙、以色列、南非和美國，產季為一月中到三月中。

桔橙 La tangor　柑橘和柳橙的改良品種，種植於南美洲、西班牙、摩洛哥和以色列；於二月中到六月中採收。至於**克萊門氏小柑橘 clémentine**　我們可看出科西嘉的克萊門氏小柑橘特色在於無籽，傳統上和幾片葉子一起採收，而其他的品種（bekria、蒙特婁克萊門氏小柑橘(clémentine Montréal)、一般（ordinaire）、優質(fine)、nules和oroval)來自西班牙和摩洛哥，產季從九月底到二月底。

使用 Emplois

克萊門氏小柑橘和柑橘的用法同柳橙。也能以蒸餾酒保存，並可製成糖漬水果。

100克＝46大卡
蛋白質：0
醣類：10克
脂肪：0

加工處理與保存 Traitement et conservation

大多數的柑橘類水果都以二苯基(標籤上必須註明)處理，以避免發霉。因此，在我們使用果皮時，最好購買未經加工處理的柑橘類水果，或是非常仔細地刷洗。所有的柑橘類水果都可在室溫下良好保存幾天，在冰箱底部可保存數星期。

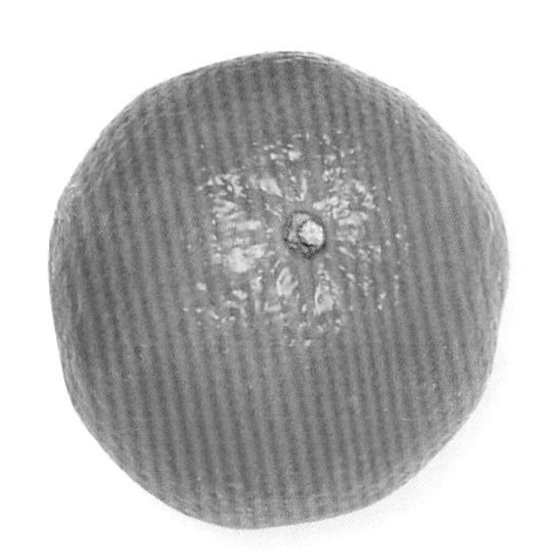

西班牙新星nova柑橘
mandarine nova d'Espagne

南美ellendale桔橙
tragor ellendale d'Amérique du Sud

西班牙fortuna柑橘
mandarine fortuna d'Espagne

義大利palazelli柑橘
mandarine palazelli d'Italie

橙 *Orange*

馬爾他血橙
orange maltaise

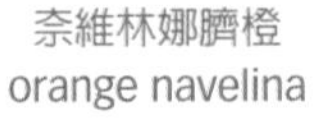

奈維林娜臍橙
orange navelina

晚臍橙
orange navelate

橙是世上最常食用的水果之一，同時也是較易保存的水果。多汁的果肉，分為四瓣，從橙色到紅色都有，受到橙色，有時還帶有斑紋的果皮所保護。

品種與季節 Variétés et saisons

優質金黃香橙 Les blondes fines salustiana品種(摩洛哥和西班牙：12月至3月)，果皮細緻；夏慕蒂(shamouti)品種(以色列：1月到3月)，果皮粗糙，和晚崙西亞橙(valencialate)品種(以色列：3月到6月；西班牙和摩洛哥：4月至7月；烏拉圭、阿根廷、南非：7月到10月)，果皮光滑。

金黃臍橙 Les blondes navels 奈維林娜臍橙(navelina)品種(西班牙和摩洛哥：11月至1月)；晚臍橙(navelate)品種(西班牙和摩洛哥：3月至6月；南美和南非：7月到10月)和華盛頓臍橙(washington navel)品種(西班牙和摩洛哥：12月至4月；烏拉圭、阿根廷和南非：6月到9月)，較不多汁，大而脆。

血橙 Les sanguines 超優質(double fine)品種(西班牙、摩洛哥和義大利：2月至5月)、馬爾他(maltaise)品種(突尼西亞：12月到4月)、摩洛(moro)品種(義大利：12月至5月)，這三種都非常多汁；還有塔羅科(tarocco)品種(義大利：12月至5月)。

使用 Emplois

可以整顆水果直接食用，但也能糖漬或覆上糖霜。在1／4片或圓形薄片的形式下，成為塔或水果沙拉的成份之一。果汁可轉化成冰淇淋或雪酪。用來為多拿滋、餅乾、庫利(coulis)、奶油醬、點心、舒芙蕾和無數地方特產，如阿爾比(Albi)著名的環形小餅乾(gimblette)等調味。

削成碎末或切成細條的果皮，可為水果蛋糕、奶油醬、點心、舒芙蕾等增添芳香。糖漬果皮也可作為餅乾的香料。包上巧克力，就成了可口的糖果(香橙條orangette)。

柳橙精為無數的糖果進行調味，而且也是利口酒的成份之一。

100克的水果＝39大卡
蛋白質：0
醣類：8克
脂肪：0
100克的新鮮或罐裝果汁＝49大卡
蛋白質：0
醣類：10克
脂肪：0

葡萄柚與柚子 *Pamplemousse et pomelo*

葡萄柚可達直徑17公分。黃色或暗綠色的果皮保護著黃色微酸的果肉。柚子，葡萄柚和中國橙的雜種，較沒那麼大顆，果肉的顏色為玫瑰黃。

品種與季節 Variétés et saisons

馬熙無籽柚 Le marsh seedless 金黃色的果肉，無籽，是最酸的一種。在以色列(11月到9月)、南非和阿根廷(5月到9月)採收。

湯森 Le thompson 玫瑰色的果肉，來自佛羅里達(12月到5月)。

紅肉之寶石 Le ruby red 玫瑰色果肉，來自佛羅里達和以色列(11月到5月)，以及南半球(5月到9月)。

深紅肉之星紅寶石 Le star ruby 紅色果肉，在佛羅里達、德州和以色列採收(12月到5月)。

使用 Emplois

葡萄柚特別常以原味品嚐，但也能用來製作蛋糕和各式點心。果皮可糖漬。果汁為點心和蛋糕調味，並可製成冰淇淋和雪酪。

100克的水果)＝43大卡
蛋白質：0
醣類：9克
脂肪：0

紅肉之寶石葡萄柚
pamplemousse ruby red

漿果與紅水果 Les baies et les fruits rouges

黑醋栗、草莓、覆盆子、黑莓、藍莓的籽富含果膠，有利於果醬的成形。葡萄事實上是含有籽的假漿果。這些水果，除了葡萄以外，卡洛里都不高，不具脂類，而且也幾乎不含蛋白質。但含有相當豐富的維生素C。

黑醋栗 *Cassis*

黑醋栗樹(cassissier ou groseillier noir)的果實，原產於北歐，黑醋栗尤其產自法國(奧爾良Orléanais和勃艮地Bourgogne)、德國、比利時和荷蘭。這些成串的黑色小果實略酸，而且含有特別豐富的維生素C和纖維。很容易凝結。

品種 Variétés

勃艮地黑 Le noir de Bourgogne 具有深色發亮的小籽，香味及味道都特別出衆。

威靈頓 Le wellington 具有明顯較大的籽，但也是水份最多的。

季節 Saison

夏末。

使用 Emplois

快速洗淨並晾乾，可製成紅果沙拉食用。可為甜點盤進行裝飾。用來製作庫利(coulis)、巴伐露、夏露蕾特、雪酪、舒芙蕾和塔。可製成出色的果凍和果醬。也可製作黑醋栗奶油醬。

100克＝41大卡
蛋白質：1克
醣類：9克

草莓 *Fraise*

草莓屬薔薇科家族的匍匐植物。品種越來越多，經得起運輸，但品質低劣。由於從以色列進口的關係，我們現在一整年都可找到草莓，然而草莓應該是夏季的水果，脆弱且無法長時間保存。

品種 Variétés

草莓有二十幾種品種，分為四類：圓錐形、心形、圓形、三角形草莓，再加上野莓(fraise de bois)。其中有些是「四季開花」，在秋天另有收穫期。不幸的是，大部分的種類沒什麼香味，果肉有很多絨毛。

蓋瑞嘉特(gariguette)，最新的品種之一，多汁且非常香。

季節 Saison

從3月(西班牙草莓)到11月。

使用 Emplois

草莓，除了野莓以外，去梗前都應在濾器中洗淨。充分成熟的草莓，原味、加糖或搭配鮮奶油，就構成了一道可口的甜點。草莓也用於糕點上：塔、巴伐露、慕斯、舒芙蕾，以及糖果。最後，我們獲得很漂亮的果凍和相當優質的果醬，尤其是在保留整顆的果實時。

100克的水果＝36大卡
醣類：7克

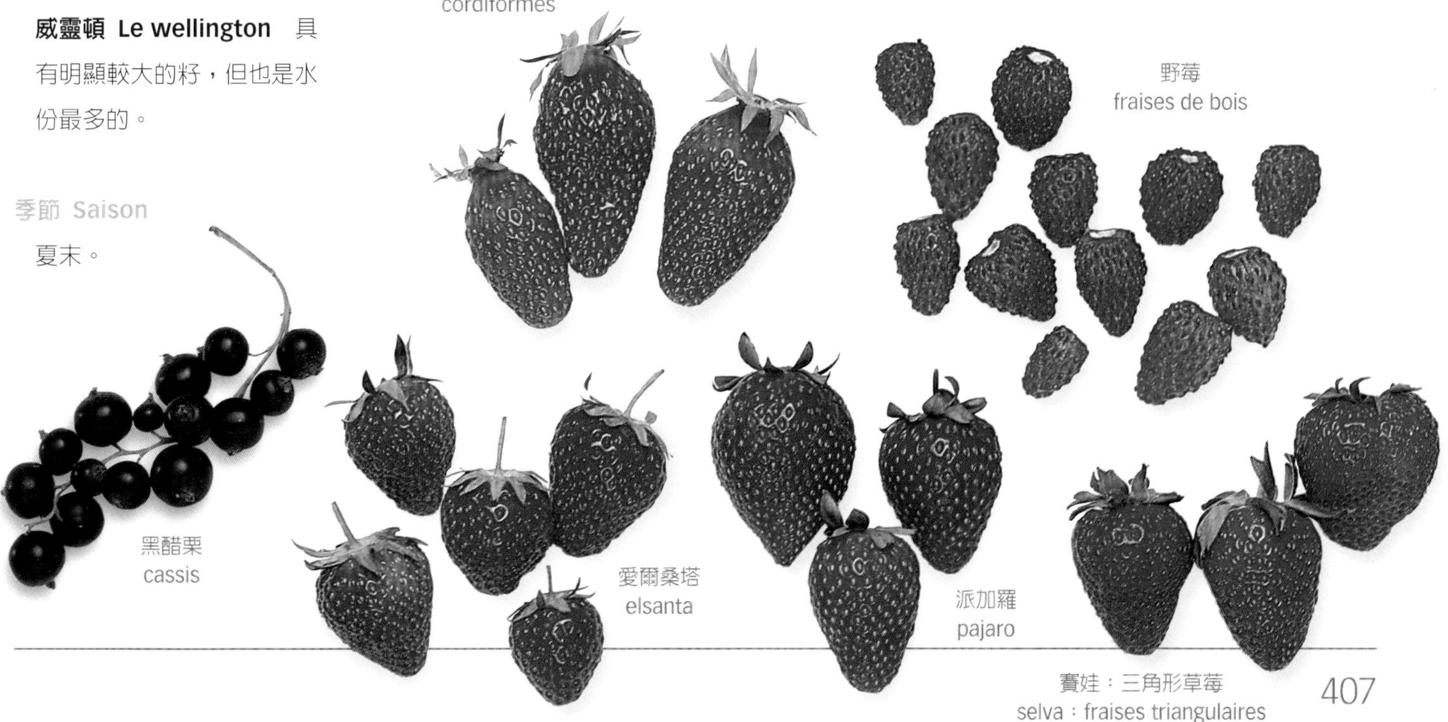

覆盆子
Framboise

覆盆子是最脆弱的水果之一。野生覆盆子相當罕見，但香味獨特。種植於氣候溫和的地區：隆河谷地、羅亞爾河谷。

品種 Variétés

四季開花的品種(李羅·喬治Lloyd George的遺產)在夏末有第二次的收穫期。非四季開花的品種(梅凱meeker和mailing promise)只生產一次。但它們的外觀和味道都一樣。洛甘莓(loganberry)，黑莓和覆盆子的雜交品種，大而紅，圓形但淡而無味。

季節 Saison

從四月中(溫室)到十月。

使用 Emplois

用法同草莓。尤其不應將覆盆子洗淨。可以冷凍，不過一旦解凍，就會軟化，幾乎不能見人；因而用來製作其他的食品。

100克＝41大卡
醣類：8克

覆盆子
framboises

醋栗
Groseille

原產於斯堪地那維亞，醋栗不喜熱的地區。紅或白色，種植於隆河谷地、科多爾(Côte-d'Or)和羅亞爾河谷；也從波蘭和匈牙利進口。

品種 Variétés

紅醋栗(紅湖red lake)，果實很大；史丹薩(stanza)，果實小，深紅色，相當酸。白醋栗，其中包括薩伯隆之光(gloire des Sablons)，明顯較甜。

季節 Saison

七月至八月。

使用 Emplois

為了品嚐天然的醋栗，應該加糖。摘下後的果實可製作水果沙拉、點心，當然還有塔。打碎後，成為可口的調味醬，可淋在點心和海綿蛋糕上。但主要用在果醬和果凍上，也經常用於糕點中。

100克＝28大卡
蛋白質：1克
醣類：5克

鵝莓
Groseille à maquereau

鵝莓是大顆的蛋形漿果，圓形、深綠色或白色，光滑，不太甜。在法國市場上很少見，但經常種植於比利時和荷蘭。

品種 Variétés

主要的品種為威漢工業(whinham's industry)，深紅色果實，以及無憂(careless)，淡綠色果實。

季節 Saison

七月。

使用 Emplois

鵝莓特別用於製作果凍或鏡面糖漿，製成塔和用於某些點心上。可用來製作美味的雪酪。

100克＝39大卡
醣類：9克

醋栗
groseilles

黑莓
Mûre

黑莓樹的多肉果實或野生樹莓，果粒幾乎是黑的，彼此黏合在一起。汁多，味道有點澀，非常特別。

品種 Variétés

黑莓又分為兩大類：喜馬拉雅巨莓(himalaya giant)，相當酸，以及俄勒岡無刺莓(oregon thornless)，較甜。

季節 Saison

九月至十月。

使用 Emplois

黑莓可製作紅果沙拉、糖煮果泥，尤其是果醬、果凍和糖漿，都很美味。無數的冰點、派和塔的食譜都使用黑莓，而且也能製成出色的水果軟糖。

100克＝57大卡
蛋白質：1克
醣類：12克

黑莓
mûres

麝香葡萄
muscat

夏色拉
chasselas

葡萄 *Raisin*

葡萄自古代便已存在。其果實一直是酒的來源，並以新鮮或乾燥的方式出現在餐桌上。幾世紀以來，葡萄的品種增加，用來釀酒的品種也與食用品種不同。

品種 Variétés

有三十幾種餐用葡萄，又分為兩大類。

白葡萄 Les raisins blancs
果粒為黃色或金黃色：最常食用的是夏色拉(chasselas)，金黃色的中等果粒相當甜美，和義大利葡萄(italia)，黃綠色的大顆果粒，略帶麝香味。

黑或紫粒葡萄 Les raisins à grains noirs ou violets
緋紅(cardinal)，大顆而多汁的果粒，以及漢堡麝香葡萄(muscat de Hambourg)，果粒略長，略帶麝香味，是最常見的品種。

季節 Saison

8月中至11月初；來自智利的葡萄則是2月至5月。

使用 Emplois

葡萄是一種特別適用於糕點的水果。可製成水果沙拉，也能做成塔、和米製點心。因而應該去皮和去籽。

100克＝73大卡
醣類：16克

選擇優質葡萄 Choisir un bon raisin

在購買時，食用葡萄必須潔淨、充分成熟、果粒堅硬、色澤均勻、仍保有「果粉」(pruine)，即一種只要葡萄新鮮就會覆蓋在葡萄上的蠟質。果梗(莖)不應乾燥—乾燥表示不是最近採收—但要堅固而易斷。

藍莓 *Myrtille*

藍莓是一種山區的野生果實。現在有種植的品種，但其果實堅硬，而且較粉。

品種 Variétés

野生藍莓(myrtille sauvage)包括紅越桔(airelle rouge)和矮矢車菊(bleuet nain)，是非常受到好評的加拿大品種。森林藍莓(myrtille des bois)，顏色很深，漿果較大顆，包括美國蔓越莓(canneberge)和灌木藍莓(myrtille arbustive)，味道非常有特色。

季節 Saison

六月中到十月。

使用 Emplois

黑莓可用來製作點心、冰淇淋、雪酪和塔；可為布丁增添芳香。我們也用來製作糖煮果泥、果醬、果凍或糖漿。

100克＝66大卡
醣類：14克

藍莓
myrtilles

有籽水果 Les fruits à pépins

有籽水果唯一的共同點就是都有籽。
它們來自不同的種類，產季和味道也不同。
都富含水份，其中有部分真的幾乎不含卡洛里。

無花果 *Figue*

無花果是非常甜的水果，果肉中埋著無數細小的籽。很脆弱，不應冷藏保存。我們可在6月底至11月找到。

品種 Variétés

白無花果(Les figues blanches)，尤其是阿根廷的白無花果，果皮最為細緻。

紫無花果(Les figues violettes)，其中包括索列斯(Solliès)的紫無花果，果肉較不多汁，但非常可口。可加以乾燥(見418頁)。

使用 Emplois

無花果可直接吃、水煮或烘烤。可用來製作塔，也能製成非常優質的糖煮果泥和出色的果醬。

100克＝54大卡
蛋白質：1克
醣類：12克
脂肪：0

榲桲 *Coing*

榲桲樹的果實，薔薇科木，榲桲硬而黃，果皮覆蓋著薄薄一層絨毛；果肉很澀，香味非常強烈。冠軍榲桲(Champion)的形狀有如蘋果，而葡萄牙的則較長。我們可在秋天找到這種水果。

使用 Emplois

榲桲只能煮熟並加糖食用，讓味道變得較柔和。可製成糖煮果泥，尤其能製成極佳的果凍，因為富含果膠，也能製成可口的軟糖。是果酒(ratafia)的成份之一。

100克＝28大卡
蛋白質：0
醣類：6克
脂肪：0

甜瓜 *Melon*

屬於葫蘆科，甜瓜應有著多汁香甜的果肉。經常難以選擇。甜瓜很重，而且很香。有不同的品種：網紋甜瓜(brodé)、羅馬甜瓜(cantaloup)、冬季甜瓜(melon d'hiver)。在羅馬甜瓜當中，夏朗泰瓜(charentais)光滑，很圓，果皮上有很明顯的垂直條紋。來自瓜德盧普島(Guadeloupe)(1月至5月)、摩洛哥、西班牙、普羅旺斯、普瓦圖—夏朗德(6月到10月)，佔有95%的產量。

使用 Emplois

甜瓜經常以原味、前菜、甜點，或製成水果沙拉的方式食用。很容易凝結。我們也能用來製成美味的果醬。

100克＝27大卡
蛋白質：1克
醣類：5克
脂肪：0

黃肉的卡瓦雍夏朗泰瓜
charentais Cavaillon à chair jaune

西瓜 *Pastèque*

和甜瓜屬同一科，但西瓜的果實較大，綠色，果肉非常紅，而且有無數的籽。水份很多，很清爽。可以直接切片食用或製成水果沙拉。也能用來製作果醬。

100克＝30大卡
蛋白質：0
醣類：6克
脂肪：0

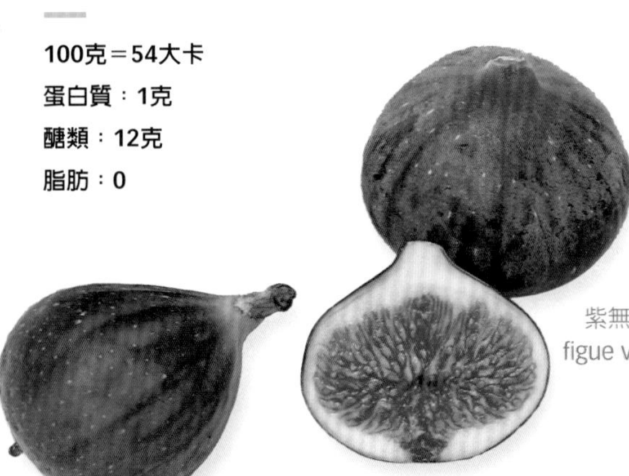

紫無花果
figue violette

西瓜
pastèque

白無花果
figue blanche

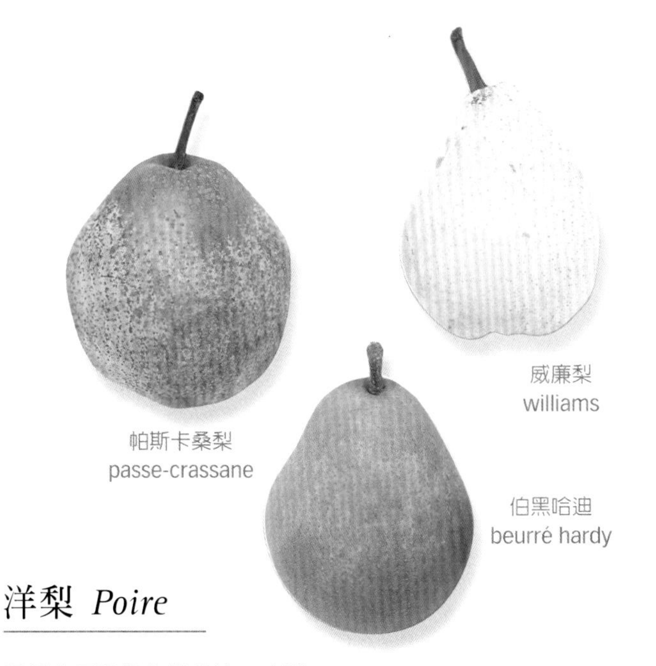

帕斯卡桑梨
passe-crassane

威廉梨
williams

伯黑哈迪
beurré hardy

洋梨 *Poire*

這種水果通常非常多汁，應選擇充分成熟的。脆弱，應小心處理。

品種與季節

夏梨 Les poires d'été 威廉斯(williams)和朱爾吉佑(jules guyot)，大而黃，果肉細緻，有時微酸。產季自7月中至10月。

秋梨 Les poires d'automne 伯黑哈迪(beurré hardy)和科米思甜酥梨(doyenné du Comice)，味道非常優質，而露易絲波娜(louise-bonne)，肚子稍微鼓起，汁較少。產季自9月至12月。

冬梨 Les poires d'hiver 帕斯卡桑梨(passe-crassane)，入口即化。產季自10月至4月。

使用 Emplois

洋梨是非常優質的食用水果。而紅酒洋梨(poire au vin)是一道非常經典的甜點。在糕點中，洋梨的使用幾乎和蘋果一樣：塔、餡餅(tourte)、蛋糕、多拿滋、夏露蕾特等等。可製作美味的糖煮果泥、精製果醬、冰淇淋和雪酪。白蒸餾酒(洋梨白蘭地(williamine))和洋梨利口酒都非常香。洋梨很容易氧化，在削皮後必須馬上澆上檸檬汁。有罐裝和糖漿水果的形式。

100克的水果－55大卡
蛋白質：0
醣類：12克
脂肪：0

蘋果 *Pomme*

蘋果是全世界最廣泛種植的水果，而且也是法國、英國和美國最常食用的水果。一整年都有。

品種 Variétés

品種有兩百種以上。現存的十八種可分為六類。

雙色蘋果 Les bicolores 其中包括玻絲酷大美人(belle de boskoop)、后中之后(reine des reinettes)，和梅兒羅絲(melrose)是最常見的品種。

白蘋果 Les blanches 卡爾維爾白蘋果（calville blanc)，果肉柔軟，甜美而多汁。

灰蘋果 Les grises 加拿大的灰皇后(reinette grise)。

金黃蘋果 Les jaune doré 金冠（golden)是最常見的，但還有流浪小皇后(reinette clochard)和杜曼(du Mans)。

紅蘋果 Les rouges 五爪蘋果(red delicious)，味道微酸中帶有淡淡的甜味。

青蘋果 Les vertes 史密斯老奶奶(granny smith)，因其酸味而受人喜愛。

使用 Emplois

蘋果可以原味、煮熟並搭配奶油和糖，或製成糖煮果泥食用。多拿滋、修頌(chausson)、布丁塔、布丁、塔，在料理上的應用不勝枚舉，其中最經典的就是英式蘋果派和奧地利的酥皮捲(strudel)。可以火燒、製成蛋白霜、淋上糖漿、製成脆皮餡餅(croustade)(加拿大)。可以製作果凍、軟糖和蘋果糖。由於富含果膠，蘋果汁可用於其他水份過多的水果果凍中。可製成蘋果酒(cidre)，並由此製成蒸餾酒、蘋果白蘭地(calvados)。

100克＝50大卡
蛋白質：0
醣類：11克
脂肪：0

五爪蘋果
red delicious

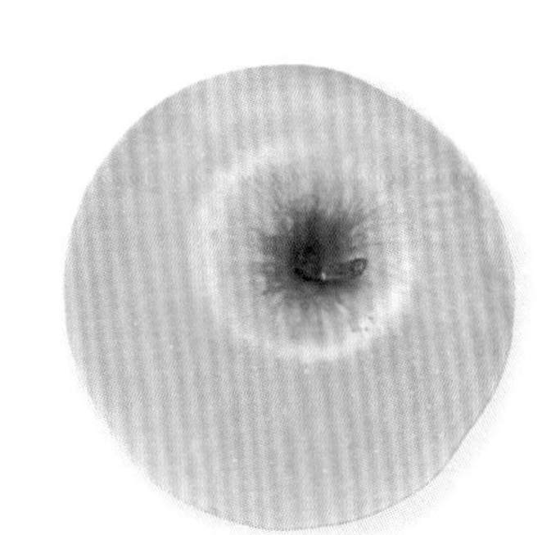

史密斯老奶奶
granny smith

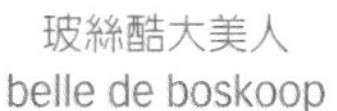

玻絲酷大美人
belle de boskoop

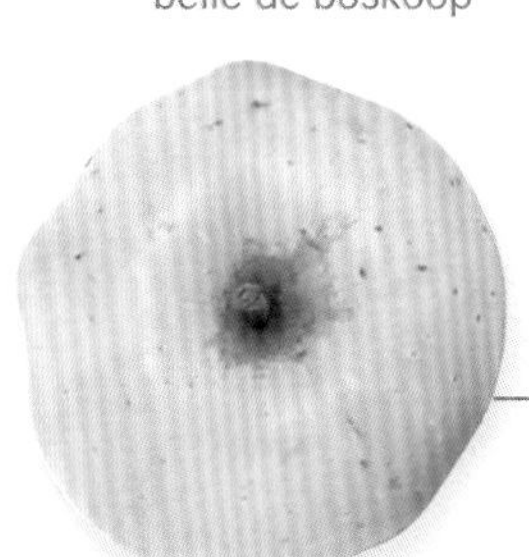

后中之后
reine des reinettes

加拿大的灰皇后
reinette grise du Canada

卡爾維爾
calville

異國水果 Les fruits exotiques

現代的運輸方法讓異國水果的出口變得更便利。
需求的增加，使這些水果的文化發展至更高層次。
它們來自全球所有的熱帶國家。
當蘋果和洋梨過熟，但又還等不到夏季水果成熟時，
這些水果就在冬季和春季來到。

鳳梨 *Ananas*

鳳梨主要來自象牙海岸，但以色列和安地列斯也有。果肉黃而多汁，富含纖維、醣類和維生素C。鳳梨的處理需要一把好刀，以去除極厚的果皮、布滿的釘眼，以及頂上羽毛狀的綠葉。當鳳梨柔軟而顏色均勻，羽狀葉片鮮豔，並散發出令人愉悅的淡淡芳香時，就是鳳梨成熟的時候。

品種 Variétés

開英 Le cayenne　果肉多汁，又酸又甜，是最普遍的品種。

皇后 Le queen　較小，汁較少且較不甜。

紅西班牙 Le red spanish　具有鮮紅的果皮和淡黃色的果肉。

季節 Saison

二月中到三月中。

使用 Emplois

鳳梨可切片或切丁，以原味或淋上蘭姆酒、櫻桃酒，搭配奶油醬或冰淇淋享用。可融入水果沙拉，並成為點心、冰淇淋、雪酪、蛋糕和塔的成份之一。也以罐裝的形式出現(清煮或糖漿鳳梨)。

100克＝52大卡
醣類：11克

鳳梨
ananas

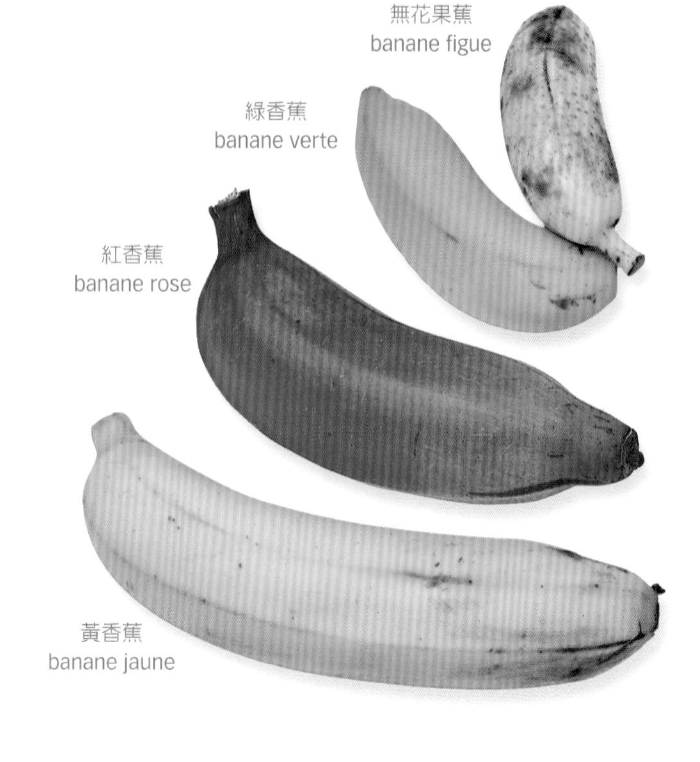

香蕉 *Banane*

香蕉的果實全年從安地列斯和非洲進口。在青綠色狀態下採收，以有特殊裝備的船進行運輸，必然會在催熟室短暫停留一段時間。香蕉富含醣類。果皮應是完全黃色。成熟時會布滿棕色斑點。

品種 Variétés

高型香蕉 La giant cavendish　長而彎，果肉入口即化，而且非常香。

無花果蕉 La banane figue　非常彎，而且特別甜。

多祐 La doyo　長而直，果肉細嫩。

季節 Saison

一整年。

使用 Emplois

香蕉可剝皮並去除黏在果肉上的纖維食用，或是切成圓片，製成水果沙拉。也能水煮、香煎或焗烤，製成舒芙蕾，特別是可用蘭姆酒或櫻桃酒焰燒。也可製作多拿滋、慕斯、冰淇淋，以及塔。

100克＝83大卡
蛋白質：1克
醣類：19克

絕不要冷藏
Jamais au froid

鳳梨非常經不起冷藏，就像冷藏的香蕉會很快變黑一樣。因此最好將這些水果保存在陰涼處。

酪梨 *Avocat*

酪梨的大果核很容易與其淡綠色的果肉分離；果肉如奶油般綿密，並有著淡淡的榛果味。太硬的酪梨尚未成熟；太軟，表示過熟。此外，酪梨不應有斑點。

品種 Variétés

愛廷格 L'Ettinger　很大顆，果皮光滑而有光澤，略帶淡紫色。

哈斯 Le Hass　較小且較長，深綠色的果皮粗糙並呈粒狀。

季節 Saison

一整年，所有的品種混雜在一起。

使用 Emplois

尤其用在慕斯、雪酪和冰淇淋中。

100克＝220大卡
蛋白質：1克
醣類：3克
脂肪：22克

愛廷格酪梨
avocat Ettinger

椰棗 *Datte*

椰棗，棗椰樹的果實，成串地生長。椰棗連莖一起按重量或罐裝販售。這是一種水份不多，但卻富含醣類的水果。好的椰棗必須是軟的。

品種 Variétés

戴格雷艾奴 La deglet-el-nour　含有豐富的糖，是最常食用的品種。

突尼西亞肉荳蔻 La muscade de Tunisie 光滑細緻的果皮為辨識的特點。

哈拉威 La halawi　果肉特別甜。

卡雷塞 La khaleseh　橙棕色的果皮，非常香。

季節 Saison

尤其是十月，但一整年都可找到。

使用 Emplois

椰棗可以原味，像糖果般品嚐。可以糖漬、轉化成糖衣水果、填入杏仁膏，或是覆上糖面。可製作多拿滋，並製成果醬和牛軋糖(nougat)。

100克＝300大卡
蛋白質：2克
醣類：73克

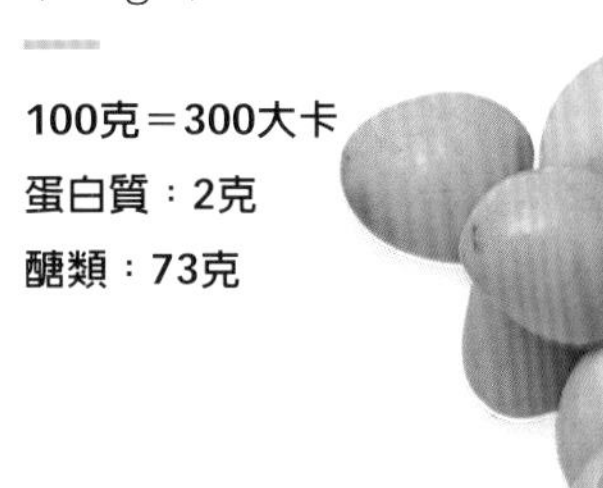

新鮮椰棗
dattes fraîches

仙人掌果實 *Figue de Barbarie*

原產於熱帶美洲的肉質植物果實，但在地中海盆地非常普遍，這種果實是橢圓形，並受到厚皮(綠色、黃色、橙色、粉紅或紅色)所保護，布滿了細小的刺，必須戴上手套去除。粉色的果肉中含有無數的籽。

季節 Saison

8月到10月。

使用 Emplois

仙人掌果實必須用刀叉剝皮。可以原味或淋上檸檬汁食用，也可以製成沙拉。去籽並打成果泥後，便可製作雪酪，也能製成果醬。

100克＝68大卡
醣類：17克

百香果 *Fruit de la Passion*

百香果生長在原產於熱帶美洲的藤本植物上，但在非洲、澳洲和馬來西亞同樣普遍。它的大小同蛋。果皮很厚，黃色或棕色；橙黃色的果肉微酸並布滿黑色的小籽。

季節 Saison

一月初到二月中。

使用 Emplois

百香果可以原味、淋上櫻桃酒或蘭姆酒，或是混入水果沙拉中食用。但最常製成果汁（將削皮後的水果榨汁，然後過濾，以去除無數的籽），也能製成果凍、冰淇淋和雪酪。

100克＝36大卡
蛋白質：2克
醣類：6克

仙人掌果實
figue de Barbarie

百香果
fruit de la Passion

番石榴 *Goyave*

番石榴是相當大顆的果實，種植於所有熱帶氣候地區。其薄而黃的果皮，在成熟時會布滿黑色斑點。其橙色的果肉很香，含有無數非常硬的籽。

品種 Variétés

洋梨番石榴 La pirifera 又稱「印度洋梨」，形狀近似洋梨；

蘋果番石榴 la pomifera 圓形，形狀像蘋果。

草莓番石榴 La goyave-fraise 種植於中國，核桃般大小。

季節 Saison

從12月到1月(巴西和)，以及從11月到2月（象牙海岸和印度)。

使用 Emplois

番石榴可直接吃，或製成水果沙拉。若不夠成熟，可加入糖或蘭姆酒。也能製成果醬。其果汁（有罐裝形式）可製成美味的雪酪。

100克＝64大卡
醣類：15克

番石榴
goyave

石榴 *Grenade*

中等大小，石榴有著橙紅色的堅硬外皮，格子裡充滿了大顆的籽，並被芳香甜美的果肉所包圍。種植於各個熱帶地區，也在法國南部生長。

季節 Saison

從11月到1月。

使用 Emplois

石榴不容易直接食用。其果汁可用來製作奶油醬或雪酪。

100克＝64大卡
醣類：15克

石榴
grenade

奇異果
kiwis

奇異果 *Kiwi*

奇異果為一種攀爬植物—奇異果樹—的果實，起初種植於紐西蘭，接著被引進南法和義大利。人們也稱之為「中國醋栗」。形狀為橢圓形，果肉綠而多汁，並受到棕綠色的絨毛外皮所保護。

季節

一整年。

使用 Emplois

奇異果可用小湯匙直接挖著吃，或是製成沙拉。切成圓形薄片，可裝飾甜點和蛋糕，或鑲入塔中。榨汁並加以過濾後，其果汁可用來製作巴伐露、慕斯和雪酪。

100克＝57大卡
蛋白質：1克
醣類：12克

柿子 *Kaki*

柿樹的果實(日本柿子)，原產自東方，但在地中海盆地生長，柿子長得很像橙色的番茄。果肉如同果醬般柔軟，亦為橙色，並含有6至8顆黑色大籽。

季節 Saison

從12月到1月，來自義大利、西班牙和中東。

使用 Emplois

柿子可用小湯匙直接品嚐。也製作成糖煮果泥、果醬和雪酪。打成庫利(coulis)，可淋在巴伐露、冰淇淋、可麗餅和蛋糕上。

100克＝70大卡
醣類：19克

柿子
kakis

山竹 *Mangoustan*

和柳橙一樣大，山竹來自馬來西亞。淡紅色的厚皮，含有味道非常精緻的白色果肉。

季節 Saison

3月到11月。

使用 Emplois

可直接食用，或淋上紅果庫利。可用來製作蛋糕、布丁和雪酪。

100克＝68大卡
蛋白質：1克
醣類：16克

山竹
mangoustan

荔枝 *Litchi*

荔枝，亦稱為「中國櫻桃」、「etchi」或「ychi」和一顆小李子（prune）一樣大；果肉透明多汁。

品種 Variétés

遠東的荔枝有種特別細緻的味道。安地列斯的往往較甜。

季節 Saison

11月到1月。

使用 Emplois

可以原味食用或製成水果沙拉。也能製作冰淇淋和雪酪。

100克＝64大卡
醣類：16克

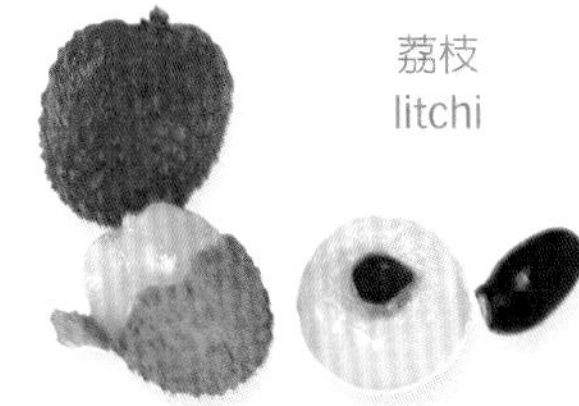

荔枝
litchi

芒果 *Mangue*

芒果有著暗綠色的果皮，黃色、紅色或紫色斑紋；橙色果肉附著在非常大的扁平果核上。味道多變，令人想起檸檬或香蕉，甚至是薄荷。

品種 Variétés

巴西的芒果在冬季時來到我們的市場上。布吉納（Burkina）和象牙海岸的芒果為春季作物，尤其多汁。

季節 Saison

一整年，各個品種混雜。

使用 Emplois

芒果可以直接品嚐，或是以糖煮果泥、果醬、醬汁、果凍、柑橘果醬和雪酪的形式享用。

100克＝65大卡
醣類：15克

芒果
mangue

木瓜 *Papaye*

木瓜為卵形的大顆果實，淡黃色的果皮帶有棱紋，橙色的果肉清涼多汁，中心含有一個充滿黑籽的腔。

品種 Variétés

蘇勞（Solo），原產於夏威夷，是最常見的品種。

亞洲、南美和非洲的品種越來越容易找到。

季節 Saison

一整年。

使用 Emplois

充分成熟的木瓜用法同甜瓜，可加入一些糖、奶油醬，或淋上一道蘭姆酒或波特酒（porto）。可製成漂亮的果醬。我們可找到罐裝果汁，用來為水果沙拉調味，並製作美味的雪酪。

100克＝40大卡
醣類：10克

木瓜
papaye

酸漿 *Physalis*

這些原產自祕魯的漿果，生長於大西洋和地中海的熱帶海岸地區的圍籬和矮林中。黃色或紅色，被包覆在有如膜般的棕色花萼中，味道略酸。

品種 Variétés

依地區而定，不同的品種有紅姑娘（alkékenge）、amour-en-cage、cerise d'hiver、coqueret du Pérou等名稱。

季節 Saison

秋冬。

使用 Emplois

酸漿可直接嚼食或加入水果沙拉中。也可製作果醬、冰淇淋、雪酪和糖漿。

酸漿
physalis

硬殼水果乾 Les fruits à coque sèche

堅果(硬殼水果乾)都缺乏水份，但卻富含油脂。
堅硬的外皮保護它們免受外來的侵略和變質，
但也無法就此無限期地保存下去。
糕點和糖果非常需要它們的增香提味。

杏仁 *Amande*

杏仁樹的果實為卵形，殼為綠色。裡面有一至兩顆白杏仁，在果實新鮮時，同樣被白色的皮所覆蓋。這些正好成熟的新鮮杏仁只有夏季才有。經去殼、乾燥後，它們的果皮就成了棕色。它們可以去掉這層皮、製成片狀，或甚至是以粉末的形式販售。

品種 Variétés

甜杏仁有幾個品種：aï、ferraduel 和ferragnès，在普羅旺斯和科西嘉採收；馬爾科納(marcona)和普拉內達(planeta)則來自西班牙。苦杏仁總是以少量使用，因為其味道非常強烈。

使用 Emplois

整顆、片狀、搗碎或研磨，杏仁是無數餅乾和蛋糕的成份之一。

杏仁粉 Le poudre d'amande 是杏仁膏(pâte d'amande)的基礎，常用於糖果和杏仁奶油醬上，或是用在填入國王烘餅(Galette des rois)和皮斯維哈派(pithivier)的杏仁奶油餡(frangipane)中。我們也和不同比例的麵粉混合，以製作油酥麵團(pâte brisée)和甜酥麵團(pâte sucrée)。

杏仁奶 Le lait d'amande 由研磨並摻水拌和的杏仁和吉力丁所構成，是某些昔日甜點，如杏仁牛奶凍(Blanc-manger)和冰淇淋杯的基礎。

100克的乾杏仁＝620大卡
蛋白質：20克
醣類：17克
脂肪：55克

杏仁
amandes

栗 *Châtaigne et marron*

栗（Châtaigne et marron）被包藏在有刺的綠色殼斗中。châtaigne是三個緊靠在一起，而marron只有一個。châtaigne較小而扁平，marron則很圓。它們都在秋季採收，產於法國的塞文山脈(Cévennes)、法國西南部、科西嘉、義大利和西班牙。

品種 Variétés

Châtaigne品種經常會經過烘烤。加入麵粉，便成了地方蛋糕麵糊的成份之一。可用來製作果醬和栗子奶油醬。marron品種，經過糖漬後，就成了糖栗。

100克的栗子(châtaigne)(或新鮮栗子(marron frais))＝200大卡
蛋白質：4克
醣類：40克
脂肪：2.4克
100克的栗子奶油醬＝296大卡
蛋白質：2克
醣類：70克
脂肪：1.2克
100克的糖栗＝305大卡
蛋白質：2克
醣類：72克
脂肪：1克

栗子
châtaignes

紅榛果
noisettes rouges

綠榛果
noisettes vertes

榛果 *Noisette*

販售的榛果來自法國西南部的果園、土耳其、義大利和西班牙。它們帶著殼，新鮮地來到九月的市場上。我們一整年也都可以找到散裝或包裝好的去殼榛果。

品種 Variétés

榛果有十幾種品種。有些，像是aveline du Piément、daviana、merveille de Bollwiller，相當大顆、圓形或略呈卵形，其他的，像是segorbe，則較小。所有的榛果都很香。

使用 Emplois

除了製作糖果以外，很少整顆使用。搗碎後，便是牛軋糖（nougat）的成份之一。研磨後，可為甜點提供酥脆的口感。磨成粉，便可製作不同的餅乾和蛋糕。

100克的乾榛果＝655大卡
蛋白質：14克
醣類：15克
脂肪：60克

核桃 *Noix*

核桃殼受到綠色的外皮所保護，即：青果皮(brou)。一旦打破，就會放出兩個核仁。裡面很白，覆蓋上一層淡黃色的苦皮，在我們食用新鮮核桃時絕對要加以去除。

品種與季節 Variétés et saison

美國核桃(八個品種)來自加州。錢得樂(chandler)的味道最為突出。在八個法國品種當中，福蘭克蒂(franquette)和拉娜(lara)種植於全法。科納(Corne)、大尚(grandjean)、大綠(grosvert)和馬波(marbot)來自多爾多涅省(Dordogne)；科雷茲(Corrèze)；麥耶特(mayette)和巴黎(parisienne)，來自伊澤爾省(Isère)。自9月中到11月底，我們便可在市場上找到這些新鮮核桃。義大利核桃，費蒂娜(feltrina)和索倫托(sorrento)也在同一時間生產。我們一整年都可找到現成的清燉核桃仁。務必要留意其新鮮度，因為富含油脂的核桃變質得很快。

使用 Emplois

整顆的核仁用來裝飾。也用於糖果上，用來製作糖衣水果。切碎或磨成粉，便可製作不同的蛋糕、塔、餅乾和皮力歐許。

青果皮用來製作果酒(ratafia)、利口酒和加味葡萄酒(vin aromatisé)。

100克的乾核桃＝660大卡
蛋白質：15克
醣類：15克
脂肪：60克

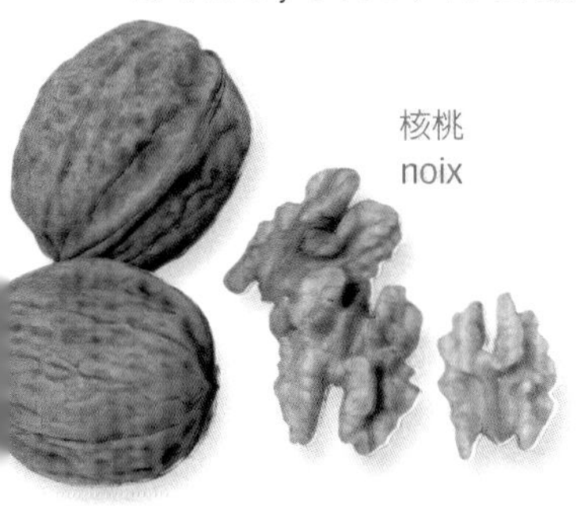
核桃
noix

胡桃
noix de pecan

胡桃 *Noix de pecan*

胡桃為胡桃樹pacanier(另一個名稱為pacane)的果實，盛產於美國東北。含有一個光滑的薄殼，味道近似核桃。我們可找到以包裝販售的去殼胡桃。

使用 Emplois

搗碎或磨碎後，胡桃可製作無數美國食譜中的餅乾、塔、蛋糕和冰淇淋。

100克的乾胡桃＝580大卡
蛋白質：8克
醣類：18克
脂肪：68克

開心果 *Pistache*

開心果種植於伊拉克、伊朗和突尼西亞。開心果的種籽為淡綠色，覆蓋上淡紅色的薄膜，並受到殼的保護。我們一整年都可找到散裝、包裝或罐裝開心果。

使用 Emplois

切碎後經常用於希臘、土耳其和阿拉伯糕點。人們也為了它的綠色(經常以人工方式強調)而大量用於不同的奶油醬、冰點和冰淇淋上。是牛軋糖的食材之一。

100克＝630大卡
蛋白質：21克
醣類：15克
脂肪：54克

開心果
pistache

椰子 *Noix de coco*

椰子是一種大顆的熱帶水果，棕色的殼非常堅硬，鋪上一層結實的白色果肉，芳香可口。成熟之前，椰子含有甜甜的白色液體，即椰子水。

使用 Emplois

新鮮果肉可直接嚼食。但我們發現椰子主要是以包裝、切碎或乾燥的方式呈現。用來製作餅乾、蛋糕和冰淇淋的食譜，也用來作為糕點的裝飾。

椰奶，搗碎的果肉和水的混合物，以罐裝形式呈現，並用於不同的異國食譜中。

100克的乾椰子＝630大卡
蛋白質：6克
醣類：16克
脂肪：60克

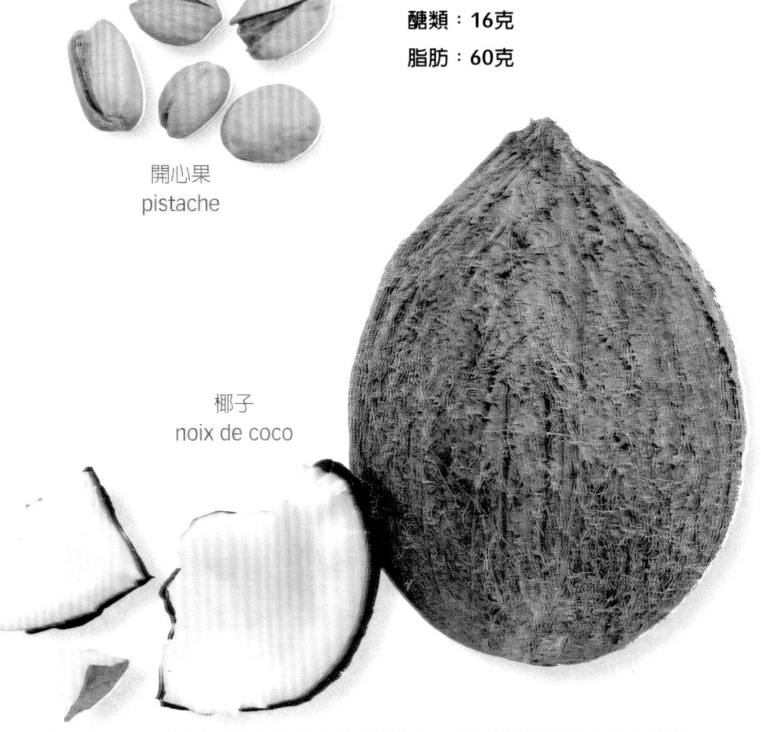
椰子
noix de coco

乾燥水果 Les fruits séchés

乾燥保存，不論是在熱帶地區以陽光曬乾，
還是在烘箱或乾燥管中以熱度烘乾，
一些水果就這樣保存其味道，然後再用水泡開。
除了被熱度所破壞的維生素C以外，
其營養價值比新鮮水果還要高上三至四倍。

杏桃乾 *Abricots secs*

金黃色的杏桃乾略酸。都是進口的，最好的來自土耳其，其他的來自伊朗、加州和澳洲。一整年都可找到散裝或罐裝的。

使用 Emplois

杏桃乾可直接吃。用溫水至少浸泡2小時泡開，可擺在布丁塔、蛋糕和塔上。

100克＝272大卡
蛋白質：4克
醣類：63克

無花果乾 *Figues séchées*

大部分的乾燥無花果來自土耳其。這些是日曬的白無花果乾，用海水洗淨後，再用烘箱烘乾。自10月起開始上市。這時的無花果乾相當膨脹而柔軟，接著在冬季時會逐漸乾燥而扁平。義大利的較不精緻，希臘的較硬。打開並壓實後，以包裝或罐裝販售。

使用 Emplois

可直接吃，或切成兩半，內夾杏仁或核桃食用。用酒煮，可製成出色的糖煮果泥。搭配米布丁（riz au lait）或香草冰淇淋也相當美味。

100克＝275大卡
蛋白質：4克
醣類：62克

黑李乾 *Pruneaux*

黑李乾為卵形的大顆紫李，在乾燥管中乾燥，或浸入含糖的熱溶液中脫水。這時的黑李乾膨脹到比新鮮水果還要大，而且可直接食用。不論是乾還是半乾，使用前永遠都要泡水或溫茶。富含纖維質，黑李乾可調節腸道的功能。

使用 Emplois

以水或紅酒燉煮，黑李乾可以糖煮果泥的形式享用，或是加入水果沙拉中，或是製成果泥。

被列入無數的糕點食譜中，也是冰淇淋的成份之一。包起來就成了糖果，也能保存在阿爾馬涅克酒(Armagnac)中。

100克＝290大卡
蛋白質：2克
醣類：70克

葡萄乾 *Raisins secs*

不同品種，非常甜的無籽餐用葡萄提供了葡萄乾。裝箱的葡萄來自法國南方；它們小而不甜。籽很小而且深色的科林斯(Corinthe)葡萄來自希臘，有著獨特的味道。史密爾那(Smyrne)葡萄，金黃而透明，較不甜。至於馬拉加(Málaga)葡萄，紫紅色的籽相當大顆，略帶麝香味。一整年都可找到散裝或包裝的葡萄乾。

使用 Emplois

浸漬在溫水、酒或蘭姆酒中，葡萄乾可填入發酵麵團(葡萄麵包)、讓米製或麥製點心變得更突出、讓布丁和水果蛋糕變得更豐富。澆上檸檬汁或蘭姆酒，可為水果沙拉增添美味的調味。

100克＝325大卡
蛋白質：3克
醣類：75克

杏桃乾
abricots secs

黑李乾
pruneaux

無花果乾
figues sèches

史密爾那葡萄乾
raisins de Smyrne

科林斯葡萄乾
raisins de Corinthe

蔬菜 Les légumes

蔬菜主要用於料理上，但不論是基於古老傳統，還是因為原本就含糖，某些蔬菜被用在糕點和甜點食譜的烹調中。

鈴鐺胡蘿蔔
carottes grelot

大黃
rhubarbe

胡蘿蔔 *Carotte*

胡蘿蔔是富含醣類的根，因而帶有甜味。在5月底至9月時最美味。

使用 Emplois

有幾種水果蛋糕和蛋糕的食譜是以胡蘿蔔為基底。以榨汁機打成果汁，可製作獨特的雪酪，並和柳橙汁混合。

100克＝35大卡
蛋白質：1克
醣類：7克

甜菜 *Bette*

依地區而定，甜菜又稱「blette」、「poirée」或「ôte」。有著相當無味的大綠葉。屬夏季蔬菜。

使用 Emplois

去除葉脈的葉子，可製成尼斯式甜餡餅(tourte sucrée à la niçoise)。

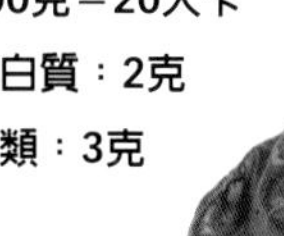

100克＝20大卡
蛋白質：2克
醣類：3克

甜菜
bette

南瓜 *Courges*

「南瓜」一詞代表無數葫蘆科蔬菜的屬，果肉為肉質，而且水份相當多。有幾種品種，部分用於甜食的製作中。

使用 Emplois

南瓜(citrouille, giraumon vert, potiron)可製成出色的果醬，尤其是在用薑提味時。也用在許多塔、蛋糕和布丁的食譜中。

100克的南瓜(potiron)＝20大卡
醣類：4克

甜薯
patate douce

甜薯 *Patate douce*

甜薯為淡紅色、紫色或灰色，有著粉質的果肉，明顯比馬鈴薯甜。一整年都可在專賣店裡找到。

使用 Emplois

煮熟並打成果泥後，就成了克里奧蛋糕的成份之一。

100克＝90大卡
蛋白質：1克
醣類：20克

番茄 *Tomate*

番茄事實上是一種水果，但最常被作為蔬菜使用。有無數品種，圓形、卵形、成串、櫻桃形。一整年都可找到，但在夏季最為可口。

使用 Emplois

紅色或綠色番茄可製成華麗的果醬。充分成熟並攪碎的番茄可製成非常清爽的雪酪。

100克＝12大卡
醣類：3克

大黃 *Rhubarbe*

長時間居於藥用植物行列的大黃，在18世紀時成了蔬菜植物。它的莖是紅色的，有時多少帶著紫色，味道很酸。4月中至6月底時可在市場上找到。

使用 Emplois

煮熟並加上足夠的糖來抵消其酸性，大黃可形成大受好評的糖煮果泥，尤其是用薑、肉荳蔻或檸檬皮來提味時。也能製成非常優質的果醬。在無數的加拿大食譜中，可和蘋果或紅漿果混合，用以製作蛋糕、馬芬(Muffins)、塔，以及冰淇淋和雪酪。

100克＝12大卡
醣類：3克

番茄
tomates

香料 Les épices

自古代開始使用，以植物提煉的芳香物質由拜占庭人引進歐洲。
長期因其防腐性質而作為保存材料使用，現在則用來為某些菜餚賦予特別的味道。
所有的香料都應以密封罐保存在室溫下。
冰箱的冷，事實上會扼殺了它們的香味。

肉桂 *Cannelle*

肉桂為樟科不同異國灌木的果皮，乾燥後，捲曲成卷。我們可找到保持原狀的、亮色或深灰色的肉桂卷，以及粉狀或萃取液。氣味芳香濃烈，味道辛辣。肉桂可為酒調味，尤其是熱酒(vin chaud)，並可為糖煮果泥和點心增添芳香。亦為歐洲和東方糕點不可或缺的素材之一。

丁香 *Clou de girofle*

丁香，味道非常辛辣，是**馬格里布的ras al-hanout**和**中國五香粉cinq-épices**的成份之一。 可搭配肉桂為熱酒調味，為酒漬水果形成較高貴的芳香，而且經常用於蜂蜜和乾果糕點中。

香料的效用 Les vertus des épieces

香料，尤其是所謂的「熱情」香料(白胡椒、辣椒、辣椒粉Paprika、薑)，有刺激性慾的名聲，但從未獲得科學上的證實。也能促進消化道的活動，並引起小骨盆的血管擴張。這些生理現象大概源自它們長期被使用流傳下的聲譽。

薑 *Gingembre*

薑為塊莖，源自印度和馬來西亞，種植於熱帶國家。可以新鮮、糖漬，或以粉末狀使用。味道非常辛辣。
糖漬後，在東南亞國家是很受好評的糖果。保存過久可能會有肥皂味。在各種形狀下，薑大量用於為餅乾和蛋糕、糖果和果醬調味。

肉荳蔻 *Muscade*

肉荳蔻樹非常芳香的果實，肉荳蔻是一種卵形、堅硬、棕色且起皺的小果仁，味道非常強烈。肉荳蔻總是削成碎末使用，但亦有粉末的形狀。可為蜂蜜或檸檬蛋糕、糖煮果泥、水果塔、水果蛋糕、leckerlis de Bâle(瑞士餅乾)和某些香草點心調味。也用於利口酒的製造上。

肉荳蔻
noix muscade

丁香
clou de girofle

肉桂棒
cannelle en bâtons

薑
gingembre

辣椒粉
Paprika

辣椒粉為一種甜椒的品種。乾燥並磨成粉後，主要用於料理上，但也見於某些甜點食譜中。撒在盤上，可增添一種獨特的裝飾色調。

鹽
sel

辣椒粉
Paprika

番紅花
Safran

原產於東方，番紅花為一種罕見的香料，種植於法國的加蒂訥(Gatinais)和昂古穆瓦(Angoumois)地區。以棕色細絲的形狀呈現，為花的柱頭，或是以橙花色的粉末呈現。氣味強烈，味道微苦。

用於某些點心、冰淇淋和雪酪的食譜中。

鹽
Sel

在糕點上，鹽像香料般精打細算地使用，有時用以突顯某些香味，或是為了中和過度的甜味。所有的麵糊都含有1撮的鹽。

四香粉
Quatre-épices

我們將一種通常包含：白胡椒粉、肉荳蔻末、丁香和肉桂粉的混合物稱為四香粉。在埃及，人們將四香粉和麵粉混合，為麵包或糕點調味。也可為某些香料麵包和點心增添芳香。

胡椒
Poivre

世上最普遍也最受歡迎的香料。白胡椒主要用於料理上。一直為人所忽略，直到近幾年才用於糕點上，現在成了冰淇淋、雪酪、某些點心和甜點的成份。這時使用的是比較罕見的品種，例如四川的白胡椒。

香草
Vanille

香草是最常用於糕點的香料。有著非常香甜的味道，以新鮮的香草莢、香草粉、香草精(將果實浸漬在酒精中，接著浸泡在糖漿中)，或是以香草糖(見396頁)的形式呈現。墨西哥香草ley或leg為最罕見的品種。波本(Bourbon)香草，來自印度洋，為最常見的品種。還有法屬圭亞那(Guyane)、瓜德盧普島(Guadeloupe)、留尼旺(Réunion)和大溪地。

香草為奶油醬、蛋糕體麵糊、糖煮果泥、清燉水果、點心和冰淇淋增添芳香，並經常用於糖果和巧克力的製造上。這是潘趣酒、巧克力和熱酒的經典香味。

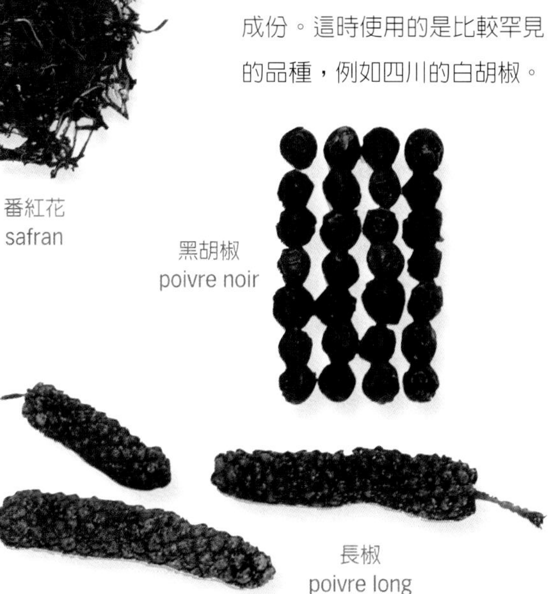

番紅花
safran

黑胡椒
poivre noir

四香粉
quatre-épices

長椒
poivre long

香草莢
vanille

香芹
carvi

調味香料 Les aromates

調味香料來自散發香氣的植物，而我們使用當中香味最濃的素材(葉片、種籽、果實或莖)。
一旦乾燥後，大部分這些芳香植物就會失去部分的香味。
保存過久，很容易會形成枯草的味道。
應擺放在不同的密封罐中，以免接觸到空氣。

歐白芷(當歸) *Angélique*

歐白芷是一種長得有點像芹菜的傘形科植物。原產於北歐國家，散發出一種熱情的麝香味。
綠色的莖，經過糖漬後用來為水果蛋糕、香料麵包、布丁和舒芙蕾增添芳香或作為裝飾。
這也是一種大受好評的糖果，為尼奧爾市(Niort)的特產。
加入酸味水果的糖煮果泥中，可緩和酸味。根莖用於不同的利口酒中：香蜂水(eau de mélisse)、沙特勒茲綠色香甜酒(chartreuse)、vespetro和琴酒(gin)。

茴香 *Anis*

芳香植物原產於東方，而茴香在古老的中國也是一種神聖的植物。
綠色的茴香籽長久以來使用於麵包、布里澤爾(bretzel)、普羅旺斯香草麵包(fougasse)和餅乾、蛋糕及部分香料麵包中。為一種特殊糖果——弗拉．尼糖衣果仁(dragée de Flavigny)的基底。茴香也經常用於蒸餾工業中，以製造茴香酒(pastis)和茴香利口酒(anisette)。

小荳蔻 *cardamome*

一旦乾燥後，這原產於印度的芳香植物種籽有一種白胡椒味，並依來自綠色、黑色或白色小荳蔻的種籽而有所不同。
這些種籽在北歐很常用來為熱酒、糖煮果泥、塔和冰淇淋調味。也用來為阿誇維特酒(Aquavit)調味。

黑色小荳蔻
cardamome noire

綠色小荳蔻
cardamome verte

香芹 *Carvi*

香芹基於味道和外觀上的相似，又稱為「草地孜然」或「山地孜然」，或甚至是「假茴香」。種籽和孜然的一樣呈橢圓形，但較沒有麝香味。用於匈牙利和德國糕點，以及某些英國餅乾。為浮日的糖衣果仁(dragée des Vosges)增添香味，並用來製造幾種利口酒和酒精(欽梅爾酒kummel、vespetro、荷蘭杜松子酒schnaps和阿誇維特酒aquavit)。

八角或八角茴香 *Badiane ou anis étoilé*

為木蘭科灌木——八角樹的果實， 八角星的形狀，因而稱「八角茴香」，並含有味道近似茴香的種籽。香味非常強烈。
八角以浸泡液使用，並為無數的奶油醬、冰淇淋、雪酪、蛋糕調味，尤其是用於北歐的糕點和餅乾上。用來製造茴香利口酒(anisette)，並為茶調味。

香菜 *Coriandre*

常被稱為「阿拉伯香芹」或「中國香芹」，希伯來人早就開始使用。種籽經過乾燥後，以整顆或粉末的形式販售。
香菜有相當麝香和檸檬的香味，味道非常獨特。很常用於地中海國家的糕點中。在法國不是那麼普遍，尤其用於沙特勒茲綠色香甜酒(chartreuse和衣扎拉酒(Izarra)等利口酒的製造。

新鮮香菜
coriandre fraîche

八角茴香 badiane (anis étoilé)

歐白芷
angélique

綠色八角種子
grains d'anis vert

香茅 *Citronnelle*

這芳香禾本植物的莖，很常用於亞洲的料理和糕點裡。香茅也出現在某些甜點和奶油醬的食譜當中。

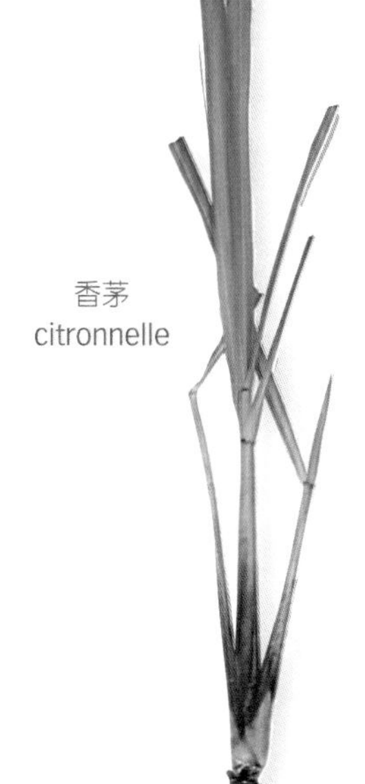
香茅
citronnelle

薄荷 *Menthe*

這是最常因其香味、味道和消化功效而被使用的一種植物。有幾個品種：綠薄荷或甜薄荷，為最普遍的一種；白胡椒薄荷是最強烈的。至於檸檬薄荷或佛手柑薄荷，具有果香。日本薄荷可製造薄荷腦(menthol)。

新鮮葉片被大量用於裝飾甜點和點心，而且可以整片或切碎的形式，為水果沙拉或紅水果盤提味。乾燥後的綠薄荷為茶調味，形成美味的茶液。白胡椒薄荷很常用於糖果的製造，可為糖果和各種巧克力增添芳香。許多飲料，不論有酒精與否，都是以薄荷為基底，其中當然也包括糖漿。

香蜂草 *Mélisse*

香蜂草有檸檬的氣味，因而又稱為「檸檬草」。葉片可以新鮮或乾燥後使用，為以柳橙或檸檬為基底的蛋糕、點心、水果沙拉和糖煮果泥調味。加爾默水(Eau des carmes)，一種古老的補藥，便是以香蜂酒為基礎。

百里香 *Thym*

很常用於料理，但基於氣味太濃烈，百里香很少用於糕點。可用來製作助消化劑和某些傳統利口酒(liqueur artisanale)。極少量的檸檬百里香(thym citron)和新鮮水果甜點是很巧妙的搭配。

野生百里香
thym sauvage
(farigoule)

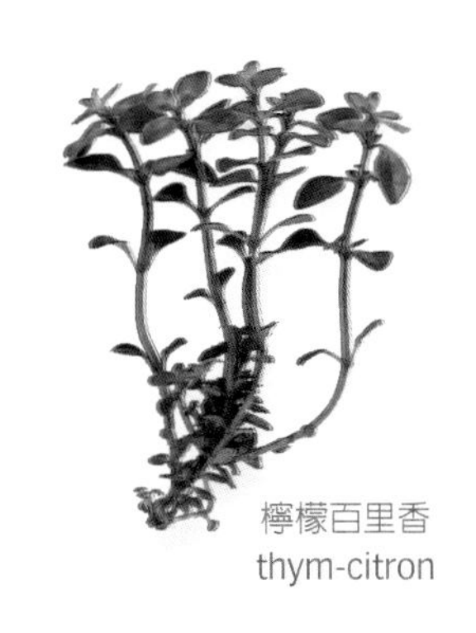
檸檬百里香
thym-citron

罌粟 *Pavot*

罌粟有幾個品種，含有或多或少的鴉片。種籽帶有榛果味，很常用於中東和中歐的糕點上。

罌粟籽
graines pavot

馬鞭草 *Verveine*

馬鞭草的葉子非常香，可以新鮮或乾燥後使用，但會很快散失其香味。新鮮馬鞭草可為水果沙拉、桃子或草莓甜點增添芳香。經過浸泡，可為某些香草布丁(crème vanillée)或米布丁調味。乾燥後可製成有助消化功效的藥劑。

香蜂草
mélisse

薄荷
menthe

白胡椒薄荷
menthe poivrée

馬鞭草
verveine

花 Les fleurs

某些花，去掉雌蕊和雄蕊後，長久以來便用於糕點和糖果的製作上。不論是新鮮或經過加工，都非常具有裝飾性，也具有甜味。

玫瑰 rose

金合歡花 fleur d’acacia

金合歡 *Acacia*

金合歡花，白色而芳香，5月開花。

在某些地區，人們用來製作多拿滋。以甜燒酒浸漬後，便形成出色的果仁酒(ratafia)或傳統利口酒。

紫蘿蘭(堇菜) violettes

紫蘿蘭 *Violette*

紫蘿蘭花加入冰糖並乾燥後，便稱為「冰糖紫蘿蘭violette candy」，用來裝飾，或為奶油醬和點心增添芳香。某些糖果會以紫蘿蘭精調味，並經過染色，塑成花的形狀。

茉莉 *Jasmin*

茉莉花有非常濃烈的香味並具有甜味。人們用雙瓣茉莉(jasmin sambac)為茶、某些酒和利口酒調味。中國茉莉被用於果醬、奶油醬、果凍和雪酪上。

茉莉 jasmin

琉璃苣 *Bourrache*

琉璃苣的花為星形，充滿花蜜。也可製成多拿滋。糖漬後，為糕點和糖果的裝飾素材。

琉璃苣 Bourrache

玫瑰 *Rose*

玫瑰因其顏色鮮豔的花瓣，是一種常用於製造糖果的花。人們轉化為千層糖(bonbon feuilleté)、玫瑰軟糖(pâte de rose)、糖漬或冰糖花瓣。用糖浸漬，這些花瓣便形成了可口的果醬。玫瑰水和玫瑰精為奶油醬、冰淇淋和麵糊，以及利口酒和花酒增添芳香。玫瑰精也用來為土耳其軟糖(loukoum)調味。用蜂蜜熬煮的玫瑰糖，就成了玫瑰蜜。經乾燥並磨成粉後，也可作為香料使用。

薰衣草 *Lavande*

藍紫色的薰衣草花非常芳香。可新鮮或乾燥使用。

為果醬、奶油醬、果凍和雪酪，以及利口酒、酒或茶調味。金黃色的薰衣草蜜非常香。

旱金蓮 *Capucine*

黃色、橙色或紅色，旱金蓮具有非常淡的辛香味。為奶油醬、點心和果凍調味，並為利口酒、酒或茶增添芳香，並用來裝飾蛋糕和水果沙拉。

旱金蓮 capucines

薰衣草 lavande

其他用於糕點的食材 Autres ingrédients utilisés en pâtisserie

沒有什麼比想製作蛋糕或甜點，但手邊卻缺乏必要食材更令人懊惱的事。基本食材(麵粉、小麥粉、泡打粉、小麥澱粉、蛋、奶油、牛奶、鮮奶油、糖、巧克力、水果)的選擇，請參考385至424頁，其中提供了與這些食材相關的所有資訊。但若我們經常製作糕點，也有最好存放在家中的專用食材。其中很多可輕易在食品雜貨店和超市中找到。其他的只能在優質食品雜貨店、外國食品雜貨店或飲食商店中購買。

杏桃 Abricot

杏桃果膠 Le nappage à l'abricot　經常用於糕點的修飾。人們可輕易找到罐裝杏桃果膠，但您也能自行製備。將杏桃柑橘醬放至微溫，並摻入一些水拌和。

杏桃果核 Le noyaux d'abricot　用來避免塔麵糊在空心烘烤時浮起。可在夏季時保留一罐的量。

杏桃乾 Le abricots secs　可輕易找到包裝或零售的。在使用前，應該經常泡水或溫茶幾小時加以浸潤。

酒精 Alcools

主要用於糕點的酒為阿爾馬涅克酒(Armagnac)、干邑白蘭地(cognac)、蘋果白蘭地(calvados)、蒸餾酒(覆盆子、櫻桃酒、洋梨)、蘭姆酒、伏特加和威士忌。若您除了加進糕點外並不喝酒，最好購買小瓶裝的。

杏仁 Amande

杏仁 Les amandes　依食譜而以幾種形式使用：整顆(去皮且未加工)、片狀、搗碎和粉末狀。不論外觀如何，都應儘快使用，因為杏仁變質得很快。

杏仁膏 La pâte d'amande　可輕易在超市和優質食品雜貨店中找到。沒有上色的非常實用，因為我們可以為其賦予所選擇的顏色。但您也能購買一包不同顏色的杏仁膏。

苦杏仁精 L'essence d'amande amère　是一種很常使用的香料，也很容易找到；其味道非常突出：因此為了遵照劑量的指示，滴管是不可或缺的。

杏仁奶 La lait d'amande　吉力丁和研磨杏仁的混合物，摻入牛奶拌和，買不到；應自行製備(見57頁)。

指形蛋糕體 Biscuits à la cuillère

這富含蛋和糖的蛋糕體，經常用於糕點上，一定是乾燥易碎的。若您經常製作夏露蕾特，永遠都要預留一盒備用。您也能向您的糕點商購買零售的；保存在密封盒中。

咖啡 Café

當人們將咖啡用於糕點上時，經常只加入微量；使用即溶咖啡較方便；最好使用阿拉比卡咖啡。

咖啡精 L'extrait de café liquide　是一種有時會用於糕點和糖果業的香料。永遠都備有一小罐會很有用。

食品著色劑 Colorants alimentaires

您可在優質食品雜貨店中找到為翻糖、杏仁膏、某些慕斯和冰淇淋(如開心果冰淇淋，沒有著色劑就不會是綠色)染色的必要材料。為了遵照劑量的指示，滴管是不可或缺的。

果醬和果凍 Confitures et gelées

覆盆子、草莓、櫻桃果醬，以及榅桲、醋栗和覆盆子果凍最常用於糕點上，用來搭配米布丁(riz au lait)、可麗餅、鬆餅等等。將已經打開的罐子冷藏保存。

裝飾 Décors

一包咖啡巧克力豆、一包巧克力米、一包花邊紙盤墊(圓形或矩形)、幾張金色的圓形紙板(用來擺蛋糕)，和幾十個用來裝法式小點心(petit-four)的皺褶小紙盒都是必備的。這些配備可在超市和餐桌藝術專門店找到。

橙花水 Eau de fleur d'oranger

橙花水，從一種橙樹的花所獲得，用來為奶油醬、可麗餅麵糊、多拿滋等增添芳香。永遠都要在您的壁櫥裡放上一小罐。

薄餅或春捲皮 Feuille de brik

是一種極薄的突尼西亞煎餅皮crèpe，由水煮小麥粉所製成。接著以一種非常講究的手法用橄欖油煎。一些糕點食譜會用到薄餅或春捲皮；您可在異國食品雜貨店裡找到。

翻糖又稱風凍 Fondant

翻糖是一種加入葡萄糖的糖漿，煮至121°C，用刮杓攪拌至變成濃稠且不透明的糖膏。這軟膏被用於糕點上，以原味或調味(加入巧克力、咖啡、草莓、覆盆子、檸檬或柳橙)使用，用來為泡芙、閃電泡芙、海綿蛋糕、千層派等覆以鏡面。

糖漿水果 Fruits au sirop

杏桃、桃子、洋梨和鳳梨，是用於夏露蕾特、塔等的主要糖漿水果。若您喜愛製作冬季的甜點，或您想快速製作果泥，就預備個幾罐。

糖漬水果和果皮 Fruits confits et écorces confites

切成小丁的糖漬水果(櫻桃、歐白芷、枸櫞cédrat、薑) ，用來擺在某些蛋糕(皮力歐許、水果蛋糕)的麵糊和冰淇淋中。在製作布丁和裝飾無數的甜點及點心時是不可或缺的。糖漬橙皮和檸檬皮也很常使用。這些都是很容易找到的產品。

吉力丁 Gélatine

吉力丁以粉狀或透明片狀的形式販售。吉力丁片很常使用，可用於慕斯、夏露蕾特、巴伐露、果凍等。您很容易在超市裡找到；擺在密封盒裡，以避免受潮。

葡萄糖 Glucose

葡萄糖為一種裝在罐中的糖漿狀純糖。用來塗在糖果上。有些食譜上會建議使用葡萄糖粉；於藥房中販售。

利口酒 Liqueurs

主要用於糕點上的利口酒為香橙干邑甜酒(Grand Marnier)、櫻桃酒(cherry)、君度橙酒(Cointreau)、沙特勒茲綠色香甜酒(Chartreuse)、柑香酒(curaçao)、馬拉斯加酸櫻桃酒(marasquin)。小容量(100至250毫升)的罐子非常實用。

栗子 Marron

栗子根據食譜而以不同的形式用於糕點中。栗子奶油醬 Le crème de marron(甜栗泥)是最常使用的，用來製作冰涼的甜點(巴伐露、冰淇淋、維切林)，並用來擺在某些糕點和點心(船型蛋糕、可麗餅、蛋糕捲)上；也能以原味搭配鮮奶油香醍享用。

罐裝的清燉栗子 Les marron en conserve au naturel 和栗子奶油醬在超市販售。栗子糊(Le pâte de marron)只有在優質食品雜貨店才找得到。您可在優質食品雜貨店和糖果店裡買到糖栗 les brisures marron glacés 和糖栗碎屑。

薄派皮 Pâte à filo (phyllo)

薄派皮是一種原產於東方的麵皮。在幾種糕點食譜中會用到；您可在異國食品雜貨店中找到。以片狀販售，包在鋁箔紙中冷藏，只能保存2或3天。

開心果 Pistache

在糕點中，人們使用去皮的整顆開心果，但有時也使用優質食品雜貨店所販售的開心果糖膏。

布丁粉 Poudre à flan

在製作甜布丁塔時非常好用，布丁粉是一種不管在任何超市都能找到的平凡產品。

糖杏仁又稱帕林內 Pralin

糖杏仁是一種以杏仁或榛果(或兩者混合)為基底的糖膏，以焦糖包覆，接著搗碎。用來為奶油醬和冰淇淋增添芳香，填入糖果或巧克力夾心中。變質得很快，但以密封罐可保存幾天。基本上可在優質食品雜貨店中找到。

果仁牛軋糖 Touron ou Turrón

果仁牛軋糖是一種原產於西班牙的糖果，由研磨的杏仁和蛋白、糖所組成。也可包含開心果、整顆杏仁、核桃或乾燥水果。用於某些糕點食譜中；可在優質食品雜貨店和糖果店中找到。

Diététique et desserts

營養學與甜點

科學研究近年來的進步已顯示，美食不再是飲食學的敵人，

剝奪美食就和濫用同樣有害，

而醣類也不必然得爲體重的增加負責。

唯一要知道的，就是如何做到營養均衡。

營養相關政府當局制定了簡單的飲食均衡規則：日常15%的卡洛里必須由蛋白質提供，30至35%來自脂類，50至55%來自醣類。實際上，人們吃肉、魚、麵包、蔬菜、麵糊和米、水果和甜點，但人們不能一直帶著磅秤和飲食成份表過日子，以計算每一餐所提供的營養。均衡的大規則是全部都吃，同時將這「全部」分為三餐：

— **早餐**，包含飲料(茶或咖啡)；乳製品(牛奶、優格或白乳酪，為了蛋白質和鈣質)；穀類和/或麵包(為了醣類)，如果喜歡的話，可再加一些奶油和果醬；一種水果或果汁(為了醣類和維生素)。

— **午餐和晚餐**，一種肉或魚(為了蛋白質和鐵質)，蔬菜和馬鈴薯、麵糊或米(醣類和維生素)、乳酪(最好是新鮮的)(蛋白質和鈣質)、水果(醣類和維生素)或甜點和麵包(醣類)。

至於量的部分，會依每個人和當時的需求而有所不同。這是由身體所決定的。事實上，饑餓，只有在人體感覺到對醣類的需求時才會產生真正的饑餓，也就是當前一餐的醣類已經被吸收和代謝時。饑餓感會隨著進食而消失，被同化的醣類將訊號傳送到啓動這個感覺的神經系統，然後便逐漸進入飽足的狀態。脂類並沒有這樣的能力。身體是一台格外精密的機器，受到生物和非常複雜的化學機制所支配，而這樣的機制至今仍無法完全破譯。這也說明了近年來所提出的不同營養學理論。

營養物質 Nutriments

「營養物質」為直接且完全被人體所吸收的飲食物質。也就是水、蛋白質、脂類、醣類、酒精和不同的礦物鹽及維生素。所有的飲食都含有營養物質，但卻沒有一種食物含有所有的營養物質。

身體：有十億個細胞要供養
Le corps:des milliards de cellules à nourrir

對65公斤的平均體重來說，身體是由40公斤的水、11公斤的蛋白質、9公斤的脂類、4公斤的礦物質、1公斤的醣類和幾克的維生素所組成的。其十億個細胞組成了包含器官的不同組織，再組成系統（血液循環、神經、骨骼等等），並各自執行著特殊功能。這些細胞依其性質和生命年齡而以不同的節奏：生、死、生長、繁殖、再生。因此，它們需要飲食中含有的營養元素、營養物質。飲食將歷經一段幾小時的物理和化學的冒險，一旦到達目的地，會再創造出蛋白質、脂類和醣類，即肌肉（與其他組織）、脂肪和能量。

營養與新陳代謝 Nutrition et métabolisme

營養學家按照人體對物質和能量的需求，研究並確定營養的供給。這些需求依個人活動相關的消耗和喪失而定。這些能量的交換和製造被稱為「新陳代謝」，因而為綜合反應（合成代謝）或退降（分解代謝）所進行的整體轉化。

營養飲食
Des aliments aux nutriments

我們原則上一天吃三次，而且經常更多，但我們所能做的僅止於此。從食物進入嘴巴的那一刻開始，將隨著一整個消化的行程，被轉化為有用的營養物質。剛開始，消化的化學作用展開，分泌出酶，任務在於將食物降解；同時，不同的活動，有意識的（像是咀嚼），接著是無意識的（胃的收縮、腸的活動），將食物搗碎、軟化，並磨成漿。

在這漫長的行程之後，蛋白質完全分解為氨基酸，脂類分解為脂肪酸，醣類分解為單糖。經由相當複雜的機制，這些營養物質，同時包括一部分的水、維生素和礦物鹽，穿過腸壁，在血液循環和淋巴系統會合。它們因而會依當時的需求而被配送到細胞裡：蛋白質將取代被破壞的，脂類將預留備用，而醣類則提供能量。

剩下的殘渣、纖維和水，進入到大腸。在這裡，一切都和細菌群混合，大部分的水被吸收，接著殘餘物就被排出。

消化作用在神經系統和不同腸胃激素的控制下，刺激不同降解所需的各種酶分泌。這不僅說明了我們可能會出現的各種消化障礙，而且也說明了心理現象對我們的飲食方式所發揮的巨大影響。所有這些在我們體內的營養物質接下來會變成什麼？為了替每個細胞提供所需的能量和物質，它們要如何組合？

能量的永久需求
Des besoins permanents en énergie

運動、睡覺、呼吸，這一切的發生都歸功於能量。能量經由身體的活動和熱度所顯現，是生命力適當的展現。

而這能量的來源取決於蛋白質、醣類和脂類的氧化。這是一種複雜的破壞現象，導致二氧化碳的釋放、水的製造、體熱的發散，也就是讓身體運轉。這個現象也導向老化，因為來自這降解的殘渣「自由基」會攻擊細胞壁。外界的氧化，就像腐蝕金屬的鏽，如果我們不加以保護的話，就會一點一點地將金屬破壞。氧化作用每一刻都在人體的各個細胞中展開，會產生幾乎同樣的效果。所幸有保護酶系統可抵消這些自由基的破壞。但這並不總是足夠，不然我們就不會老了。

能量，飲食中含有的和人體所必需的都一樣，是以大卡（kcal）或焦耳（kJ）來計量。為了讓熱量平衡，供給必須等於消耗，但這並不容易達到。我們可以和銀行帳戶的資產負債表做個比較，這就像是若資產欄（收入）超出負債欄（支出）許多，就會造成多餘的公斤數。

能量的消耗
Dépenses énergétiques

為了解能量的需求，首先應知道能量如何消耗。就像在預算中，有不同的項目，並依每個人而有所不同。

第一個項目對應的是基礎代謝，即人在休息時必須消耗用以維持生命的最低熱量需求。這依身高、體重、性別和年齡，以及生理和心理狀況而有所不同。男性的基礎代謝高於女性。這個「項目」在發育期也會較高。發燒、疼痛、焦慮也都會使基礎代謝增加。

第二個項目為體溫調節，即將體溫維持在37°C，為此可能要跟冷或熱對抗。能量的消耗依氣候、季節、生活方式而有所不同。

第三個項目為飲食行為，即一天進食幾次的行為。不能夠忽視因飲食特殊的動態行為(ADS)所造成的消耗。蛋白質、脂類和醣類事實上在轉化和儲存的過程中有能量的需求。

但最高的項目基本上為「肌肉運動相關消耗」，每分鐘為1.5至2大卡(6～8千焦耳)，而當人坐著進行較緊張的活動時為4至6(15～34千焦耳)。例如一小時的行走，人們消耗250至300大卡。當這個項目的量不夠時，熱量平衡可能會是偏向收入的正值，這經常會轉為多餘的公斤數。

合乎規定的烹調法
Recettes réglementées

飲食均勻必須要有營養物質—蛋白質、脂類和醣類—如同在準確的比例中提供的不同維生素和礦物鹽。若這些供給不夠或過多，個別或全部，就會造成不均衡，可能會造成體重的增加，或是營養素的缺乏。

蛋白質——營養建築師

蛋白質組成身體的所有細胞，而且也由23種氨基酸所構成，其中包括8種人體所不能合成的必需氨基酸。若後者存於飲食中的量不夠，身體的蛋白質就不能正確地重建。有一些不同的蛋白質，依存在組織的不同，依所扮演的角色，組成的方式都不同。蛋白質還沒有完全被辨識出來。每日所需的蛋白質為體重每公斤1克，基本上對應到每日卡洛里的12至15%。

卡路里與焦耳
Calories et joules

大卡為熱量的單位。這樣的度量單位已經採用了非常久。1978年1月1日，開始使用國際標準的能量單位——焦耳。換算為：

1大卡(kcal)＝4.18千焦耳(kJ)

1千焦耳(kJ)＝0.239大卡(kcal)

然而，營養學家持續以卡洛里表示。但人們在所有用以說明營養成份的食品標籤上看到的是焦耳和大卡。

平均能量需求

個人	千卡(大卡)	千焦耳
1至9歲的孩童	1 360～2 190	5 700～9 200
10至12歲的男孩	2 600	10 900
10至12歲的女孩	2 350	9 800
13至15歲的少年	2 900	12 100
13至15歲的少女	2 490	10 400
16至19歲的少年	3 070	12 800
16至19歲的少女	2 310	9 700
經常久坐的男性	2 100	8 800
經常久坐的女性	1 800	7 500
男性(有正常活動)	2 700	11 300
女性(有正常活動)	2 000	8 400

這些數據僅是平均值。能量需求依個人而有所不同。這些變化的機制從弄清楚開始，然後主要取決於遺傳的傾向。

富含蛋白質的食物
Les aliments riches en protéines

在發酵乳酪中，我們可找到最多的蛋白質(18～25%，而非新鮮乳酪的8～10%)，其次為肉、魚、貝殼和甲殼動物(含15～25%的蛋白質)，蛋(13%)和麵粉(10%)。在乾燥蔬菜(8%)和麵包(7%)中也有。

食用蛋白質

所有的食用蛋白質每克提供4大卡。飲食均衡與健康需要所吸收的蛋白質中至少有1/3來自動物，因為動物性蛋白質含有全部著名的必需氨基酸，而這是植物性蛋白質經常缺乏的。只排除肉類和魚的素食並沒有危險，但排除所有動物來源飲食的純素食就不是這麼一回事了。

然而，我們實際上忽略穀物的飲食習慣，很少遵從這建議的均衡理論(1/3動物性蛋白質，2/3植物性蛋白質)。其實，這樣的比例甚至經常顛倒過來(2/3動物性蛋白質，1/3植物性蛋白質)，這並非不會對健康造成影響，因為來自動物的豐富動物性油脂會形成有害的不均衡，會促成肥胖和心血管疾病。

蛋白質的每日建議攝取量	
1至10歲的孩童	22～26克
10至12歲的男孩	78克
10至12歲的女孩	71克
13至15歲的少年	87克
13至15歲的少女	75克
16至19歲的少年	92克
16至19歲的少女	69克
經常久坐的男性	63克
經常久坐的女性	54克
男性(有正常活動)	81克
女性(有正常活動)	60克

發育成長對蛋白質的需求量很大。肌肉活動，正如同懷孕和哺乳，都會使這樣的需求增加。

醣類——出色的能量營養物質

所有含有醣類的飲食都有或多或少的甜味，而本著作中所涉及的「甜食」是難以言喻的。醣類因其化學成份，又稱「碳水化合物」。我們也稱為「醣」，這可能會引起混淆，尤其是當人們又將它們分類為「快醣」或「慢醣」，還有「單糖」和「多糖」(快醣即單糖，慢醣即多糖)。醣類還被指控會造成發胖，但它們卻是維持飲食均衡所必需，而且必須提供一半的日常卡洛里。然而，過多的醣類可能會造成危險，但過分地剝奪會嚴重地反應到飲食行為和健康上。

人體中的葡萄糖

葡萄糖為所有身體細胞的基本食糧，為身體提供細胞運行所需的能量。我們稱最簡單的醣類分子為「葡萄糖」，是所有的食用醣類經消化道降解後所產生。到達血液後(通常每升含有1克)，葡萄糖被永久配送到細胞裡。葡萄糖進入細胞和使用都由一種激素所主宰：胰島素，由胰腺所分泌。在非常持久的用力時，若肌肉細胞可能使用脂肪酸，相反地，腦細胞就只能由葡萄糖來提供養分。沒有葡萄糖，腦細胞就會受到損害並迅速死去。不用到達這樣的絕境，只要簡單的血糖(即血液中的葡萄糖含量)下降，就會立即對人體產生影響，並透過疲勞、精神空虛的不愉快感和饑餓感而表現出來。

然而身體在脂肪組織(肉體油脂)裡有不可思議的能量儲存(不容易也無法快速動用)，其對醣類的囤積是極少量的。這主要以醣原的形式存於肝和肌肉中，最高可達300～400克左右，這代表約12小時的能量儲備。這就是為何每一餐都絕對需要食用醣類飲食的原因。

食用醣類

它們每克都提供4大卡。我們可以依其分子數區分為**單糖**和**多醣**。「真正的單糖」由單一分子所組成，為數不多。被稱為「**葡萄糖**」、「半乳糖」、「**果糖**」和「**甘露糖**」。後三者在肝或細胞中轉化為葡萄糖。

蔗糖、**乳糖**和**麥芽糖**也被稱為「單糖」。其實它們為雙糖，因為由兩個分子所構成，但在消化初期很快就分裂了。蔗糖，是來自甘蔗或甜菜的塊狀或粉末狀糖，由一個葡萄糖分子和一個果糖分子所組成。乳糖，為奶類中的糖，由一個葡萄糖分子和一個半乳糖分子所組成。至於麥芽糖，則來自澱粉或麥芽在熱的作用下的部分水解。

單糖都有著同樣的物理性質，而其中最重要的就是可溶性。由於這一點，它們很快就被吸收，也因此被稱為「快糖」。

多糖為人們在穀物、豆科植物、塊莖、根和鱗莖中所發現的**澱粉**。它們由彼此相連的葡萄糖分子所構成，而這些分子依澱粉的性質而定，會花或多或少的時間分解，因此獲得「慢糖」的名稱。

醣類，尤其是快醣(單糖)，過去被指控會造成體重的增加。但慢糖和快糖的教條已經過修正：不論其吸收的快慢，它們通常都會被人體所燃燒。若人們食用過多的醣類，超出其能量需求，這些醣類便會轉化為油脂。

脂類：美學與能量

油脂在人體內有幾種功能。重新在包覆肌肉的脂肪組織內聚集，形成身體的體態。

脂類也是最重要的能量容器。由於每克的脂類提供9卡，一個65公斤的人的平均儲藏量為9～10公斤的脂類，即囤積了81000～90000卡，可以存活至少40天。

最後，脂類也參與了細胞膜和神經細胞結構。它們由甘油和脂肪酸所組成。它們就是以這樣的形式儲存於脂肪細胞中。當人體有需要，但卻已經沒有備用的醣原時，由於非常精密的代謝循環，脂肪酸這時就會提供細胞所需的能量。

食用脂類

人們將**脂肪酸**分為三種：飽和、單元不飽和脂肪酸和多元不飽和脂肪酸。這些不純正的詞語說明了非常複雜的化學結構。這些脂肪酸基於它們在心血管系統上所扮演的有害或有益的角色而著名。

飽和脂肪酸基本上存在於動物性油脂：奶油、鮮奶油、乳酪、肉類，而且很容易辨識——一種油脂在室溫(18～22°C)下變得越硬，就越富含飽和脂肪酸。

油類富含單元不飽和脂肪酸和多元不飽和脂肪酸，每個的比例依油的來源而有所不同。但所有的油都提供100%的脂類，而且都不清淡，即使透明而流質的外觀給人這樣的印象。

當脂類在飲食中的比例過量(超過總卡洛里的30～35%)，而且每日超過約80克時，所有的油脂都很容易囤積在人體內。很可能會造成體重增加的風險，尤其是在有遺傳上的傾向時。

現今的西方飲食習慣為每日40～45%的卡洛里由脂類所提供，而犧牲了醣類(尤其是由穀物所供應的部分)。

富含醣類的飲食
Les aliments riches en glucides

糖和糖果為純醣類(100%)。餅乾和乾燥水果含65～88%。麵包佔55%；這大概是主要的供應來源。煮熟後的米食，就和馬鈴薯一樣，含有20%的醣類。乳製品提供3～6%，蔬菜平均7%，量很少。至於水果，則含有5至20%的醣類。

富含脂類的飲食
Les aliments riches en lipides

油為純脂類(100%)。我們也在脂質(奶油和乳瑪琳含83%)和某些豬肉食品中發現大量脂類。最油的肉提供30%，發酵乳酪從15至30%；奶油含15至35%。

礦物鹽與微量元素
Les sels minéraux et les oligoéléments

所有的礦物質在身體裡多少佔有一定的量，而且都各自有它們的作用。某些肯定大家都認識，而其他的則較不出名。在微量元素一詞下，表示這些礦物質是以極小的量存於機體和飲食中。

礦物鹽

主要的礦物鹽為鈣、氯、鐵、鎂、磷、鉀和鈉。

鈣和磷 Calcium et phosphore　就數量來說，是機體中最重要的，因為它們構成了骨骼結構，而這必須要大量的飲食供給（每日800～1000克）。兩者也扮演著其他角色，特別是在神經系統和神經肌肉興奮性上。

所有的飲食都含有磷。基本上由乳製品提供的鈣則並非如此。牛奶含有125毫克，優格140毫克；乳酪提供的鈣含量不定（100克的軟質乳酪含50毫克，等量硬質乳酪則含950毫克）。因此適合在白天飲用牛奶，但每餐絕對要食用乳酪、乳製品或乳製甜點。

鐵 Le fer　是構成血液中紅血球的成份。其作用在所有細胞呼吸機制和免疫防禦中非常重要。需求（女性18～24毫克，男性19毫克）並不總是能得到滿足。實際上，機體非常難以吸收的鐵，總之在飲食中非常少見。我們經常會因為食用的紅肉量不足而缺少鐵。許多蔬菜也含有鐵，但是以機體難以使用的形式呈現。有富含鐵質的產品存在，因而對避免營養素缺乏而言非常有用。

鎂 Le magnésium　在神經細胞和神經肌肉興奮性上作用。需求量相當大（每日300至500毫克），而且經常不足，因為除了巧克力（每100克含290毫克），乾燥水果（50至250毫克）、乾燥蔬菜（60至80毫克）和粗穀物以外，飲食中的鎂含量相當貧乏。缺乏鎂相對而言較為頻繁，而且表現為疲勞、肌肉障礙，有時甚至會引起痙攣。因而經常必須透過藥物的形式加以補充。

鈉 Le sodium　扮演著決定性的角色，因為它控制著機體的所有水平衡。人們從來不缺，而且還正好相反。鹽（氯化鈉）大量地供給鈉，甚至經常過多。幾乎所有的食物中也都有。過量的鈉可能會對某些有遺傳傾向的人造成高血壓。

鉀 Le potassium　所有的細胞中都有，扮演著主要的代謝角色。所有的飲食中都含有，尤其是蔬菜水果。沒有缺乏的危險。

微量元素

微量元素為銅、鉻、氟、碘、錳、鉬、硒和鋅。其中有些—銅、鉻、錳、鉬和硒—的需求還鮮為人知。

碘 L'iode　對甲狀腺素的合成而言是不可或缺的。在飲用水中缺乏碘和食用的魚肉量不足的地區，仍存有碘不足的現象，但富含碘的食用鹽已經讓這種現象幾乎在法國絕跡。

氟 Le fluor　為發育所必需，但也是牙齒琺瑯質的成份之一。飲用水中所含的氟已經足以應付一名成人所需。

至於鋅 Zinc　參與無數酶的組成，但也為蛋白質合成所必需。可在魚類、貝類、海產和肉類中找到。不足或吸收不良可能會造成發育遲緩和皮膚狀況不佳。

維生素：生命所必需
Les vitamines: essentielles à la vie

維生素為所有器官發育、繁殖和良好運作所不可或缺。然而，人體無法自行製造。唯有飲食能夠供給，除了一種，即維生素D，基本上經過陽光紫外線的作用所提供。

膽固醇 Le cholesérol

由人體自然分泌。膽固醇是不可或缺的，因為它是幾種激素的先驅。它參與了血清脂蛋白（HDL與LDL）的組成。後者會將脂類輸送到機體內，而且依遺傳傾向而定，多少會被排除。以通俗的字眼來說，HDL是「好膽固醇」，而LDL是「壞膽固醇」，後者會附著在動脈壁上，而造成心血管疾病。多元不飽和脂肪酸和單元不飽和脂肪酸在這非常複雜的疾病中扮演著正面的保護者角色。動物性油脂含有膽固醇，而植物性油脂則沒有。

12種維生素以A、B、C、D、E、K等字母表示，B群是其中為數最多的。某些溶於水(不同的維生素B和C)，其他的溶於脂類(A、D、E和K)，因此而將維生素區別為水溶性和脂溶性。人們尚未完全認識其中某些維生素的全部作用。因此，維生素A的先驅——胡蘿蔔素，以及維生素C和E，行使著重要的抗氧化作用，或許能抵抗某些癌症和心血管疾病。

水溶性維生素，尤其是維生素C，很脆弱，對熱、空氣和光線都很敏感。無法儲存在人體內，因此必須每日從飲食中攝取。相反地，其他的維生素，即脂溶性維生素，會堆積：幾乎沒有缺乏的風險，但維生素B群，尤其是維生素C則並非如此。

所有的飲食，除了純糖，都含有維生素，但沒有一種含有全部的維生素，因此更有必要攝取不同的飲食。

有缺乏維生素的情形存在，尤其是在飲食不均衡時，攝取過多的糖和油脂，太少的穀類和蔬果，可能會造成維生素B和C的不足。這並非全部，但只要缺乏一種，就足以造成障礙，首先會以疲憊的方式展現。這些小小的缺乏特別會落在那些白天亂啃東西的孩子、怕胖，或是因為年長或獨居而過度限制飲食的男性和女性身上。吸煙者經常缺乏維生素C，因為尼古丁會明顯增加他們對維生素C的需求(每日120至150毫克)。

水：絕對必要
L'eau : une nécessité absolue

人體的主要成份一水，不停地更新。身體所有的細胞都浸泡在其中並含有水份，營養物質在當中分解。所有的代謝交換都透過它而產生，所有的細胞反應都需要它才能執行。水也有助於體溫調節，它是代謝殘渣的媒介。每日排出2至3升的水，再由飲食中含有的水份所取代。若人體能夠忍受斷食幾星期，但卻不能夠超過24小時不喝水。只要不足5至10%，就會引發強烈的疲勞感，不足20%會致命。因此，每天絕對必須飲用至少1公升的水。

酒精：營養物與毒物
L'alcool : nutriment et toxique

酒精每克提供7大卡。除了極小部分的能量可被人體使用以外，酒精沒有任何代謝的效用。我們完全不喝一滴酒，也能活得好好的。但酒精對神經系統有立即的影響。它會帶來欣快感、很快地刺激身體，並促進大腦作用。是這些效果合理地創造出它的需求，並附加了社會和節慶功能。但在大量飲用時，就成了毒物。急性酒精中毒、酒醉，會引發精神運動行為的暫時性錯亂。慢性酒精中毒，經常不被注意，會逐漸破壞肝細胞和神經細胞。人體會代謝酒精，但代謝量有限：男性每日不超過一瓶酒，而女性不超過半瓶酒。

維持平衡而不放棄甜點
Équilibrer sans se priver de desserts

飲食不均衡有兩大原因：啃零食擾亂了節奏，帶來多餘的卡洛里，阻止通常會產生的「饑餓」訊號，以及過多的脂肪。一方面，脂肪會囤積，而醣類必然會燃燒；另一方面，脂肪並不會帶來飽足感。其實，出於無意識地，只要我們攝取的醣類沒有達到一定的量，我們就必須要吃，因為身體所需。我們吃得越油，就越會為了獲得日常的醣類需求量而吃。結果：總量增加並超過能量消耗，吸收的脂類囤積，人因此而發胖。

維生素何處尋？
Où trouver ses vitamines ?

A：在奶油、鮮奶油和所有未脫脂的乳製品中。此維生素的先驅——胡蘿蔔素則存於蔬菜水果中。

B：從B1到B9，或多或少分散在各種食物中。B12只存於動物性產品中。

C：只存於蔬菜中，尤其是水果。柑橘類最為豐富，以及異國水果。每餐絕對必須吃水果來獲得日常的定量(每日80毫克)。

E：存在於油中。

纖維：不可或缺的需求 Les fibres : le lest indispensable

這些並非營養物質，因為它們不會被吸收，也不會發揮任何的代謝作用。儘管如此，為了維持腸的良好運作，纖維是不可或缺的，殘渣因而可清除得更乾淨也更快。可從蔬果中獲取。動物性飲食中沒有。

醣類不足的飲食，所攝取的麵包、馬鈴薯、麵食和米食、新鮮和乾燥蔬菜、水果，以及甜點不夠，是造成體重過重的主要原因。不攝取醣類飲食，在我們的無意識中象徵著不攝取甜點，並非我們為了飲食均衡所能做的最好的事。此外，這些食物，特別是糕點和甜點，是味蕾樂趣的來源，可促進神經介質的分泌，有助協調心理、睡眠和其他功能的平衡，因為這樣的平衡受到醣類代謝的支配。

必須要有的重要概念是少吃點油。盡量避免食物中含有太多的油，如豬肉食品、乳酪和油類。由一塊好蛋糕作為結束的一餐，就不會再從熟肉醬(rillette)，或甚至是泡在油醋中的沙拉開始。

大部分的甜點和糕點富含脂類：為了不放棄甜食，只要這餐的剩餘部分不含脂類，或儘量減少所含的脂類就夠了。我們也能注意接下來的一餐是否不含脂肪。

通常的作法是，不管出自什麼樣的理由，當白天的飲食攝取大量的油脂時，總是可以在隔天攝取較少的油脂，以做為補償。飲食均衡取決於互補，而非剝奪。

糕點用語 Les termes de la pâtisserie

A

Abaisse 擀薄的麵團：在撒上麵粉的工作檯上，以擀麵棍擀平麵團，以形成想要的形狀和厚度。

Abaisser 擀平：用擀麵棍將麵團擀開並壓平。

Appareil 麵糊：在烘烤或冷卻前，構成一道甜點不同素材的混合物。

Aromatiser 加香料，使芳香：在材料中混入芳香物質(利口酒、咖啡、巧克力、玫瑰水等等)。

B

Bain-marie 隔水加熱：用來為器具保溫的烹調程序，可讓素材(巧克力、吉力丁、奶油)融化而沒有燒焦的危險，或是以沸水的熱度，非常溫和地烹煮菜餚。原則在於將放有材料的容器擺入另一個較大且裝有沸水的容器中。

Battre 攪打：用力攪拌某素材或材料，以改變稠度、外觀或顏色。為了使發酵麵團成形，我們用手在大理石板揉捏；為了將蛋打成泡沫狀，我們用攪拌器在碗中攪打蛋。

Beurrer 覆以奶油：將奶油混入配料中，或將融化或軟化的奶油用毛刷塗在模型、慕斯圈、烤盤上，以免食物在烘烤時附著在底部或內壁上。

Blanchir 使泛白/汆燙：用攪拌器用力攪拌蛋黃和細砂糖的混合物，直到發泡且顏色變淡。將某些水果(杏仁、桃子...)浸入沸水中，以去皮或讓水果軟化。

Brûler 結塊、焦粒： 當拌和麵粉和油脂而形成油質的混合物時，由於形成的過程過於緩慢，麵糊因而被稱為「Brûler」。當人們將蛋黃加入細砂糖中而不加以攪拌時，會見到鮮黃色的小顆粒出現，而這些小顆粒很難混入奶油醬和麵糊中：我們稱這些蛋黃為「Brûler」。

C

Candir 裹上糖衣：將塞入杏仁膏(pâte d'amande)等的水果放入附有濾網的淺盤(candissoire附有同樣大小網架的矩形容器)中，在糖漿中裹上「冷」冰糖，以包覆上一層薄薄的糖結晶。

Canneler 劃出溝紋：用果皮削刮刀(couteau à canneler)在水果(檸檬、柳橙)表面削出平行而不深的V形小條。在用溝紋擀麵棍在麵皮上切割時，麵皮也被稱為「具有溝紋」。「溝紋」擠花嘴即鋸齒狀的星形擠花嘴。

Caraméliser 焦糖化：以文火加熱，將糖轉化為焦糖。在模型中塗上焦糖。用焦糖為米布丁調味。為糖衣水果、泡芙覆上焦糖鏡面。焦糖化亦指將撒上糖的糕點烘烤上色。

Cerner 環形切割：用刀在果皮上淺淺地切開。烹調前，在蘋果上稍做環狀切割，以免爆裂。

Chemiser 塗上保護層：在模型內壁和/或底部鋪上厚厚一層配料，讓糕點不會附著在容器上，而且能夠輕易地脫模，或是鋪上構成整體糕點的不同食材。

Chiqueter 刻裝飾線：用刀尖在折疊麵皮的邊緣上輕輕劃出規則的斜線，更利於烘烤時的膨脹，也讓外觀更完美。

Clarifier 淨化：透過過濾或傾析，讓糖漿、果凍變得更清澈透明。奶油的淨化是以隔水加熱將奶油融化，不要攪拌，以便去除會形成沉澱的乳清。

Coller 膠化：將吉力丁混入配料中，以增加穩定度，有利於果凍的成形。

Colorer 染色：用著色劑來增強或改變材料的顏色。

Corner 用刮板刮： 用刮板刮除容器內壁，以收集所有殘餘的材料。

Coucher 塑形擺盤：用裝有擠花嘴的擠花袋在烤盤上擠出泡芙麵糊。

Crever 釋出澱粉： 在鹽水中快速煮沸米粒時，去除一部分的澱粉。這道程序有利於米布丁的烹調。

D

Décanter 傾析：靜置一段時間，讓懸浮的雜質沉澱後，傾倒混濁的液體。將成品中不能食用的芳香素材移除。

Décuire 摻水熬稀：降低糖漿、果醬或焦糖的火候，逐漸加入大量所需的冷水，並一邊攪拌，以形成圓潤的稠度。

Démouler 脫模： 將製品從模型中取出。

Densité 密度：物體質量與體積的比值，以及同樣體積的水在4°C時的比值。糖濃度的測量(尤其是果醬、糖果和甜食的製造)從此稱為密度，而不再是波美度° B (degré Baumé)。我們使用桿上有刻度的浮標糖漿比重計(pèse-sirop)，多少會沉入液體中。

Dénoyauter 去核：用鉗子(去核器)去除某些水果的果核。

Dessécher 揮發水份：以文火加熱，去除材料多餘的水份。特別用於泡芙麵糊的第一次烘烤：水、奶油、麵粉、鹽和糖的混合物，在旺火下，以刮杓快速攪拌，直到麵團脫離容器內壁，這讓多餘的水份在混入蛋之前蒸發。

Détailler 剪裁：用壓模或刀，在麵皮上裁下一定形狀的麵塊。

Détendre 稀釋：加入液體或適當的物質(牛奶、蛋汁)來緩和麵糊或麵團。

Détrempe 基本揉和麵團：以不定比例的麵粉和水混合的混合物。這是在混入其他素材(奶油、蛋、牛奶等)之前，麵團的最初狀態。揉和麵團包含讓麵粉吸收所有必要的水份，並用指尖拌和。

Développer 發：當材料(麵團、奶油醬、蛋糕)在烘烤過程中體積增加，或是在發酵時，我們稱之為「發」。

Donner du corps 使厚實：將麵團搓揉至獲得極佳的彈性。

Dorer 塗上蛋汁：用毛刷為麵團刷上可能會摻入一些水或牛奶的蛋汁：這「蛋黃漿(dorure)」經烘烤過後會形成鮮豔光亮的外皮。

Dresser 擺盤：在盤上勻稱地擺上素材。也請參考「Coucher」塑形擺盤 。

E

Écumer 撈去浮沫：撈去液體或材料在烹調過程中(煮沸的糖漿、煮糖、果醬)表面所形成的浮沫。這道程序以漏勺、小湯勺或湯匙進行。

Effiler 切片：將杏仁等以縱向切成薄片。

Égoutter 瀝乾：將材料(或食材)放在瀝水架、濾器、漏斗型濾網或網架上去除多餘的液體。

Émincer 切成薄片：將水果切片、切成薄片或圓形薄片，而且厚度盡可能相等。

Émonder 去皮：在汆燙，接著冰鎮後去除某些水果(杏仁、開心果等)的果皮。

Émulsionner 乳化：讓一種液體在另一種無法相溶的液體(或物質)中散開來。例如，我們讓蛋在奶油中散開來，引起乳化。

Enrober 裹以糖衣：讓食物完全覆蓋上一層略厚的材料。為花式小點心(petit-four)、甜食等裹上巧克力、翻糖或糖漿(sucre cuit)。

Évider 挖空：小心地將果肉取出而不損壞外皮。用蘋果去核器(vide-pomme)去除蘋果裡面的部分(果皮、籽)。

Exprimer 壓榨：經由榨汁來取出植物的水份或食物多餘的液體。為了榨出柑橘類果汁，我們使用柑橘榨汁器(presse-agrume)或檸檬榨汁機(presse-citron)。

F

Façonner 塑形：將麵團或配料塑成特定的形狀。

Fariner 撒麵粉：為食物蓋上麵粉，或在模型或工作檯上撒上麵粉。我們也在擀麵團或揉麵團之前，在大理石板或砧板上撒上麵粉。

Festonner 剪花邊：將某些蛋糕的邊裁成圓花邊(如皮斯維哈派pithivier)。

Filtrer 過濾：將糖漿、英式奶油醬等倒入漏斗型網篩中，以去除雜質。

Flamber 焰燒：在一道熱的甜點上淋上酒精或利口酒，然後點火燃燒。

Fleurer 撒麵粉：在工作檯或模型裡撒上幾撮麵粉，以免麵團沾黏。

Foisonner 膨脹：攪打蛋白、奶油醬或其他配料，讓材料因混入許多氣泡而增加體積。

Foncer 套模：將麵皮填入模型底部和內壁，並配合模型的形狀大小，可預先用壓模裁下，或是在裝填後用擀麵棍擀過模型邊緣，讓多餘的部分落下。

Fond 基底：不同成份、形狀和稠度的基礎，用來製作蛋糕或點心。

Fondre 融化：用熱度將像是巧克力、固體油脂等融化。為了避免食材燒焦，我們經常採用隔水加熱鍋。

Fontaine 凹槽：在大理石板或砧板上擺放的麵粉堆，在中央挖洞或形成「井」，以便倒入不同的食材來製作麵團。

Fouetter 打發：用手動或電動攪拌器快速攪打配料至均勻：例如，將蛋白打成泡沫狀、將奶油醬打成結實而蓬鬆等。也請參考「Battre 攪打」和「Foisonner 膨脹」。

Fourrer 填餡：在某些材料中填入奶油醬、翻糖等。

Fraiser 揉麵：用掌心將要套模的麵團在大理石板上揉捏並壓扁。揉麵是為了獲得素材緊密的混合物，並讓麵團變得均勻，但並非具有彈性。

Frapper 冰鎮：讓奶油醬、利口酒、麵糊快速冷卻。

Frémir 微滾：液體在煮沸前因微滾而翻攪。

Frire 油炸：將食材浸入高溫油脂中烹煮或停止烹煮。食材經常裹上麵粉、多拿滋麵糊、可麗餅麵糊、泡芙麵糊等，並形成顏色漂亮的外皮。

G

Glacer 覆以鏡面：趁熱或冷時，在點心上覆蓋上一層薄薄的果膠或巧克力(稱為「鏡面」)，讓點心變得明亮可口。在蛋糕上蓋上一層翻糖、糖粉、糖漿等。在烘烤的最後，在蛋糕、點心、舒芙蕾等上面撒上糖粉，讓上面烤成焦糖並變得明亮。

Gommer 上樹膠：用毛刷在出爐的花式小點心(petits-fours)上塗上阿拉伯樹膠，讓點心閃閃發亮。在糖衣杏仁上蓋上薄薄一層阿拉伯樹膠後再裹以糖衣。

Grainer 結粒：缺乏聚合而形成許多小粒；這一詞用於鬆散的蛋白。問題經常來自素材上的油沒有去乾淨。這一詞也用在容易結晶和變混濁的糖漿(sucre cuit)，或是過度加熱的翻糖膏上。

Graisser 潤滑：在烤盤上、慕斯圈或模型內塗上油脂，以免配料在烘烤期間沾黏，並利於脫模。煮糖時加入葡萄糖，以免形成細粒。

Griller 烘烤：將杏仁片、榛果、開心果等擺在烤盤上，放入熱烤箱中，經常搖動，讓材料稍微均勻地烘烤上色。

H

Hacher 切碎：用刀或絞肉機將食物(杏仁、榛果、開心果、香草、柑橘類果皮)切成很細小的碎屑。

Homogénéisation 均質化：在高壓下，使牛奶的脂質球爆裂成非常細小的微粒，微粒因而以均勻的方式散開，而且不會再回到表面。

Huiler 上油：在模型內壁、烤盤上塗上薄薄一層油，以免沾黏。也用來形容外表油亮的杏仁膏、杏仁巧克力。

I

Imbiber 浸潤：用糖漿、酒精或利口酒濕潤某些蛋糕，讓蛋糕變得柔軟且芳香(芭芭蛋糕、蛋糕體等)。亦稱為「浸以糖漿siroper」。

Inciser 劃切：用鋒利的刀割出稍深的切口。我們將糕點劃開，以裝飾其外觀，將水果切開，便於剝皮或切塊。

Incorporer 混和：將一樣素材加入材料、麵糊中，然後攪拌均勻(如麵粉和奶油)。

Incruster 雕飾：用刀或切割工具在材料或糖果表面劃出略深的裝飾花樣。

Infuser 浸泡：將滾燙的液體倒在芳香物質上，等待液體充滿芳香。我們將香草浸泡在牛奶中，或將肉桂浸泡在紅酒中。

L

Levain 麵種：由麵粉、生物酵母和水的混合物所形成的麵團，待體積膨脹兩倍後再混入其他的麵團中。

Lever 發酵：用來形容麵團因發酵作用而增加體積。

Lier 勾芡：用麵粉、小麥澱粉、蛋黃、鮮奶油，讓像液體、奶油醬等材料形成某種稠度。

Lustrer 上光：塗上某素材，讓材料發光，以改善外觀。對於熱菜餚，可用毛刷塗上澄清奶油來上光。至於冷菜，可刷上即將凝固的果凍。至於某些點心和糕點，可用果凍和果膠來變得明亮。

M

Macérer 浸漬：將新鮮、糖漬或乾燥水果稍微浸泡在液體(酒精、利口酒、糖漿、酒、茶)中，讓水果充滿液體的香氣。

Malaxer 揉和：用手搓揉物質(油脂、麵團)，讓物質軟化。有些麵團的食材必須經過長時間搓揉才會均勻。

Manier 拌和：用刮杓在容器中攪拌一樣或數樣食材至均勻。如：將奶油和麵粉拌和，以製作反折疊派皮。

Marbrer 大理石花紋：在某些糕點表面形成有色脈紋，即被稱為大理石外觀的程序。進行的方式是先用顏色不同的圓椎形紙袋在翻糖糖面、果凍上劃出平行條紋，然後再用刀尖劃出勻稱的花紋。例子：千層派。

Masquer 修飾：將點心、蛋糕完全覆蓋上一層平滑且相當濃稠的材料(奶油醬、杏仁膏、果醬)。

Masse 團、塊：相當濃密的配料，用以配製無數糕點、糖果、點心、冰淇淋。主要構成這些團塊的糖膏為：帕林內果仁糖(praliné)、榛果牛奶巧克力(gianduja)、甘那許、杏仁膏、翻糖。

Masser 堆積：用以形容在烹調過程中結晶的糖。

Meringuer 覆以蛋白霜，為蛋白打成立角的蛋白霜：在糕點上覆蓋上蛋白霜。亦指加糖以便將蛋白打成泡沫狀。

Mix 混合：所有用來製作冰淇淋的物質混合物。亦稱為「麵糊appareil」。

Monder 去皮：先將水果(杏仁、桃子、開心果)放在濾器中，浸泡沸水數秒，然後去皮。用刀尖小心地去皮，不要傷到果肉。

Monter 打發：用手動或電動攪拌器攪打蛋白、鮮奶油或含糖麵糊，讓材料整體儲存一定的空氣量，在增加體積的同時，形成稠度和特殊的顏色。

Moucheter 使佈滿斑點：將巧克力或著色劑小點噴射在某些片段或以杏仁膏塑成的花樣上。

Mouiller 加湯汁：在配料中加入液體烹煮或配製醬汁。被稱為「湯汁」的液體可以是水、牛奶、酒。

Mouler 塑形：將流動或糊狀物質放入模型中，經由烹調、冷卻或冷凍，在改變稠度的同時凝固成形。

Mousser 發泡：將麵糊攪打至蓬鬆並產生泡沫。

N

Nappage 果膠：以過篩的柑橘果醬為基底的果凍，最常添加凝膠劑。果膠是可為水果塔，以及芭芭蛋糕、沙弗林和各式各樣的點心增添光澤的修飾。

Napper 淋上醬汁：在菜餚上淋上醬汁、奶油醬等，盡可能讓菜餚被完全均勻地覆蓋。將英式奶油醬加熱至83°C以形成稠度，將奶油醬煮至「附著」於湯匙上。

P

Panacher 混雜：混合兩種或數種顏色、味道或形狀不同的食材。

Parer 抹平：將塔、點心、千層派等的兩端或周圍整平。

Parfumer 使芳香：透過添加香料、植物性香料、酒、酒精等為食物或材料賦予額外的味道，同時與其原味相調合。

Passer 過濾：將必須非常平滑的精緻奶油醬、糖漿、果凍、醬汁等，放入漏斗型濾網中過濾。

Pâton 起酥麵團：用以稱呼揉捏出的折疊派皮。

Pétrir 揉麵：用手或食物調理機（具揉麵機）拌和麵粉和一種或數種素材，讓食材充分混合，以形成平滑而均勻的麵團。

Piler 研磨：將某些物質（杏仁、榛果）磨成粉、糊。

Pincer 收緊：在麵團的邊上飾以條紋，意即用花鉗（Pince à tarte）在烘烤前夾出小溝紋，以修飾甜點的外觀。

Piquer 刺細孔：用叉子在麵皮表面刺出規則小洞，讓麵皮不會在烘烤期間鼓起。

Pocher 水煮：在大量的湯汁（水、糖漿）中煮水果，同時維持微滾的狀態。

Pointer 基本發酵：讓發酵麵團自揉捏結束後開始發酵，讓麵團在翻麵（rompre）前膨脹至兩倍體積。

Pommade 膏：將奶油攪拌至呈膏狀，即將軟化的奶油拌和形成濃稠的膏狀。

Pousser 發、膨脹：用以形容麵團在發酵的作用下體積增加。

Praliner 摻或撒以糖杏仁屑：將杏仁巧克力加入奶油醬、麵糊中。將乾果裹上糖漿（sucre cuit），接著攪拌至呈現沙粒狀（杏仁巧克力製作的開始）。

R

Raffermir 使結實：將麵團、糕點麵糊長時間置於冰冷處，以增加稠度、硬度、結實度。

Rafraîchir 冰鎮：將蛋糕、點心、水果沙拉或奶油醬冷藏，以便在冰涼時享用。

Râper 削成碎末：通常是用刨絲器（râpe）將固體食物轉化為小片（例如柑橘皮）。

Rayer 畫線：用刀尖或叉子的齒，在塗上「蛋黃漿」並準備要烘烤糕點上劃出裝飾。我們在千層烘餅上劃菱形，在皮斯維哈派（pithivier）上劃出薔薇花飾等。

Réduire 濃縮：藉由蒸發來縮減液體的體積，同時持續煮沸，濃縮汁液以增加味道，讓液體變得更滑順或濃稠。

Relâcher 鬆弛：用以形容在製作後軟化的麵團或奶油醬。

Repère 標記：在蛋糕上做的記號，以便進行裝飾或組裝。也是一種麵粉和蛋白的混合物，用來將麵團的裝飾細節黏在材料或盤子的邊緣。

Réserver 預留備用：將之後要使用的食材、混合物或材料放在一旁的陰涼處或加以保溫。為了避免損壞，我們經常以烤盤紙、鋁箔紙或保鮮膜，甚至是布巾包覆。

Rioler 形成方格紋：將直條或花邊的麵條，以等距的間隔擺在蛋糕表面上，以形成方格。

Rompre 翻麵：將發酵麵團折起數次，以暫時中止發酵（或「發」）。這道程序在麵團的製作過程中進行兩次，使麵團在之後能適當地發酵。

Ruban 緞帶狀：用以形容蛋黃和細砂糖的混合物，在熱或冷時攪拌至相當平滑且均勻的濃稠度，在從刮杓或攪拌器上流下時不會中斷（例子：海綿蛋糕麵糊需要打發至形成緞帶狀）。

S

Sabler 使成沙狀：將用來製作油酥麵團（pâte brisée）和法式塔皮麵團（Pâte sablée）的食材混合物揉成易碎的狀態。用刮杓攪拌，讓糖漿形成粒狀，直到形成顆粒狀和沙狀的團塊。

Serrer 使緊密 ：用攪拌器快速轉圈的動作來結束將蛋白打成泡沫狀的程序，以便讓蛋白變得非常凝固而均勻。

Siroper 以糖漿浸潤：將發酵麵團蛋糕（芭芭蛋糕、沙弗林）浸入糖漿、酒精、利口酒中，淋上數次，直到完全浸透為止。

Strier 劃條紋：用叉子、梳子、毛刷在某些蛋糕上劃出條紋。

T

Tamiser 過篩：將麵粉、酵母粉或糖用網篩過濾，以去除結塊。我們也將某些稍微流質的材料過篩。

Tamponner 拭油：用一塊奶油略過奶油醬表面，奶油在融化時，會為奶油醬蓋上一層薄薄的油脂，因而可避免乾燥結成皮。

Tempérage 調溫：裝飾巧克力（鏡面）的配製階段，遵循一個溫度的循環，以非常精確的方式計算，讓巧克力保持完美的光澤、滑順和穩定度。

Tirer 拉糖：拉伸大破碎階段的糖漿（sucre cuit），並折起數次，讓糖像緞子一樣光滑的程序。

Tourer 折疊：在製作折疊派皮時實行必要的「折疊」（單折或雙折）。

Travailler 混合均勻：多少用力地混合糊狀或液狀的配料素材，不論是混入不同的食材、讓配料變得均勻或平滑，還是讓配料變得結實或滑順。依配料的性質，在火上、離火，或在冰上，以刮杓、手動或手提式電動攪拌器、混合用攪拌器、電動攪拌機，或甚至是用手來進行這道程序。

V

Vanner 攪拌避免乾燥：在奶油醬（或麵糊）變溫時，用刮杓或攪拌器攪拌，以保持其均勻度，尤其是避免在表面形成皮。而且攪拌還會加速冷卻。

Videler 形成凸邊：將麵團逐漸翻起，在麵皮周圍製作凸邊，由外往內折，以形成捲起的邊，在烘烤時可用來固定填料。

Voiler 覆以薄紗：為大破碎和粗線糖覆蓋上薄薄一層，像是泡芙塔（Croquembouche）或冰涼點心的某些片段。

Z

Zester 削皮：用削皮刀取下柑橘類水果鮮豔芳香的外皮。

Les《coups de cœur》de Pierre Hermé

Pierre Hermé 的最愛

這些以雙頁照片呈現的「最愛」，

是作者的原創作品，

上演著味道與質地的巧妙搭配(巧克力與薰衣草、

葡萄和咖哩、奶油布蕾和焦糖米)。

Pierre Hermé也使用了無數的香料和芳香植物

(白胡椒、薑、肉桂、薄荷葉和馬鞭草)，

甚至是某些蔬菜(紅甜菜)。

洋梨、薄荷葉和檸檬葉多拿滋
Beignets de poire, feuilles de menthe et feuilles de citronnier

準備時間 40分鐘
烹調時間 10分鐘
份量 6人份

在來米粉（farine de riz）100克
細砂糖90克
蛋黃1個
鹽1撮
白胡椒粉
冰水250毫升
洋梨（passe-crassane 或 doyenné du Comice品種）4顆
檸檬2顆
薄荷1束
檸檬葉20～24片
油炸用油

1］先製作多拿滋麵糊：在沙拉盆中，用攪拌器混合在來米粉、40克的細砂糖、蛋黃和鹽。加進研磨器轉4圈份量的白胡椒粉。攪打，一邊一點一點地倒入冰水，一邊攪拌，如同製作蛋黃醬（mayonnaise）一樣。就這樣，攪拌至沒有結塊。將麵糊冷藏。

2］將洋梨剝皮，依水果的大小而定，切成4塊或8塊，然後塗上檸檬汁。

3］將檸檬葉洗淨並晾乾。將薄荷葉分成3葉1束。

4］將油炸油加熱至170～180℃。

5］將洋梨塊、薄荷束和檸檬葉浸入油炸麵糊中，然後陸續丟進熱油中。油炸一會兒，炸成金黃色，然後用漏勺撈起，擺在鋪有吸水紙的盤上，以吸去多餘的油脂。

6］接著將多拿滋擺在熱盤上，撒上細砂糖，加入幾滴檸檬汁，趁熱享用。

老饕論 Commentaire gourmand

檸檬葉不能吃：我們品嚐的是包覆在上面，充滿檸檬葉香的麵皮。

照片見210－211頁

柏林油炸球
Boules de Berlin

準備時間 30分鐘
＋甘那許
麵種和麵團靜置時間
6小時30分鐘至7小時
烹調時間 10至12分鐘
份量 25個多拿滋

麵種
酵母粉5克
20℃的水175毫升
麵粉275克

麵團
麵粉250克
鹽之花11克
細砂糖65克
蛋黃5個
酵母粉60克
全脂牛奶60毫升
奶油65克
葡萄籽油（或植物油）1公升

配料
蜜李果醬（338頁）、杏桃果醬（335頁）、「覆盆子」果醬（336頁）、柳橙果醬（341頁）或卡士達奶油醬（58頁）
裝飾用細砂糖

1］從製備麵種開始。將酵母粉大碗中弄碎。用手指將酵母粉和水混合，接著在大碗上放一個濾網。將麵粉過篩。混合至麵糊均勻而稀薄。蓋上一塊布巾。讓麵種「發酵」1小時30分鐘至2小時。在表面形成小氣泡時就準備好了。

2］將麵種倒入裝有攪麵鉤的攪拌機的碗中。加入過篩的麵粉、鹽之花、糖、蛋黃、弄碎的酵母粉和牛奶。以中速攪拌約20分鐘。在麵團脫離碗壁時就準備好了。混入切成丁的奶油。攪拌。當麵團均勻時，將碗取出，放入您蓋上布巾的大碗中。讓麵團膨脹至兩倍體積。

3］在麵團上打一拳，讓麵團再回到原本的體積。分成25團。將每團揉成圓形。將球陸續擺在略濕的布巾上，撒上麵粉，而且彼此間隔約5公分。蓋上布巾，靜置。

4］當小麵團再發酵膨脹成兩倍體積時，將一鍋油加熱至160℃。將球浸入油中，依器具的大小而定，一次放3至4球，炸10至12分鐘，並在中途用漏勺翻面。在吸油紙上瀝乾。

5］將果醬倒入裝有圓口、中等大小擠花嘴的擠花袋中。將擠花嘴的尖端插入球的中心，填入甘那許。將球以大量的糖包覆。

照片見204－205頁

香橙巧克力蛋糕 *Cake au chocolat et à l'orange*

準備時間 30分鐘
（提前4天準備）
烹調時間 1小時
份量 18×8公分的蛋糕2個

史密爾那（Smyrne）葡萄乾125克
麵粉200克
可可粉50克
泡打粉5克
奶油250克
糖漬橙皮350克
細砂糖390克
蛋5顆
水150毫升
香橙干邑甜酒130毫升
杏桃果膠50克
裝飾用的糖漬柳橙1塊

1] 前一天晚上，將葡萄洗淨並泡入水中。

2] 將麵粉、可可粉和泡打粉一起過篩。

3] 為兩個模型塗上奶油並撒上麵粉。讓奶油軟化。

4] 將葡萄瀝乾。將糖漬橙皮切丁。

5] 烤箱預熱250°C。

6] 將奶油和250克的糖一起攪打至發泡，加入一顆顆的蛋，接著是麵粉、可可和泡打粉的混合物。

7] 在麵糊均勻時，加入葡萄和切丁的橙皮，用木匙將麵糊以稍微舀起的方式混合。

8] 將麵糊倒入模型中，立刻將溫度調低為180°C，然後烘烤1小時。在表面形成軟殼狀薄膜時，用蘸過融化奶油的刀沿長邊的中間劃開後續烤。將刀身插入以檢查蛋糕的烘烤狀態，抽出時必須是乾燥的。

9] 將蛋糕存放在烤箱中，靜置10分鐘，放至微溫，然後在網架上脫模。

10] 在小型平底深鍋中，混合水和140克的糖，然後煮沸，接著離火，加入香橙干邑甜酒。將這糖漿灑在蛋糕上。

11] 將杏桃果膠煮至微溫，然後刷在蛋糕上。將糖漬橙皮片黏在蛋糕上面和側面。用保鮮膜將蛋糕包起，冷藏保存。

照片見252－253頁

覆盆子焦糖 *Caramels à la framboise*

準備時間 45分鐘
烹調時間 約15分鐘
份量 約70顆焦糖

新鮮覆盆子250克
液狀鮮奶油200毫升
液狀葡萄糖280克
（可從藥房購得）
細砂糖300克
半鹽奶油（beurre demi-sel）20克

1] 用手提式電動攪拌器（mixeur plongeant）攪打覆盆子。加入鮮奶油，加以混合。將所獲得的果泥煮沸，接著擺在一旁。

2] 在平底深鍋中加熱葡萄糖，但不要煮沸。加糖。煮至焦糖，讓材料形成漂亮的深琥珀色。

3] 將覆盆子泥倒入煮沸的焦糖中，小心別濺出來。混合並煮至118°C，一邊用烹飪溫度計檢查溫度。離火後混入半鹽奶油，以「8」字形攪拌。

4] 不要等，將混合物倒入塔底直徑22公分並鋪上「烘烤專用」烤盤紙的模中。讓混合物冷卻至達到室溫。

5] 將紙抽離。將焦糖塊擺在砧板上並裁成方形。用玻璃紙包覆每塊方形焦糖。將焦糖以密封盒保存。

根據日內瓦糕點師
喬治．高貝（Georges Gobet）的配方

照片見366－367頁

準備時間 1小時
冷藏時間 4小時
份量 8至10人份

糖煮大黃泥
新鮮大黃300克
檸檬汁4大匙 細砂糖40克
香草莢1根 吉力丁2片

白巧克力慕斯
白巧克力250克
液狀鮮奶油830克

果汁
百香果14～16顆
指形蛋糕體18個

裝飾
新鮮薄荷葉1片
新鮮草莓、覆盆子、醋栗(groseille)

白巧克力夏露蕾特佐大黃和紅果
Charlotte au chocolat blanc, à la rhubarbe et aux fruits rouges

1] 先製作糖煮大黃泥：將莖切塊，將檸檬榨汁，以獲得4大匙的果汁。將所有食材倒入平底深鍋中的糖煮果泥裡(大黃、糖、檸檬汁、香草莢剖開並刮出籽)，以文火煮至液體蒸發。將吉力丁泡在裝有冷水的容器裡，泡軟擠乾水份後隔水加熱溶化，加入冷卻的果泥中。

2] 製作巧克力慕斯：將白巧克力切碎，以隔水加熱鍋或微波爐加熱至融化。將200克的鮮奶油煮沸，接著淋在巧克力上，攪打並放至微溫。將剩餘的鮮奶油打發，接著倒入巧克力和鮮奶油的混合物中，均勻混合。

3] 製作果汁：將百香果切成兩半，取出果肉，放入置於碗上的濾器中。為了獲取最大量的果汁，用湯匙背仔細將果肉壓碎。

4] 組裝夏露蕾特：在直徑18公分的模型中塗上奶油並撒上糖。將指形蛋糕體平面浸入果汁中，再並列在模型周圍。先將一半的白巧克力鮮奶油倒入模型底，接著是一半的糖煮大黃果泥，然後蓋上一層浸潤的指形蛋糕體。

5] 接著加入剩餘的白巧克力鮮奶油，然後在上面放上剩餘的糖煮大黃果泥。最後放上一層浸潤的指形蛋糕體作為結束。冷藏至少4小時。

6] 用紅水果和新鮮薄荷葉為夏露蕾特進行裝飾。

照片見192－193頁

準備時間 50分鐘
烹調時間 2分鐘
份量 8人份

覆盆子雪酪1公升(見94頁)
鮮奶油香醍200毫升(見51頁)

荔枝玫瑰口味的雪酪
礦泉水180毫升
細砂糖180克
新鮮荔枝約1400克
玫瑰糖漿25毫升

覆盆子庫利
覆盆子300克
細砂糖40克

裝飾
未經加工的玫瑰花瓣8片
玫瑰馬卡龍(macaron)16片(可隨意)

冰杯玫瑰馬卡龍
Coupe glacée Ispahan

1] 製作荔枝和玫瑰口味的雪酪。將荔枝去皮。切成兩半，去核。攪打水果，以獲得600克的荔枝果肉。

2] 將礦泉水和糖煮沸。離火，在室溫下放涼。在冷卻的糖漿中，混入荔枝肉和玫瑰糖漿。用手提式電動攪拌器攪打數次，以獲得細緻而柔軟的混合液。

3] 依器具使用的方式來製作雪酪。立即使用或倒入製冰盒中，加以冷凍。

4] 製作庫利，攪打覆盆子和糖，接著過濾，冷藏保存。

5] 在冷凍過15分鐘的大碗中，用電動攪拌器將鮮奶油打發，在開始凝固時加入糖。持續打發至充分凝固。將鮮奶油倒入裝有星形擠花嘴的擠花袋中。冷藏保存。

6] 將覆盆子庫利分裝至8個杯底。在中央擺上2球的覆盆子雪酪和1球的荔枝和玫瑰雪酪。可選擇性地在每球雪酪之間擺上3塊馬卡龍。在上面鋪上漂亮的鮮奶油香醍擠花(見51頁)。以玫瑰花瓣作為裝飾。

照片見330－331頁

焦糖米與開心果奶油布蕾
Crème brûlée à la pistache et riz caramélisé

準備時間 40分鐘
靜置時間 45分鐘
冷藏時間 3小時
份量 6至8人份

金黃葡萄乾60克
米布丁800克(見281頁)
奶油30克
蛋黃2個
牛奶500毫升
開心果糖膏50克
蛋黃5個
細砂糖80克
粗粒紅糖(cassonade brune)40克
覆盆子1盒
野莓(fraise de bois)1盒
檸檬糖漿
馬鞭草(verveine)葉幾片

1] 將葡萄乾放入平底深鍋中，用水蓋過，加熱數分鐘，讓葡萄乾膨脹。瀝乾。

2] 製作米布丁。在米吸收了大量的水份時，將一、兩匙和碗中的蛋黃混合。將碗中的內容物倒入裝米的平底深鍋中，均勻混合，並加入奶油。加入葡萄乾。稍微煮沸。將配料倒入直徑20公分的舒芙蕾模中，放涼。

3] 烤箱預熱100°C。

4] 製作奶油布蕾：將牛奶和開心果糖膏混合，並將混合物煮沸。攪打蛋黃和糖，淋在牛奶和開心果的混合物上，用刮杓一邊攪拌。整個倒入米布丁上，將模型烘烤45分鐘。放涼，冷藏3小時。

5] 享用時，用吸水紙擦拭奶油布蕾表面，撒上粗粒紅糖，放在烤架上，稍微烤成焦糖。

6] 在上面擺上野莓和覆盆子，淋上一些檸檬糖漿作為調味，並用幾片切碎的馬鞭草裝飾。

照片見262－263頁

百香果、栗子凍、抹茶奶油口味的烤布蕾
Crème brûlée aux fruits de la Passion, gelée de marrons, crème au thé vert

準備時間 45分鐘
烹調時間 約70分鐘
份量 8人份

奶油布蕾
蛋黃7個、細砂糖125克、百香果8顆、液狀鮮奶油380毫升

百香果凍
吉力丁1又1/2片、檸檬汁10毫升、有果肉的柳橙汁25毫升、細砂糖40克、百香果7或8顆

栗子凍
吉力丁3片、栗子泥150克、栗子奶油醬150克

抹茶奶油醬
白巧克力50克、液狀鮮奶油50毫升、抹茶4克

裝飾
整顆的栗子200克、奶油30克、香草莢1/2根、粗粒紅糖(cassonade brune)30克、鹽之花和白胡椒、糖栗16顆

1] 烤箱預熱90°C。

2] 製作奶油布蕾。攪打蛋黃和糖。混入百香果肉和鮮奶油。

3] 將配料分裝至8個擺在烤盤上的馬丁尼酒杯中。烘烤1小時。放涼，接著冷藏保存。

4] 製作香煎栗子。將栗子約略弄碎。在熱奶油、香草莢和糖中，以旺火煎3或4分鐘。加一點鹽之花並撒上研磨器轉3或4圈份量的白胡椒粉。分裝到奶油布蕾上。

5] 製作百香果凍。將吉力丁放入冷水中軟化。將吉力丁瀝乾。將60毫升的水、檸檬汁、柳橙汁和糖煮沸，離火後，讓吉力丁在當中融化。加入百香果肉，並加以混合。放涼並變稠後，冷藏保存。

6] 製作栗子凍。將吉力丁在冷水中軟化，擠乾。將栗子泥和奶油醬、150毫升的水一起攪打。將吉力丁隔水加熱至融化，逐漸混入栗子泥和栗子奶油醬中。

7] 將栗子凍分裝到奶油布蕾上。冷藏保存。

8] 製作抹茶奶油醬。用鋸齒刀將巧克力切碎，並隔水加熱至融化。將鮮奶油煮沸。放涼至60°C，接著混入抹茶，並一邊攪打。將1/3的抹茶奶油倒入融化的巧克力中，加以混合。重複兩次這樣的步驟。將所獲得的混合物擺在栗子凍上。冷藏保存。

9] 將百香果凍和一些百香果肉分裝到抹茶奶油醬上。冷藏保存。

10] 享用前，將糖栗分裝到酒杯上。

照片見274－275頁

激情
Émotion Exalté

準備時間 35分鐘
烹調時間 15分鐘
份量 8人份

番茄凍
番茄500克
吉力丁3又1/2片
細砂糖35克

橄欖油白巧克力慕斯
液狀鮮奶油400毫升
剖開並刮出籽的香草莢1/4根
橄欖油75毫升
白巧克力120克

鹹甜檸檬草莓
去梗的草莓800克
鹽漬檸檬15克
（罐裝，在異國食品架上）
糖漬檸檬40克
檸檬汁15毫升
新鮮薄荷葉8片

裝飾
番茄皮乾8片

1] 烤箱預熱210°C。

2] 沖洗番茄並晾乾。去蒂。將番茄切成4塊。裝進烤箱的滴油盤，烘烤15分鐘。

3] 將吉力丁放入冷水中軟化。將熱番茄用手提式電動攪拌器打成泥。將所獲得的果汁過濾。混入軟化並擠去水份的吉力丁，接著是糖和90毫升的水。放進冰箱冷卻。

4] 製作甘那許。將大碗冷凍15分鐘。用鋸齒刀將巧克力切碎，並隔水加熱至融化。將香草莢剖開並刮出裡面的籽，然後和50毫升的鮮奶油一起放入平底深鍋中。煮沸，接著將香草莢移除。將煮沸的鮮奶油倒在巧克力上，加以混合。當鮮奶油到達35至40°C的溫度時，混入油。

5] 在冰涼的大碗中，用力將350毫升的鮮奶油打發至凝固。甘那許的溫度不應超過28°C。將1/4的打發鮮奶油混入甘那許，接著輕輕加入剩餘的鮮奶油。

6] 沖洗草莓和薄荷葉，然後晾乾。去掉草莓的蒂。將草莓切成4塊，將糖漬檸檬切成小丁。將薄荷葉切碎。輕輕地將全部材料和檸檬汁混合。

7] 將糖煮番茄泥分裝到8個1.5公分的玻璃杯底或無腳杯中。填入草莓的混合物至2.5公分的高度。裝入奶油甘那許至5公釐的高度。冷藏30分鐘後享用。可以用乾燥的番茄皮瓣進行裝飾。

照片見182－183頁

柑橘蓋瑞嘉特草莓佐紅甜菜汁
Fraises gariguette aux agrumes et au jus de betterave rouge

準備時間 40分鐘
乾燥時間 1小時至1小時30分鐘
烹調時間 1小時20分鐘
浸漬時間 3小時
份量 4至6人份

煮熟的紅甜菜1個
糖粉
蓋瑞嘉特草莓1.5公斤
罐裝紅甜菜1罐
柳橙4顆
檸檬1顆
黑胡椒
高脂濃鮮奶油
(crème fraîche épaisse) 150克
細砂糖60克
草莓雪酪500毫升（見95頁）

1] 烤箱預熱120°C。將熟甜菜切成薄片，擺在鋪有烤盤紙的烤盤上。撒上糖粉，並疊上一張烤盤紙和一個網架。烘烤1小時至1小時30分鐘，45分鐘後，將網架和第二張烤盤紙抽離。出爐後，保存在乾燥處。

2] 將草莓洗淨並去梗。將600克的草莓放入耐高溫的玻璃容器中，蓋上保鮮膜，放入隔水加熱鍋中，煮45至60分鐘。過濾以提取果汁。

3] 將甜菜瀝乾，並保存液體，在草莓汁中以極小的火煮二十幾分鐘。

4] 加入橙皮薄片、檸檬汁和研磨器轉3或4圈份量的黑胡椒粉。浸漬至少3小時。

5] 將甜菜瀝乾，切成4塊，放入盤中。在甜菜和草莓的湯汁中，加入1/4的罐裝甜菜汁，然後將所有材料置於陰涼處。

6] 製作打發鮮奶油：在沙拉盆中打發鮮奶油加入60克的細砂糖，至發泡，保存於陰涼處。

7] 剝去柳橙的外皮（也去掉白色的皮），分成4瓣。

8] 將剩餘的草莓（900克）切半，分裝至中空盆中，還有甜菜丁和柳橙瓣。倒入果汁。在每個盤中擺上1球雪酪和1球打發鮮奶油，在兩球之間插上乾燥的甜菜薄片。立即享用。

照片見288－289頁

維多利亞蛋糕
Gâteau Victoria

準備時間 10 + 50分鐘
烹調時間 5分鐘 + 35分鐘
麵糊靜置時間 2×10分鐘
份量 6至8人份

打卦滋蛋糕體
椰子粉25克　杏仁粉35克
糖粉55克　蛋白2個
細砂糖20克

椰子慕思林奶油醬
膏狀奶油80克　椰子粉40克
白蘭姆酒5毫升　椰奶170毫升
卡士達奶油醬(crème pâtissière)170克(見58頁)
義式蛋白霜70克(見43頁)

鳳梨填料
瓜德羅普(Guadeloupe)小鳳梨1顆
綠檸檬1/2顆
香菜葉8片
沙勞越(Sarawak)黑胡椒
柳橙柑橘果醬4大匙

1] 前一天晚上，製作打卦滋蛋糕體。將椰子粉、杏仁粉和糖粉過篩。將蛋白打發成泡沫立角狀的蛋白霜，逐漸混入55克的糖。用橡皮刮刀輕輕將泡沫狀蛋白混入椰子粉的混合物中。

2] 倒入裝有2號圓口擠花嘴的擠花袋中。在鋪有「烘焙專用」烤盤紙的烤盤上，從中央開始擠出直徑22公分的螺旋狀圓形麵糊。沿著外緣擠出並排的球。篩上糖粉。靜置10分鐘。重複同樣的步驟。

3] 烤箱預熱150℃。

4] 烘烤35分鐘。在烤架上放涼。用保鮮膜包起，冷藏保存。

5] 隔天，製作卡士達奶油醬(見58頁)和義式蛋白霜(見43頁)。用電動攪拌器攪打奶油，接著加入椰子粉、蘭姆酒和椰奶。加入卡士達奶油醬，並用橡皮刮刀加入義式蛋白霜。

6] 將鳳梨削皮，去掉兩端。將水果剖成4塊，去掉硬莖。切片，接著切成小棍狀，在網篩上瀝乾。取1/2的綠檸檬皮。將香菜葉切碎。在最後一刻，在瀝乾的鳳梨中混合檸檬皮和香菜。撒上研磨器轉4圈份量的胡椒粉。

7] 將柳橙柑橘醬煮沸。用裝有10號圓口擠花嘴的擠花袋將椰子慕思林奶油醬鋪在蛋糕體底部。擺上棍狀鳳梨作頂。用毛刷刷上煮沸的柑橘醬。即刻享用。

照片見150－151頁

紅果奶油烘餅
Kouign-amann aux fruits rouges

準備時間 30分鐘
烹調時間 35～40分鐘
冷藏時間 約3小時
麵團靜置時間 90分鐘
份量 12個一人份蛋糕

折疊發酵麵團
酵母粉10克
水320～350毫升
type 55麵粉550克
鹽之花15克
奶油495克
細砂糖470克

紅果醬
摘下的醋栗100克
藍莓(myrtille)100克
覆盆子100克
摘下的黑醋栗(cassis)100克
凝膠糖(Vitpris)1包(50克)

1] 用水稀釋酵母粉。在過篩的麵粉中，混合20克的融化奶油、酵母粉和鹽之花。快速拌和麵團。包在保鮮膜中，冷藏30分鐘。

2] 在撒上麵粉的工作檯上，將麵團成方形。在中央擺上450克的奶油，接著將麵皮的每個側邊朝奶油折起。冷藏保存20分鐘。

3] 將麵皮擀成長為寬3倍的矩形。像單折(見21頁)一樣折三次。冷藏保存1小時。

4] 準備紅水果。將水果和凝膠糖煮沸。2分鐘後離火，放涼。

5] 再次將麵團擀成矩形。撒上350克的細砂糖，接著折單折。冷藏保存30分鐘。

6] 將麵團擀成厚4公釐的矩形。裁成邊長8公分的12個方形。在中央放上1匙的紅果醬，將4個點以稍微舀起的方式混合，然後折向中央。輕拍方形麵皮，以形成圓形。冷藏保存30分鐘。

7] 在12個直徑8公分的慕斯圈中刷上25克的軟化奶油。在烤盤上撒上120克的細砂糖。將慕斯圈擺在烤盤上，並擺上圓形麵皮。讓麵團的體積膨脹1/3，約28℃，90分鐘。

8] 烤箱預熱180℃。烘烤慕斯圈35至40分鐘，接著擺在烤架上放涼。在當天品嚐。

照片見222－223頁

巧克力雪酪與薰衣草馬卡龍
Macarons glacés, sorbet au chocolat et fleurs de lavande

準備時間 45分鐘
烹調時間 12分鐘
份量 6人份

巧克力雪酪900毫升（見94頁）
薰衣草2撮
巧克力馬卡龍麵糊500克（見230頁）

1] 製作巧克力雪酪，並加入薰衣草，最好是新鮮的。接著以約15°C冷凍，以便保持滑順。

2] 烤箱預熱140°C。

3] 在烤盤上鋪上烤盤紙，並將這烤盤擺在另一個烤盤上。

4] 製作巧克力馬卡龍麵糊，放入裝有8號擠花嘴的擠花袋中。在雙層烤盤上擠出直徑2公分的小馬卡龍，在室溫下靜置，以便在表面形成薄薄的乾燥麵皮。烘烤12分鐘。

5] 烤好時，倒一些水在烤盤紙下：蒸氣的散發會使小馬卡龍非常容易脫離。在網架上放涼。

6] 將馬卡龍倒扣，用雪酪團讓馬卡龍以平面兩兩疊合在一起。擺盤，蓋上保鮮膜，若您不打算立即食用的話，請冷凍保存。或請冷藏半小時後享用。

老饕論 Commentaire gourmand

請遵循薰衣草的份量，因為巧克力和薰衣草之間存有非常微妙的平衡。

照片見318－319頁

番紅花杏桃馬卡龍
Macarons pêche abricot safran

準備時間 15分鐘
烹調時間 10～20分鐘
靜置時間 15分鐘
份量 20個大馬卡龍或80個小馬卡龍

馬卡龍麵糊
糖粉480克
杏仁粉280克
蛋白7個
食用紅色著色劑1滴
食用黃色著色劑2滴

甘那許
白巧克力225克
桃子200克（2或3顆）
檸檬汁15克
液狀鮮奶油15毫升
番紅花絲0.3克
切成2公釐小丁的柔軟杏桃100克

1] 製作馬卡龍麵糊（見230頁）。用橡皮刮刀混入幾滴著色劑，同時將麵糊朝大碗的邊緣攪拌。

2] 在一個烤盤上鋪上烤盤紙，然後將這烤盤擺在另一個烤盤上。

3] 將麵糊放入裝有8號圓口擠花嘴的擠花袋中，以製作直徑2公分的小馬卡龍，或是12號，以製作直徑7公分的大馬卡龍。形成馬卡龍，並以間隔3公分的距離擠在烤盤上。讓馬卡龍在室溫下靜置15分鐘。

4] 烤箱預熱140°C。

5] 將小馬卡龍烘烤10至12分鐘，或將大馬卡龍烘烤18至20分鐘，同時讓烤箱門微開。在烤好時，將一些水倒在烤盤紙上，以便於卸下。在烤架上放涼。

6] 製作甘那許。將桃子泡在沸水中1分鐘，接著瀝乾。將果皮和果核移除。將水果切成小塊。和檸檬汁一起放入平底深鍋中，以極小的火加熱5分鐘。

7] 將番紅花絲放入鮮奶油中浸泡。

8] 用鋸齒刀將巧克力切碎，並隔水加熱至融化。將桃子壓碎，以獲得細緻的果泥，並和鮮奶油混合。將這混合物混入融化的巧克力中，並從中央開始漸漸將圓形擴大。加入杏桃丁並加以混合。

9] 將馬卡龍倒扣，並以平的一面兩兩疊合在一起。排在烤盤紙上，蓋上保鮮膜。為了讓馬卡龍能散發出香味，最好冷藏保存兩天後再行品嚐。

照片見242－243頁

茴香覆盆子千層派
Mille-feuille aux framboises et à l'anis

準備時間 50分鐘
靜置時間 2小時
烹調時間 30分鐘
份量 6人份

焦糖反折疊派皮400克(見23頁)
千層派奶油醬(Crème à mille-feuille)500克(見55頁)
茴香酒(pastis)或茴香利口酒(liqueur d'anis)25毫升

裝飾與配料
糖粉25克
覆盆子250克
八角茴香4或5粒

1] 先製作焦糖反折疊派皮。烘烤20分鐘，放涼1小時。

2] 製作千層派奶油醬並加入茴香酒或茴香利口酒。冷藏保存。

3] 在工作檯上蓋上布巾。擺上裝有折疊派皮的烤盤。用大鋸齒刀從長邊裁成3個矩形千層派。

4] 將一塊矩形千層派的焦糖面朝上，奶油醬將以較慢的速度浸透千層派。

5] 用橡皮刮刀塗上一半的奶油醬。

6] 將覆盆子緊密地排在整個表面上。

7] 在覆盆子上，以同樣的方向擺上第二塊矩形千層派，蓋上剩餘的奶油醬，然後再擺上第二層覆盆子。

8] 擺上最後一塊矩形折疊派皮。

9] 篩上糖粉，加入幾顆覆盆子和八角茴香。

訣竅

在最後一刻組裝並立即享用，因為千層派經不起等待。您也能裁成6塊小千層派。

照片見162－163頁

榛果香蕉水果軟糖
Pâte de fruits à la banane et aux noisettes

準備時間 20分鐘
烹調時間 15分鐘
冷藏時間 3小時
份量 6至8人份

香蕉4根
蘋果(granny smith品種)200克
榛果100克
檸檬1顆
蘋果汁150毫升
凝膠劑(gélifiant)40克
細砂糖600克
半鹽奶油10克
肉荳蔻粉1撮
結晶糖(sucre cristallié)

1] 將檸檬榨汁。

2] 將香蕉剝皮，您應獲得250克的果肉。

3] 將蘋果削皮並移除果核。

4] 用烤箱快速烘烤榛果，或以平底煎鍋乾煮，然後用擀麵棍磨碎。

5] 將香蕉和蘋果用食物料理機或蔬果榨汁機一起搗碎，並加入蘋果汁和檸檬汁，以免變黑。

6] 在容器中混合凝膠劑和100克的糖。

7] 將奶油放入平底深鍋中，加熱至融化，然後加入香蕉和蘋果的果肉，煮沸，一邊攪拌。加入凝膠劑和糖的混合物。仔細攪拌，以免配料沾黏鍋底。

8] 煮1分鐘後，倒入一半剩餘的糖，再次煮沸，然後加入剩餘的糖(250克)。持續不停攪拌。再次煮沸後，再煮8分鐘。

9] 這時加入烘烤並磨碎的榛果和肉荳蔻粉。

10] 準備一張烤盤紙，擺在圓形中空模中。倒入香蕉糊，接著放涼3小時。

11] 凝結後裁切成方形，並在結晶糖中滾動。

照片見344－345頁

準備時間 35分鐘
烹調時間 約5分鐘
份量 8人份

柳橙凍
吉力丁2又1/2片、
礦泉水125毫升、
柳橙柑橘醬250克、檸檬汁75毫升

優格凍
吉力丁1又1/2片、保加利亞優格
(yaourt bulgare) 250克、
細砂糖30克
未經加工處理的檸檬皮1/2顆

百香果凍
吉力丁3片、百香果20顆、
礦泉水120毫升、檸檬汁20克、
有果肉的柳橙汁50克、
細砂糖80克

絲滑感受
Sensation satine

1] 製作柳橙果凍。將吉力丁放入冷水中軟化。將礦泉水加熱至微溫。將吉力丁擠乾。讓吉力丁在在礦泉水中融化，並在柳橙柑橘醬中，和檸檬汁一起快速攪打。冷藏保存。

2] 製作優格凍。將吉力丁放入冷水中軟化。將50克的優格加熱至微溫。將吉力丁擠乾。讓吉力丁在優格中融化。和剩餘的優格、糖、檸檬皮一起快速攪打。冷藏保存。

3] 製作百香果凍。將吉力丁放入冷水中軟化。將百香果切成兩半。取出果肉、果汁和籽。秤重。您應獲得220克。將礦泉水加熱至微溫。將吉力丁擠乾。讓吉力丁在在礦泉水中融化。和檸檬汁、柳橙果肉、柳橙汁、糖一起快速攪打。冷藏保存。

4] 將8個無腳杯斜擺在蛋盒凹槽中。將柳橙凍分裝至每個杯中。在室溫下凝膠。將杯子轉向另一邊，始終是斜的，將百香果凍分裝進杯中。在室溫下凝膠。

5] 在果凍凝固時，再將杯子立直，裝入優格凍。冷藏保存。

老饕論 Commentaire gourmand

享用時，在每個杯中擺上半片番紅花杏桃馬卡龍(見446頁)。

照片見294－295頁

準備時間 45分鐘
烹調時間 15 ＋ 20 ＋ 30分鐘
冷藏時間 2小時
份量 8人份

蘋果(granny smith品種)2顆
酥頂碎麵屑(streusel)
150克(見29頁)

咖哩葡萄醬
金黃色葡萄乾80克、
水300毫升、金合歡蜜30克、
新鮮薑片3片、鹽1撮、
白胡椒粉、咖哩粉3克、
玉米粉5克

舒芙蕾麵糊
未經加工處理的檸檬1顆、
蛋6顆、牛奶500毫升、
玉米粉50克、細砂糖125克、
肉桂粉3小匙

肉桂蘋果葡萄咖哩舒芙蕾
Soufflé à la cannelle, aux pommes, aux raisins et au curry

1] 先製作咖哩葡萄醬：在濾器中，以流動的水將葡萄洗淨。放入平底深鍋中，再加入水、蜂蜜、薑、鹽和3圈白胡椒粉，以極小的火煮約15分鐘，直到水果充分膨脹。在沙拉盆中瀝乾，將薑片取出，再將汁液倒入平底深鍋中。加入咖哩粉和玉米粉。煮沸後倒在葡萄上。冷藏保存2小時。

2] 烤箱預熱180℃。

3] 製作碎頂。放在鋪有烤盤紙的烤盤上，烘烤18至20分鐘。

4] 製作舒芙蕾麵糊：將檸檬皮削成碎末並榨汁。打蛋，並將蛋白和蛋黃分開。用牛奶、蛋黃、玉米粉、100克的糖、肉桂和檸檬皮調配卡士達奶油醬(見58頁)。

5] 將蛋白和剩餘的糖(25克)、檸檬汁一起打成泡沫狀。

6] 將奶油醬煮沸，這時加入打發的蛋白。

7] 在8個直徑10公分的模型中塗上奶油並撒上糖。在每個模型中放入烤好的碎頂，接著是舒芙蕾麵糊。

8] 將8個模型以180℃烘烤25至30分鐘。用刀檢查烘烤狀態：抽出時必須潔淨。

9] 將蘋果削皮並切丁，淋上檸檬汁，加入咖哩葡萄醬中。將1或2大匙的咖哩葡萄蘋果倒入每個舒芙蕾中，無須等待，即刻享用。

照片見306－307頁

咖啡塔
Tarte au café

準備時間 20 + 25分鐘
烹調時間 約45分鐘
靜置時間 1小時30分鐘
份量 6至8人份

甜酥麵團300克(見19頁)
指形蛋糕體麵糊300克(見33頁；4片，本食譜只需要1片)

咖啡鮮奶油香醍
液狀鮮奶油500毫升
咖啡粉35克
細砂糖20克
吉力丁1又1/2片

咖啡甘那許
液狀鮮奶油220毫升
白巧克力300克
咖啡粉20克

浸潤蛋糕體
非常濃的濃縮咖啡30毫升

裝飾
巧克力咖啡豆12顆

1| 前一天晚上，製作咖啡鮮奶油香醍。將吉力丁放入冷水中軟化。將鮮奶油煮沸，離火，然後用咖啡粉浸泡2分鐘，接著以網篩過濾。將吉力丁擠乾。讓吉力丁在奶油醬中融化，然後混入糖。冷藏保存。

2| 當天，製作指形蛋糕體麵糊(見33頁)。

3| 烤箱預熱230°C。

4| 在兩個30至40公分的烤盤上鋪上烤盤紙。在每張紙上畫出2個直徑20公分的圓。將麵糊倒入裝有7號圓口擠花嘴的擠花袋中，並從中央開始擠出螺旋形麵糊。在圓上撒上過篩的糖粉，等5分鐘後，再重複同樣的步驟。

5| 依序烘烤8至10分鐘。放涼。

6| 為直徑22公分的慕斯圈刷上奶油。填入甜酥麵團。用叉子在底部戳洞。冷藏保存30分鐘。

7| 烤箱預熱180°C。

8| 為麵皮蓋上烤盤紙。填入豆粒。烘烤15分鐘，將紙抽出，再烘烤10分鐘。在網架上放涼。

9| 製作咖啡甘那許。用鋸齒刀將巧克力切碎，並隔水加熱至融化。將鮮奶油煮沸，離火後和咖啡混合。浸泡2分鐘，然後立即過濾。將奶油醬分3次倒入融化的巧克力中，同時攪打材料。

10| 不要等待，將烤好的塔底塗上薄薄一層咖啡甘那許。疊上圓形蛋糕體。用毛刷為蛋糕體刷上咖啡浸潤。填入剩餘的咖啡甘那許。將塔冷藏保存1小時。

11| 將咖啡鮮奶油打發成鮮奶油香醍。填入裝有星形擠花嘴的擠花袋中。用奶油在塔上擠出薔薇花飾。撒上巧克力咖啡豆。冷藏保存。享用前一小時將塔取出。

照片見132－133頁

洋梨栗子塔
Tarte aux marrons et aux poires

準備時間 50分鐘
靜置時間 1小時
烹調時間 45分鐘
份量 4至6人份

餅底脆皮麵團(pâte à foncer)350克(見16頁)
栗子膏(pâte de marron)70克
高脂濃鮮奶油(crème épaisse)50克
全脂鮮奶100毫升
純麥威士忌2小匙
細砂糖20克
小顆的蛋2顆
乾煮栗子150克
充分成熟的洋梨3或4顆(passe-crassane或beurré hardy品種)
檸檬汁半顆
薄派皮(Pâte à filo)3片
糖粉20克

1| 先製作餅底脆皮麵團，並置於陰涼處1小時。

2| 製作克拉芙蒂麵糊(l'appareil à clafoutis)：在大碗中將栗子膏弄碎。將鮮奶油和牛奶混合，然後逐漸倒入碗中，持續以攪拌器攪拌至配料變得平滑。

3| 接著混入威士忌、糖和蛋。保存於陰涼處。

4| 烤箱預熱200°C。

5| 用擀麵棍將餅底脆皮麵團擀成2.5公釐的厚度，然後擺入直徑22公分且塗上奶油的模型中。放上一張烤盤紙和豆粒(或杏桃果核)避免鼓起。

6| 烘烤15分鐘。然後將紙和豆粒移除。

7| 在塔底冷卻時，撒上熟栗。

8| 在沙拉盆中，將洋梨去皮、去籽，並切丁。和半顆檸檬汁混合。將洋梨丁擺在栗子上作頂。

9| 倒入克拉芙蒂麵糊，以180°C烘烤35分鐘。

10| 在另一個塗上奶油的塔模中，疊上薄派皮，撒上糖粉，以250°C烘烤3分鐘，烤成焦糖。

11| 讓塔冷卻。享用前，放上弄皺的薄派皮。

照片見118－119頁

從A到Z的食譜索引
Index des recettes de A à Z

粗體頁數表示附有照片的食譜。

斜體頁數表示附有每步驟照片的基本製作。

困難度以◆表示：

◆ 表示簡單的食譜，

◆◆ 對應較需經驗的食譜

◆◆◆ 表示需要非常熟練或需特殊器具。

RL 代表清淡食譜。

A

B

C

D

E-F

G

I-J

K-L-M

N-O

P

Q-R

S

T

V-Z

依食材分類的食譜索引
Index des recettes par produit

粗體頁數表示附有照片的食譜。

斜體頁數表示附有每步驟照片的基本製作。

RL 代表清淡食譜。

清淡食譜索引
Index des recettes légères

粗體頁數表示附有照片的食譜。斜體頁數表示附有每步驟照片的基本製作。

困難度以◆表示：

◆表示簡單的食譜，

◆◆對應較需經驗的食譜

◆◆◆表示需要非常熟練或需特殊器具。

這些清淡食譜的營養成份標示在每個食譜的最後。

至於那些構成麵糊的成份，所有麵糊都能用甜味劑來取代原配方內的糖。

大師糕點

巧克力全書

巧克力聖經

葡萄酒精華

大廚聖經

廚房經典技巧

糕點聖經

用科學方式瞭解
糕點的爲什麼？

法國糕點大全

法國藍帶基礎料理課

法國藍帶巧克力

法國料理基礎篇 I

法國料理基礎篇 II

法國藍帶糕點運用

法國藍帶基礎糕點課

法國糕點基礎篇 I

法國糕點基礎篇 II

法國麵包基礎篇

食譜是熱愛生活的實踐

www.ecook.com.tw